工矿安全动力学问题研究

范喜生　著

应急管理出版社

·北　京·

内 容 提 要

本书从非线性偏微分方程的求解方法与应用、炸药爆炸与冲击作用评价、粉尘爆炸预防与防护、气体爆炸预防与防护、煤与瓦斯突出防治、稳定性与冲击地压问题分析等方面讨论了工矿安全中的若干动力学问题，采用数学、力学方法分析问题，注重探求问题的物理实质，取得了一些定量或半定量的研究成果，在一些问题的研究上有所创新。

本书可供相关专业高校师生、研究设计人员、管理人员、工程技术人员等参考。

前　　言

本书收入了作者从 1984 年 9 月开始攻读硕士学位研究生至今所研究过的部分工矿安全动力学问题。

工矿安全动力学问题涉及面较广，国内外的专家、学者已开展过大量的理论（包括数值计算与数值模拟）、试验（包括实验室室内试验、现场试验）与应用研究工作，取得了丰硕成果，但鉴于问题的复杂性，不少问题仍有研究之必要。

本书包括非线性偏微分方程的求解方法与应用、炸药爆炸与冲击作用评价、粉尘爆炸预防与防护、气体爆炸预防与防护、煤与瓦斯突出防治、稳定性与冲击地压问题分析、杂项和结束语等八章以及附录 A、附录 B、附录 C、后记等，其中，第 1 章是全书的理论基础，后续 5 章相对独立，以节为基本单位。

在具体组织、安排上，1.1 节介绍非线性偏微分方程的分类、求解方法简介与精确解法，1.2、1.3 节分别介绍变分问题的间接与直接方法，1.4、1.5 节分别介绍非线性抛物型、双曲型偏微分方程的解法（常见的椭圆型偏微分方程-Laplace 方程是线性的，其解法可见 4.3、4.4 节）；2.1 节研究炸药在岩土中爆炸的应用，2.2、2.3 节研究炸药在空中、水中爆炸的应用，2.4、2.5 节分别研究爆破与撞击造成的地表振动对建筑物的破坏作用；3.1、3.2 节分别研究容器内、管道内粉尘爆炸的过程与参数，3.3 节研究抗爆、泄爆设计计算方法，3.4、3.5 节则是关于粉尘爆炸预防措施和规范的；4.1 节研究可燃气体着火、燃烧、爆炸的一般过程，4.2~4.4 节分别从采空区高度方向对三类瓦斯问题进行了系统研究，4.5 节介绍爆炸防护措施；5.1、5.2 节分别是两种区域防突措施的理论基础，5.3 节研究工作面突出的预测方法，5.4 节则是关于防突技术规范的；6.1 节介绍固体力学稳定性问题的正规分析方法，6.2、6.3 节分别研究竖井、平巷的稳定性或冲击地压问题，6.4 节则是关于防冲技术规范的；7.1 节简要介绍一次引爆型燃料空气炸药（FAE）的爆炸超压场，7.2 节简要介绍深圳市玉龙坑垃圾填埋场封场工程安全措施，7.3~7.5 节与煤矿瓦斯问题有关，7.6 节涉及断顶爆破与水压致裂；8.1~8.3 节分别给出了本书的主线、创新点与不足；考虑到工科硕士学位研究生多数没有系统学习过非线性常微分方程的求解方法、以"固体力学"命名的书籍较少等原因，专门安排了 A1、A2 两节作为起点，A3 节简要介绍了流体力学在工矿安全方面的两个应用；附录 B、附录 C 是俄罗斯防突、防冲技术规范的节译。

本书采用数学力学方法分析问题，注重探求问题的物理实质，取得了一些定量或半定量的研究成果，在一些问题的研究上有所创新（见 8.2 节），精心引用了参考文献。

本书以系统总结作者的研究成果为主，为使全书内容体系完整，便于读者参考，也引用了前人的研究成果，其中有五节主要内容取自有关文献，有八节内容是在有关文献的基础上编著的，有三节节译自美国、俄罗斯的国家标准。毋庸讳言，在学习、工作、研究、撰写过程中参考了国内外众多专家、学者、组织机构的专著、论文、标准、规范等，书中已就我所知进行了明确标注，但难免挂一漏万；舒龙勇同志参与撰写了第 5 章；北京中泰兴昌安科技有限公司资助了本书出版；在此，向所有提到和没有提到的作者、机构、编辑等表示衷心的感谢。

在过去的三十多年里，作者得到了许多领导的关怀，得到了国内外许多专家、学者、教授的指导，得到了许多同学、同事、同行、同仁、朋友及家人的支持，得到了许多合作企业技术人员、一线工人的帮助，在此一并表示衷心的感谢。

作者试图将本书写成一部富有特色的小册子。但由于才疏学浅，书中不妥、不当、甚至错误之处在所难免，真诚希望读者朋友审阅、批评、指正，以便有机会再版时改正，意见、建议请发至邮箱 xsfan@ 163. com。

范喜生

2020 年 8 月 20 日

目　　次

1 非线性偏微分方程的求解方法与应用

1.1 非线性偏微分方程求解方法简介

自然界任何物质的运动都要受到一定的自然规律（如物理定律）的制约，数学物理方程或研究范围更广的偏微分方程（以下统称"偏微分方程"）作为描述物质运动的数学模型，从数量形式上刻画由相应的物理定律所确立的某些物理量之间的制约关系，因而定量研究、解决工矿安全动力学问题势必会涉及偏微分方程。

偏微分方程大体上分为线性、非线性偏微分方程。线性偏微分方程已经建立起比较完备的理论体系，常见的线性偏微分方程在边界区域形状、边界条件比较简单的情况下可以获得解析解或近似解析解。非线性偏微分方程则不同，即使是边界区域形状、边界条件比较简单的情况也有可能不存在解析解，需要寻求近似解析解或数值解，边界区域形状、边界条件比较复杂的情况一般只能寻求数值解。总之，非线性偏微分方程的求解方法比线性偏微分方程的要复杂得多。

作者在从事工矿安全动力学问题研究的过程中，多次遇到线性、非线性偏微分方程的建立、求解问题，而系统介绍非线性偏微分方程的书籍稀少，作为全书的理论基础，本章介绍非线性偏微分方程的求解方法与应用。

本节对非线性偏微分方程的求解方法做简要介绍，1.1.1 节根据方程非线性的复杂程度将偏微分方程（组）分为线性、半线性、拟线性和完全非线性四类，提供一些实例；1.1.2 节介绍非线性偏微分方程（组）的有效解法，提供一些参考文献；1.1.3 节介绍几种求非线性偏微分方程（组）解析解的特殊方法（解析解除本身的用途外还是检验各种近似解、数值解精度的主要依据）。其中，1.1.1 节、1.1.3 节主要取材于文献 [1]，1.1.2 节是在学习有关文献的基础上编著的。关于线性偏微分方程的求解方法，文献[2]、[3] 可供学习、参考。

1.1.1 偏微分方程（组）的分类

1. 偏微分方程

偏微分方程是指包含两个以上自变量未知函数偏导数的数学方程。

一般说来，偏微分方程最高阶偏导数的非线性程度决定偏微分方程求解的难易程度，据此将偏微分方程分为以下 4 类：

（1）线性偏微分方程。各阶（含零）偏导数均为一次方，所有偏导数的系数和非齐次项都只是自变量的给定函数（因此线性偏微分方程包括变系数的情况）。

（2）半线性偏微分方程。各阶（不含零）偏导数均为一次方且系数均只是自变量的给定函数，其余部分为一个可以包含自变量、未知函数、未知函数直至最高阶数减一的各阶偏导数的给定函数。

（3）拟线性偏微分方程。各阶（不含零）偏导数为一次方，系数和其余部分可以是包含自变量、未知函数、未知函数直至最高阶数减一的各阶偏导数的给定函数。

（4）完全非线性偏微分方程。最高阶偏导数是非线性的。

其中，（2）~（4）项统称为非线性偏微分方程。

一些常见的线性偏微分方程如下：

（1）Laplace 方程：

$$\Delta u = 0 \tag{1-1-1}$$

（2）热传导（或扩散、渗流）方程：

$$u_t - \Delta u = 0 \tag{1-1-2}$$

（3）波动（或振动）方程：

$$u_{tt} - \Delta u = 0 \tag{1-1-3}$$

（4）Klein-Gordon 方程：

$$u_{tt} - \Delta u + m^2 u = 0 \tag{1-1-4}$$

一些常见的非线性偏微分方程如下：

（1）非线性 Poisson 方程：

$$\Delta u = f(u) \tag{1-1-5}$$

（2）最小曲面方程：

$$div\left(\frac{Du}{(1 + |Du|^2)^{\frac{1}{2}}}\right) = 0 \tag{1-1-6}$$

（3）标量反应-扩散方程：

$$u_t - \Delta u = f(u) \tag{1-1-7}$$

（4）孔隙介质方程：

$$u_t - \Delta(u^\gamma) = 0 \tag{1-1-8}$$

（5）Hamilton-Jacobi 方程：

$$u_t + H(Du) = 0 \tag{1-1-9}$$

（6）Korteweg-de Vries（KDV）方程：

$$u_t + uu_x + u_{xxx} = 0 \tag{1-1-10}$$

（7）随机最优控制方程：

$$u_t - a\Delta u + b|Du|^2 = 0 \tag{1-1-11}$$

（8）有黏 Burgers 方程：

$$u_t - au_{xx} + uu_x = 0 \tag{1-1-12}$$

（9）非线性波动（或振动）方程：

$$u_{tt} - \Delta u = F(u) \tag{1-1-13}$$

上述方程中，下标表示求偏导数，$\Delta = \nabla \cdot \nabla$，$\nabla$ 为梯度算子。为了突出问题的实质，省去了系数常数。

2. 偏微分方程组

一个偏微分方程组是两个以上偏微分方程的组合。通常偏微分方程的个数等于未知函数的个数（与线性代数类似，也存在方程个数与未知函数个数不等的情况）。偏微分方程组分为线性偏微分方程组和非线性偏微分方程组，前者如弹性力学里的线弹性运动方程组：

$$\vec{u}_{tt} - \mu \Delta \vec{u} - (\lambda + \mu) D(div\vec{u}) = \vec{0} \tag{1-1-14}$$

后者如流体力学里的守恒律方程组：

$$\vec{u}_t + div\vec{F}(\vec{u}) = \vec{0} \tag{1-1-15}$$

式（1-1-15）的特例，无黏不可压缩流 Euler 方程组：

$$\vec{u}_t + \vec{u} \cdot D\vec{u} = -Dp \qquad div\vec{u} = 0 \tag{1-1-16}$$

黏性不可压缩流 Navier-Stokes 方程组：

$$\vec{u}_t + \vec{u} \cdot D\vec{u} - \Delta\vec{u} = -Dp \qquad div\vec{u} = 0 \tag{1-1-17}$$

1.1.2 非线性偏微分方程（组）的有效解法简介

一般说来，求解非线性偏微分方程组、非线性偏微分方程、高阶偏微分方程、自变量多的偏微分方程比对应求解线性偏微分方程组、线性偏微分方程、低阶偏微分方程、自变量少的偏微分方程困难。自变量最少是两个，即一个空间变量、一个时间变量或两个空间变量；偏微分方程阶数研究较多的是一阶和二阶，一阶偏微分方程研究较多的是一阶线性和一阶拟线性偏微分方程，两者都可以利用特征线法求解，二阶偏微分方程研究较多的是二阶线性偏微分方程，包括椭圆型、抛物型和双曲型；偏微分方程组方面研究较多的是一阶线性偏微分方程组和一阶拟线性偏微分方程组中的某些类型。除去偏微分方程（组）本身是线性还是非线性、齐次还是非齐次之外，边界条件有界还是无界、齐次还是非齐次等也对偏微分方程（组）的求解方法有重要影响。以下主要从方程本身的非线性情况分类介绍。

1. 半线性偏微分方程

在工作过程中尚未遇到这类偏微分方程的求解问题，故暂不做介绍，需要了解可参见文献［1］。

2. 拟线性偏微分方程

（1）一阶拟线性偏微分方程。一阶拟线性偏微分方程是求解一阶拟线性偏微分方程组的基础，可在一阶线性偏微分方程的基础上利用特征线法求得通解，具体参见文献［2］、［3］。

（2）二阶拟线性偏微分方程。二阶拟线性偏微分方程是较常见的非线性偏微分方程，可通过分离变量法等分解为二阶拟线性常微分方程求解。

二阶拟线性常微分方程的一般形式为 $y'' = f(x, y, y')$，其解法见 A1.2 小节。

二阶拟线性偏微分方程也是完全非线性偏微分方程求解方法中常见的研究对象。

3. 完全非线性偏微分方程

1）Lie 群对称分析方法

Lie 群对称分析方法是挪威数学家 Sophus Lie 在 1870 年前后创立的一种寻求微分方程［包括线性和非线性、常微分和偏微分方程（组）］解析解的通用解法，各种特殊解法得到的结果都能通过 Lie 群对称分析方法找到，它是求解非线性偏微分方程（组）解析解的有效方法[4]。

Lie 群对称分析方法中的"对称（Symmetry）"与"相似""不变""变换"等概念有内在联系，其是受一元 n 次代数方程解法的启发、在总结归纳各种特殊解法的基础上创立的，在求解非线性微分方程（组）解析解方面取得了巨大成功，但也存在以下不足：

（1）Galois 在 Galois 群的基础上证明了一元 n 次代数方程 $n \geqslant 5$ 时其解不能用系数的代数公式表示，但对于一个给定的微分方程，Lie 群对称分析方法尚不能断定或证明其不存在解析解（存在漏解的情况），仍在发展中。

（2）Lie 群对称分析方法寻求的是微分方程本身的解析解（通解），不考虑具体问题的定解条件，获得的解析解有可能都不满足具体问题的定解条件（如边界条件），因此有可能前功尽弃。

（3）Lie 群对称分析方法比较复杂，这或许是国内学者很少接触它的原因。

因此，本章不具体介绍 Lie 群对称分析方法，作为弥补，我们在 1.1.3 节介绍几种特殊解法，包括作者提出的一种方法。

2）变分方法

变分方法简称变分法，分为古典变分法和现代变分法。古典变分法主要用于求解边值问题和本征值问题的近似解析解，是有限单元法的理论基础。

众所周知，即使是线性的边值问题也只在少数简单区域（如半空间、球、圆域等）能够求得解析解，大多数情况下只能求取近似解析解。根据变分原理，边值（或本征值）问题与某个（带约束的）泛函的极值问题等价，这里的泛函常表示某种形式的能量积分，可用近似函数表达，利用泛函取极值可确定近似函数中的待定参数、获得近似解析解等（又称能量方法）[5,6]。

现代变分法是泛函分析的研究对象之一，除重点研究非线性边值、本征值问题的存在性、唯一性、光滑性等定性问题外，还包括含时间变量的发展方程——抛物型、双曲型偏微分方程的存在性等问题，因此，现代变分法已成为研究各种非线性偏微分方程的有效方法[1]。

变分法通常用于有界区域（如果涉及的无穷积分存在也有可能适用于无解区域），1.2 节、1.3 节分别介绍应用古典变分法求平面滑坡坡面形状的解析解与非线性本征值问题近似解析解的方法。

二维的 Laplace 方程是线性的，常采用复变函数法求解，4.4 节将会用到它。

3）级数解法

级数解法主要包括摄动方法与同伦分析方法。

摄动方法简称摄动法，是常微分方程幂级数解法的自然延伸。摄动法又称小参数法，它总是依赖于一个（或多个）无量纲的小参数，小参数有时出现在方程中，有时出现在定解条件中，也可人为引入，由小参数组成规范函数序列，将问题的解按此序列展开。

传统的摄动法适用于弱非线性的情况[7,8]。弱非线性是指非线性部分与线性部分相比小一个数量级（如果小二个数量级以上就不必考虑了）、由线性部分组成的方程有封闭形式的解且比较好求。因此，对于强非线性方程，传统的摄动法常无能为力。

由上海交通大学廖世俊教授 1992 年创立的同伦分析方法（Homotopy analysis method）[9,10] 实际上也属于摄动法，但其特点鲜明，能够处理强非线性问题。

摄动法和同伦分析方法主要用于求解无界域非线性微分方程的级数形式解，1.4 节将结合煤层透气性问题对其做简要介绍。

4）数值解法

数值解法包括数值计算和数值模拟两大类，这里介绍数值计算方法。

一般说来，数值计算可以求解各种完全非线性偏微分方程（组）。现在，已有多种通用数学软件可供选用，新的数学软件也层出不穷。

数值计算需要先对自变量、因变量、方程、定解条件等进行无量纲化处理以减少自变量的个数、简化方程等（量纲分析与相似理论有直接联系，看似简单，但要用好它们着实不易，需要对问题的物理实质有透彻的了解）[11]。当无量纲化后的自变量个数为1时，偏微分方程退化为常微分方程，存在自模拟解[12]。无量纲自变量的个数为1时，数值计算结果可用曲线或表格表示；无量纲自变量的个数为2时，只能用表格表示。为便于应用，也可将计算结果拟合成回归公式（包括分段拟合），但应注意拟合公式的精度是否满足要求（不能只看相关系数达到几个9），1.4节将结合煤层透气性问题对数值计算方法做详细介绍；无量纲自变量的个数为3时，可采用多个表格处理。

数值计算方法的不足是不便于分析自变量与因变量之间的相互影响关系。

4. 一阶拟线性偏微分方程组

一阶拟线性偏微分方程组的特点是可以通过 Hodograph 变换（即自变量与因变量互换）将其变成线性的偏微分方程组，进而寻求解析解等。这种方法理论价值较大但比较复杂，实际工作中应用较多的是基于特征线概念的数值解法，如流体力学中的一维不定常流问题、二维定常无旋流问题、塑性力学中的刚塑性平面应变问题等。

在爆炸力学领域最重要的一阶拟线性偏微分方程组是一维不定常气体动力学方程组，包括平面一维、柱面一维和球面一维等，其中，平面一维不定常气体动力学方程组具有特别重要的意义。借助活塞问题和特征线的概念，平面一维不定常气体动力学方程组深刻揭示了有限振幅波在传播过程中波形的变化规律、冲击波的形成（数学上先于现实预示了冲击波的存在、启发数学家们提出偏微分方程弱解的概念）等重要物理现象，其中 Riemann 问题是击波管的理论基础。

这部分内容在偏微分方程、流体力学（气体动力学）等教程中多有介绍，但由于比较抽象，较难理解掌握，1.5节将以"用特征线法求解平面一维不定常气体动力学方程组"的形式进行专门介绍。

1.1.3 非线性偏微分方程（组）的几种特殊解法

1. 分离变量法

分离变量法是求解线性、非线性偏微分方程的重要方法，如果能够将偏微分方程分解为常微分方程，求解难度将大大降低。对于线性偏微分方程，积分变换法也是一种将偏微分方程转化为常微分方程的方法，两种方法等价，但积分变换法在某些方面优于分离变量法。

（1）将解分解成单个自变量未知函数的乘积。这是最常用的分离变量法，以非线性的孔隙介质方程为例，具体方程式为

$$u_t - \Delta(u^\gamma) = 0 \qquad\qquad (1-1-18)$$

式中，γ 为常数，取值大于1。为说明方法，仅考虑一维的情况，$u = u(x, t) \geq 0$，$u_t = \dfrac{\partial u(x, t)}{\partial t}$，$\Delta = \dfrac{\partial^2}{\partial x^2}$。

假设 $u(x, t) = v(t)w(x)$，代入式（1-1-18）得

$$\frac{v'}{v^\gamma} = \mu = \frac{\Delta w^\gamma}{w} \tag{1-1-19}$$

式中，左端只是 t 的函数，右端只是 x 的函数，两端相等只能等于某一常数 μ。

$v(t)$ 满足常微分方程 $v' - \mu v^\gamma = 0$，这是一个一阶线性常微分方程，容易求得其解为

$$v = \left[(1 - \gamma)\mu t + \lambda \right]^{\frac{1}{1-\gamma}} \tag{1-1-20}$$

式中，λ 为某一正常数；w 满足本征值方程 $\Delta w^\gamma = \mu w$，假设其解为 $w = x^\alpha$，α 为某一待定常数，则 $\mu w - \Delta w^\gamma = \mu x^\alpha - \alpha\gamma$（$\alpha\gamma - 1$）$x^{\alpha\gamma-2}$，为使本征方程成立，要求 $\alpha = \alpha\gamma - 2$、$\mu = \alpha\gamma$（$\alpha\gamma - 1$），由此得 $\alpha = 2/(\gamma - 1)$、$\mu = 2\gamma(\gamma + 1)/(\gamma - 1)^2$，代入式（1-1-20）和 $u(x, t)$ 得解

$$u(x, t) = \left[(1 - \gamma)\mu t + \lambda \right]^{\frac{1}{1-\gamma}} x^{\frac{2}{\gamma-1}} \tag{1-1-21}$$

式中，μ 可用 γ 表示；λ 为某一正常数，可由初始条件确定。

该例同时表明，本征值也可能只有一个而非无穷多个。

（2）将解分解成单个自变量未知函数乘积的 n 次方，通过选取 n 值，有可能使获得的常微分方程具有解析解。这是本书作者提出的一种方法，详见 5.1 节。

（3）将解分解成单个自变量的未知函数之和。以 Hamilton-Jacobi 方程为例，具体方程式为

$$u_t + H(Du) = 0 \tag{1-1-22}$$

式中，H 为 Hamilton 算子$\left(\text{矢量微分算子，} H = \frac{\partial}{\partial x}\boldsymbol{i} + \frac{\partial}{\partial y}\boldsymbol{j} + \frac{\partial}{\partial z}\boldsymbol{k}\right)$；$D$ 为梯度算子，即 ∇。

假设 $u(x, t) = v(t) + w(x)$，代入式（1-1-22）得

$$v' + H(Dw) = 0 \tag{1-1-23}$$

式（1-1-23）只有在 $H(Dw) = \mu = -v'$ 情况下成立，μ 为某一常数。由 $H(Dw) = \mu$ 得 $u(x, t) = w(x) - \mu t + b$，一定满足 $u_t + H(Du) = 0$，其中，b 为任意常数。

2. 相似性解法

有些偏微分方程具有某种相似性，这种相似性体现在未知函数 $u(x, t)$ 不是 x、t 独立函数的乘积或之和，而是 x、t 某种组合的函数。这种相似性可用来求解偏微分方程，这里以平面行波中的孤立子为例说明这一重要方法。

Korteweg-de Vries（KDV）方程如下：

$$u_t + 6uu_x + u_{xxx} = 0 \tag{1-1-24}$$

孤立子是水中表面波的一个例子，求其具有下列结构的一个行波解

$$u(x, t) = v(x - \sigma t) \tag{1-1-25}$$

式中，σ 为波速。假如 v 满足下面常微分方程

$$-\sigma v' + 6vv' + v''' = 0 \left(' = \frac{\mathrm{d}}{\mathrm{d}s}\right) \tag{1-1-26}$$

则 u 满足 KDV 方程（1-1-24）。

对式（1-1-26）积分一次得

$$-\sigma v + 3v^2 + v'' = a \tag{1-1-27}$$

式中，a 为常数。两边乘以 v' 得

$$-\sigma vv' + 3v^2v' + v''v' = av' \tag{1-1-28}$$

据式（1-1-28）可推得

$$\frac{(v')^2}{2} = -v^3 + \frac{\sigma}{2}v^2 + av + b \tag{1-1-29}$$

式中，b 为另外一个常数。

现在考察满足 $s \to \pm\infty$ 时 v、v'、$v'' \to 0$ 的 v［这种情况下满足式（1-1-25）的解称为孤立子］。这时，式（1-1-28）、式（1-1-29）意味着 $a=b=0$，式（1-1-29）简化为

$$\frac{(v')^2}{2} = v^2 \left(-v + \frac{\sigma}{2} \right) \tag{1-1-30}$$

因此，$v' = \pm v(\sigma - 2v)^{1/2}$。 \hfill (1-1-31)

为便于计算，上式取负号，得到下列关于 v 的隐式计算式

$$s = -\int_1^{v(s)} \frac{\mathrm{d}z}{z(\sigma - 2z)^{1/2}} + c \tag{1-1-32}$$

式中，c 为常数。做代换 $z = \frac{\sigma}{2}\mathrm{sech}^2\theta$，则 $\frac{\mathrm{d}z}{\mathrm{d}\theta} = -\sigma\,\mathrm{sech}^2\theta\tanh\theta$ 和 $z(\sigma - 2z)^{1/2} = \frac{\sigma^{3/2}}{2}\mathrm{sech}^2\theta\tanh\theta$，式（1-1-32）变成

$$s = \frac{2}{\sqrt{\sigma}}\theta + c \tag{1-1-33}$$

式中，θ 由隐式

$$\frac{\sigma}{2}\mathrm{sech}^2\theta = v(s) \tag{1-1-34}$$

给定。最后，联立式（1-1-33）、式（1-1-34）得

$$v(s) = \frac{\sigma}{2}\mathrm{sech}^2 \left[\frac{\sqrt{\sigma}}{2}(s - c) \right] \tag{1-1-35}$$

则

$$u(x, t) = \frac{\sigma}{2}\mathrm{sech}^2 \left[\frac{\sqrt{\sigma}}{2}(x - \sigma t - c) \right] \tag{1-1-36}$$

这就是 KDV 方程的一个行波解，称为孤立子。

相似性解法也可用于求解线性 Klein-Gordon 波动方程、非线性标量反应-扩散方程、孔隙介质方程等，需要时可参见文献 [1]。

3. 特种变换法

将非线性偏微分方程（组）变换为线性偏微分方程（组）。

（1）Cole-Hopf 变换。作为示例，考虑一个带有平方项非线性的抛物型偏微分方程的初值问题

$$u_t - a\Delta u + b\,|Du|^2 = 0 \qquad u = g(t = 0) \tag{1-1-37}$$

式中，$a > 0$；g 为给定函数。

假设 u 是式（1-1-37）的一个光滑解。令 $w = \varphi(u)$，是一个光滑函数，则 $w_t = \varphi'u_t$，$\Delta w = \varphi'\Delta u + \varphi''|Du|^2$，这样，假如 φ 满足 $a\varphi'' + b\varphi' = 0$，则式（1-1-37）意味着 $w_t = \varphi'u_t = \varphi'(a\Delta u - b|Du|^2) = a\Delta w - (a\varphi'' + b\varphi')|Du|^2 = a\Delta w$，方程 $a\varphi'' + b\varphi' = 0$，

可令 $\varphi = \exp\left(-\dfrac{bz}{a}\right)$ 求解，这样，如果 u 是式（1-1-37）的解，则

$$w = \exp\left(-\frac{bu}{a}\right) \tag{1-1-38}$$

是下列方程的解

$$u_t - a\Delta w = 0 \qquad w = \exp\left(-\frac{bg}{a}\right) \tag{1-1-39}$$

式（1-1-38）称为 Cole-Hopf 变换。

式（1-1-39）唯一的有界解是

$$w(x, t) = \frac{1}{(4\pi at)^{n/2}}\int \exp\left[-\frac{|x-y|^2}{(4at)}\right]\exp\left[-\frac{bg(y)}{a}\right]\mathrm{d}y$$

由于式（1-1-38）意味着 $u = -\dfrac{a}{b}\log w$，得到最终解

$$u(x, t) = -\frac{a}{b}\log\left[\frac{1}{(4\pi at)^{\frac{n}{2}}}\int \exp\left(-\frac{|x-y|^2}{4at}\right)\exp\left(-\frac{bg(y)}{a}\right)\mathrm{d}y\right] \tag{1-1-40}$$

Cole-Hopf 变换还可用于求解带黏性的 Burgers 方程等。

（2）势函数法。势函数法利用一个势函数把一个非线性偏微分方程组转化成一个线性偏微分方程，这里以无黏不可压缩流 Euler 方程组为例予以说明。

无黏不可缩流 Euler 方程组如下：

$$\vec{u}_t + \vec{u} \cdot D\vec{u} = -Dp + \vec{f} \qquad \mathrm{div}\vec{u} = 0 \qquad \vec{u} = \vec{g}\ (t=0) \tag{1-1-41}$$

式中，矢量速度场 $\vec{u}$、标量压力场 p 为未知量；初始速度场 $\vec{g}$ 和矢量外力场 $\vec{f}$ 为已知量，符号 D 表示空间坐标的梯度。

假设初始速度场的散度为零，即

$$\mathrm{div}\vec{g} = 0 \tag{1-1-42}$$

再假设外力、速度场均有势，即

$$\vec{f} = Dh \tag{1-1-43}$$

$$\vec{u} = Dv \tag{1-1-44}$$

式中，h、v 分别为外力场、速度场的势函数，由式（1-1-41）第二式得

$$\Delta v = 0 \tag{1-1-45}$$

即 v 是一个调和函数。这样，如果通过式（1-1-45）求得一个光滑解 v 且满足 $D(\cdot, 0) = \vec{g}$，就可通过式（1-1-44）求得 $\vec{u}_\circ\vec{u} \cdot D\vec{u} = \dfrac{1}{2}D(|Dv|^2)$，考虑到式（1-1-43），由式（1-1-41）第一式得 $D\left(v_t + \dfrac{1}{2}|Dv|^2\right) = D(-p + h)$，故有

$$v_t + \frac{1}{2}|Dv|^2 + p = h \tag{1-1-46}$$

这就是 Bernoulli 方程，可用于计算 p，因为 v 和 h 已知。

（3）Legendre 变换。经典 Legendre 变换与 Hodograph 变换有关，其核心思想是将解梯

度的分量作为新的自变量，该法可用于求解最小曲面方程等，限于篇幅，此处从略。

Legendre 变换与 Hodograph 变换在实际应用中技巧性很强，因为对给定的边界条件进行变换不是一件容易的事情。

1.2 用变分法求平面滑坡滑面形状的解析解

滑坡是一种常见现象，露天采矿场边坡滑坡、山体滑坡、土坡滑坡、垃圾填埋场滑坡、尾矿坝溃坝、堆石坝跨坝等都是滑坡的例子。滑坡主要特点是，滑坡体高度较大，内部结构、组成复杂，滑坡的主动力主要是自身重力（相对于坡顶上的建筑物等产生的面力而言）。

滑坡危害很大（世界上一次死亡数百人的滑坡已有多起；2020 年 6 月缅甸发生一起滑坡事故，死亡 146 人），准确预测难度也较大，因此，国内外在滑坡防治方面均投入了大量的人力、物力和财力，在滑坡预测方法方面也开展了大量的研究工作，包括理论分析、数值模拟、试验研究、检验等，形成了一个专门的研究领域[13,14]。由于不容易弄清山体、露天采矿场边坡等天然边坡内部的物质组成、结构、力学性质，加上对尾矿坝、堆石坝等人工边坡管理不善等原因，各类滑坡现象（天灾、人祸）时有发生，仍需进一步研究。

作为应用数学物理方法解决工矿安全问题的第一个例子，本节用变分法求平面滑坡滑面形状的解析解，1.2.1 节建立二维平面滑坡的物理模型；1.2.2 节研究滑面为平面的简化力学模型；1.2.3 节研究真实的滑面形状曲线方程；1.2.4 节为几点补充说明。

需要指出的是，这里的处理方法实际上是一种强度方法，其理由参见 6.1.3 节。

1.2.1 滑坡物理模型

实际的滑坡体一般是三维的。为简化分析，人们提出了简化的二维滑坡模型，滑坡面常用圆弧面近似，分析方法主要包括 Fellenius 法（瑞典圆弧法）和 Bishop 法[15]。这两种方法都属于竖直条分法，前者不考虑竖条之间的相互作用力，后者考虑竖条之间的相互作用力，分为精确分析方法（考虑法向与剪切应力）与简化分析方法（只考虑法向应力）两种。作者认为条分法（包括竖直条分法和水平条分法）的最大不足是假设滑坡面是圆弧面，与绝大多数实际滑坡面不符，导致后续工作建立在错误的假设基础之上。此外，对于内摩擦角等于零或不考虑重力且几何形状比较简单的情形，利用滑移线法可以求得解析解，这种方法可用于地基承载力的计算问题（已进入有关规范）[15]，但用于边坡稳定分析尚未获得业界认可（没有进入有关规范），主要原因是滑坡的主动力重力、岩土材料的内摩擦角不能忽略，而这两点恰好是应用滑移线法的前提，因此，需另辟蹊径。

一种很自然的处理方法是应用叠加原理将重力问题转化为面力问题参见图 1-1，将原问题（a）分解为问题（b）与问题（c）之和，问题（b）的应力场就是半无界空间的重力场，容易得解；如果能够求得问题（c）的应力场，则原问题得解。关键是平面应变问题（c）部分边界为自由边界、部分边界为应力边界且部分应力边界上的应力分布是变化的，较难求得解析解甚至近似解析解，因此，暂时放弃这种设想。

参见二维滑坡物理模型（图 1-2）。其中，（a）为可能的几种情形，在坡顶、坡顶角、坡面、坡底角、坡底上依次取 A、B、C、D、E、F 等六个特征点，用于分析可能出现的滑坡类型。作为理论研究，这里只考虑坡体均质的情况。

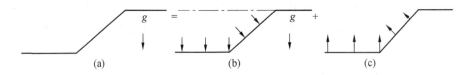

图 1-1　应用叠加原理分解边坡问题

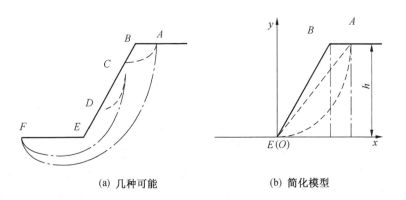

(a) 几种可能　　　　　　(b) 简化模型

图 1-2　二维滑坡物理模型

　　首先，上破裂点只能在坡顶 A 上、不能在坡面 C 上。假如上破裂点在 C 点，则上部的坡体仍会垮塌；其次，上破裂点在 A 点、下破裂点在 C 点的情形是可能的，这种情形更可能的情况是 C 点下移至 E 点，因为 AE 的弧度比 AC 更陡。如果坡体的抗剪强度很低的话，AF 也是可能的。比较常见的情况是上破裂点在 A 点、下破裂点在 E 点，下面重点研究图 1-2b 的情况。

1.2.2　滑面为平面的简化力学模型

　　图 1-2b 中，假设 AE 为滑面，坡面、滑面方程分别为

$$y = x\tan\alpha \tag{1-2-1}$$

$$y = x\tan\beta \tag{1-2-2}$$

式中，α、β 分别为坡面角、滑面角。

　　易知 $\triangle ABE$ 的面积为

$$S = \frac{1}{2}\frac{h}{\tan\alpha}h + \left(\frac{h}{\tan\beta} - \frac{h}{\tan\alpha}\right)h - \frac{1}{2}\frac{h}{\tan\beta}h = \frac{h^2}{2}\left(\frac{1}{\tan\beta} - \frac{1}{\tan\alpha}\right) \tag{1-2-3}$$

　　沿垂直于纸面方向厚度取 1 个单位，则 $\triangle ABE$ 受到的重力为

$$F = \frac{h^2}{2}\left(\frac{1}{\tan\beta} - \frac{1}{\tan\alpha}\right)\rho g \tag{1-2-4}$$

式中，ρ 为岩体的密度；g 为重力加速度。

　　滑体沿滑面方向的下滑力、抗滑力分别为

$$F_1 = \frac{h^2}{2}\left(\frac{1}{\tan\beta} - \frac{1}{\tan\alpha}\right)\sin\beta\rho g \tag{1-2-5}$$

$$F_2 = c\frac{h}{\sin\beta} + \frac{h^2}{2}\left(\frac{1}{\tan\beta} - \frac{1}{\tan\alpha}\right)\cos\beta\rho g\tan\phi \tag{1-2-6}$$

式中，c 为内聚力；ϕ 为内摩擦角。抗滑力与下滑力的差为

$$\Delta F = F_2 - F_1 = c\frac{h}{\sin\beta} + \frac{h^2}{2}\left(\frac{1}{\tan\beta} - \frac{1}{\tan\alpha}\right)\cos\beta\rho g\tan\phi - \frac{h^2}{2}\left(\frac{1}{\tan\beta} - \frac{1}{\tan\alpha}\right)\sin\beta\rho g$$

$$= \frac{ch}{\sin\beta} + \frac{h^2}{2}\left(\frac{1}{\tan\beta} - \frac{1}{\tan\alpha}\right)(\cos\beta\tan\phi - \sin\beta)\rho g$$

$$= \frac{ch}{\sin\beta} + \frac{h^2}{2}\left[\frac{\cos\beta}{\tan\beta}\tan\phi - \cos\beta\left(1 + \frac{\tan\phi}{\tan\alpha}\right) + \frac{\sin\beta}{\tan\alpha}\right]\rho g \tag{1-2-7}$$

易见 ΔF 是 α、h、c、ϕ、ρ、g、β 等 7 个参数的函数。根据变分原理,滑面角 β 使 ΔF 取极值。故计算 $\dfrac{\partial\Delta F}{\partial\beta}$ 并令 $\dfrac{\partial\Delta F}{\partial\beta} = 0$,得

$$-\frac{ch\cos\beta}{\sin^2\beta} + \frac{h^2}{2}\left[-\left(1 + \frac{1}{\sin^2\beta}\right)\cos\beta\tan\phi + \sin\beta\left(1 + \frac{\tan\phi}{\tan\alpha}\right) + \frac{\cos\beta}{\tan\alpha}\right]\rho g = 0$$

即

$$\left[\frac{1}{\tan\alpha} + \left(1 + \frac{\tan\phi}{\tan\alpha}\right)\tan\beta\right]\sin^2\beta - \tan\phi(1 + \sin^2\beta) = \frac{2c}{(h\rho g)} \tag{1-2-8}$$

由此式可计算 β。

方程(1-2-8)是一个隐式非线性代数方程,可用试算插值法或数学软件求数值解。如果算得的 β 小于 α,说明已经滑坡;如果大于 α,则不会滑坡。

式(1-2-8)中,c、h 以比值 c/h 的形式出现,h 增大与 c 减小等效,故 h 越大越易滑坡,符合实际。

上述简化力学模型说明了应用极值原理解决滑坡问题的可行性。

1.2.3 真实的滑面形状曲线方程

1. 泛函极值、Euler 方程与边值问题

泛函,简单说就是函数的函数。显然,泛函的形式可以有多种,本书仅考虑积分形式中最简单的泛函(只包含一个自变量、一个因变量及其一阶导数)

$$J[y] = \int_{x_0}^{x_1} F(x, y, y')\mathrm{d}x \tag{1-2-9}$$

边界条件为

$$y(x_0) = a \qquad y(x_1) = b \tag{1-2-10}$$

在固体力学里泛函常表示某种形式能量的积分,故式(1-2-9)又称能量积分。

根据变分法,泛函 $J[y]$ 取极值的必要条件是

$$\frac{\partial F}{\partial y} - \frac{\mathrm{d}}{\mathrm{d}x}\frac{\partial F}{\partial y'} = 0 \tag{1-2-11}$$

式(1-2-11)称为 Euler-Lagrange 方程,简称 Euler 方程。将其展开得

$$F_{y'y'}y'' + F_{y'y}y' + F_{y'x} - F_y = 0 \tag{1-2-12}$$

这里,各阶导数为一次方、系数和其余部分都是包含自变量、未知函数、未知函数的一阶导数的给定函数,因而是一类拟线性常微分方程,与边界条件一起组成一类边值问题,通过求解式(1-2-11)或式(1-2-12)的解获得变分问题解的方法称为变分问题的间接解法;直接求解变分问题解的方法称为变分问题的直接解法。本节介绍及应用间接解法。

Euler 方程或其展开形式能够直接积分出来的不多,即使引用级数解法通常也是比较

困难的，几种特殊而又重要情形的解法如下：

（1）F 不显含 x。因为

$$\frac{\mathrm{d}}{\mathrm{d}x}(y'F_{y'} - F) = y''F_{y'} + y'(y'F_{y'y} + y''F_{y'y'}) - y'F_y - y''F_{y'} = y'(y'F_{y'y} + y''F_{y'y'} - F_y) =$$

$$y'\left(\frac{\mathrm{d}}{\mathrm{d}x}F_{y'} - F_y\right) = 0，于是有初积分 y'F_{y'} - F = C_1，由此解出 y' = f(y, C_1)，即可获得 x =$$

$$\int\frac{\mathrm{d}y}{f(y, C_1)} + C_2，C_1、C_2 由边界条件确定。$$

（2）F 不显含 y。由式（1-2-12）得 $F_{y'} = C_1$，即 $y' = f(x, C_1)$，$y = \int f\mathrm{d}x + C_2$，$C_1$、$C_2$ 由边界条件确定。

（3）F 不显含 y'。此时，$\frac{\partial F}{\partial y} = 0$，由此确定一个隐函数 $y(x)$，它一般不满足边界条件。

一般情况下的 Euler 方程可以寻求近似解析解或数值解。如果一个二阶的拟线性常微分方程能够写成 Euler 方程的形式，则它具有上述泛函，可以利用 Ritz 法求近似解析解。如果找不到对应的泛函，可以利用 Galerkin 法直接从微分方程出发求近似解析解。Ritz 法和 Galerkin 法称为变分问题的直接解法。至于如何判断一个二阶的拟线性常微分方程是否能够写成 Euler 方程那样的形式以及如何寻找其泛函，可参见 1.3 节。

2. 二维滑坡极值问题

竖条受力分析如图 1-3 所示，厚度方向仍取 1 个单位，滑面上的力不考虑竖条之间的相互作用。

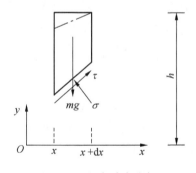

图 1-3　竖条受力分析

x 到 $x+\mathrm{d}x$ 滑体的高度分为两种情况，在坡面段为 $x\tan\alpha - y$，在坡顶段为 $h-y$，相应的质量分别为 $m = (x\tan\alpha - y)\rho\mathrm{d}x$，$m = (h - y)\rho\mathrm{d}x$，重力为 mg。根据静力学及库仑—摩尔定律有以下关系：用 f_1 表示向下的力减去向上的力，则在坡面段

$$f_1 = (x\tan\alpha - y)\rho g\mathrm{d}x - \sigma\frac{\mathrm{d}x}{\cos\beta}\cos\beta - \tau\frac{\mathrm{d}x}{\cos\beta}\sin\beta$$

即

$$f_1 = (x\tan\alpha - y)\rho g\mathrm{d}x - \sigma\mathrm{d}x - \tau y'\mathrm{d}x \tag{1-2-13}$$

水平向力平衡，$\sigma\dfrac{\mathrm{d}x}{\cos\beta}\sin\beta = \tau\dfrac{\mathrm{d}x}{\cos\beta}\cos\beta$。

即
$$\sigma y' = \tau \tag{1-2-14}$$

库仑-摩尔定律
$$\tau = c + \sigma \tan\phi \tag{1-2-15}$$

由式（1-2-14）、式（1-2-15）得
$$\sigma = \frac{c}{y' - \tan\phi} \tag{1-2-16}$$

$$\tau = c\left(1 + \frac{\tan\phi}{y' - \tan\phi}\right) = c\,\frac{y'}{y' - \tan\phi} \tag{1-2-17}$$

代入式（1-2-13）得
$$f_1 = \left[(x\tan\alpha - y)\rho g - c\,\frac{1 + (y')^2}{y' - \tan\phi}\right]\mathrm{d}x \tag{1-2-18}$$

同理可得坡顶段 f_2 的计算式为
$$f_2 = \left[(h - y)\rho g - c\,\frac{1 + (y')^2}{y' - \tan\phi}\right]\mathrm{d}x \tag{1-2-19}$$

根据变分法，滑面使下列积分取极值
$$I = \int_0^{h/\tan\alpha}\left[(x\tan\alpha - y)\rho g - c\,\frac{1 + (y')^2}{y' - \tan\phi}\right]\mathrm{d}x + \int_{h/\tan\alpha}^{a}\left[(h - y)\rho g - c\,\frac{1 + (y')^2}{y' - \tan\phi}\right]\mathrm{d}x$$
$$\tag{1-2-20}$$

式中，积分上限 a 为上破裂点距坐标原点的水平距离。

3. 解析解

这里，积分分为两段。在区间 $[0,\ h/\tan\alpha]$ 上，$F = (x\tan\alpha - y)\rho g - c\,\frac{1 + (y')^2}{y' - \tan\phi}$，

$F_y = -\rho g$，$F_{y'} = c\,\frac{1 + 2y'\tan\phi - (y')^2}{(y' - \tan\phi)^2}$，$F_{y'x} = 0$，$F_{y'y} = 0$，$F_{y'y'} = -\frac{2c}{(y' - \tan\phi)^3\cos^2\phi}$，欧拉方程为

$$-\rho g + y''\frac{2c}{(y' - \tan\phi)^3\cos^2\phi} = 0$$

即
$$y'' - A(y' - \tan\phi)^3 = 0 \tag{1-2-21}$$

式中，$A = \dfrac{\rho g\cos^2\phi}{2c}$。

在区间 $[h/\tan\alpha,\ a]$ 上，$F = (h - y)\rho g - c\,\dfrac{1 + (y')^2}{y' - \tan\phi}$，$F_y = -\rho g$，$F_{y'} = c\,\dfrac{1 + 2y'\tan\phi - (y')^2}{(y' - \tan\phi)^2}$，

$F_{y'x} =$，$F_{y'y} = 0$，$F_{y'y'} = -\dfrac{2c}{(y' - \tan\phi)^3\cos^2\phi}$，欧拉方程同式（1-2-21），因此，在区间

$[0,\ a]$ 上共用一条极值曲线。

做变换 $y' - \tan\phi = z$，则 $y'' = z'$，式（1-2-21）变为
$$z' - Az^3 = 0 \tag{1-2-22}$$

式（1-2-22）为一非线性常微分方程，容易求解 $-\dfrac{1}{2z^2} = Ax + C_0$，$\dfrac{1}{z^2} = -2C_0 - 2Ax$，

$$(y' - \tan\phi)^2 = \frac{1}{C_1 - 2Ax} ,$$

$$y' = \frac{1}{(C_1 - 2Ax)^{1/2}} + \tan\phi \qquad (1\text{-}2\text{-}23)$$

$$y = \frac{-(C_1 - 2Ax)^{1/2}}{A} + x\tan\phi + C_2 \qquad (1\text{-}2\text{-}24)$$

极值曲线过坐标原点，利用起点坐标（0，0）得

$$C_2 = \frac{C_1^{1/2}}{A}$$

式（1-2-24）变为

$$y = \frac{C_1^{1/2} - (C_1 - 2Ax)^{1/2}}{A} + x\tan\phi \qquad (1\text{-}2\text{-}25)$$

根据前述分析，a 应大于等于 $h/\tan\alpha$（否则不会滑坡）。斜截条件为

$$[F - y'F_{y'}]\big|_{x=a} = 0 \qquad (1\text{-}2\text{-}26)$$

即

$$(y')^2\tan\phi + 2y' - \tan\phi = 0 \qquad (1\text{-}2\text{-}27)$$

或

$$y' - \tan\phi \to \infty \qquad (1\text{-}2\text{-}28)$$

由式（1-2-27）得

$$y' = \frac{-2 + \sqrt{4 + 4\tan^2\phi}}{2\tan\phi} = \frac{\sqrt{1 + \tan^2\phi} - 1}{\tan\phi} = \frac{1 - \cos\phi}{\sin\phi} \qquad (1\text{-}2\text{-}29)$$

与式（1-2-25）联立，得

$$\frac{1}{(C_1 - 2Aa)^{1/2}} = \frac{1 - \cos\phi}{\sin\phi} - \tan\phi$$

该式左侧大于零，右侧小于零，无解，故斜截条件只能取式（1-2-28）。则由式（1-2-25）得

$$C_1 = 2Aa \qquad (1\text{-}2\text{-}30)$$

利用交点坐标（a，h）和式（1-2-30），由式（1-2-28）得

$$\frac{a}{h}\tan\phi + B\left(\frac{a}{h}\right)^{1/2} - 1 = 0 \qquad (1\text{-}2\text{-}31)$$

式中，$B = \left(\dfrac{2}{Ah}\right)^{1/2} = \dfrac{2}{\cos\phi}\sqrt{\dfrac{c}{\rho g h}}$。

由式（1-2-31）得

$$\frac{a}{h} = \left(\frac{\sqrt{B^2 + 4\tan\phi} - B}{2\tan\phi}\right)^2 \qquad (1\text{-}2\text{-}32)$$

式（1-2-25）变为

$$\frac{y}{h} = B\left[\left(\frac{a}{h}\right)^{1/2} - \left(\frac{a}{h} - \frac{x}{h}\right)^{1/2}\right] + \frac{x}{h}\tan\phi \qquad \left(\frac{x}{h} \geqslant \frac{1}{\tan\alpha}\right) \qquad (1\text{-}2\text{-}33)$$

这就是真实滑面形状的曲线方程（精确解）。

算例：取 $\phi = 10°$，$c = 0.5$ MPa，$\rho = 2500$ kg/m³，$g = 9.8$ m/s²，$h = 30$ m，则 $\cos\phi =$

0.985，$B = 1.675$；$\tan\phi = 0.176$，$B^2 = 2.806$，$a/h = 0.318$；式（1-2-33）化为

$$\frac{y}{h} = 1.675\left[0.564 - \left(0.318 - \frac{x}{h}\right)^{1/2}\right] + 0.176\frac{x}{h} \qquad (1-2-34)$$

$\alpha = 75°$；采用数学软件，可画出无量纲函数$\frac{y}{h}$与$\frac{x}{h}$之间的关系曲线，如图1-4所示，可见理论上的滑坡曲线的确不是圆弧，与实际的滑坡曲线[16] 极为相似。

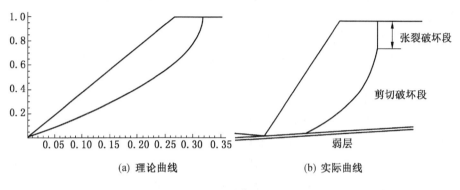

(a) 理论曲线　　　　　　　　　(b) 实际曲线

图 1-4　滑坡曲线

4. 下边界点自由的情况

上述分析中，为简化分析，我们令滑面过（0，0）点，实际上，这一要求并非必须，即图1-2a 中的情形 AF 是可能的。理论上，只要要求 F 点在水平平面上运动（称为自然边界条件），利用变分法也能求出可能的滑面 AF 的曲线方程[5]。限于篇幅，这里就不进行具体推导了。

1.2.4　几点补充说明

（1）求得了滑面的曲线方程就可以进行相关分析了，如应采取的各种防治措施，包括坡底桩的合理位置、深度等。因本节重在介绍一种新的研究分析方法，具体分析工作从略。

（2）合理确定边坡的 c、ϕ 值在边坡稳定性分析中至关重要（雨季山体的 c、ϕ 值降低是山体容易滑坡的主要诱因，房屋选址一定要考虑雨季山体滑坡的可能）。爆破振动也是一种诱因。

（3）本书采用库仑—摩尔破坏准则作为岩石（体）的强度理论，认为滑面没有厚度。实际上真实的滑面是有厚度的，是雁行张裂的结果，称为岩石破坏的 Gramberg 理论。Gramberg 理论涉及几何非线性问题，这方面的研究工作可参见文献［17］。

1.3　用变分法求非线性本征值问题的近似解析解

在1.1.3节已经看到，分离变量法作为求解线性偏微分方程的一种重要方法，也可用于求解非线性偏微分方程，得到的本征值问题一般是非线性的。这样，自然产生了如何求解非线性本征值的问题。实际上，本征值问题是一种特殊的边值问题，本节从研究非线性边值问题的求解方法开始讨论。

边值问题的偏微分方程在分类上是椭圆型的。一般说来，边值问题比初值问题复杂，边值问题可能无解，有解的话可能唯一也可能不唯一。边值问题解的存在性、唯一性、正

则性（光滑性）等可利用（非线性）泛函分析予以证明、检验[1]。从工程实践中诞生的边值问题的存在性、唯一性、正则性则可以通过问题的物理背景予以判断。存在解的边值问题，除少数情况下能够获得解析解之外，多数情况下只能获得近似解和数值解，常用变分法寻求近似解析解。

变分法主要由数学家 Euler 创立，变分法的起源与弹性理论中的变分原理有关[18]，借助能量积分的概念由变分原理可以推出边值问题的平衡方程等，也可用变分法求平衡方程的近似解析解，这种方法称为变分问题的直接解法，如基于最小势能原理的 Ritz 法。因此，对于存在能量积分的情况，边值问题与极值问题相对应，本征值问题与条件极值问题相对应，在一定条件下，条件极值问题可以通过 Lagrange 乘子法转化为无条件极值问题求解。

但是，不是每一个边值问题都有相应的能量积分。对于不存在能量积分的边值问题，Galerkin 提出了一种基于虚功（或虚位移）原理的适用面更广的近似解析解法，称为 Galerkin 法。Galerkin 法与 Ritz 法在许多方面有相似之处，它们都能求非线性边值问题的近似解析解，都是有限单元法的理论基础，故把它们放在一起在本节介绍。泛函极值、Euler 方程与边值问题，包括 Euler 方程有可能存在解析解的几种特殊情况见 1.2.3 节。

本节中 1.3.1 节介绍条件极值、Lagrange 乘子法与本征值问题，重点在于说清楚多个本征值的求法问题；1.3.2 节介绍能量积分的求法；1.3.3 节介绍应用 Ritz 法和 Galerkin 法求非线性本征值问题近似解析解的具体方法，后者是作者曾经遇到的一个实际问题（见 5.1 节）；1.3.4 节简要说明椭圆型偏微分方程与抛物型偏微分方程之间的联系。

1.3.1　条件极值、Lagrange 乘子法与本征值问题

求泛函

$$J[y] = \int_{x_0}^{x_1} F(x,\ y,\ y')\,\mathrm{d}x \tag{1-3-1}$$

在边界条件

$$y(x_0) = a \qquad y(x_1) = b \tag{1-3-2}$$

以及约束条件

$$J_1[y] = \int_{x_0}^{x_1} G(x,\ y,\ y')\,\mathrm{d}x = L \tag{1-3-3}$$

下的极值，其中，L 为常数，可采用处理多元函数条件极值问题的 Lagrange 乘子法，即定义

$$J_0[y] = J[y] - \lambda J_1[y] \tag{1-3-4}$$

将条件极值问题转化为无条件极值问题，其中的 Lagrange 乘子 λ 为待定常数。仿 Euler 方程的求得过程可得式（1-3-4）取极值的 Euler 方程，即

$$\left(\frac{\partial}{\partial y} - \frac{\mathrm{d}}{\mathrm{d}x}\frac{\partial}{\partial y'}\right)(F - \lambda G) = 0 \tag{1-3-5}$$

解题方法：由式（1-3-5）求出含参数 λ 及积分常数的极值曲线，再按边界条件、约束条件确定 λ 及积分常数。需要注意的是，式（1-3-5）与 L 无关。

式（1-3-5）与边界条件式（1-3-2）也组成一类边值问题，1.2.3 小节中的有关论述同样适用，但有其特殊性，即引入了约束条件式（1-3-3）和 Lagrange 乘子 λ。需要特

别说明的是，有可能求得式（1-3-5）的解析解，λ 只有一个值而非无穷多个，具体见1.1.3 小节。

通常情况下求解本征值问题式（1-3-5）比较困难，可以与求解相应的泛函式（1-3-4）的极值问题关联起来求取近似解析解，由式（1-3-5）反求式（1-3-4）的方法同 1.3.2 小节的示例 1，因为 λ 是常数，所以反求过程中不会遇到任何困难（注意 λ 前的正负符号）。其中的 λ 即本征值，与 λ 对应的极值曲线即本征函数。

上面约束条件的个数是一个，可以求得一个本征值和一个本征函数。实际上，约束条件的个数可以是无穷多个，$J_i[y] = \int_{x_0}^{x_1} G_i(x, y, y')\mathrm{d}x = L_i(i = 1, 2, \cdots)$，定义泛函 $J_0[y] = J[y] - \lambda_1 J_1[y] - \lambda_2 J_2[y] - \cdots$，相应的 Euler 方程为

$$\left(\frac{\partial}{\partial y} - \frac{\mathrm{d}}{\mathrm{d}x}\frac{\partial}{\partial y'}\right)(F - \lambda_1 G_1 - \lambda_2 G_2 - \cdots) = 0 \tag{1-3-6}$$

则可以求得无穷多个本征值和无穷多个本征函数。

但是，当本征值问题处于式（1-3-5）的形式时能够求得 λ_2、$\lambda_3\cdots$吗？

关于该问题的处理，一种很自然的猜测是将 λG 人为分解为 $\lambda_1 G_1 + \lambda_2 G_2 + \cdots$，显然，分解方式不唯一，求得的 λ_1、$\lambda_2\cdots$也不唯一。为了求取问题的近似解析解，通常我们只需要一个 λ 和一个本征函数，即不进行分解；为了提高近似解的精度，可以增加本征函数的项数。如果实在需要求取第二甚至第三个本征值和本征函数，就需要增加约束条件，见1.3.3 小节中的 Ritz 法。显然，没有约束条件相当于 $\lambda = 0$，条件极值问题退化成普通极值问题，本征值问题退化成普通边值问题。

Sturm-Liouville 型（简称 S-T 型）本征值问题的常微分方程是变系数线性的（比拟线性常微分方程容易处理些）

$$[k(x)X'(x)]' - q(x)X(x) + \lambda\rho(x)X(x) = 0 \tag{1-3-7}$$

一般形式的二阶变系数线性常微分方程都能化成式（1-3-7）的形式。关于其固有值，有以下 4 点重要结论：

（1）所有固有值 λ 均为实数，且 $\lambda \geqslant 0$。$\lambda = 0$ 对应 $q(x) = 0$ 且两端不出现第 I、III 类边界条件的情况，固有函数为常数 1。

（2）全体固有值组成无穷数列 $\lambda_1 < \lambda_2 < \cdots < \lambda_n < \cdots$，$\lim_{n \to +\infty}\lambda_n = +\infty$，对应于每一个固有值，只有一个线性独立的固有函数，组成对应的固有函数列 $X_1(x)$，$X_2(x)$，$\cdots$。

（3）不同固有值对应的固有函数相互加权正交，$\int_a^b \rho(x)X_m(x)X_n(x) = 0$，$m \neq n$。

（4）全体固有函数 $\{X_n(x)$，$n = 1, 2, \cdots\}$ 构成以 $\rho(x)$ 为权函数的完备正交基。

上述 4 点是分离变量法的理论基础。本节的目的是求取非线性本征值问题的近似解析解，故这里就不继续介绍它们的证明了，需要时可参看数学物理方程方面的书籍，如文献[3]。

1.3.2 寻求能量积分

对于二阶拟线性常微分方程，要想判断其是否具有式（1-3-1）那样的泛函并非易事，我们采用另外的策略，即假设其具有相应的泛函并求之，如果成功，一举两得；如果不成功，证明其不具备那样的泛函。因此，先说明函数 $y(x)$ 的变分 $\delta y(x)$ 的含义及其运

算法则，再通过示例说明泛函的具体求法。

实际上，$\delta y(x)$ 与 Δx、dx 含义相仿，都是指一个微小变化，一般要求 $\delta y(x)$ 满足 $|\delta y(x)| < \varepsilon$，有时还要求 $|(\delta y)'(x)| < \varepsilon$，这里，$\varepsilon$ 是一个任意小的正数。常用的变分运算法则也比较容易理解，即

(1) 函数 y 本身只有一级变分，$\delta^2 y = 0$。

(2) $\delta(\alpha F + \beta G) = \alpha \delta F + \beta \delta G$（$\alpha$、$\beta$ 是常数）。

(3) $\delta(FG) = (\delta F)G + F(\delta G)$。

(4) $\delta y' = (\delta y)'$。

(5) $\delta \int F dx = \int (\delta F) dx$。

(6) $\delta F(x, y, y') = \dfrac{\partial F}{\partial y} \delta y + \dfrac{\partial F}{\partial y'}(\delta y)'$。

1. 示例 1

写出常微分方程

$$\frac{d}{dx}\left[p(x)\frac{dy}{dx}\right] + q(x)y(x) = f(x) \tag{1-3-8}$$

与边界条件式（1-3-2）组成边值问题的泛函。

根据 Euler 方程的推导过程可知[19]，式（1-3-8）一定来自下式

$$\int_{x_0}^{x_1}\left\{\frac{d}{dx}\left[p(x)\frac{dy}{dx}\right] + q(x)y(x) - f(x)\right\}\delta(y)dx = 0 \tag{1-3-9}$$

现在的问题就是要把上式左端化成泛函的变分，其中第二项、第三项显然有 $\int_{x_0}^{x_1} q(x)y(x)\delta(y)dx = \dfrac{1}{2}\delta\int_{x_0}^{x_1} q(x)y^2(x)dx$、$\int_{x_0}^{x_1} f(x)\delta(y)dx = \delta\int_{x_0}^{x_1} f(x)y(x)dx$，注意已知函数 $q(x)$、$f(x)$ 与 $y(x)$ 的变分无关，它们在变分计算中属于常量。其中第一项可以通过分部积分化为 $\int_{x_0}^{x_1}\dfrac{d}{dx}\left[p(x)\dfrac{dy}{dx}\right]\delta(y)dx = -\int_{x_0}^{x_1} p(x)\dfrac{dy}{dx}\delta\left(\dfrac{dy}{dx}\right)dx = -\dfrac{1}{2}\delta\int_{x_0}^{x_1} p(x)\left(\dfrac{dy}{dx}\right)^2 dx$，其中用到了 $\delta(y)\mid x_0 = \delta(y)\mid x_1 = 0$。综合上面的结果可以得到

$$\int_{x_0}^{x_1}\left\{\frac{d}{dx}\left[p(x)\frac{dy}{dx}\right] + q(x)y(x) - f(x)\right\}\delta(y)dx =$$

$$-\delta\int_{x_0}^{x_1}\left\{\frac{1}{2}\left[p(x)\left(\frac{dy}{dx}\right)^2 - q(x)y^2(x)\right] + f(x)y(x)\right\}dx = 0 \tag{1-3-10}$$

这就说明，方程（1-3-8）一定是泛函

$$J[y] = \int_{x_0}^{x_1}\left\{\frac{1}{2}\left[p(x)\left(\frac{dy}{dx}\right)^2 - q(x)y^2(x)\right] + f(x)y(x)\right\}dx \tag{1-3-11}$$

取极值的必要条件，故式（1-3-11）即为所求。

式（1-3-8）属于 S-T 型方程 $\dfrac{d}{dx}\left[p(x)\dfrac{dy}{dx}\right] - q(x)y(x) + \lambda\rho(x)y(x) = 0$。S-T 型方程的本征值理论内容十分丰富，是分离变量法的理论基础。

2. 示例 2

探求拟线性常微分方程

$$\frac{\mathrm{d}^2 y}{\mathrm{d}x^2} + \frac{1}{x}\frac{\mathrm{d}y}{\mathrm{d}x} + \lambda y^{-1/2} = 0 \qquad (1\text{-}3\text{-}12)$$

与边界条件式（1-3-2）组成的本征值问题是否具有能量积分？这是在 5.1 节曾遇到的一个实际问题会进行讨论。

假设其具有能量积分，则它必来自于下式

$$\int_{x_0}^{x_1}\left(\frac{\mathrm{d}^2 y}{\mathrm{d}x^2} + \frac{1}{x}\frac{\mathrm{d}y}{\mathrm{d}x} + \lambda y^{-\frac{1}{2}}\right)\delta(y)\,\mathrm{d}x \qquad (1\text{-}3\text{-}13)$$

仿照示例 1 中的做法，易知其中的第一项等于 $\int_{x_0}^{x_1}\frac{\mathrm{d}}{\mathrm{d}x}\left(\frac{\mathrm{d}y}{\mathrm{d}x}\right)\delta(y)\,\mathrm{d}x = -\int_{x_0}^{x_1}\left(\frac{\mathrm{d}y}{\mathrm{d}x}\right)\delta\left(\frac{\mathrm{d}y}{\mathrm{d}x}\right)\mathrm{d}x =$ $-\frac{1}{2}\int_{x_0}^{x_1}\delta\left(\frac{\mathrm{d}y}{\mathrm{d}x}\right)^2\mathrm{d}x = -\frac{1}{2}\delta\int_{x_0}^{x_1}\left(\frac{\mathrm{d}y}{\mathrm{d}x}\right)^2\mathrm{d}x$；第三项等于 $\int_{x_0}^{x_1}\lambda y^{-\frac{1}{2}}\delta(y)\,\mathrm{d}x = 2\delta\int_{x_0}^{x_1}\lambda y^{\frac{1}{2}}\mathrm{d}x$；第二项等于 $\int_{x_0}^{x_1}\frac{1}{x}\frac{\mathrm{d}y}{\mathrm{d}x}\delta(y)\,\mathrm{d}x$，其中的 $\frac{1}{x}\frac{\mathrm{d}y}{\mathrm{d}x}$ 不能化成 $\frac{\mathrm{d}}{\mathrm{d}x}()$ 的形式，不能将 δ 提到积分号前。因此，式（1-3-13）不能化成变分形式，式（1-3-12）与边界条件式（1-3-2）组成的本征值问题不具有能量积分。

1.3.3　本征值问题的近似解析解

1. Ritz 法——存在能量积分的情况

对于没有解析解但存在能量积分的情况，可以采用 Ritz 法求取近似解析解。关于 Ritz 法，有关变分法的教程都有介绍，其核心在于选取坐标函数系，而坐标函数系的选取主要依赖于区域的形状和边值条件。

首先，第二、第三类边界条件属于变分问题的自然边界条件，采用 Ritz 法时坐标函数不必满足自然边界条件，但需满足本质边界条件。所谓自然边界条件是指 $y(a)$ 在 $x=a$ 上可以上、下滑动的边界条件，与 $y(a)=0$ 之类的本质边界条件相对应。在只讲 Ritz 法的教程中有时不提自然边界条件的概念。

一维情况下，区域的形状就是简单的区间，不妨设区间为 [0, 1]，对于齐次的第一类边界条件，常可取 $\{\varphi_i,\ i=1,\ 2,\ \cdots\}$ 为

（1）$\varphi_i = x^i(l-x)$。

（2）$\varphi_i = \sin(i\pi x/l)$。

这两个坐标函数系中的每一个都是线性无关、完备的。

二维情况下的区域形状就复杂些，坐标函数系也常选多项式系或三角函数系。选多项式系时，一般先选一个函数 $w(x, y)$，要求它满足齐次边界条件、在区域内大于零及 w、w_x、w_y 连续等，然后再以 $w(x, y)$ 为基础根据区域形状构造坐标函数系 $\{\varphi_i(x, y),\ i = 1,\ 2,\ \cdots\}$：$\varphi_0 = w$；$\varphi_1 = wx$；$\varphi_2 = wy$；$\varphi_3 = wx^2$；$\varphi_4 = wxy$；$\varphi_5 = wy^2$；$\cdots$

（1）对于矩形区域 $-a\leq x\leq a$，$-b\leq y\leq b$，可选 $w(x, y) = (a^2 - x^2)(b^2 - y^2)$。

（2）对于椭圆型区域 $\frac{x^2}{a^2} + \frac{y^2}{b^2} \leq 1$，可选 $w(x, y) = 1 - \frac{x^2}{a^2} - \frac{y^2}{b^2}$。

（3）对于矩形区域内有圆孔时，可选 $w(x, y) = (a^2 - x^2)(b^2 - y^2)(x^2 + y^2 - r^2)$。

（4）对于由直线段围成的凸多边形区域，也可构造其 $w(x, y)$[6]。

这里举一例展示 Ritz 法的具体用法。

求拟线性本征值问题[19]

$$\frac{\mathrm{d}}{\mathrm{d}x}\left(x\,\frac{\mathrm{d}y}{\mathrm{d}x}\right) + \lambda xy = 0 \tag{1-3-14}$$

$y(0)$ 有界，$y(1) = 0$。 $\tag{1-3-15}$

的能量积分、约束条件、最小本征值及本征函数。

容易求得这个本征值问题的能量积分和约束条件是

$$J[y] = \int_0^1 x(y')^2 \mathrm{d}x \tag{1-3-16}$$

$$J_1[y] = \int_0^1 xy^2 \mathrm{d}x = L \tag{1-3-17}$$

我们用函数

$$y(x) = \alpha(1 - x^2) + \beta(1 - x^2)^2 + \cdots \tag{1-3-18}$$

逼近本征函数，其中，系数 α、β、$\cdots$ 待定。为提高计算精度，采用二项（但只能求得一个本征值和一个本征函数）。它满足边界条件式（1-3-15）。将式（1-3-18）代入式（1-3-16）、式（1-3-17）得

$$J[y] = \int_0^1 x(y')^2 \mathrm{d}x = \alpha^2 + \frac{4}{3}\alpha\beta + \frac{2}{3}\beta^2 \tag{1-3-19}$$

$$J_1[y] = \int_0^1 xy^2 \mathrm{d}x = \frac{1}{6}\alpha^2 + \frac{1}{4}\alpha\beta + \frac{1}{10}\beta^2 = L \tag{1-3-20}$$

可看成二元函数的条件极值问题，必要条件是

$$\frac{\partial(J - \lambda J_1)}{\partial\alpha} = 2\alpha + \frac{4}{3}\beta - \lambda\left(\frac{1}{3}\alpha + \frac{1}{4}\beta\right) = 0 \tag{1-3-21}$$

$$\frac{\partial(J - \lambda J_1)}{\partial\beta} = \frac{4}{3}\beta + \frac{4}{3}\alpha - \lambda\left(\frac{1}{5}\beta + \frac{1}{4}\alpha\right) = 0 \tag{1-3-22}$$

这是关于 α、β 的线性代数方程组，有非零解的充要条件为系数行列式等于零

$$\begin{vmatrix} 2 - \dfrac{\lambda}{3} & \dfrac{4}{3} - \dfrac{\lambda}{4} \\ \dfrac{4}{3} - \dfrac{\lambda}{4} & \dfrac{4}{3} - \dfrac{\lambda}{5} \end{vmatrix} = 0,$$ 化简后得

$$3\lambda^2 - 128\lambda + 640 = 0 \tag{1-3-23}$$

解之得 $\lambda_{\min} = \dfrac{64}{3} - \dfrac{8}{3}\sqrt{34} \approx 5.7841$，与精确解 5.7831 的相对误差不到 2×10^{-4}。

将 $\lambda_{\min}$ 代入式（1-3-21）、式（1-3-22），可求得 $\alpha = 1.6506$、$\beta = 1.0539$，相应的本征函数的近似解为 $y_2(x) = 1.6506(1 - x^2) + 1.0539(1 - x^2)^2$。

方程式（1-3-23）还有一个数值更大的解，但不应视为第二个本征值。要获得第二个本征值和本征函数，就需在 $y_2(x)$ 的基础上增加一个约束条件，例如，增加一个加权正交条件 $\int_0^1 y(x)y_2(x)x\mathrm{d}x = 0$，重新求解一个新的本征值问题，新本征值问题的最小本征值即为原本征值问题的第二个本征值，以此类推（求解第三个本征值需要增加两个正交条件，一个与第一个正交，另一个与第二个正交）。

2. Galerkin 法——不存在能量积分的情况

对于不存在能量积分的情况，可以采用 Galerkin 法求本征值问题的近似解析解，前提是假设的本征函数需要满足本质边界条件和自然边界条件，否则，一般得不到好的结果。这也是存在能量积分时不推荐应用 Galerkin 法的原因。

应该说，Galerkin 法并不属于变分法，它基于虚位移（或虚功）原理，直接从边值问题的微分方程出发，概念清晰明了［力的平衡方程与假设的变形位移的乘积就是功，参见式（1-3-25）］，因而比基于最小势能原理的 Ritz 法适用面更广。关于 Galerkin 法的详细介绍请见有关专著，如文献［5］。这里研究 1.3.2 节中的示例 2。

基于对物理问题的研究（见 5.1 节），我们先用一个开口向下的二次曲线

$$y(x) = -ax^2 + bx + c \quad (a > 0) \tag{1-3-24}$$

逼近本征函数（这里的二次曲线不算复杂）。易知 $x_0 = \dfrac{b - \sqrt{b^2 + 4ac}}{2a}$，$x_1 = \dfrac{b + \sqrt{b^2 + 4ac}}{2a}$。因此，只有 c 待定。

按 Galerkin 法，首先计算积分

$$J = \int_{x_0}^{x_1} \left(\frac{\mathrm{d}^2 y}{\mathrm{d}x^2} + \frac{1}{x} \frac{\mathrm{d}y}{\mathrm{d}x} + \lambda y^{-\frac{1}{2}} \right) (-ax^2 + bx + c) \mathrm{d}x \tag{1-3-25}$$

由式（1-3-24）得 $y' = -2ax + b$，$y'' = -2a$，代入式（1-3-25）得

$$J = \int_{x_0}^{x_1} \left(-4a + \frac{b}{x} + \frac{\lambda}{\sqrt{-ax^2 + bx + c}} \right) (-ax^2 + bx + c) \mathrm{d}x \tag{1-3-26}$$

分项积分如下：$J_1 = \int_{x_0}^{x_1} -4a(-ax^2 + bx + c) \mathrm{d}x = -4a\left[-\dfrac{a}{3}(x_1^3 - x_0^3) + \dfrac{b}{2}(x_1^2 - x_0^2) + c(x_1 - x_0) \right]$；$J_2 = \int_{x_0}^{x_1} \dfrac{b}{x}(-ax^2 + bx + c) \mathrm{d}x = -\dfrac{ab}{2}(x_1^2 - x_0^2) + b^2(x_1 - x_0) + bc\ln\dfrac{x_1}{x_0}$；

$J_3 = \int_{x_0}^{x_1} \dfrac{\lambda}{\sqrt{-ax^2 + bx + c}}(-ax^2 + bx + c) \mathrm{d}x = \lambda \left[\dfrac{2ax_1 - b}{4a} \sqrt{-ax_1^2 + bx_1 + c} - \dfrac{2ax_0 - b}{4a} \right.$

$\left. \sqrt{-ax_0^2 + bx_0 + c} + \dfrac{b^2 + 4ac}{8\sqrt{c^3}} \left(\arcsin\dfrac{2ax_1 - b}{\sqrt{b^2 + 4ac}} - \arcsin\dfrac{2ax_0 - b}{\sqrt{b^2 + 4ac}} \right) \right]$。

令

$$\frac{\partial J}{\partial c} = \frac{\partial(J_1 + J_2 + J_3)}{\partial c} = 0, \quad \frac{\partial J}{\partial \lambda} = \frac{\partial(J_1 + J_2 + J_3)}{\partial \lambda} = 0 \tag{1-3-27}$$

可得 c、λ 满足的代数方程组。分别计算得 $\dfrac{\partial J_1}{\partial c} = -4a(x_1 - x_0)$；$\dfrac{\partial J_2}{\partial c} = b\ln\dfrac{x_1}{x_0}$；但 $\dfrac{\partial J_3}{\partial c}$ 计算难度较大，主要困难来源于式（1-3-12）中的非线性项 $y^{-1/2}$。实际上，由式（1-3-27）得知，可以先对式（1-3-26）的被积函数 c、λ 求导，然后再对 x 积分，这样有

$$\int_{x_0}^{x_1} \frac{\partial}{\partial c} \left[-4ac + \frac{bc}{x} + \lambda(-ax^2 + bx + c)^{1/2} \right] \mathrm{d}x = 0 \tag{1-3-28}$$

即 $-4a(x_1 - x_0) + b\ln\dfrac{x_1}{x_0} + \dfrac{1}{2}\dfrac{\lambda}{\sqrt{c}}\left(\arcsin\dfrac{2ax_1 - b}{\sqrt{b^2 + 4ac}} - \arcsin\dfrac{2ax_0 - b}{\sqrt{b^2 + 4ac}} \right) = 0 \tag{1-3-29}$

和

$$\int_{x_0}^{x_1} \frac{\partial}{\partial \lambda} \left[\lambda \left(-ax^2 + bx + c \right)^{1/2} \right] \mathrm{d}x = 0 \tag{1-3-30}$$

即

$$\frac{2ax_1 - b}{4a} \sqrt{-ax_1^2 + bx_1 + c} - \frac{2ax_0 - b}{4a} \sqrt{-ax_0^2 + bx_0 + c} + \frac{b^2 + 4ac}{8\sqrt{a^3}} \left(\arcsin \frac{2ax_1 - b}{\sqrt{b^2 + 4ac}} - \right.$$

$$\left. \arcsin \frac{2ax_0 - b}{\sqrt{b^2 + 4ac}} \right) = 0 \tag{1-3-31}$$

联立式 (1-3-29)、式 (1-3-31) 可求出 c、λ，但难度较大。

该例表明，理论上 Galerkin 法适用于没有能量积分的拟线性甚至完全非线性本征值问题求取近似解析解，但在具体计算上有可能由于非线性项比较复杂导致计算过程非常复杂以致无法进行下去，需要另寻它法（见 5.1 节）或数值解。

Galerkin 法是从虚功原理或虚位移原理提出的，具有明确的物理意义。实际上，单纯从数学角度出发，用下面的式子代替式 (1-3-25) 也是可行的

$$J = \int_{x_0}^{x_1} \left(\frac{\mathrm{d}^2 y}{\mathrm{d}x^2} + \frac{1}{x} \frac{\mathrm{d}y}{\mathrm{d}x} + \lambda y^{-\frac{1}{2}} \right)^2 \mathrm{d}x \tag{1-3-32}$$

因为被积函数是正的，积分值与误差的大小正相关。

1.3.4 椭圆型偏微分方程与抛物型偏微分方程的联系

对于二维、三维的边值问题，可以采用 Green 函数法求解，也可采用变分法求近似解析解。边值问题通常是椭圆型的偏微分方程，它们与抛物型偏微分方程有关，当时间比较长、初始条件影响比较小、场变量不再随时间变化时，抛物型偏微分方程即退化成椭圆型偏微分方程。

1.4 用同伦分析方法和数学软件求解煤层透气性问题

煤层透气性系数 λ 是中国矿业大学周世宁院士于 1963 年提出的一个描述煤层瓦斯排放难易程度的指标参数，同时建立了确定 λ 的井下试验测定方法与计算方法；利用 λ 可对煤层瓦斯排放、抽采的难易程度进行分类[20-21]。其计算部分建立在瓦斯渗流方程数值解的基础上。为便于工程技术人员使用，对数值计算结果进行了分段处理，形成了分段计算公式和计算方法，但在分段搭接处产生了一些问题[22-24]，一些专家、学者对这些问题进行了研究，提出了一些补救方案，但也不能令人满意。目前，关于煤层的透气性问题，国内普遍采用的仍是 λ。

本节对煤层透气性问题的求解方法做系统研究，1.4.1 节列出煤层透气性问题的数学力学模型并探讨使用积分变换法求解的可行性；1.4.2 节探讨级数解法的可行性，包括经典的摄动方法与现代的同伦分析方法；1.4.3 节采用数学软件求数值解。

煤层瓦斯渗流方程是一个抛物型的齐次拟线性偏微分方程，希望通过该问题对抛物型非线性偏微分方程（也适用于描述热传导、分子扩散等物理过程）的求解方法做适当介绍。

1.4.1 煤层透气性问题的数学力学模型

考虑煤层中单个钻孔外煤体中瓦斯的径向渗流问题，建立其数学力学方程如下（关于其理论推导，见 5.1.1 节）：

$$\frac{\partial p}{\partial t} = \gamma p^{3/2} \left(\frac{\partial^2 p}{\partial r^2} + \frac{1}{r} \frac{\partial p}{\partial r} \right) \tag{1-4-1}$$

式中，$p(r, t)$ 为绝对瓦斯压力；r、t 分别为空间与时间自变量；γ 为参数，与煤层透气性系数 λ 的关系为 $\gamma = \dfrac{4\lambda}{a}$，这里，$\lambda$ 的单位为 $m^2/(MPa^2 \cdot d)$，α 为煤层瓦斯含量系数，根据测得的煤层瓦斯含量 X_0 和初始压力 p_0 按公式 $\alpha = \dfrac{X_0}{\sqrt{p_0}}$ 计算，X_0 的单位为 m^3/m^3，p_0 的单位为 MPa。

初始条件为

$$t = 0 \qquad p = p_0 \qquad\qquad (1\text{-}4\text{-}2)$$

边界条件为

$$r = r_0 \qquad p = p_h \qquad\qquad (1\text{-}4\text{-}3)$$
$$r \to \infty \qquad p \to p_0 \qquad\qquad (1\text{-}4\text{-}4)$$

式中，r_0 为钻孔半径；p_h 为钻孔内瓦斯压力，对于瓦斯自然向外排放的情况（测定 λ 即属于这种情况），$p_h \approx p_a$，p_a 为标准大气压。

由 γ 的定义可知，决定煤层瓦斯排放难易程度的指标参数不仅包括 λ，还包括 α，原则上应当按 γ 的大小分类。考虑到 α 变化范围不大，目前按 λ 的大小分类也未尝不可。

顺便说明，不宜使用 $\dfrac{\partial p}{\partial r} \to 0$ 代替式（1-4-4）中的 $p \to p_0$，因为两者含义不同。$\dfrac{\partial p}{\partial r} \to 0$ 表示流速趋于零，$p \to p_0$ 表示压力趋于不变，后者更符合题意，具体见式（1-4-31）。

抛物型线性偏微分方程既可以采用分离变量法求解，也可以采用积分变换法或其他方法（如基本解方法）求解，两者无实质性差别。通常，无界区域上的线性微分方程采用积分变换法更方便。文献［19］认为积分变换法具有分离变量法没有的优点，可用于求解非线性偏微分方程。故首先探讨应用积分变换法求解定解问题［式（1-4-1）～式（1-4-4）］的可行性。

首先考虑 Laplace 变换法。在 Laplace 变换法中，常用 p 表示复变量，式（1-4-1）中 $p^{3/2}$ 也不便于后续运算，因此，我们首先进行因变量替换，记 $p = z^q$（$q \neq 0$），则式（1-4-1）～式（1-4-4）变为

$$\frac{\partial z}{\partial t} = \gamma z^{3q/2} \left(\frac{\partial^2 z}{\partial r^2} + \frac{1}{r} \frac{\partial z}{\partial r} \right) \qquad\qquad (1\text{-}4\text{-}5)$$

$$t = 0 \qquad z = p_0^{-q} \qquad\qquad (1\text{-}4\text{-}6)$$

$$r = r_0 \qquad z = p_h^{-q} \qquad\qquad (1\text{-}4\text{-}7)$$

$$r \to \infty \qquad z = p_0^{-q} \qquad\qquad (1\text{-}4\text{-}8)$$

Laplace 变换利用了 $t=0$ 指数 e^{-pt} 等于 1、$t \to \infty$ 指数 e^{-pt} 趋于 0 的特性，特别适合像本例这种已知初始条件的情况（方程中含有对 t 的两阶偏导数时，初始条件中尚需增加 t 的一阶偏导数的初始值）。把 r 看成参量，对方程式（1-4-5）的两边各项对时间 t 进行 Laplace 变换，需要计算积分 $\int_0^\infty z^{-3q/2} \dfrac{\partial z}{\partial t} e^{-pt} dt$ 或 $\int_0^\infty z^{3q/2} \dfrac{\partial^2 z}{\partial r^2} e^{-pt} dt$ 等。如果我们取 $q = -2/3$，则两个积分分别简化为 $\int_0^\infty z \dfrac{\partial z}{\partial t} e^{-pt} dt$、$\int_0^\infty \dfrac{1}{z} \dfrac{\partial^2 z}{\partial r^2} e^{-pt} dt$。根据分部积分法

$$\int_0^\infty zz'\mathrm{e}^{-pt}\mathrm{d}t = \int_0^\infty z\mathrm{e}^{-pt}\mathrm{d}z = -z_0^2 - \int_0^\infty z(z'\mathrm{e}^{-pt} - pz\mathrm{e}^{-pt})\mathrm{d}t = -z_0^2 - \int_0^\infty zz'\mathrm{e}^{-pt}\mathrm{d}t + p\int_0^\infty z^2\mathrm{e}^{-pt}\mathrm{d}t$$

即
$$\int_0^\infty zz'\mathrm{e}^{-pt}\mathrm{d}t = \frac{1}{2}\left(-z_0^2 + p\int_0^\infty z^2\mathrm{e}^{-pt}\mathrm{d}t\right) \tag{1-4-9}$$

这里又引出了 z^2 的 Laplace 变换

$$\int_0^\infty z^2\mathrm{e}^{-pt}\mathrm{d}t = -\frac{1}{p}\int_0^\infty z^2\mathrm{d}\mathrm{e}^{-pt} = -\frac{1}{p}\left(-z_0^2 - 2\int_0^\infty zz'\mathrm{e}^{-pt}\mathrm{d}t\right) \tag{1-4-10}$$

又返回到了式（1-4-9），说明得不到 $z\dfrac{\partial z}{\partial t}$、$z^2$ 的 Laplace 变换。至于积分 $\int_0^\infty \dfrac{1}{z}\dfrac{\partial^2 z}{\partial r^2}\mathrm{e}^{-pt}\mathrm{d}t$，

我们更是无从下手。究其原因，是因为 zz'、z^2、$\dfrac{1}{z}\dfrac{\partial^2 z}{\partial r^2}$ 等系非线性项 [z、z'、z'' 等是线性

项，如果定义 z 的 Laplace 变换为 $Z(p) = \int_0^\infty z\mathrm{e}^{-pt}\mathrm{d}t$，则很容易求得 z'、z'' 等线性项的 La-
place 变换] 的缘故。因此，不能使用 Laplace 积分变换法求解定解问题 [式（1-4-5）~
式（1-4-8）]。

同样可以证明，也不能使用 Fourier 变换法求解定解问题 [式（1-4-5）~式（1-4-
8）]。

通常认为积分变换法适用于求解线性、特别是常系数线性微分方程，尚没有弄清楚文
献 [19] 的说法是指什么样的非线性偏微分方程。方程式（1-4-1）的一种线性化方案是
将 $p^{3/2}$ 换成 $p_0^{3/2}$，即可用 Laplace 变换法求线性近似解[25]。因线性近似解的误差通常较大，
只适用于要求不高的情况（见4.3节），这里就不继续研究了。

1.4.2 级数解法

无界区域上的非线性微分方程可以采用级数解法寻求级数形式解。级数形式解是非封
闭形式的，如果级数收敛，则计算精度随求和项数的增加而增高；如果级数不收敛，称渐
进展开，计算精度在某项之前随求和项数的增加而增高、超过该项反而减小。

1. 基本摄动方法（正则摄动方法）[7,8]

对于弱非线性的情况，可以采用成熟的摄动方法寻求级数解。摄动方法的核心思想如
下：设要求解的方程为
$$F(u) = v \tag{1-4-11}$$
它可以是代数方程、超越方程（含三角函数、对数等）或微分方程。其中，$u = u(t)$ 是待
求的未知函数，$v = v(t)$ 是方程的非齐次部分。

考虑与式（1-4-11）相近的线性方程（即不考虑非线性部分）
$$L(u) = v \tag{1-4-12}$$
式中，L 是线性算子。要求式（1-4-12）有封闭形式的解且比较好求。将方程式（1-4-
11）改写为 $L(u) = v + [L(u) - F(u)]$，关于 u 的非线性部分皆包含在 $[L(u) - F(u)]$
中。传统的摄动方法通常只能考虑弱非线性的情况，即 $[L(u) - F(u)] = \varepsilon N(u)$，其中，
ε 是一个小参数（$0 \leqslant \varepsilon \leqslant 1$），于是方程式（1-4-12）可改写为
$$L(u) = v + \varepsilon N(u) \tag{1-4-13}$$
设式（1-4-13）的解可展开成 ε 的渐进幂级数形式
$$u = u_0 + u_1\varepsilon + u_2\varepsilon^2 + \cdots \tag{1-4-14}$$

若 $\varepsilon=0$，式（1-4-13）成为式（1-4-12），式（1-4-14）成为 $u=u_0$，所以 $u=u_0$ 是线性方程式（1-4-12）的解，称为方程式（1-4-13）的零级近似解。将式（1-4-14）代入式（1-4-13）得

$$L(u_0 + u_1\varepsilon + u_2\varepsilon^2 + \cdots) = v + \varepsilon N(u_0 + u_1\varepsilon + u_2\varepsilon^2 + \cdots) \qquad (1-4-15)$$

因为 L 是线性算子，所以有

$$L(u_0 + u_1\varepsilon + u_2\varepsilon^2 + \cdots) = L(u_0) + L(u_1)\varepsilon + L(u_2)\varepsilon^2 + \cdots \qquad (1-4-16)$$

再设 $N(u_0 + u_1\varepsilon + u_2\varepsilon^2 + \cdots)$ 也能展成 ε 的幂级数形式

$$N(u_0 + u_1\varepsilon + u_2\varepsilon^2 + \cdots) = N_0(u_0) + N_1(u_0, u_1)\varepsilon + N_2(u_0, u_1, u_2)\varepsilon^2 + \cdots$$
$$(1-4-17)$$

其中，$N_0 = N_0(u_0)$，$N_1 = N'(u_0)u_1$，$N_2 = N'(u_0)u_2 + \dfrac{1}{2}N''(u_0)u_1^2 + \cdots$，可见，$N_k$ 仅依赖于 u_0、u_1、$\cdots$、u_k，与 u_{k+1} 及以后的 u_n 无关。将式（1-4-16）、式（1-4-17）代入式（1-4-15），根据渐进展开式的唯一性，令两端 ε 同次幂的系数相等，即得

$$L(u_0) = v, \ L(u_1) = N_0(u_0), \ L(u_2) = N_1(u_0, u_1), \ \cdots \qquad (1-4-18)$$

这些就是确定 u_n 的递推方程。可见，上述方程与式（1-4-12）是同类型的线性方程，可顺次求解。

定解方程式（1-4-1）没有非齐次项，式（1-4-1）~式（1-4-4）中也没有小参数，看似不能采用级数解法。实际上，可以人为引入小参数。如果将式（1-4-5）中的参数 q 视作一个小参数，$0 \le q \le 1$，不难发现，定解问题式（1-4-5）~式（1-4-8）的解可以形式上表示为

$$z = z_0 + z_1 q + z_2 q^2 + \cdots \qquad (1-4-19)$$

$q=0$ 对应线性近似解 $z=z_0$；$q=1$ 对应需要的非线性解，即

$$z = z_0 + z_1 + z_2 + \cdots \qquad (1-4-20)$$

因此，问题转化为如何求 z_0、z_1、z_2 $\cdots$ 等。

因此，理论上，传统的摄动方法也可求解一般的非线性方程问题，并不局限于弱非线性的情况。本例中的线性近似解 z_0 可以借助 Laplace 变换法求得，但可以预计求解 z_1、z_2 等将比较困难。

正则摄动法在使用过程中会出现多种失效的情况，因此，人们提出了多种改进方法，统称为奇异摄动法。奇异摄动法也不能解决这里的线性近似解难求、非封闭的问题，这里就不对其做进一步介绍了。

2. 同伦分析方法[9,10]

同伦分析方法是上海交通大学廖世俊教授 1992 年创立、1997 年做了重大改进的一种能够求解强非线性微分方程级数解的数学方法。按照廖世俊教授的看法，同伦分析方法有三大特点，超越了经典的摄动方法。

（1）小参数 q 是通过"同伦（homotopy）"的概念人为引入的，不要求物理问题本身含有小参数，即不要求含未知函数及其导数的非线性部分为小量，因此，适用于强非线性问题。

（2）辅助线性算子、初始近似解的选取灵活多变，不局限于线性近似解。

（3）引入了级数收敛控制参数 c_0，可以确保级数收敛。

根据我们在 1) 款中的分析，这里的第一个特点不是实质性的，但第二个、第三个特点却超越了经典的摄动方法，但其核心思想仍是将解展开成小参数的幂级数，因此，我们认为有人称其为同伦摄动方法似无不妥（与奇异摄动方法并列）。正如变分法中的 Ritz 法与 Galerkin 法。Galerkin 法不属于变分法，比 Ritz 法适用面更广，两种方法在许多方面有相似之处，因此，变分法中经常包括 Galerkin 法，将其与 Ritz 法一起介绍。无论如何，同伦分析方法的作用是毋庸置疑的。

下面以一元非线性代数方程的求解过程为例介绍同伦分析方法的核心思想。

考虑非线性代数方程

$$f(x) = 0 \tag{1-4-21}$$

式中，$f(x)$ 是区间 $[a, b]$ 上的一个连续、无限次可导的实函数，假设它在 $[a, b]$ 内至少有一个解，是待求的。

假设猜到一个零级近似解 x_0（可以取线性近似解或其他），$f(x_0) \approx 0$，以 x_0 为出发点，寻求比 x_0 更准确的一级近似解 x_1、二级近似解 x_2、…。定义同伦 $H(x; q)$

$$H(x; q) = (1 - q)[f(x) - f(x_0)] + qc_0 f(x) \tag{1-4-22}$$

式中，q 为类似于 ε 的小参数（人为引入的，不是问题本身必须具有的），c_0 为一个不等于零的收敛控制参数（它可以加速级数收敛等）。显然，$q = 0$，$H(x; q) = f(x) - f(x_0)$；$q = 1$，$H(x; q) = c_0 f(x)$，即随着 q 从 0 连续变化到 1，$H(x; q)$ 从 $f(x) - f(x_0)$ 连续变化到 $c_0 f(x)$。令

$$H(x; q) = 0 \tag{1-4-23}$$

即

$$(1 - q)[f(x) - f(x_0)] + qc_0 f(x) = 0 \tag{1-4-24}$$

上式中的 x 应是 q 的函数 $x(q)$

$$(1 - q)\{f[x(q)] - f(x_0)\} + qc_0 f[x(q)] = 0 \tag{1-4-25}$$

称为零阶变形方程。显然，$q = 0$，$f[x(0)] = f(x_0)$；$x(0) = x_0$；$q = 1$，$f[x(1)] = 0$，$x(1)$ 即为所求。

假设 $x(q)$ 在 $q = 0$ 处解析，可以将它展开为 Maclaurin 级数

$$x(q) \sim x_0 + \sum_{k=1}^{+\infty} x_k q^k \tag{1-4-26}$$

式中，x_1、x_2、…推导如下。

式（1-4-25）左边对 q 求导并令 $q = 0$ 得一阶变形方程

$$x_1 f'(x_0) - c_0 f(x_0) = 0 \tag{1-4-27}$$

由此得 $x_1 = c_0 f(x_0)/f'(x_0)$。同理，方程式（1-4-25）左边对 q 求二次导数并令 $q = 0$ 同时除以 2！得二阶变形方程

$$x_2 f'(x_0) - (1 + c_0)x_1 f'(x_0) + \frac{1}{2}x_1^2 f''(x_0) = 0 \tag{1-4-28}$$

由此得 $x_2 = (1 + c_0)x_1 - \frac{1}{2}x_1^2 f''(x_0)/f'(x_0)$，以此类推。

假设 Maclaurin 级数在 $q = 1$ 收敛于 $x(1)$（通过选择 c_0 可以确保做到这一点），即可求得准确解

$$x = x_0 + \sum_{k=1}^{+\infty} x_k \tag{1-4-29}$$

实际计算过程中只会取有限项 M，故

$$x \approx x_0 + \sum_{k=1}^{M} x_k \qquad (1-4-30)$$

同伦分析方法在初始解的选择、收敛速度控制方面的灵活性可以确保能够获得非线性方程的级数解，因此，能够用来求解定解问题［式（1-4-5）~式（1-4-8）］。但是，求解方法的灵活性本身也增大了应用的复杂性和难度，需要具体问题具体分析，进行专题研究等。可以预计，应用同伦分析方法求解定解问题的过程是复杂的，感兴趣的读者可自行尝试。

1.4.3 用数学软件求数值解

非封闭形式的级数解是一种近似解析解，因为计算的项数是有限的；数值解是另外一种近似解。由于现代数值计算软件的精度很高，数值解实际上是一种精确解。许多情况下，在无法或难以获得问题的解析解或近似解析解的情况下，寻求问题的数值解会成为最终的选择。随着大型数学软件的普及，采用数学软件求解有界域、无界域非线性偏微分方程的数值解已非常方便，在某种程度上，可以认为求解偏微分方程已经不成问题。

1. 定解方程无量纲化

本问题中有自变量 r、t、因变量 $p(r$、$t)$、五个参数 r_0、p_0、p_h、$\gamma = \dfrac{4\lambda}{\alpha}$ 和 T。其中，T 为从卸下压力表到测量流量之间的时间。r_0、T 分别具有长度、时间的量纲，p_0 含有质量的量纲，取 r_0、p_0、T 为主定特征量（也可取其他量），它们之间量纲无关。取无量纲坐标 $x = 1 - r_0/r$，$r = r_0$ 对应 $x = 0$，$r \to \infty$ 对应 $x \to 1$；无量纲时间 $y = t/T$，$t = 0$ 对应 $y = 0$，$t = T$ 对应 $y = 1$；无量纲压力 $z = p/p_0$，初始条件和 $x \to 1$ 的边界条件均对应 $z = 1$ 等。则

$$\frac{\partial p}{\partial t} = p_0 \frac{\partial z}{\partial y} \frac{\partial y}{\partial t} = \frac{p_0}{T} \frac{\partial z}{\partial y} \qquad \frac{\partial p}{\partial r} = p_0 \frac{\partial z}{\partial x} \frac{\partial x}{\partial r} = p_0 \frac{r_0}{r^2} \frac{\partial z}{\partial x} = p_0 \frac{(1-x)^2}{r_0} \frac{\partial z}{\partial x}$$

$$\frac{\partial^2 p}{\partial r^2} = \frac{\partial}{\partial x}\left(\frac{\partial p}{\partial r}\right)\frac{\partial x}{\partial r} = p_0 \frac{\partial}{\partial x}\left[\frac{(1-x)^2}{r_0}\frac{\partial z}{\partial x}\right]\frac{\partial x}{\partial r} = p_0\left(\frac{\partial^2 z}{\partial x^2} - \frac{2}{1-x}\frac{\partial z}{\partial x}\right)\frac{(1-x)^4}{r_0^2}$$

定解问题式（1-4-1）~式（1-4-4）化为

$$\frac{\partial z}{\partial y} = a(1-x)^3 z^{3/2}\left[(1-x)\frac{\partial^2 z}{\partial x^2} - \frac{\partial z}{\partial x}\right] \qquad (1-4-31)$$

$$y = 0 \qquad z = 1 \qquad (1-4-32)$$

$$x = 0 \qquad z = b \qquad (1-4-33)$$

$$x \to 1 \qquad z \to 1 \qquad (1-4-34)$$

式中，$a = \gamma p_0^{3/2} T/r_0^2$，$b = p_h/p_0$。

钻孔瞬时流量 Q 为

$$Q = 2\pi r_0 L \frac{K}{\mu} \frac{\partial p}{\partial r}\bigg|_{r=r_0} = 2\pi r_0 L\left(\frac{\alpha p_a \gamma}{2}\right)\left[p_0 \frac{(1-x)^2}{r_0}\frac{\partial z}{\partial x}\right]\bigg|_{x=0} = c \frac{\partial z}{\partial x}\bigg|_{x=0} \qquad (1-4-35)$$

式中，$c = \pi \alpha p_a p_0 L \gamma$，$L$ 为钻孔在煤层段的长度，单位为 m。

2. 采用数学软件求数值解

无量纲化的定解问题［式（1-4-31）~式（1-4-34）］只有 2 个无量纲参数 a、b（这就是无量纲化的主要目的，将 5 个独立变化的参数减少为 2 个），具体算法如下：根据经

验假设一个 γ，用数学软件求解定解问题［式（1-4-31）~式（1-4-34）］，获得 $y=1$ 时刻的 $\dfrac{\partial z}{\partial x}\Big|_{x=0}$，利用式（1-4-35）计算 Q。如果算得的 Q 与实测值相等，则 γ 即为所求；如果不相等，重新假设一个 γ，重复上述计算，直至相等或近似相等，则最后假设的 γ 即为所求，再按 $\lambda=\alpha\gamma/4$ 换算为 λ 即可。

实际计算时可采用线性插值，计算两次即可获得 γ。方法是，记假设 $\gamma=\gamma_1$ 算得的 Q 为 Q_1，假设 $\gamma=\gamma_2$ 算得的 Q 为 Q_2，则 $\gamma=\gamma_1+(\gamma_2-\gamma_1)\dfrac{Q-Q_1}{Q_2-Q_1}$。

算例[21]。已知 $Q=1.77\ \mathrm{m^3/d}$，$\alpha=13.27\ \mathrm{m^3/(m^3\cdot MPa^{1/2})}$，$p_0=4\ \mathrm{MPa}$，$L=3.5\ \mathrm{m}$，$T=44\ \mathrm{d}$，$r_0=0.05\ \mathrm{m}$，$p_a=0.1\ \mathrm{MPa}$，$\lambda=0.019\ \mathrm{m^2/(MPa^2\cdot d)}$。

假设 $\gamma_1=0.1\ \mathrm{m^2/(MPa^{\frac{3}{2}}\cdot d)}$，则 $a=\dfrac{0.1\times8\times44}{0.05^2}=14080$，$b=\dfrac{0.1}{4}=0.025$，$c=3.1416\times13.27\times0.1\times4\times3.5\times0.1=5.8365\ \mathrm{m^3/d}$，算得 $Q_1=1.1442\ \mathrm{m^3/d}$；假设 $\gamma_2=0.2\ \mathrm{m^2/(MPa^{3/2}\cdot d)}$，则 $a=28160$，b 不变，$c=11.673\ \mathrm{m^3/d}$，算得 $Q_2=2.3052\ \mathrm{m^3/d}$，插值得 $\gamma=0.1539\ \mathrm{m^2/(MPa^{3/2}\cdot d)}$，则 $\lambda=0.51\ \mathrm{m^2/(MPa^2\cdot d)}$，是 0.019 的 26.87 倍，说明现在的煤层透气性系数的计算方法误差偏大（小 1~2 个数量级）。

3. 计算数表

无量纲独立变化的参数个数为 2，数值计算结果可采用表格的形式表达，表 1-1 给出了 $z^{(1,0)}[0,1]$ 随 $\lg a$、b 变化的数值计算结果，用法基本同上：先假设一个 γ_1，计算 a、$\lg a$，选择最接近的 b 列，根据表中数据插值求 $z^{(1,0)}[0,1]$，乘以 c 获得一个 Q_1；再假设一个 γ_2，重复上述过程，获得一个 Q_2。最后插值得 γ 等。

算例承前例。假设 $\gamma_1=0.1\ \mathrm{m^2/(MPa^{\frac{3}{2}}\cdot d)}$，$a=14080$，$\lg a=4.1486$，$b=0.025$，利用表中数据插值得 $z^{(1,0)}[0,1]=0.1975+\dfrac{0.1975-0.1985}{4.4771-3.4771}(4.1486-4.4771)=0.1978$，$c=5.8365\ \mathrm{m^3/d}$，$Q_1=1.154\ \mathrm{m^3/d}$；假设 $\gamma_2=0.2\ \mathrm{m^2/(MPa^{\frac{3}{2}}\cdot d)}$，$a=28160$，$\lg a=4.4496$，利用表中数据插值得 $z^{(1,0)}[0,1]=0.1975+\dfrac{0.1975-0.1985}{4.4771-3.4771}(4.4496-4.4771)=0.1975$，$c=11.673\ \mathrm{m^3/d}$，$Q_2=2.306\ \mathrm{m^3/d}$。插值得 $\gamma=0.1+0.1\dfrac{1.77-1.154}{2.306-1.154}=0.153\ \mathrm{m^2/(MPa^{\frac{3}{2}}\cdot d)}$，$\lambda=0.153\times\dfrac{13.27}{4}=0.51\ \mathrm{m^2/(MPa^2\cdot d)}$，与计算机数值算法的结果相同。

4. 小结

（1）由表 1-1 可知，b 值越小（即 p_0 越大），$z^{(1,0)}[0,1]$ 越大，极限情况是 $b=0$。总的看来，b 的影响是有限的。

（2）可以将不同 b 值下的 $z^{(1,0)}[0,1]$ 随 $\lg a$ 的变化关系拟合成指数衰减公式，但在某些范围内误差偏大，不采用它。

（3）应用数值计算方法可以研究式（1-4-31）中一些因子的影响的大小，作适当简化，但仍得不到近似解析解，这里就不介绍了。

表 1-1　煤层透气性系数计算数表

$z^{(1,0)}[0, 1]$		b					
		0.1	0.05	0.033	0.025	0.02	0
lg$a$	−2.5229	14.9228	15.8652	16.1892	16.3422	16.4379	16.8218
	−2.2218	10.6398	11.4320	11.7057	11.8301	11.9114	12.2236
	−2.0458	8.7888	9.5123	9.7636	9.8788	9.9537	10.2452
	−1.5229	5.1574	5.6866	5.8761	5.9630	6.0203	6.2508
	−1.2218	3.7528	4.1784	4.3351	4.4076	4.4558	4.6511
	−1.0458	3.1158	3.4835	3.6219	3.6886	3.7318	3.9081
	−0.5229	1.8286	2.0519	2.1423	2.1869	2.2164	2.3416
	−0.2218	1.3788	1.5384	1.6055	1.6391	1.6629	1.7601
	−0.0458	1.1790	1.3120	1.3665	1.3944	1.4126	1.5008
	0.4771	0.7774	0.8507	0.8816	0.8974	0.9087	0.9601
	1.4771	0.4213	0.4513	0.4625	0.4681	0.4718	0.4891
	2.4771	0.2708	0.2883	0.2944	0.2974	0.2992	0.3072
	3.4771	0.1814	0.1928	0.1967	0.1985	0.1997	0.2188
	4.4771	0.1807	0.1919	0.1957	0.1975	0.1986	0.2031
	5.4771	0.1805	0.1805	0.1955	0.1973	0.1984	0.2029

1.5　用特征线法求解平面一维不定常气体动力学方程组

本书第 2~4 章都与爆炸有关，不论研究炸药爆炸（甚至核爆炸）、可燃粉尘爆炸还是可燃气体（蒸气）爆炸，都会涉及燃烧（波）、爆炸（波）、爆燃（波）、爆轰（波）等概念。这些概念与不定常气体动力学中的声波（微幅波）、有限振幅波（稀疏波、压缩波）、（冲）击波、接触间断等概念有直接联系。为了更好地理解燃烧（波）等概念，充分利用炸药爆炸及其作用，更好地开展可燃粉尘、可燃气体爆炸预防与防护工作，人们需要学习、掌握不定常气体动力学方面的有关知识，这些知识的核心内容是用特征线法求解一阶拟线性偏微分方程组。此外，在气体二维定常流、炸药爆轰产物的一维飞散过程中、金属刚塑性平面应变问题、地基承载力计算等方面也会遇到一阶拟线性偏微分方程组。

一阶拟线性偏微分方程组属于双曲型偏微分方程组。本节以平面一维不定常气体动力学为例介绍用特征线法求解一阶拟线性偏微分方程组的方法，试图用较短的篇幅介绍清楚其脉络和核心内容。1.5.1 节介绍平面一维不定常气体动力学方程组及其特征线解法；1.5.2 节介绍简单波与间断面；作为应用，1.5.3 节对 Riemann 问题和炸药爆轰波做简要介绍。

1.5.1　平面一维不定常气体动力学方程组及其特征线解法

1. 熵的实质与流体运动的描述方法

在流体力学、气体动力学中，经常会遇到等熵的概念。众所周知，与内能等热力学状态参量一样，熵也是物质的热力学状态参量。等熵是指流动过程绝热、可逆，流体质点的熵不变，即 d$S=0$。

根据热力学第二定律，自然界一切自发的过程都满足 d$S \geq \delta q/T$。对于绝热过程，$\delta q =$

0，$dS \geqslant 0$。显然，过程可逆进一步导致了 $dS = 0$；换句话说，对于绝热但不可逆的过程，$dS > 0$。那么，熵的实质是什么？如何理解这里的不可逆与熵增的关系呢？

根据 L. Boltzmann 的工作，对于 1 克摩尔的理想气体，其熵 S 等于 $k \ln W$，这里，k 是 Boltzmann 常数，W 是系统处于某种状态的概率，即是说，系统处于某种状态的熵与系统处于该状态的概率紧密相关。自发过程的熵增加，对应系统从低概率状态到高概率状态转移。热量总是自发地从物体温度较高的部分传向温度较低的部分、气体总是自发地从浓度较高的部分扩散到浓度较低的部分等自然现象都是熵增的表现。气体运动过程中，黏性等耗散项总是存在的，因此，自发的过程是不可逆的，忽略黏性等耗散项、认为过程可逆是一种假设或理想情况。

气体动力学问题中，除去冲击波（以下简称"击波"）内部结构（厚度很小，为气体分子自由程量级）之外的区域一般不考虑气体的黏性、热传导等耗散机制，各种运动过程较快，流体质点处于绝热状态，可按等熵（可逆、绝热）过程处理。

在流体力学、气体动力学中，除了熵的概念较难理解外，对流体运动的描述方法也容易造成困惑。常用的描述方法包括 Lagrange 描述方法和 Euler 描述方法，实际上两者都起源于 Euler，Euler 描述方法应用更广（与"场论"有关）。

需要指出的是，两种描述方法是一个问题的两个方面，不是互相独立的。例如，采用 Euler 描述方法时，加速度的概念只能是物质质点的加速度（随体导数），包括当地（随时间变化）项与迁移（随空间坐标变化）项两项之和，单独讨论空间点的加速度是没有意义的。另一方面，Lagrange 描述方法比较自然，在概念上易于为人们所接受，一维平面、柱面、球面对称问题有时采用 Lagrange 描述方法更为有利。因此，在流体力学甚至固体力学文献中也会遇到采用 Lagrange 描述方法处理问题，正确理解、掌握两种描述方法是必要的。

2. 平面一维不定常气体动力学方程组

流体力学是研究流体（包括液体和气体）的宏观运动以及流体和与之相邻的固体之间相互作用的科学。气体动力学侧重流体的可压缩性，通常忽略流体的质量力（重力）。气体动力学主要研究流体质点的压力 p、密度 ρ、温度 T 等 3 个热力学状态参量和速度 $\vec{V}$ 等流体动力学参量随空间、时间的变化规律。这里有 4 个未知函数（3 个标量、1 个矢量），确定具体问题的流体运动规律需要 4 个相互独立的控制方程以及相应的初、边值条件。

本节仅考虑最简单的等截面平面对称一维不定常气体流动的情况（以下简称"平面一维不定常流"），4 个控制方程（前 3 个取微分形式）分别为[26,27]，

连续方程（质量守恒）

$$\frac{\partial \rho}{\partial t} + \frac{\partial (\rho u)}{\partial x} = 0 \tag{1-5-1}$$

运动方程（动量守恒）

$$\frac{\partial u}{\partial t} + u \frac{\partial u}{\partial x} = -\frac{1}{\rho} \frac{\partial p}{\partial x} \tag{1-5-2}$$

能量方程（能量守恒）

$$\frac{\partial e}{\partial t} + u \frac{\partial e}{\partial x} = \frac{p}{\rho^2} \left(\frac{\partial \rho}{\partial t} + u \frac{\partial \rho}{\partial x} \right) \tag{1-5-3}$$

状态方程（完美气体）

$$p = \rho R T \tag{1-5-4}$$

式中，$p(x, t)$、$\rho(x, t)$、$T(x, t)$、$u(x, t)$ 为未知函数，x，t 为自变量；e 为单位质量气体的内能。对于常比热完美气体（完美气体即 perfect gas，传统上译为完全气体，不好理解，这里译成完美气体更准确，与只强调无黏的理想气体（ideal gas）相对应），$e = c_v T$，c_v 为定容比热，$T \leqslant 1000$ K 时，空气的 $c_v = 717.5$ m^2/(s^{2}K)；式（1-5-4）适用于单位质量的气体，R 为某种气体的常数，$R = R_0 / M$，R_0 为通用气体常数，其值为 8.31 J/(mol·K)，M 为气体摩尔分子量，空气的平均分子量为 28.9，$R = 0.293$ J/(mol·K)。

在热力学中，为了方便，引入了较多的状态参量，但只有两个是独立的。单位质量流体具有的熵称为比熵，用小 s 表示，因此，状态方程也可写成 $p = p(\rho, s)$。

建立气体动力学控制方程组是气体动力学中最重要的内容。建立气体动力学控制方程组需要用到高等数学、矢量分析与热力学的基础知识。关于热力学，文献 [28] 是诺贝尔化学奖获得者范恩撰写的唯一一部著作，很有特色，值得参考。

3. 特征线的基本概念

本段研究方程组式（1-5-1）~式（1-5-4）的求解方法。由状态方程 $p = p(\rho, s)$ 得（使用了状态方程）

$$\mathrm{d}p = \left(\frac{\partial p}{\partial \rho}\right)_s \mathrm{d}\rho + \left(\frac{\partial p}{\partial s}\right)_\rho \mathrm{d}s = a^2 \mathrm{d}\rho + \left(\frac{\partial p}{\partial s}\right)_\rho \mathrm{d}s \tag{1-5-5}$$

式中，$a = \left[\left(\frac{\partial p}{\partial \rho}\right)_s\right]^{1/2}$ 是流体中的声速（这是声速的一般定义，标准状态下的声速是其特例）。$\left(\frac{\partial p}{\partial \rho}\right)_s$ 中的下标 s 表示求导过程中 s 不变（等熵过程，等同于使用了能量方程）。

沿质点速度方向，$\mathrm{d}x = u\mathrm{d}t$，由式（1-5-5）得全微分（不是随体导数。全微分和随体导数有时数学形式上可能相同，但物理含义不同，全微分是多个自变量的微分和，随体导数是随时间、空间导数的和，应注意区别）。

$$\frac{\mathrm{d}p}{\mathrm{d}t} = a^2 \left(\frac{\partial \rho}{\partial t} + u \frac{\partial \rho}{\partial x}\right) \tag{1-5-6}$$

代入式（1-5-1），并乘以 a/ρ 得（使用了连续方程）

$$\frac{1}{\rho a}\left(\frac{\partial p}{\partial t} + u \frac{\partial p}{\partial x}\right) + a \frac{\partial u}{\partial x} = 0 \tag{1-5-7}$$

由式（1-5-2）变形得（使用了运动方程。至此，已使用 4 个控制方程）

$$\frac{1}{\rho a} a \frac{\partial p}{\partial x} + \left(\frac{\partial u}{\partial t} + u \frac{\partial u}{\partial x}\right) = 0 \tag{1-5-8}$$

式（1-5-7）、式（1-5-8）相加、减分别得

$$\frac{1}{\rho a}\left[\frac{\partial p}{\partial t} + (u + a) \frac{\partial p}{\partial x}\right] + \left[\frac{\partial u}{\partial t} + (u + a) \frac{\partial u}{\partial x}\right] = 0 \tag{1-5-9}$$

$$\frac{1}{\rho a}\left[\frac{\partial p}{\partial t} + (u - a) \frac{\partial p}{\partial x}\right] - \left[\frac{\partial u}{\partial t} + (u - a) \frac{\partial u}{\partial x}\right] = 0 \tag{1-5-10}$$

即

沿 C_+ 特征线 $\dfrac{\mathrm{d}x}{\mathrm{d}t} = u + a$,

$$\frac{\mathrm{d}p}{\rho a} + \mathrm{d}u = 0 \tag{1-5-11}$$

沿 C_- 特征线 $\dfrac{\mathrm{d}x}{\mathrm{d}t} = u - a$,

$$\frac{\mathrm{d}p}{\rho a} - \mathrm{d}u = 0 \tag{1-5-12}$$

注意，沿质点速度方向，$\dfrac{\mathrm{d}x}{\mathrm{d}t} = u$，$\mathrm{d}s = 0$，来源于 $\dfrac{\mathrm{d}s}{\mathrm{d}t} = \dfrac{\partial s}{\partial t} + u \dfrac{\partial s}{\partial x}$，这里的 $\dfrac{\mathrm{d}s}{\mathrm{d}t}$ 是随体导数，不是全微分。

考虑匀熵（不仅等熵）流动的特殊情况。此时，全流场（除击波内部外）s 不变，热力学状态变量只剩下一个是独立的，$p = p(\rho)$，由声速的定义得 $\rho = \rho(a)$，因此，$p = p(a)$，$\dfrac{\mathrm{d}p}{\rho a}$ 可以写成全微分 $\mathrm{d}\displaystyle\int \dfrac{\mathrm{d}p}{\rho a}$。对于常比热完美气体，存在等熵关系式

$$\frac{a}{a_0} = \left(\frac{p}{p_0}\right)^{\frac{\gamma-1}{2\gamma}} = \left(\frac{\rho}{\rho_0}\right)^{\frac{\gamma-1}{2}} = \left(\frac{T}{T_0}\right)^{\frac{1}{2}} \tag{1-5-13}$$

式中，带下标 0 的参数是滞止参数（即流速为零时的参数，可以假想流速为零），由此可得 $\dfrac{\mathrm{d}p}{\rho a} = \dfrac{2\mathrm{d}a}{\gamma - 1}$，$\displaystyle\int \dfrac{\mathrm{d}p}{\rho a} = \dfrac{2a}{\gamma - 1} + \mathrm{const.}$，代入式（1-5-11）、式（1-5-12），积分后得

沿特征线 $C_{\pm}$：$\dfrac{\mathrm{d}x}{\mathrm{d}t} = u \pm a$,

$$u \pm \frac{2a}{\gamma - 1} = \phi_{\pm} \tag{1-5-14}$$

式中，$\phi_{\pm}$ 是常数，称为特征线上的 Riemann 不变量，简称 Riemann 不变量。

至此，方程组式（1-5-1）~式（1-5-4）的求解问题变成了求解关于特征线上的 u、a 的方程组（1-5-14），求得了 a 即可利用式（1-5-13）计算 p、ρ、T 等，问题得解。

根据波的定义，质点状态参数的变化（扰动）随时间在空间的传播称为波。根据扰动幅值与基值比值的大小可将波分为微幅波和有限振幅波。微幅波的振幅与基值相比非常小，传播过程中波形不变形，如声波；有限振幅波的振幅与基值相比小一个数量级或同量级，传播过程中波形发生变化，本节主要研究有限振幅波。这里的特征线是垂直于 x 轴波形上每一点的位置（波阵面）随时间 t 变化在 (x, t) 坐标平面上的时间坐标 t 的连线，是一种物理上并不存在的辅助线，沿特征线上的相容性关系是波阵面上物理参量之间应满足的关系，跨过特征线意味着跨过波阵面。鉴于波阵面与特征线之间的高度依存关系，也称特征线为波阵面，与 C_+ 对应的特征线称为右传波，与 C_- 对应的特征线称为左传波。特征线的斜率 $\dfrac{\mathrm{d}x}{\mathrm{d}t}$ 即为波的传播速度，$\dfrac{\mathrm{d}x}{\mathrm{d}t} = u \pm a$ 表明有限振幅波的传播速度等于质点速度 u 与当地声速 a 之和，a 不是常数（对于微幅波，$a = \sqrt{\gamma R T}$），各点的传播速度不同，一般情况下的特征线为曲线，传播过程中波形发生变化。

鉴于一般情况下的特征线为曲线，给定初、边值条件后，通常只能寻求数值解，称为特征线法（类似于有限差分法，但网格由特征线组成）。在每一组、每一条特征线上，$\phi_\pm$不变，但不同组、不同条特征线上的$\phi_\pm$不同，u和a之间满足简单的代数关系。掌握了上述关于特征线的基本概念后，就可以求解简单的匀熵流动问题了。

考虑某一黎曼不变量，例如ϕ_+在某一区域内不变的情况，在该区域内，$u + \dfrac{2a}{\gamma - 1} = \phi_+$不变。运动方程式（1-5-2）

$$\frac{\partial u}{\partial t} + u\frac{\partial u}{\partial x} = -\frac{1}{\rho}\frac{\partial p}{\partial x} = -\frac{1}{\rho}p_0\frac{2\gamma}{\gamma - 1}\left(\frac{a}{a_0}\right)^{\frac{\gamma+1}{\gamma-1}}\frac{1}{a_0}\frac{\partial a}{\partial x} = -\frac{2a}{\gamma - 1}\frac{\partial a}{\partial x}$$

化为

$$\frac{\partial u}{\partial t} + (u - a)\frac{\partial u}{\partial x} = 0 \qquad\qquad (1-5-15)$$

式（1-5-15）表明，在特征线C_-：$\dfrac{\mathrm{d}x}{\mathrm{d}t} = u - a$上$\mathrm{d}u = 0$，$u$不变，$a$也不变$\left(\text{因为}\ u + \dfrac{2a}{\gamma - 1} = \phi_+\ \text{不变}\right)$，故$u-a$也不变，因此，特征线$C_-$是直线（注意同$\phi_+$相对应；该区域的另一组特征线$C_+$仍为曲线）。当然，不同特征线上的$u-a$是不同的，这种区域称为简单波区。同理可讨论$\phi_-$为常数的区域，$C_+$特征线为直线，$C_-$特征线仍为曲线。简单波非常重要，在简单波区可以方便地求得流动的解析解，参见1.5.2节。

如果某一个区域内的ϕ_+、ϕ_-均为常数，则两组特征线均为直线，该区域内u、a均不变，称为均匀流动区。可以证明，与均匀流动区邻接的只能是简单波区（证明从略）。

方程组式（1-5-14）的因变量为u、a，自变量为x、t。如果将u、a作为自变量，x、t作为因变量，新方程组是线性的［这是方程组式（1-5-1）~式（1-5-3）被称为拟线性的原因］，可以求得解析解，但过程复杂，人们更愿意采用直观的特征线解法，特别是简单波问题。

1.5.2　简单波与间断面

1. 简单波

简单波包括稀疏波和压缩波。现在以无限长直管中的活塞问题为模型讨论简单波。所谓活塞模型，是指在无限长的管子里有一个活塞，活塞的右侧（当然也可为左侧）充有完美气体，活塞向左运动气体中产生右传稀疏波，活塞向右运动气体中产生右传压缩波。

先讨论稀疏波。稀疏波过后，流体的压力、密度、温度均减小，波形越来越平坦，质点向左运动，速度越来越小（但绝对值越来越大），当速度的绝对值达到一定值时，气体被稀疏到了真空，$\rho \to 0$，$a \to 0$，据此可求出质点的极限速度$u_{\max} = -\dfrac{2a_0}{\gamma - 1}$$\left(\text{因}\ \phi_- = u - \dfrac{2a}{\gamma - 1} = u_0 - \dfrac{2a_0}{\gamma - 1}\ \text{是常数}\right)$。对于空气，绝热指数$\gamma = 1.4$，$u_{\max} = -5a_0$，称为气体向真空的飞散速度或称逃逸速度。

考虑活塞在管道内背向气体的加速运动产生稀疏波问题。假设管道充分长（忽略稀疏波反射问题），坐标原点处有一活塞，右边气体静止，$t = 0$时，活塞突然以恒速U向左运

动，产生图 1-5a 所示的稀疏波系——中心稀疏波。

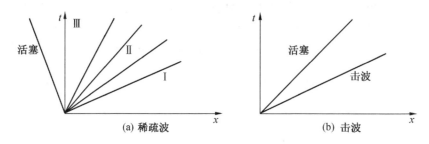

(a) 稀疏波   (b) 击波

图 1-5 活塞突然运动产生的波系图

Ⅰ区是均匀流动区，p_0、ρ_0、a_0、$u_0 = 0$ 已知。

Ⅱ区是右传简单波区，$\phi_- = u - \dfrac{2a}{\gamma - 1} = 0 - \dfrac{2a_0}{\gamma - 1} = -\dfrac{2a_0}{\gamma - 1}$，由此得，$a = a_0 + \dfrac{\gamma - 1}{2}u$，

特征线方程变为 $x = (u + a)t = \left(\dfrac{\gamma + 1}{2}u + a_0\right)t$，流动参量 $u = \dfrac{2}{\gamma + 1}\left(\dfrac{x}{t} - a_0\right)$，$a = \dfrac{2}{\gamma + 1}a_0 +$

$\dfrac{\gamma - 1}{\gamma + 1}\dfrac{x}{t}$，波头方程为 $x = a_0 t$，波尾方程为 $x = \left(\dfrac{\gamma + 1}{2}U + a_0\right)t$。

以下计算Ⅱ区内质点的运动轨迹方程。在Ⅱ区内

$$\frac{\mathrm{d}x}{\mathrm{d}t} = u = \frac{2}{\gamma + 1}\left(\frac{x}{t} - a_0\right) \tag{1-5-16}$$

这是一个一阶非齐次线性方程，其解为

$$x = \mathrm{e}^{-\int -\frac{2}{\gamma + 1}t^{-1}\mathrm{d}t}\left[\int \mathrm{e}^{\int -\frac{2}{\gamma + 1}t^{-1}\mathrm{d}t}\left(-\frac{2}{\gamma + 1}a_0\right)\mathrm{d}t + C_0\right] = t^{\frac{2}{\gamma + 1}}\left(-\frac{2a_0}{\gamma - 1}t^{\frac{\gamma - 1}{\gamma + 1}} + C_0\right) \tag{1-5-17}$$

式中，C_0 为常数。考虑 $t = 0$ 位于 $x = x_0$ 的质点，$t < \dfrac{x_0}{a_0}$ 时，质点静止；$t = \dfrac{x_0}{a_0}$ 时，波头到达该

质点，利用 $t = \dfrac{x_0}{a_0}$、$x = x_0$ 可得常数 $C_0 = x_0 t_0^{-\frac{2}{\gamma + 1}}$，代回式（1-5-17），得

$$\frac{x}{x_0} = \left(\frac{t}{t_0}\right)^{\frac{2}{\gamma + 1}}\left[1 - \frac{2}{\gamma - 1}\left(\frac{t}{t_0}\right)^{\frac{\gamma - 1}{\gamma + 1}}\right] \tag{1-5-18}$$

式（1-5-18）就是 $x = x_0$ 的质点在简单波区的运动轨迹方程，它与波尾的交点可由式（1-5-18）与波尾方程 $x = \left(\dfrac{\gamma + 1}{2}U + a_0\right)t$ 联立求解获得（此处从略）。

如果 $U < -u_{\max} = -\dfrac{2a_0}{\gamma - 1}$，则Ⅲ区为真空区；如果 $U > -u_{\max} = -\dfrac{2a_0}{\gamma - 1}$，则Ⅲ区为均匀流动区，流动参数同波尾参数。

再讨论压缩波。考虑活塞在管道内面向气体的加速运动产生的压缩波问题。同样假设管道充分长（以忽略压缩波反射问题），坐标原点处有一活塞，右边气体静止，$t = 0$ 时，活塞开始加速向右运动，产生一系列的压缩波。压缩波过后流体的压力、密度、温度均增大，波形越来越陡，到某一时刻 t_*，波形区域宽度趋于零，即产生了强间断——击波，数

学上表现为 $\left(\dfrac{\partial r}{\partial u}\right)t_* \to 0$、$\left(\dfrac{\partial^2 r}{\partial u^2}\right)t_* \to 0$（拐点），$t \geq t_*$ 时已不存在传统的光滑连续解，这也是拟线性双曲型偏微分方程（组）的特点，即数学上预示着会出现击波。这时应考虑双曲型方程的"弱解"概念，即间断解的问题（这是一个复杂问题，包括强间断、弱间断等。强间断指函数本身间断，弱间断指函数本身连续、一阶导数不连续，也可能一阶导数也连续、二阶以上导数不连续等）；如果一开始活塞即以恒速 U 向右运动，则一开始就产生击波，如图 1-5b 所示。击波的速度与 U 有关，具体计算需要用到击波关系式等，见本节间断面的内容。

2. 间断面

间断面包括接触间断和击波。

间断面是一种简化的物理模型，物理上是一个薄层，薄层内物理量变化剧烈，可能涉及黏性、热传导等耗散机制，薄层外则可以按连续流动处理，因此，可以将间断面作为连续流动区域的边界面，只要知道间断面上的相容性条件（类似于边界条件）即可，可以利用积分形式的守恒方程获得。因此，首先对间断面进行分类。

可以从不同角度对间断面进行分类。一种是分成强间断面和弱间断面，前者指物理量本身发生间断，是本节的研究对象，后者指物理量本身不间断但某阶导数间断，如前面介绍的声波波阵面。另一种是分成传播间断和不传播间断，前者始终由同样一些流体质点组成，后者不同时刻由不同流体质点组成，此时流体将不断地穿过传播间断面，或者说传播间断面相对于流体质点而运动。

设间断面的传播速度为 θ，则

$$\theta = N - u \tag{1-5-19}$$

式中，N 为间断面的移动速度；u 为流体质点速度 $\vec{V}$ 在间断面正法线方向的投影。因此，间断面的传播速度就是间断面相对于流体质点的运动速度。假设间断面前区域的流体参数带 "$-$" 下标，间断面后区域的流体参数带 "$+$" 下标，流体总是从间断面前穿过间断面到间断面后，用符号 $[\ ]$ 表示跳跃量，例如，$[p] = p_+ - p_-$。利用积分形式的守恒方程可得平面一维流间断面上的相容性条件为

$$[\rho(N - u)] = 0 \tag{1-5-20}$$

$$\rho(N - u)[u] = [p] \tag{1-5-21}$$

$$\rho(N - u)\left[e + \frac{u^2}{2}\right] = [pu] \tag{1-5-22}$$

式（1-5-20）~式（1-5-22）称为 Rankine-Hugoniot 击波关系式。

对于不传播的间断面，$\theta = 0$、$N = u$，间断面由同样一些流体质点组成，间断面条件简化为 $[p] = 0$、$[u] = 0$，说明两边压力相等、法向速度连续，切向速度和密度等（如 e、s、T）允许跳跃，这种间断面称为切向间断面或接触间断，间断面两边可以是同种介质，也可以是不同种介质。

传播间断面称为击波。穿过击波，流体的压力、密度、法向速度、内能、熵等都发生跳跃，但切向速度分量连续。

Rankine-Hugoniot 关系式（1-5-20）~式（1-5-22）是一个非线性代数方程组（相对于拟线性偏微分方程组来说容易处理些），从式（1-5-20）~式（1-5-22）可以推出许多

35

重要的结果，包括图 1-1b 击波速度的计算、击波的正反射问题、弱击波的声学近似理论等，限于篇幅，这里皆从略[12,29~32]。

1.5.3 Riemann 问题与爆轰波

有了上述关于稀疏波、压缩波、接触间断和击波的基本概念后，作为应用，就可以简要介绍 Riemann 问题（又称初始间断的分解）、爆轰波等较复杂的气体动力学问题了。

1. Riemann 问题

考虑一个无限长的直管，中部有一个隔膜，隔膜的两侧充有不同压力、密度、温度的气体（可以是同一种气体也可以是两种不同气体），某时刻隔膜突然破裂，试分析管子里发生的气体动力学过程，称为 Riemann 问题，又称初始间断的分解。1926 年苏联数学家柯钦成功地解决了 Riemann 问题，他提出初始间断一般要分解成 3 个间断面（包括强间断面和弱间断面），第一个相对于左侧的气体传播，第二个相对于右侧的气体传播，第三个相对于气体不传播，即接触间断，它在整个运动过程中把两种状态的气体分隔开来，具体结果可参见文献［33］、［34］。

2. 炸药爆轰波

炸药在雷管等强起爆源起爆后在炸药中产生爆轰波并迅速沿炸药传播。爆轰波实质上是一个带有极薄化学反应区的冲击波，化学反应区提供以超音速传播的击波所需的能量。根据炸药爆轰的流体动力学理论[35]，炸药爆轰产生的压力 $P_D = \rho u D$，其中，ρ 为炸药密度，u 为爆轰波后爆轰产物的速度，$u = D/(\gamma + 1)$，这里，D 为爆速，可通过简单试验准确测定，γ 为爆轰产物气体的绝热指数，可近似取为 3，故 $p_D = \rho D^2/4$，可见密度越大，炸药爆压越大，这就是现代制式炸弹采用熔铸装药的原因。

炸药的性能一般可用爆热、爆容、爆温、爆速和爆压等 5 个参数衡量，中等威力的军用炸药 TNT 的爆热等 5 个参数分别是 1100 kcal/kg、750 L/kg、3000 K、6950 m/s 和 20 万 bar，作为对比，民用炸药的有关参数见 2.1 节，关于与可燃气体燃烧爆炸有关的燃烧（波）、爆炸（波）、爆燃、爆轰（波）等概念，参见 4.1 节。

爆轰产物的一维飞散是爆轰理论研究中的一个重要课题。在前面关于特征线的论述中已经看到，均匀流动区状态参量是常量，简单波区特征线为直线，存在解析解，复合波区特征线为曲线，需要采用有限差分法求数值解。在爆轰产物的一维飞散问题中，由于爆轰产物的绝热指数可取为 3，复合波区的两组特征线也为直线，也存在解析解，因此得到了丰富的理论研究成果，可用于计算孔底受到的作用冲量，研究孔底起爆与孔口起爆的差别等应用性问题。

参 考 文 献

［1］ L. C. Evans. Partial differential equations（Second edition）［M］. AMS, 2016.

［2］ 季孝达等. 数学物理方程（第二版）［M］. 北京：科学出版社，2009.

［3］ 姜礼尚等. 数学物理方程讲义（第三版）［M］. 北京：高等教育出版社，2007.

［4］ 孙博华. 量纲分析与 Lie 群［M］. 北京：高等教育出版社，2016.

［5］ 彭旭麟，罗汝梅. 变分法及其应用［M］. 武汉：华中理工大学出版社，1983.

［6］ 徐建平，桂子鹏. 变分方法［M］. 上海：同济大学出版社，1999.

［7］ 王永正．摄动方法基础［M］．北京：科学出版社，1994.

［8］ E. J. Hinch. Perturbation methods［M］. Cambridge University Press, 1991.

［9］ 廖世俊．超越摄动—同伦分析方法基本思想及其应用［J］．力学进展，2018，38（1）：1-34.

［10］ Shijun Liao. Homotopy analysis method in nonlinear differential equations［M］. Beijing: Higher education press, 2012.

［11］ 谈庆明．量纲分析［M］．合肥：中国科学技术大学出版社，2005.

［12］ 张连玉，汪令羽，苗瑞生．爆炸气体动力学基础［M］．北京：北京工业学院出版社，1987.

［13］ 陈祖煜．土质边坡稳定分析［M］．北京：中国水利水电出版社，2003.

［14］ 陈祖煜等．岩质边坡稳定分析［M］．北京：中国水利水电出版社，2005.

［15］ 陈仲颐，周景星，王洪瑾．土力学［M］．北京：清华大学出版社，1994.

［16］ 钱明高，石平五．矿山压力与岩层控制［M］．徐州：中国矿业大学出版社，2003.

［17］ 陈至达．理性力学［M］．重庆：重庆出版社，2000.

［18］ 王龙甫．弹性理论［M］．北京：科学出版社，1978.

［19］ 吴崇试．数学物理方法（第二版）［M］．北京：北京大学出版社，2003.

［20］ 周世宁，林柏泉．煤层瓦斯赋存与流动理论［M］．北京：煤炭工业出版社，1998.

［21］ 于不凡．煤矿瓦斯灾害防治及利用技术手册［M］．北京：煤炭工业出版社，2005.

［22］ 刘明举，何学秋．煤层透气性系数的优化计算方法［J］．煤炭学报，2004，29（1）：74-77.

［23］ 刘明举，刘彦伟．煤层透气性系数计算问题分析［J］．煤炭科学技术，2004，32（2）：59-61.

［24］ 孙景来，马丕梁．径向流量法测定煤层透气性系数计算公式存在的问题和解决方法［J］．煤矿安全，2008，（8）：89-90.

［25］ 童祥言．高等渗流力学（第2版）［M］．合肥：中国科学技术大学出版社，2010.

［26］ 吴望一．流体力学（上）［M］．北京：北京大学出版社，1977.

［27］ 周光炯等．流体力学（上）［M］．北京：高等教育出版社，1992.

［28］ 姜．范恩著，李乃信译．热的简史［M］．北京：东方出版社，2009.

［29］ 北京工业学院八系《爆炸及其作用》编写组．爆炸及其作用（上）［M］．北京：国防工业出版社，1979.

［30］ R. 柯朗，K. O. 弗里德里克斯著，李维新等译．超声速流与冲击波［M］．北京：科学出版社，1986.

［31］ 周毓麟．一维非定常流体力学［M］．北京：科学出版社，1990.

［32］ 李维新．一维不定常流与冲击波［M］．北京：国防工业出版社，2003.

［33］ Я. Б. Зельдович. Математическая теория ГОРЕНИЯ и ВЗРЫВА［M］. Москва: Издательство Наука, 1980.

［34］ A. J. Chorin, J. E. Marsden. A Mathematical Introduction to Fluid Mechanics（Third Edition）［M］. New York: Springer-Verlag, 1993.

［35］ Л. П. 奥尔连科主编，孙承纬译．爆炸物理学（上册）［M］．北京：科学出版社，2011.

2 炸药爆炸与冲击作用评价

2.1 煤巷掘进爆破优化设计

利用炸药在岩土中的爆炸作用破碎岩土称为岩土爆破。岩土爆破最基本的力学问题是爆破漏斗的药量计算。20 世纪 60 年代之前最常用的是 1871 年俄罗斯学者 Boресков 提出的经验公式[1]，其主要缺陷是最小抵抗线大于 25 m 时需要修正，说明对重力的作用认识不足。70 年代瑞典 Langefors 和 Kihlstrom 从量纲分析出发，将药量表示成最小抵抗线的平方项、三次方项和四次方项等三项之和[2]，使之上升到半经验、半理论状态；而苏联 Покровский 教授则从理论上推导出了爆破漏斗的药量计算式（包括球形药包、延长药包两种情况）[3]，也适用于最小抵抗线大于 25 m 的情况，应用越来越广。目前，岩土爆破中的控制爆破方法，如直眼掏槽爆破[2]、预裂爆破[4,5]、光面爆破[5] 等的药量计算问题都已获得半经验、半理论解答。

煤巷掘进作业是井工煤矿主要生产环节之一。以前，煤巷掘进主要采用人工或爆破的方法，随着煤矿电气自动化技术的快速发展，煤巷掘进作业已进入综合机械化掘进（综掘）时代，但在一些小型煤矿或小断面煤巷或一些特殊煤巷，爆破掘进仍占有相当大的比重，还没有被完全取代。此外，与通常意义上的岩石相比，煤的硬度要小得多，采用人力（如镐头等）也能进行掘进作业。但是，由于掘进工程量大，人们仍愿意选用爆破掘进，有时即使是煤较软的情况也是如此，因为随着现代工业炸药技术的发展，炸药的成本越来越低，爆破掘进效率高、经济效益好。

但是，爆破掘进也有弊端。在井下瓦斯煤尘爆炸事故中，爆破是主要引爆源之一；在煤与瓦斯突出矿井，爆破也常常是诱因之一（突出矿井掘进工作面不允许使用风镐作业主要是为了避免人的存在、不是由于风镐作业的扰动大于爆破振动）。为了提高煤巷爆破掘进的速度，必须研究防治爆破引发瓦斯煤尘爆炸的措施以及爆破诱发煤与瓦斯突出的问题。

本节重点研究煤巷爆破快速掘进问题，2.1.1 节介绍炮眼布置、装药量计算的理论方法；2.1.2 节介绍研究成果的实际应用；2.1.3 节介绍实用爆破技术。本节的主要内容曾发表过[6]，这里又做了系统整理，删除了起爆时序与延迟时间数值模拟的内容，增加了实用爆破技术。

2.1.1 炮眼布置与装药量计算

煤巷断面一般为梯形（也有矩形）。记中线宽为 W，高为 H，一次爆破的深度为 w。原则上，w 越大越好，但要受以下几方面因素的制约：

（1）煤体的强度总体来说比较小，当 w 太大时，爆破后容易冒顶。

（2）一般说来，w 越大，一次爆破需要的装药量就越大。装药量太大时，爆破振动有可能对煤巷支柱、顶板等造成破坏。

（3）炮眼布置、装药量、起爆时序等都与 w 有关。《煤矿安全规程》规定，使用煤矿许用毫秒延期电雷管时，最后一段的延期时间不得超过 130 ms。

因此，生产上，w 常根据上述因素以及生产组织等因素综合确定。问题演变为，在几何参数和 w 一定的条件下，如何合理布置炮眼、计算装药量、选择起爆时序，一次起爆，在满足《爆破安全规程》《煤矿安全规程》《防治煤与瓦斯突出细则》等规章制度的前提下，加快掘进速度。

根据上述思路，可将炮眼分为中心眼、掏槽眼、主药眼和周边眼四类，如图 2-1 所示，起爆时序为自中心向周边扩展。

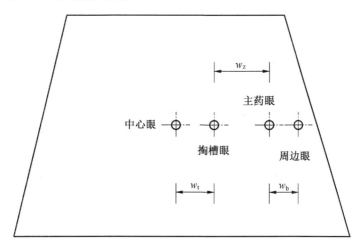

图 2-1　炮眼分类示意图

1. 中心眼

这种情况只有一个自由面，将装药近似为球形，考虑到重力的作用可忽略，采用下式计算装药量[3]

$$q = kw^{3.5}(0.5 + 0.5n^2)^2 \qquad (2\text{-}1\text{-}1)$$

式中，q 为装药量，kg；k 为炸药单耗，kg/m^3，可查资料或通过现场试验确定（试验时，取 $w=1$ m、$n=1$ 时的装药量即为 k）；w 为装药深度，m；$n = \dfrac{R}{w}$，R 为漏斗半径，m。这里，n 取 0.75，式（2-1-1）简化为

$$q = 0.61kw^{3.5} \qquad (2\text{-}1\text{-}2)$$

2. 掏槽眼

直眼掏槽爆破如图 2-2 所示，图 2-2 中，左侧的空孔为中心眼爆炸形成的自由空间，$\phi \approx R \approx 0.75\,w$（平均），右侧的小孔为（直眼）掏槽眼。药量计算式为[4]

$$q = 1.5l\left(w_t - \frac{\phi}{2}\right)\left(\frac{w_t}{\phi}\right)^{3/2} \qquad (2\text{-}1\text{-}3)$$

式中，q 为装药量，kg；l 为炮眼深，m；w_t 为掏槽眼与中心眼之间的距离，m，$w_t = (\phi/2)/n \approx (0.75w)/(2n)$。$n$ 仍取 0.75，则 $w_t = 0.5\,w$，式（2-1-3）简化为

$$q = 0.1\,lw \qquad (2\text{-}1\text{-}4)$$

环向距离也取 $0.5\,w$。

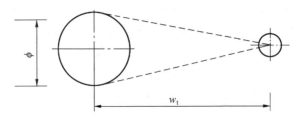

图 2-2　直眼掏槽爆破示意图

3. 主药眼

这种情况有两个自由面，药量计算式为

$$q = 0.83kw_z^{3.5}(0.5 + 0.5n^2)^2 \tag{2-1-5}$$

式中，q 为装药量，kg；k 为炸药单耗，kg/m^3；w_z 为主药眼与掏槽眼之间的距离，m，可取 $w_z \approx w$。$n=1$，式（2-1-5）简化为

$$q = 0.83kw^{3.5} \tag{2-1-6}$$

环向距离也取 w。

4. 周边眼（光爆眼）

光面爆破的实质是多打眼、少装药，即使采用耦合装药也能起到一定作用，煤巷掘进爆破就属于这种情况。药量计算式为

$$q = kw_b^{3.5}(0.5 + 0.5n^2)^2 \tag{2-1-7}$$

式中，q 为装药量，kg；k 为炸药单耗，kg/m^3；w_b 为周边眼与主药眼之间的距离，m，可取 $w_b \approx w/2$。n 取 0.7，式（2-1-7）简化为

$$q = 0.07kw^{3.5} \tag{2-1-8}$$

环向距离也取 $0.5w$。

这样，已知 W、H、w，根据炮眼的作用，就可进行炮眼布置设计了。

应当指出，在巷道掘进方面，炮眼布置与装药量计算需要根据具体情况进行调整，需要爆破工不断摸索实践才能达到预期效果，单纯追求一个循环（包括通风、出渣等）的最大进尺意义不大（应考虑一个班或一天的循环进尺最大化）。

5. 封泥长度

煤巷掘进爆破的炮眼深度一般在 1 m 左右，《煤矿安全规程》关于封泥长度的有关规定如下：

（1）炮眼深度为 0.6~1 m 时，封泥长度不得小于炮眼深度的 1/2。

（2）炮眼深度超过 1 m 时，封泥长度不得小于 0.5 m。

（3）光面爆破时，周边光爆眼应用炮泥封实，且封泥长度不得小于 0.3 m。

（4）工作面有 2 个以上自由面时，在煤层中最小抵抗线不得小于 0.5 m。

根据经验，采用水炮泥和黄土封孔，一般都能满足上述规定的要求。

6. 起爆时序与延期时间数值模拟

前面关于装药量的计算都是基于前排孔能够及时为后排孔提供自由面假设基础上提出的，如果前排孔与后排孔之间的延期时间足够长，这一假设是成立的。但是，《煤矿安全规程》规定，从最先起爆的雷管起爆开始至最后起爆的雷管起爆之间的总延期时间不得超过 130 ms。毫秒延期电雷管段数、延期时间及标志见表 2-1，从表 2-1 可以看出，最多允许选用的雷管段数为 5 段。

表 2-1　毫秒延期电雷管段数、延期时间及标志（前 5 段）

段别	延期时间/ms	标志（脚线颜色）
1（又称"瞬发管"）	<13	灰红
2	25±10	灰黄
3	50±10	灰蓝
4	75±10	灰白
5	110±15	绿红

由表 2-1 可见，1 段与 2 段之间的最小延期时间是 15−13＝2 ms，2 段与 3 段之间是 40−35＝5 ms，3 段与 4 段之间是 65−60＝5 ms，4 段与 5 段之间是 95−85＝10 ms。这表明，1 段与 2 段有可能近似同时起爆（只差 2 ms），故在雷管段数选择方面，对于中心眼选择 1 段或 2 段均可；掏槽眼选用 3 段；主药眼选用 4 段；周边眼选用 5。这种安排既符合《煤矿安全规程》的要求，也满足通常情况下巷道断面炮孔布置的要求（四组）。问题是，5 ms 的延期时间能否满足创造自由面的要求。计算机数值模拟结果清楚地表明炸药起爆、爆轰、应力波到达煤壁、煤壁外突等过程，能够满足创造自由面的要求，详细情况见文献[6]。

2.1.2　应用实例

上述研究成果曾在河南某煤业公司 12030 运输巷及开切眼掘进爆破中进行试验检验与应用。

1. 传统设计方法

原炮眼布置如图 2-3 所示，采用 ZM1.2T 型煤电钻和螺旋型麻花钻杆打眼，使用煤矿许用 2 号硝铵炸药和瞬发电雷管串联起爆，水炮泥和黏土混合封孔，起爆器为 KB-50 型。炮眼利用率按 85% 计算，每循环爆破 1.0 m，循环进度 1.0 m。炸药雷管消耗见表 2-2。

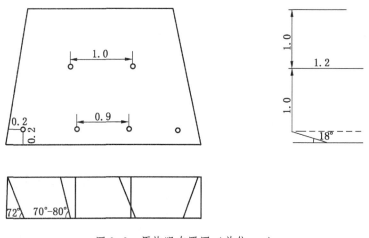

图 2-3　原炮眼布置图（单位：m）

表 2-2　原炮眼布置及爆破器材消耗表

炮眼名称	角度		眼距顶/m	眼距底/m	炮眼排距/m	炸药		雷管		百米耗	
	水平角度	垂直角度				每孔/kg	每循环/g	每孔/个	每循环/个	炸药/(kg·百m⁻¹)	雷管/(个·百m⁻¹)
上排眼	70°~80°	0°	1.0	1.2	1.0	0.45	0.9	1	2	90	200
下排眼	0°或72°	18°	2.0	0.2	1.0	0.3	1.2	1	4	120	400
合计							2.1		6	210	600

2. 优化设计方法

（1）炮眼布置与起爆时序。考虑到煤体较软，爆破的目的仅为松动煤体，优化后的钻孔布置如图 2-4 所示，孔深 1.3 m。起爆时序：中心眼采用 1 段，下排中间两个周边眼采用 3 段，两个底眼采用 4 段，两个顶眼采用 5 段，串联起爆。

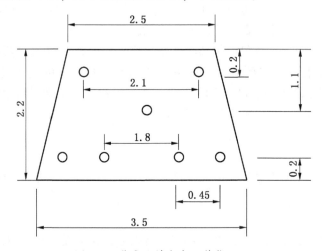

图 2-4　优化设计方案（单位：m）

（2）装药量计算。煤质较软，炸药单耗取 $k = 0.3$ kg/m³。中心眼：$q = 0.61\ kw^{3.5} \approx 0.4$ kg，实装 2.5 个药卷 0.375 kg；下排中间边眼按主药眼设计：$q = 0.83\ kw^{3.5} \approx 0.55$ kg，实装 3.5 个药卷 0.525 kg；底眼按边眼设计：$q = 0.07\ kw^{3.5} \approx 0.05$ kg，实装 1/3 药卷 50 g；顶眼只起振动作用，每眼装药 50 g。

（3）爆破效果。爆破后效果与原设计相比，轮廓更规整，循环进尺 1.2 m，有关参数见表 2-3。

表 2-3　优化设计爆破器材消耗情况

炮眼名称	眼距顶/m	眼距底/m	炮眼孔距/m	炸药		雷管		百米耗	
				每孔/kg	每循环/kg	每孔/个	每循环/个	炸药/(kg·百m⁻¹)	雷管/(个·百m⁻¹)
上排眼	0.2		2.1	0.05	0.1	1	2	8.3	166
中心眼	1.1	1.1		0.375	0.375	1	1	31.25	83
下排眼		0.2	1.8、0.45	0.525、0.05	1.15	1	4	95.45	332
合计					1.625		7	134.875	581

通过比较可以看出，采用优化设计方法后爆破循环进尺提高了20%，百米炸药与雷管消耗量分别减少了 $(210-135)/135×100\% = 55.6\%$ 和 $(600-581)/581×100\% = 3.3\%$，效果明显。

2.1.3 实用爆破技术

1. 煤矿许用炸药

煤矿许用炸药分五级，级别越高，安全性越好。一级可用于低瓦斯矿井，二级可用于高瓦斯矿井，三级可用于煤与瓦斯突出矿井。

按炸药的组成和性质，煤矿许用炸药可分为六类，其中应用较多的是粉状硝铵类许用炸药和许用含水炸药，许用含水炸药包括许用乳化炸药和许用含水炸药。

煤矿硝铵类炸药品种较多，但组成、性能、爆炸参数差别不大，爆热、爆容、爆温、爆速、爆压的数量级分别为 $3000 \sim 3600$ kJ/kg、$730 \sim 850$ L/kg、$2000 \sim 2400$ K、$3200 \sim 3600$ m/s、2万~3.4万 bar，除爆容外，均明显小于TNT的对应值。

2. 起爆器材

常用起爆器材包括以下两种：

（1）电雷管。电雷管主要包括瞬发电雷管、秒延期电雷管、毫秒延期电雷管等。瞬发电雷管通电即爆，工程爆破中常用8号瞬发电雷管。秒延期电雷管通电后隔一段以秒为计量单位的时间才爆炸，国产秒延期电雷管分7段，用不同颜色的脚线标识。毫秒延期电雷管的延期时间以毫秒数量级计量，目前国产毫秒延期电雷管分20段，前10段用不同颜色的脚线标识，其中，前5段的有关情况见表2-1，后10段用标牌标识。

（2）非电毫秒电雷管和导爆索。非电毫秒电雷管用塑料导爆管引爆而延期时间以毫秒数量级计量。塑料导爆管由雷管或炸药引爆。

导爆索是用单质猛炸药黑索今或太安作为索芯，用棉、麻、纤维及防潮材料包缠成索状的起爆材料。导爆索由雷管引爆，可直接起爆炸药，也可以作为独立的爆破能源使用。导爆索有普通导爆索、防水导爆索等。

《爆破安全规程》（2014）第8.3.6条规定，煤矿井下禁用导爆管、导爆索。

3. 电雷管起爆网络

（1）电雷管的主要参数。给电雷管通一恒定的直流电，能将桥丝加热到点燃引火药的最低电流强度，称为电雷管的最低准爆电流。国产电雷管单个的最低准爆电流不大于0.7 A。

成组电雷管的最低准爆电流比单个电雷管的大，流经每个电雷管的电流：一般爆破，交流电不小于2.5 A，直流电不小于2 A；大爆破，交流电不小于4 A，直流电不小于2.5 A。

在一定时间（5 min）内，给电雷管通以恒定直流电，而不会引燃引火药的最大电流称为最高安全电流。电雷管的最高安全电流是选定测量电雷管参数仪表的重要依据，也是衡量电雷管能抵抗多大杂散电流的依据。

国产电雷管的最高安全电流：康铜丝的为0.3 A，镍铬丝的为0.125 A。为更安全起见，《爆破安全规程》规定，爆破作业场地的杂散电流不得大于30 mA，用于量测电雷管的仪器输出电流也不得大于30 mA。

为保证成组电雷管不会产生拒爆，除了满足准爆电流的要求外，必须是同厂同型号同批次的电雷管。

（2）电爆网络设计。电爆网络设计包括串联、并联和混合联三种。简单的串联和并联都有明显不足，实际应用中常采用混合联，包括串并联和并串联，如图2-5所示。总电阻、总电流和通过每一发电雷管的电流很容易计算，此处从略。

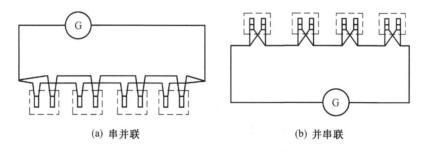

(a) 串并联　　　　　　　　　　　　(b) 并串联

图 2-5　常用的两种电爆网络形式

大爆破需要用到大量的电雷管，其起爆网络需要进行专门设计、计算并进行试验检验。

（3）电爆网络导线和电源的选择。导线主要包括雷管脚线、端线、连接线、区域线、主线等。雷管脚线通常是直径 0.5 mm、长 1.5~2 m 的铜芯或铁芯涂蜡纱包线或聚氯乙烯绝缘线。端线连接雷管脚线至孔口，直径不得小于 0.8 mm，一般用单股直径 1.13~1.38 mm 的绝缘胶皮线。连接线是连接各孔口之间的导线，规格同端线。区域线连接联结线和主线，规格同端线。主线是区域线到电源的导线，一般多次使用，可用七股直径 1.68~2.11 mm 的绝缘胶皮线。常用的导线规格及电阻值见表2-4，BV 型铜芯聚氯乙烯绝缘导线、BLV 型铝芯聚氯乙烯绝缘导线的规格见文献 [1]。

表2-4　绝缘胶皮铜线规格表

断面面积/mm²	股数/单股直径/mm	安全电流/A	电阻/(Ω·km⁻¹)	橡皮厚度/mm	电压/V
1.0	1/1.13	15	17.5	均为 0.6	均为 110~220
1.5	1/1.37	20	11.7		
2.5	1/1.76	27	7.0		
4.0	1/1.24	36	4.4		
0.75	1/0.97	13	23.3	均为 1.0	均为 110~220
1.00	1/1.13	15	17.5		
1.50	1/1.37	20	11.7		
2.60	1/1.76	27	7.0		
4.0	1/1.24	36	4.4		
6.0	1/1.27	46	3.9		
0.636	1/0.9	10	27.3	0.9	均为 220~380
0.785	1/1.0	12	22.5	0.95	
1.131	1/1.12	17	15.5	0.95	
1.539	1/1.4	20	11.38	均为 1.0	均为 220~380
2.011	1/1.6	23	8.8		
2.545	1/1.8	27	7.0		

表 2-4（续）

断面面积/mm²	股数/单股直径/mm	安全电流/A	电阻/(Ω·km⁻¹)	橡皮厚度/mm	电压/V
3.142	1/2.0	31	5.6	均为 1.16	均为 220~380
4.155	1/2.3	36	4.1		
5.029	1/2.6	42	3.5		
6.605	1/2.9	50	2.6	1.2	均为 220~380
8.042	1/3.2	60	2.2	1.22	
9.621	1/3.5	68	1.8	1.24	
13.57	1/4.0	80	1.4	1.43	
32.00	1/4.6	167	0.46	1.70	
4.5	7/0.9	40	3.9	1.16	均为 220~380
5.5	7/1.0	43	3.18	1.22	
8.0	7/1.2	60	2.17	1.27	
11.2	7/1.4	70	1.56	1.32	
14	7/1.6	85	1.35	1.38	
18	7/1.8	100	0.97	1.43	
22	7/2.0	110	0.795	1.54	
30	7/2.3	137	0.58	1.65	

电起爆的电源包括放炮器、干电池、蓄电池、移动发电机、照明电力线、动力电力线等。

放炮器又称起爆器，只能供给线路很小的电流，所以仅适用于电雷管串联起爆。起爆器类型很多，常用的主要有发电机式和电容式。

大爆破常用移动发电机、照明电源和动力电源作为起爆电源。

（4）导通仪。用于测量电爆网络和电雷管电阻值的导通仪必须是爆破专用的爆破线路电桥或爆破欧姆表，不能使用普通的电桥、欧姆表或万用表等。目前，在电爆中以 205 型线路电桥和爆破欧姆表应用最广。

4. 安全技术

从事爆破作业必须遵守《爆破安全规程》的有关规定。此外，根据作者的工作经验强调以下几点：

（1）用专用仪表测定电雷管的电阻值。从炸药库领取（同批次）电雷管时必须用前述专用仪表（严禁使用普通万用表）测定每一枚电雷管（最好铜脚线）的电阻值，一般在 1 Ω 左右为正常；在装入炮孔前也应检测电雷管的电阻值，不符合要求的不得使用；起爆前应检测起爆回路的电阻值（回路的电阻值与起爆网络的方式、雷管个数、起爆线长短等有关，可事先计算确定），符合设计要求方可起爆。这是防止出现拒爆最重要的环节。

（2）防止杂散电流引发早爆事故。起爆前雷管脚线应处于短路状态，防止杂散电流引发早爆事故。

（3）处理拒爆。对于深孔爆破，万一出现拒爆，可采用水冲洗的办法慢慢掏孔，不建议打侧眼殉爆原装药，因为孔较深，距离原装药远了没有效果，近了容易发生事故，不易把握（浅眼爆破可采用侧眼殉爆）。

2.2 连续与离散体系结构动力学概要

利用炸药爆炸冲击波摧毁或拆除建（构）筑物（以下简称"结构物"或"结构"）是炸药的主要用途之一。为了评估炸药爆炸冲击波对结构物的作用效果，需要研究结构物对爆炸载荷的动力响应，涉及爆炸载荷与结构动力响应两个方面（包括两者之间的相互作用）[7]，本节研究结构的动力响应[8,9]。

通常的结构物（如楼房等）比较复杂，研究其整体的力学行为一般需要采用离散体系模型、有限单元法等进行近似计算。对其中的梁、柱、板、壳等结构构件，可以采用离散体系模型、有限单元法等，也可以采用连续体系模型进行较精确的理论分析[10-14]，在2.2.1节将以弯曲梁横向振动问题为例，详细介绍分离变量解法。为简化分析，将变形限于小变形弹性阶段[15-17]。

但是，即使像梁这样的简单构件，精确的动力分析工作也是比较复杂的，不难设想，对板、壳等结构构件的分析将更加复杂，特别是其中关于边值问题的处理十分棘手（参见1.3节）。因此，人们提出了多种近似方法，一种显然的做法是，考虑到基频的作用一般远大于高阶振型的作用，作为近似计算，只取第一项；为进一步简化计算，避免求解边值问题，将主振型直接取为静力弯曲曲线方程等（最大值取为1称为标准振型），从能量的角度考虑问题，由 Rayleigh-Ritz 法获得频率，将动力学问题转化为静力学问题处理[18]，在2.2.2节介绍这种简化的分析方法，并给出薄板的几个公式。显然，这是1.3节中介绍过的古典变分方法中的 Ritz 法。鉴于 Duhamel 积分的重要性，在2.2.3节给出了借助 δ 函数推导 Duhamel 积分的方法[19]，需要时可供参考。

2.2.1 弯曲梁横向振动理论分析[17]

本节以等截面纯弯曲梁横向振动问题为例介绍连续体系结构动力学的基本原理。这里，为简化分析，不考虑梁截面面积沿梁长度方向的变化，不考虑梁在运动过程中的剪切变形、转动惯量的影响（称为 Euler 梁），也不考虑阻尼的作用（爆炸力学问题中，由于过程的持续时间总的说来比较短，一般不考虑阻尼项；但在爆破振动等持续时间较长的问题中，需要考虑阻尼作用，见2.4节）。

1. 弯曲梁横向振动问题的定解方程

考虑受动载荷 $P(x, t)$（大写；线载荷）作用的等截面纯弯曲梁的横向振动问题（纵向振动问题有与此平行的理论；振动的传播称为波，下面的振动方程也可称为横波波动方程，用于研究横波的传播）。坐标原点 $x=0$ 取在梁的左端，由结构动力学知道，横向位移 $u(x, t)$ 满足的偏微分方程为

$$m \frac{\partial^2 u(x, t)}{\partial t^2} + EI \frac{\partial^2 u(x, t)}{\partial x^4} = P(x, t) \tag{2-2-1}$$

式中，m 为单位长度梁的质量；EI 为梁的抗弯刚度；E 为弹性模量；I 为截面中心惯性矩，对于高为 h、宽为 b 的矩形截面梁，$I = \int y^2 \mathrm{d}F = \int_{-h/2}^{h/2} y^2 b \mathrm{d}y = bh^3/12$。

式（2-1-1）是一个对时间 t 求二阶偏导数、对空间坐标 x 求四阶偏导数的常系数非齐次线性偏微分方程。初始条件考虑最简单的情况

$$t = 0 \qquad u(x, t) = \frac{\partial u(x, t)}{\partial t} = 0 \tag{2-2-2}$$

边界条件取决于梁端的支持情况，可由下列情况进行组合

简支端，$u = \dfrac{\partial^2 u}{\partial x^2} = 0$；固支端，$u = \dfrac{\partial u}{\partial x} = 0$；自由端，$\dfrac{\partial^2 u}{\partial x^2} = \dfrac{\partial^3 u}{\partial x^3} = 0$ （2-2-3）

这样，$P(x, t)$、边界条件确定后，即可由定解方程式（2-2-1）~式（2-2-3）求得 $u(x, t)$ 等，方程组式（2-2-1）~式（2-2-3）组成一个定解问题。

2. 自振分析

为求解定解方程式（2-2-1）~式（2-2-3），先进行自振分析，即令 $P(x, t) = 0$，此时，方程式（2-2-1）变为

$$\frac{\partial^4 u(x, t)}{\partial x^4} + \frac{m}{EI} \frac{\partial^2 u(x, t)}{\partial^2 t} = 0 \qquad (2\text{-}2\text{-}4)$$

这是一个线性齐次的偏微分方程，可用多种方法求解；边界条件式（2-2-3）都是齐次的，可用分离变量法求解。

假定

$$u(x, t) = X(x)q(t) \qquad (2\text{-}2\text{-}5)$$

式中，$q(t)$ 称为广义坐标。代入式（2-2-4），得

$$\frac{\dfrac{\mathrm{d}^4 X}{\mathrm{d}x^4}}{X(x)} = -\frac{m}{EI} \frac{\dfrac{\mathrm{d}^2 q}{\mathrm{d}t^2}}{q(t)} \qquad (2\text{-}2\text{-}6)$$

上式左端仅为 x 的函数，右端仅为 t 的函数，两端相等，必同等于一个常数，记为 a^4 [理由见式（2-2-10）]，则式（2-2-6）分解为两个常微分方程

$$\frac{\mathrm{d}^4 X}{\mathrm{d}x^4} - a^4 X(x) = 0 \qquad (2\text{-}2\text{-}7)$$

$$\frac{\mathrm{d}^2 q}{\mathrm{d}t^2} + \omega^2 q(t) = 0 \qquad (2\text{-}2\text{-}8)$$

式中，$\omega^2 = \dfrac{a^4 EI}{m}$。

首先解本征值问题式（2-2-7）。方程式（2-2-7）是一个四阶常微分方程，根据其形式可设解的形式为

$$X(x) = C\mathrm{e}^{sx} \qquad (2\text{-}2\text{-}9)$$

式中，C 为任意常数。代入式（2-2-7），得

$$s^4 - a^4 = 0 \qquad (2\text{-}2\text{-}10)$$

故 $$s_{1, 2, 3, 4} = \pm a, \pm ia \qquad (2\text{-}2\text{-}11)$$

代入式（2-2-9），得方程（2-2-7）的通解为

$$X(x) = C_1 \mathrm{e}^{iax} + C_2 \mathrm{e}^{-iax} + C_3 \mathrm{e}^{ax} + C_4 \mathrm{e}^{-ax} \qquad (2\text{-}2\text{-}12)$$

式（2-2-12）含有虚数，不便处理，用三角函数和双曲函数代替指数函数，得

$$X(x) = A\sin ax + B\cos ax + C\sinh ax + D\cosh ax \qquad (2\text{-}2\text{-}13)$$

式中，常数 $A \sim D$ 可由梁端的边界条件确定，决定梁振动的形状（振型）。

首先考虑 $x = 0$ 端固支、$x = L$ 端自由的情况（悬臂梁），边界条件可表示为

$$X(0) = 0 \qquad \frac{\mathrm{d}X}{\mathrm{d}x}(0) = 0 \qquad \frac{\mathrm{d}^2 x}{\mathrm{d}x^2}(L) = 0 \qquad \frac{\mathrm{d}^3 X}{\mathrm{d}x^3}(L) = 0 \qquad (2\text{-}2\text{-}14)$$

将前两个条件代入式（2-2-13）得 $B+D=0$ 和 $A+C=0$，由此得 $A=-C$，$B=-D$；将后两个条件代入式（2-2-13）得 $-A\sin aL - B\cos aL + C\sinh aL + D\cosh aL = 0$ 和 $-A\cos aL + B\sin aL + C\cosh aL + D\sinh aL = 0$，用 A 换掉 C，B 换掉 D，得

$$A(\sin aL + \sinh aL) + B(\cos aL + \cosh aL) = 0 \qquad (2\text{-}2\text{-}15)$$
$$-A(\cos aL + \cosh aL) + B(\sinh al - \sin aL) = 0 \qquad (2\text{-}2\text{-}16)$$

使 A、B 不能同时为零（否则获得平凡解——零）的条件是系数行列式的值等于零，由此得

$$\cos aL + \cosh aL + 1 = 0 \qquad (2\text{-}2\text{-}17)$$

这就是悬臂梁自由振动的频率方程，它是一个超越方程，难以获得解析解，采用试算或计算机数值算法可获得数值解，前三个分别为 $aL = 1.875$，4.964，7.855，相应的前三阶自振频率分别为

$$\omega_1 = 3.516\sqrt{\frac{EI}{mL^4}} \qquad \omega_2 = 22.03\sqrt{\frac{EI}{mL^4}} \qquad \omega_3 = 61.70\sqrt{\frac{EI}{mL^4}} \qquad (2\text{-}2\text{-}18)$$

由式（2-2-15）或式（2-2-16）可得 $B = -\dfrac{\sin aL + \sinh aL}{\cos aL + \cosh aL}A$，利用这个关系及 $A = -C$，$B=-D$ 由式（2-2-13）可得振型函数（A_n 取为 1 称为标准振型）为

$$X_n(x) = A_n\left[\sin a_n x - \sinh a_n x + \frac{\sin a_n L + \sinh a_n L}{\cos a_n L + \cosh a_n L}(\cosh a_n x - \cos a_n x)\right] \quad (2\text{-}2\text{-}19)$$

可见，自振频率和振型有无穷多个（$n=1$、2、3、$\cdots$、∞）。

可以证明（此处从略），振型函数式（2-2-19）也适用于两端固支梁和一端固支、一端简支梁。对于两端简支梁，经过类似分析可得频率方程为

$$\sin aL = 0 \qquad (2\text{-}2\text{-}20)$$

频率为

$$\omega_n^2 = (n\pi)^4 \frac{EI}{mL^4} \qquad (2\text{-}2\text{-}21)$$

标准振型为

$$X_n(x) = \sin\frac{n\pi x}{L} \qquad (2\text{-}2\text{-}22)$$

振型式（2-2-19）、式（2-2-22）等具有正交性。根据功的互等定理，第 n 阶振型的惯性力在第 m 阶振型位移上所做的功等于第 m 阶振型的惯性力在第 n 阶振型位移上所做的功。据此可得到振型的正交性（过程从略），即

$$\int_0^L X_m(x)X_n(x)\,\mathrm{d}x = 0 \quad (m \neq n) \qquad (2\text{-}2\text{-}23)$$

此外，由式（2-2-7）可得

$$EI\frac{\mathrm{d}^4 X_n(x)}{\mathrm{d}x^4} = m\omega_n^2 X_n(x) \qquad (2\text{-}2\text{-}24)$$

3. 强迫振动（动力响应）

频率和振型确定后，利用式（2-2-23）、式（2-2-24），即可根据振型叠加法计算结构强迫振动（非齐次项）的动力作用。

由式（2-2-5），得

$$u(x, t) = \sum_{1}^{\infty} X_n(x) q_n(t) \tag{2-2-25}$$

式中，$q_n(t)$ 称为第 n 阶振型的坐标或广义坐标，$X_n(x)$ 称为第 n 阶振型，这里取标准振型。

计算动力响应的核心工作就是确定 $q_n(t)$。将式（2-2-24）代入方程式（2-2-1），得

$$m \sum_{1}^{\infty} X_n(x) \frac{\mathrm{d}^2 q_n(t)}{\mathrm{d}t^2} + EI \sum_{1}^{\infty} \frac{\mathrm{d}^4 X_n(x)}{\mathrm{d}x^4} q_n(t) = P(x, t) \tag{2-2-26}$$

利用式（2-2-23）、式（2-2-24），上式的每一项乘以 $X_m(x)$ 并沿梁长度方向积分，得

$$\frac{\mathrm{d}^2 q_n(t)}{\mathrm{d}t^2} m \int_0^L \left[X_n(x) \right]^2 \mathrm{d}x + m \omega_n^2 q_n(t) \int_0^L \left[X_n(x) \right]^2 \mathrm{d}x = \int_0^L X_n(x) P(x, t) \mathrm{d}x \tag{2-2-27}$$

记 $M_n = m \int_0^L \left[X_n(x) \right]^2 \mathrm{d}x$，$P_n(t) = \int_0^L X_n(x) P(x, t) \mathrm{d}x$，式（2-2-27）化为

$$\frac{\mathrm{d}^2 q(t)}{\mathrm{d}t^2} + \omega_n^2 q_n(t) = \frac{P_n(t)}{M_n} \tag{2-2-28}$$

式（2-2-28）是对每一个振型的单自由度方程，每个方程含有一个振型坐标，可按 Duhamel 积分求解，在零初始条件式（2-2-2）下

$$q_n(t) = \frac{1}{\omega_n M_n} \int_0^t P_n(\tau) \sin \omega_n(t - \tau) \mathrm{d}\tau \tag{2-2-29}$$

Duhamel 积分是结构动力学中最重要的一个成果，其中的 $P_n(t)$ 可以是 t 的任意函数，关于其来源，见 2.2.3 节（高等数学中，通常只给出几种简单形式 $P(t)$ 的解），可供需要时参考。

可见，即使连续体系理论，采用分离变量法最终也要转换为离散体系求解——将每一个振型看作是一个单自由度体系，采用振型叠加式（2-2-25）获得最终解。求得了 $q_n(t)$，代入式（2-2-25），获得的是问题的形式解，还需对级数的收敛性进行分析。如果级数收敛，可以获得有限形式的封闭解。通常，对级数的收敛性进行分析比较复杂、困难，因此，常止于形式解；至于是否符合实际情况与需要，可由定解问题的物理实际背景判断出来。

Duhamel 积分中 ω_n 的计算见式（2-2-18）、式（2-2-21）等（这是将问题分解为两步处理、先进行自振分析的原因），M_n、$P_n(t)$ 与梁的边界支撑条件有关。悬臂梁、两端固支梁和一端固支、一端简支梁的振型均为式（2-2-19），采用标准振型（$A_n = 1$），广义质量 M_n 为

$$M_n = m \int_0^L \left[\sin a_n x - \sinh a_n x - \frac{\sin aL + \sinh aL}{\cos aL + \cosh aL} (\cosh a_n x - \cos a_n x) \right]^2 \mathrm{d}x = mL \tag{2-2-30}$$

简支梁的广义质量为

$$M_n = m \int_0^L \left(\sin \frac{n\pi x}{L} \right)^2 dx = mL/2 \qquad (2-2-31)$$

注意：不是 mL。

悬臂梁、两端固支梁和一端固支、一端简支梁均匀分布载荷 $P(t)$ 的广义力为

$$P_n(t) = P(t) \int_0^L \left[\sin a_n x - \sinh a_n x - \frac{\sin aL + \sinh aL}{\cos aL + \cosh aL} (\cosh a_n x - \cos a_n x) \right] dx \qquad (2-2-32)$$

该式积分比较复杂，其中，振型函数的积分结果见表2-5。

表2-5 各种支撑条件等截面梁的振型函数积分结果

梁的类型	振　　型		
	1	2	3
悬臂梁	0.7830 L	0.4340 L	0.2544 L
两端固支梁	0.8308 L	0	0.3640 L
一端固支—端简支梁	0.8604 L	0.0829 L	0.3343 L
简支梁	0.6366 L	0	0.2122 L

简支梁的均匀分布载荷的广义力为

$$P_n(t) = P(t) \int_0^L X_n(x) dx = \frac{2L}{n\pi} P(t) \qquad (2-2-33)$$

也包括在了表2-5中。

如果 $P_n(t)$ 比较简单，通过式（2-2-29）可能获得解析解，否则，可以寻求数值解等。

2.2.2 简化分析方法[18]

对于柱、板、壳等结构构件，也有与梁平行的理论，但比较复杂。下面介绍简化的分析方法。

1. Rayleigh-Ritz 法

由2.2.1节可以看到，即使只取其中的第一项，仍需计算振型函数等，比较复杂。因此，人们提出了一种基于变分法的简化的分析方法，可以大大简化有关计算，具有较高的实用价值，步骤如下。

（1）假设 $u(x, t) = X(x)q(t)$。

（2）$X(x)$ 可取为静力弯曲曲线或其他曲线（尽可能满足边界条件），幅值取1。例如，对于悬臂梁，可取（但它不满足自由端剪力为零的边界条件见2.3.3节）

$$X(x) = 1 - \cos \frac{\pi x}{2L} \qquad (2-2-34)$$

对简支梁，可取

$$X(x) = \sin \frac{\pi x}{L} \qquad (2-2-35)$$

（3）采用 Rayleigh 法（忽略阻尼等耗散项）计算自振频率 ω。

假设梁的位移可表示为 $u(x, t) = X(x)\sin\omega t$，则速度为 $\dfrac{\partial u(x, t)}{\partial t} = \omega X(x)\cos\omega t$，梁

的动能为 $E_k = \dfrac{1}{2}m\int_0^L \left[\omega X(x)\cos\omega t\right]^2 \mathrm{d}x = \dfrac{1}{2}m(\omega\cos\omega t)^2\int_0^L X^2(x)\mathrm{d}x$，最大值为 $E_{k\max} =$

$\dfrac{1}{2}m\omega^2\int_0^L X^2(x)\mathrm{d}x$；梁中的应变能（仅考虑弯曲变形）为 $E_s = \dfrac{1}{2}\int_0^L \sigma\varepsilon A\mathrm{d}x = \dfrac{1}{2}\int_0^L \dfrac{M^2}{EI}\mathrm{d}x =$

$\dfrac{1}{2}\int_0^L EI\left[\dfrac{\partial^2 u(x, t)}{\partial x^2}\right]^2\mathrm{d}x = \dfrac{1}{2}EI\sin^2\omega t\int_0^L\left[\dfrac{\mathrm{d}^2 X(x)}{\mathrm{d}x^2}\right]^2\mathrm{d}x$，最大值为 $E_{s\max} = \dfrac{1}{2}EI\int_0^L\left[\dfrac{\mathrm{d}^2 X(x)}{\mathrm{d}x^2}\right]^2\mathrm{d}x$，

令 $E_{k\max} = E_{s\max}$，得

$$\omega^2 = \frac{EI\int_0^L\left(\dfrac{\mathrm{d}^2 X}{\mathrm{d}x^2}\right)^2\mathrm{d}x}{m\int_0^L X^2\mathrm{d}x} \tag{2-2-36}$$

能量法也可用于计算高阶振型和频率，称为 Rayleigh-Ritz 法。

（4）广义质量为

$$M = m\int_0^L X(x)^2\mathrm{d}x \tag{2-2-37}$$

（5）分布力的广义力为

$$P(t) = P(t)\int_0^L X(x)\mathrm{d}x \tag{2-2-38}$$

（6）$q(t)$ 满足的运动方程为

$$\frac{\mathrm{d}^2 q}{\mathrm{d}x^2} + \omega^2 q(t) = P(t)/M \tag{2-2-39}$$

在零初始条件下，其解仍可用 Duhamel 积分表示

$$q(t) = \frac{1}{\omega M}\int_0^t P(\tau)\sin\omega(t - \tau)\mathrm{d}\tau \tag{2-2-40}$$

该简化方法的最大特点是避开了求解边值问题、省去了分析级数的收敛性等。2.3.1 节将接着研究 $P(t)$ 为爆炸载荷的情况，引出动力系数法，并利用动力系数法研究两个重要的工程实际问题（分别见 2.3.2 节、2.3.3 节）。

2. 薄板

实际工作中，薄板是另一种常见的结构构件。鉴于振型、频率的重要性，限于篇幅，这里直接给出圆板（矩形板可按面积近似等效成圆板处理）的一次弯曲振型、频率，需要时可仿梁的理论进行近似计算。

简支圆板的一次弯曲振型可取为

$$z = 1 - \frac{5r^2}{4R^2} + \frac{r^4}{4R^4} \tag{2-2-41}$$

自振频率为

$$\omega_1 = \frac{4.94}{R}\sqrt{\frac{\pi D}{M}} \tag{2-2-42}$$

式中, $D = \dfrac{Eh^3}{12(1-\mu^2)}$ 为板的刚度, M 为板的总质量。

固支圆板的一次弯曲振型可取为

$$z = 1 - \frac{2r^2}{R^2} + \frac{r^4}{R^4} \qquad (2-2-43)$$

自振频率为

$$\omega_1 = \frac{10.4}{R}\sqrt{\frac{\pi D}{M}} \qquad (2-2-44)$$

2.2.3 Duhamel 积分[17,19]

单自由度体系无阻尼自由振动的运动方程为

$$m\ddot{u} + ku = 0 \qquad (2-2-45)$$

式中, m 为质量; k 为弹簧系数。初始条件为

$$t = 0 \qquad u = u(0) \qquad \dot{u} = \dot{u}(0) \qquad (2-2-46)$$

方程式 (2-2-45) 是一个二阶齐次线性常微分方程, 容易求得其通解为

$$u = A\cos\omega_n t + B\sin\omega_n t \qquad (2-2-47)$$

式中, A、B 为待定常数, $\omega_n = \sqrt{k/m}$ 。利用条件式 (2-2-46), 容易求得 $A = u(0)$, $B = \dot{u}(0)/\omega_n$, 代入式 (2-2-47) 得无阻尼自由振动的通解为

$$u = u(0)\cos\omega_n t + \left[\frac{\dot{u}(0)}{\omega_n}\right]\sin\omega_n t \qquad (2-2-48)$$

为了获得任意载荷的动力响应, 首先研究单位脉冲的动力响应。单位脉冲就是数学中的 Dirac δ 函数, 是一种广义函数, 定义为

$$\begin{cases} \delta(t-\tau) = \infty \ (t=\tau), \ 0(t \neq \tau) \\ \int_0^\infty \delta(t-\tau)\mathrm{d}t = 1 \end{cases} \qquad (2-2-49)$$

在 $t=\tau$ 时刻的一个单位脉冲作用在单自由度体系上, 使质点获得一个单位冲量, 脉冲结束后, 质点获得一个初速度 $\dot{u}(\tau) = 1/m$, 由于脉冲作用时间极短, $u(\tau) = 0$。求体系在单位脉冲作用下的响应 (特解), 就是求单位脉冲作用后的自由振动问题。单位脉冲的作用相当于给出了一组初始条件, 代入式 (2-2-48) 得

$$h(t-\tau) = u(t) = \frac{1}{m\omega_n}\sin[\omega_n(t-\tau)] \qquad (2-2-50)$$

将载荷 $P(\tau)$ 离散成一系列脉冲, 脉冲 $P(\tau)\mathrm{d}\tau$ 产生的作用为 $\mathrm{d}u(t) = P(\tau)\mathrm{d}\tau h(t-\tau)$, $t > \tau$, 在任一时刻 t 结构的反应就是 t 以前所有脉冲作用下的反应之和

$$u(t) = \int_0^t \mathrm{d}u = \int_0^t P(\tau)h(t-\tau)\mathrm{d}\tau = \frac{1}{m\omega_n}\int_0^t P(\tau)\sin[\omega_n(t-\tau)]\mathrm{d}\tau \qquad (2-2-51)$$

式 (2-2-51) 即 Duhamel 积分, 它给出的是一个由动力载荷引起的相应于零初始条件的特解。如果初始条件不为零, 则需要叠加上由非零初始条件引起的自由振动式 (2-2-48), 则完整解 (即非齐次方程的通解) 为

$$u(t) = u(0)\cos\omega_n t + \left[\frac{\dot{u}(0)}{\omega_n}\right]\sin\omega_n t + \frac{1}{m\omega_n}\int_0^t P(\tau)\sin[\omega_n(t-\tau)]\mathrm{d}\tau \qquad (2-2-52)$$

除了单位脉冲函数，还有一种常用的广义函数——Heaviside 阶跃函数，具有与单位脉冲函数几乎平行的理论，也可用于推导 Duhamel 积分等，需要时可见文献［19］。

2.3 炸药爆炸载荷作用下结构动力响应的计算方法及其应用

目前，在常见的 3 种化学爆炸形式（炸药、可燃粉尘、可燃气体爆炸）中，可燃粉尘、可燃气体爆炸属于事故，是预防的对象；炸药爆炸主要做有用功（当然，炸药爆炸事故也不鲜见），炸药爆炸载荷常简称为爆炸载荷。

本节研究炸药爆炸载荷作用下结构动力响应的计算方法及其应用，是 2.2 节的继续。2.3.1 节将 2.2.2 节介绍的简化的结构动力响应分析方法用于爆炸载荷的具体情况。这里，爆炸载荷随时间的变化关系采用指数衰减函数近似，得到了冲量载荷区、一般动载荷区、准静态载荷区动力系数的计算方法，将动力学问题转化成静力学问题求解——动力系数法。值得指出的是，冲量载荷区、准静态载荷区的动力系数可由能量平衡原理直接推得，而一般动载荷区的动力系数只能获得数值解。本节巧妙地给出了数值解的回归公式，精度很高，与冲量载荷区、准静态载荷区的衔接也很好，系首次发表，具有明显的科学意义和工程开发应用价值。

2.3.2 节将动力系数法用于爆炸载荷作用下水泥板破碎距离的工程计算问题。这是军工领域的一个实际问题，为了直观评价炸药爆炸对结构物的毁伤作用，人们提出了一种水泥板破碎距离评价法，即在战斗部（炸弹）周围不同距离以渐开线的方式竖立一组水泥板（空心板），根据战斗部爆炸后破碎的水泥板与战斗部的距离和破碎程度评价炸药的威力，进行不同配方炸药之间的对比试验或研究目标特性的影响等。本节涉及炸药的有关参数采用传统的 TNT 炸药参数，不涉密。

2.3.3 节将动力系数法用于敞口薄壁圆筒形构筑物水压爆破的药量计算问题。这是拆除爆破中的一个常见问题，在拆除爆破工程中，有一类构筑物呈容器状，如水池、水塔、料仓等，人们尝试在其中充入一定量的水，将炸药包用塑料袋包装、密封（如果采用乳化炸药则不必密封）后悬吊在水中起爆，利用水中爆炸冲击波及其后水的动压作用破坏构筑物，取得了成功，称之为水压爆破。水压爆破无须钻眼机具与施工，炸药用量小，爆破过程中无飞石，爆破后构筑物开裂、留在原地便于切割、运走等（充入的水流向四周低洼处，可能会造成负面影响，需要提前设防），因此，在拆除爆破工程中获得了广泛应用。本节对有关的理论问题做较系统的研究。

以上两个工程实际问题曾采用其他方法研究过[20-22]，这里采用动力系数法重新进行了研究，使研究成果建立在坚实的理论基础之上。总之，2.2 节、2.3 节研究炸药爆炸冲击波对建（构）筑物的直接作用。

2.3.1 动力系数法

作为结构动力响应简化计算方法的实际应用，这里考虑动载荷为爆炸压力随时间呈指数衰减规律的情况

$$P(t) = P_0 e^{-t/T} \tag{2-3-1}$$

式中，P_0 为载荷峰值；T 为载荷时间常数。将式（2-3-1）代入 2.2.3 节的式（2-2-51），得

$$\frac{q(t)}{P_0/k} = \frac{(\omega T)^2}{1+(\omega T)^2}\left[\frac{\sin\omega T}{\omega T} - \cos\omega T + e^{-\frac{\omega t}{\omega T}}\right] \tag{2-3-2}$$

式中，$k = \omega^2 M$，称为单自由度体系的刚度（系数）。

在结构动力响应问题中，人们最感兴趣的是最大位移。最大位移与某一比例时间（ωt 称为比例时间）相对应，欲求得 $q(t)$ 为最大值时的比例时间 ωt_{max}，可对式（2-3-2）的右端对 t 求导数，令导数等于 0，可得到 ωt_{max} 满足的代数方程

$$\frac{\cos\omega t_{max}}{\omega T} + \sin\omega t_{max} - \frac{e^{-\frac{\omega t_{max}}{\omega T}}}{\omega T} = 0 \tag{2-3-3}$$

遗憾的是，方程式（2-3-3）是一个超越方程，无法求得解析解，只能寻求数值解。将计算结果代回式（2-3-2），可求得 ωT 为变量的函数 $\frac{q_{max}}{P_0/k}$ 的数值，即动力系数，这里记为 β。计算结果表明，的确存在所谓的冲量载荷近似准则和准静态载荷近似准则（也可由能量平衡原理直接获得，此处从略），即当 $\omega T < 0.4$ 时，$\beta \approx \omega T$；当 $\omega T > 40$ 时，$\beta \approx 2$。但在一般动载荷区，即 $0.4 \leqslant \omega T \leqslant 40$ 时，β 无简单的近似计算公式[23]。

下面对一般动载荷区 β 的数值解进行处理。计算表明，寻求 β 的数值解并无实质性困难，但以 $\omega T \sin\omega t_{max}$ 为自变量的数值解难以拟合获得回归公式，不便于应用。经过系统研究，由式（2-3-2）、式（2-3-3）可知

$$\beta = \omega T \sin\omega t_{max} \tag{2-3-4}$$

而 $\sin\omega t_{max}$ 随 ωt_{max} 的变化关系可用三项负指数函数之和予以很好地拟合。有关的计算结果见表 2-6，其中，第三行是数值计算值，利用第三行获得的回归公式为

$$\sin\omega t_{max} = 0.04268 + 0.67891e^{-\omega T/1.79099} + 0.35951e^{-\omega T/9.89071} \tag{2-3-5}$$

第四行是利用式（2-3-5）算得的回归计算值。比较第三、第四行可以发现，式（2-3-5）具有足够的精度，因此，一般动载荷区的动力系数可用下式计算

$$\beta = \left(0.0427 + 0.6789e^{-\frac{\omega T}{1.79}} + 0.3595e^{-\frac{\omega T}{9.89}}\right)\omega T \tag{2-3-6}$$

表 2-6 $\sin\omega t_{max}$、β 与 ωT 之间的数值计算结果

ωT	0.4	1	2.5	5	10	20	40
ωt_{max}	1.9441	2.2841	2.6311	2.8327	2.9679	3.0487	3.0935
$\sin\omega t_{max}$ 数值计算值	0.9311	0.7562	0.4886	0.3040	0.1728	0.0927	0.0481
$\sin\omega t_{max}$ 回归计算值	0.93096	0.75606	0.49000	0.30116	0.17604	0.09028	0.04898
β 回归计算值	0.3724	0.7561	1.2250	1.5058	1.7604	1.8056	1.9592

动力系数的含义是动载荷导致的最大位移与峰值静载荷导致的位移的比值。对于线弹性系统，应力与应变之间、应变与位移之间均为线性关系，因此，动载荷导致的最大应力与峰值静载荷导致的应力比值也等于动力系数，据此，可以将动力学问题转化成静力学问题求解，即动载荷的解等于峰值静载荷的解乘以动力系数或峰值静载荷乘以动力系数后的静载解。这里，计算系统的动力系数 β 是关键，它取决于 ωT 的大小。求得了 β，问题迎刃

而解。例如，对于悬臂梁，最大弯曲应力发生在 $x=0$ 处，对于高为 h、宽为 b 的矩形截面梁

$$\sigma_{\max} = M_0 \frac{h/2}{I} = \frac{6M_0}{bh^2} \qquad (2\text{-}3\text{-}7)$$

式中，M_0 为弯矩；I 为截面中心惯性矩。记单位面积上的峰值压力（即压强）为 p_m（小写，下同），则

$$M_0 = \beta \int_0^L x p_m b \mathrm{d}x = \beta p_m b \frac{L^2}{2} \qquad (2\text{-}3\text{-}8)$$

代入式（2-3-7），得

$$\sigma_{\max} = 3\beta \left(\frac{L}{h}\right)^2 p_m \qquad (2\text{-}3\text{-}9)$$

如果 $\sigma_{\max}$ 大于梁材料的极限抗拉或抗压强度，则梁破坏。

对于简支梁、柱、板、壳等结构构件，可进行类似的动/静力学分析。

应当指出，动力系数法借用了线弹性系统的概念，理论上只适用于小变形，如钢筋混凝土之类的材料（这是传统观点。关于岩石、混凝土材料的现代观点，可参见 6.1 节）。对于钢材之类的金属材料，通常破坏前会发生塑性变形（物理非线性）、大变形（几何非线性）[24,25]，采用这里的动力系数法误差可能较大。

2.3.2 爆炸载荷作用下水泥板破碎距离的工程计算

有关现场试验情况见文献 [20]。

1. 爆炸载荷

根据现场试验的实际情况，为简化计算，对爆炸载荷做如下假定：

（1）将爆源假定为球形药包，忽略弹壳的影响（可以计算弹壳的影响，此处忽略）。

（2）水泥板迎爆面受到的爆炸载荷为均布的面载荷，不考虑冲击波的绕射问题（即忽略背爆面受到的稀疏波的作用）[26-29]，也不考虑地面反射作用的影响等。

根据以上假定，水泥板受到的爆炸载荷的表达式近似为[30]

$$p(t) = p_m \left(1 - \frac{t}{t_+}\right) \mathrm{e}^{-at/t_+} \qquad (2\text{-}3\text{-}10)$$

式中，p_m 为冲击波正反射超压峰值。根据空气中冲击波正反射的有关理论

$$p_m = 2\Delta p_m + \frac{6(\Delta p_m)^2}{\Delta p_m + 7p_0} \qquad (2\text{-}3\text{-}11)$$

式中，p_0 为初始压力，可取 0.1 MPa；Δp_m 为球形药包空中爆炸冲击波的超压峰值，一般按基于爆炸相似率的萨道夫斯基公式进行计算（通常不用复杂的理论关系式[31]），对于 TNT 炸药（其他炸药可按能量原理换算成 TNT 当量）

$$\Delta p_m = 0.84 \frac{W^{1/3}}{r} + 2.7 \left(\frac{W^{1/3}}{r}\right)^2 + 7 \left(\frac{W^{1/3}}{r}\right)^3 \quad (1 \leqslant \bar{r} \leqslant 10 \sim 15) \qquad (2\text{-}3\text{-}12)$$

式中，Δp_m 的单位为 0.1 MPa；W 为装药量，kg；r 为距离，m；比例距离 $\bar{r} = \dfrac{r}{W^{1/3}}$。

t_+ 为冲击波正压相作用持续时间，对于 TNT 炸药

$$t_+ = 1.35 \times 10^{-3} \bar{r}^{1/2} W^{1/3} \qquad (2\text{-}3\text{-}13)$$

式中，t_+ 的单位为 S。

a 为数值计算结果拟合参数, 与 p_m 等有关

$$0.1 < p_m < 0.3 \text{ MPa} \qquad a = \frac{1}{2} + \left[1.1 - (0.13 + 0.2 p_m) \frac{t}{t_+} \right] p_m \qquad (2\text{-}3\text{-}14)$$

$$p_m \leqslant 0.1 \text{ MPa} \qquad a = \frac{1}{2} + p_m \qquad (2\text{-}3\text{-}15)$$

式 (2-3-10) 比较复杂, 故在 2.3.1 节采用了指数衰减式 (2-3-1), 但式 (2-3-1) 与式 (2-3-10) 有一个突出差别, 即式 (2-3-1) 中的压力永远大于零, 而式 (2-3-10) 中的压力在 $t \geqslant t_+$ 后即变为零 (不考虑负压相作用). 鉴于 T 值在动力系数计算中的重要作用, 如何合理确定式 (2-3-1) 中的 T 成为关键.

按照布罗德 (Brode) 的意见[7], t 在 0 至 t_+ 之间某一点采用式 (2-3-1) 和式 (2-3-10) 算得的 p_m 值应相等. 考虑到 $t = 0$, $p = p_m$; $t = t_+$, $p = 0$, 这里, 我们取 $t = t_+/2$, 则由式 (2-3-1) 得

$$p(t) = p_m e^{-t_+/(2T)} \qquad (2\text{-}3\text{-}16)$$

由式 (2-3-14)、式 (2-3-15) 可见, a 与 p_m、t 等有关, 作为一级近似, 取 $a = \frac{1}{2}$, 则由式 (2-3-10) 得

$$p(t) = \frac{1}{2} p_m e^{-1/4} \qquad (2\text{-}3\text{-}17)$$

令式 (2-3-16) 等于式 (2-3-17), 得

$$T = \frac{t_+}{\frac{1}{2} + 2\ln 2} = 0.53 t_+ \qquad (2\text{-}3\text{-}18)$$

即 T 约为 t_+ 的二分之一.

2. 自振圆频率

将竖立的水泥板视为悬臂梁, 弯曲振型取为 (坐标原点取在底部)

$$X(x) = 1 - \cos \frac{\pi x}{2L} \qquad (2\text{-}3\text{-}19)$$

可以看出, $x = 0$, $X(x) = 0$, $\frac{dX}{dx} = 0$; $x = L$, $X(L) = 1$ (标准振型), $\frac{d^2 X}{dx^2} = 0$, $\frac{d^3 X}{dx^3} = -\left(\frac{\pi}{2L}\right)^3$, 不满足悬臂梁自由端剪力为零的边界条件.

根据 Rayleigh 法, 按照 2.2.2 节的式 (2-2-36), 得

$$\omega^2 = \frac{EI \int_0^L \left(\frac{d^2 X}{dx^2}\right)^2 dx}{m \int_0^L X^2 dx} = \frac{EI \int_0^L \left(\frac{\pi}{2L}\right)^4 \left(\cos \frac{\pi x}{2L}\right)^2 dx}{m \int_0^L \left(1 - \cos \frac{\pi x}{2L}\right)^2 dx} = \frac{EI \left(\frac{\pi}{2L}\right)^4 \frac{2L\pi}{\pi^4}}{m \frac{2L}{\pi} \left(\frac{3\pi}{4} - 2\right)} = \frac{\pi^5}{16(3\pi - 8)} \frac{EI}{mL^4}$$

$$(2\text{-}3\text{-}20)$$

即

$$\omega = 3.664 \left(\frac{EI}{mL^4}\right)^{1/2} \qquad (2\text{-}3\text{-}21)$$

与 2.2.2 节的式（2-2-18）的精确值 $\omega_1 = 3.516\left(\dfrac{EI}{mL^4}\right)^{1/2}$ 比较，增大了 4%，原因在于式（2-3-21）不满足悬臂梁自由端剪力为零的边界条件，相当于为自由端增加了约束条件，自振频率要增大，符合简化计算方法的一般规律，但误差仍在可接受的范围内（总的说来，爆炸力学问题中的不确定性因素较多，允许存在一些误差）。

自振频率 ω 是结构物的力学属性。求得了 ω 和 T，即可确定载荷分区，计算动力系数 β。一般说来，近距离爆炸（如接触爆炸）多为冲量载荷，远距离爆炸（如核爆炸）多为准静态载荷，具体情况需要具体分析、计算确定。

3. 水泥板的破碎距离

可将水泥板根部的弯曲应力达到其抗拉或抗压强度极限作为确定其破碎距离的判据。根据式（2-3-9），假设水泥板材料的抗拉强度极限为 σ_b，水泥板破碎距离满足的关系式为

$$3\beta\left(\frac{L}{h}\right)^2 p_m = \sigma_b \tag{2-3-22}$$

算例：假设 $E = 2 \times 10^{10}\,\text{Pa}$，$b = 0.5\,\text{m}$，$h = 0.1\,\text{m}$，$L = 2\,\text{m}$，$m = 0.5 \times 0.1 \times 1 \times 2600 = 130$ kg/m，则 $I = \dfrac{bh^3}{12} = 4.17 \times 10^{-5}\,\text{m}^4$，代入式（2-3-21）得 $\omega = 3.664\left(\dfrac{EI}{mL^4}\right)^{1/2} = 3.664\left(\dfrac{2 \times 10^{10} \times 4.17 \times 10^{-5}}{130 \times 2^4}\right)^{1/2} = 73.34\,\text{s}^{-1}$。

假设 $W = 50\,\text{kg}$，$r = 10\,\text{m}$，则 $W^{\frac{1}{3}} = 3.684$，$\bar{r} = \dfrac{10}{3.684} = 2.714$，代入式（2-3-13）得 $t_+ = 1.35 \times 10^{-3} \times 2.714^{1/2} \times 3.684 = 8.914 \times 10^{-3}\,\text{s}$，则 $\omega T = 73.34 \times 0.53 \times 8.194 \times 10^{-3} = 0.32$，属冲量载荷区，$\beta = 0.32$。

计算 p_m。$\dfrac{W^{1/3}}{r} = 0.368$，$\Delta p_m = 0.84 \times 0.368 + 2.7 \times 0.368^2 + 7 \times 0.368^3 = 1.02\,\text{bar} = 0.1$ MPa，$p_m = 2 \times 0.1 + \dfrac{6(0.1)^2}{0.1 + 0.7} = 0.275\,\text{MPa}$。

将 $\beta = 0.332$、$L = 2\,\text{m}$、$h = 0.1\,\text{m}$、$p_m = 0.275\,\text{MPa}$ 代入式（2-3-22）左侧，得 $3\beta\left(\dfrac{L}{h}\right)^2 p_m = 109.6\,\text{MPa}$，大于普通钢筋混凝土的抗拉强度（约为 50 MPa），水泥板会破坏且破坏程度较严重，与试验结果基本相符，说明上述计算过程是正确的。

本小节的分析计算侧重于爆炸载荷。实际上，水泥板的破碎距离与水泥的标号、配筋情况等密切相关。如果需要进行较详细的计算，就得考虑钢筋混凝土水泥的标号、配筋情况等，计算 σ_b。钢筋混凝土是一种典型的复合材料，有关其力学性能、强度的计算等详见文献［32］、［33］。

2.3.3 敞口薄壁圆筒形构筑物水压爆破的药量计算

有关试验情况见文献［22］。

1. 爆炸载荷

根据工程实践经验，水压爆破的载荷主要是炸药水中爆炸产生的冲击波，后续水的动

压作用是辅助性的（促使裂缝扩大等）。爆炸载荷随时间的衰减规律可用式（2-3-1）表示，峰值超压反射可按声学处理，峰值超压的计算式也采用基于爆炸相似率的经验计算式（不用复杂的理论计算式），与爆炸载荷有关的公式汇总如下：

$$p(t) = p_m e^{-t/T} \qquad (2-3-23)$$

$$p_m = 2\Delta p_m \qquad (2-3-24)$$

$$\Delta p_m = 53.3 \left(\frac{W^{1/3}}{R}\right)^{1.13} \qquad (2-3-25)$$

式中，W 为药量，kg；R 为圆筒半径，m；Δp_m 的单位为 MPa。

$$T = (\bar{R})^{0.24} W^{1/3} \times 10^{-4} \qquad (2-3-26)$$

式中，比例距离 $\bar{R} = \dfrac{R}{W^{1/3}}$，$T$ 的单位为 s。

2. 自振频率

采用 Rayleigh 法计算圆筒径向振动的圆频率 ω。

记圆筒的横截面面积为 A，轴向长度取一个单位，径向位移记为 $u = U\sin\omega t$，则应变能为 $E_s = A \times 1 \times \frac{1}{2}\sigma\epsilon = A\frac{1}{2}E\epsilon^2 = A\frac{1}{2}E\left(\frac{U\sin\omega t}{R}\right)^2$，最大应变能为 $E_{smax} = \frac{1}{2}AE\left(\frac{U}{R}\right)^2$；动能等于 $\frac{1}{2}A \times 1 \times \rho(\omega U\cos\omega t)^2$，最大动能等于 $E_{kmax} = \frac{1}{2}A\rho(\omega U)^2$。

令 $E_{smax} = E_{kmax}$，得

$$\omega = \frac{\left(\frac{E}{\rho}\right)^{1/2}}{R} \qquad (2-3-27)$$

式中，E 为弹性模量；ρ 为密度；$(E/\rho)^{1/2}$ 为材料中弹性纵波的波速。

3. 水压爆破的药量计算

环向拉应力的计算式为 [参见 3.3 节式（3-3-4）]

$$\beta p_m \frac{R}{h} = \sigma_b \qquad (2-3-28)$$

式中，h 为圆筒的厚度。根据式（2-3-23）~式（2-3-28），即可计算炸药量等。

假设 $\omega T < 0.4$，$\beta = \omega T$，将有关公式代入式（2-3-28），可得冲量载荷区的药量计算式为

$$W = \left[100hR^{0.89}\left(\frac{\rho}{E}\right)^{1/2}\sigma_b\right]^{1.5873} \qquad (2-3-29)$$

由式（2-3-29）可见，W 与 h、R 之间的关系为 $W \sim h^{1.5873}R^{1.4127}$，两个指数之和等于 3，这不是偶然的，它表示式（2-3-29）符合量纲原理（h 的作用稍大于 R），这是一个重要成果。

算例：假设 $h = 0.05$ m，$R = 0.5$ m，$\rho = 2600$ kg/m³，$E = 2 \times 10^{10}$ Pa，$\sigma_b = 50$ MPa，代入式（2-3-29），得 $W = 0.0082$ kg ≈ 10 g，与实际情况相符。

验算：$\omega = \dfrac{(E/\rho)^{1/2}}{R} = \dfrac{(2 \times 10^{10}/2600)^{1/2}}{0.5} = 5547$ s⁻¹，$T = (\bar{R})^{0.24}W^{1/3} \times 10^{-4} = \left(\dfrac{0.5}{0.0082^{1/3}}\right)^{0.24} \times 0.0082^{1/3} \times 10^{-4} = 2.5 \times 10^{-5}$ s，$\beta = \omega T = 0.14 < 0.4$，假设为冲量载荷

正确。

$\omega T \geq 40$ 时，$\beta = 2$，药量 W 有更简单的计算式

$$W = (4.7 \times 10^{-3} hR^{0.13} \sigma_b)^{2.655} \quad (2\text{-}3\text{-}30)$$

但实践中很少遇到这种情况。

$0.4 \leq \omega T \leq 40$ 时，β 需按式（2-3-6）计算，药量 W 没有简单的计算式，需进行试算和验算。

药量的大小与高度方向的破碎程度有较大关系，可根据经验进行适当调整。同样，构筑物的力学性质（此处用 σ_b 表征）也有较大影响，钢筋混凝土材料的力学性能、强度计算等请见文献［32］、［33］。此外，有时候工程上遇到的构筑物的横截面形状可能是正方形、矩形等，这时，可以采用面积等效的原则将其等效成圆形再进行有关计算。

水压爆破利用炸药水中爆炸的特性做功。此外，在金属爆炸加工领域的爆炸成型技术也是利用炸药在水中的爆炸特性，取得了较大成功。关于金属爆炸加工，可参见专著［34］、［35］。

2.4 建筑物对爆破振动的响应——质点振动速度法与响应谱理论

采矿、采石、土石方工程等爆破的副作用包括地表面振动、飞石、灰尘、噪声等。一般说来，飞石可通过控制装药量、使用废旧橡胶轮胎串成的护垫、荆笆等材料覆盖被爆体或被保护对象进行有效控制、防护，灰尘可通过爆前洒水润湿被爆体、爆后洒水降尘的方法控制，爆破噪声更多的是容易引起周围住户的抱怨（有时也会造成窗玻璃破碎、墙体开裂等），而爆破振动则有可能在建筑物中产生新裂缝、扩大旧裂缝等，是一个比较复杂、常见且容易引发纠纷的问题，需要进行理论研究。

目前，《爆破安全规程》[36] 中规定的爆破振动安全距离的确定方法是质点振动速度法。该法以建筑物所在位置地基的质点振动速度的最大值为指标，其临界值考虑了地基振动的主频等，与爆源的关系采用基于爆炸相似率的经验公式。这种方法简单易行，不足之处是建筑物本身的结构特性反映不足，有时候不能满足客观实际要求。

二十世纪六七十年代，美国开始将核爆炸防护工程、地震工程方面有关建筑物对地面振动的动力响应方面的研究成果应用于民用爆破振动问题，反映了建筑物主频、阻尼等特性的影响，形成了响应谱理论，为分析爆破振动造成建筑物开裂问题建立了一套较完整的理论体系[37]。尽管建筑物墙体开裂的原因等问题比较复杂，采用响应谱理论仍取得了较大成功，例如，可以较好地回答下列棘手问题：

（1）主频很高时是否可以提高质点振动速度上限？

（2）如何考虑频繁、低水平的振动效应？

（3）为什么新房不容易开裂？

本节介绍建筑物对爆破振动响应的两种处理方法——传统的质点振动速度法和响应谱理论。2.4.1 节介绍弹性波的基础知识；2.4.2 节介绍传统的质点振动速度法；2.4.3 节介绍响应谱理论的核心内容，至于其具体应用，如裂缝的表述方法、受限（隧道、地下室等）振动问题、监测仪器设备、爆破优化设计等，可参见文献［37］。如前所述，爆破噪声（空气冲击波）有时会造成窗玻璃破碎、墙体开裂等，文献［37］提供了一组由爆破产生的空气冲击波强度的实测数据（装药在地表面以下适当深度、不在地表面），2.4.4

节收录了有关结果，需要时可供参考。

本节研究爆破的负面作用，2.5 节研究冲击作用，两节的理论基础均是固体中的弹性波的传播。

2.4.1 弹性波的基础知识

振动和波动是一个问题的两个方面，两者的控制方程是一样的。振动着眼于质点的运动，2.2 节介绍的单自由度体系的振动即是一例；波动着眼于振动的传播。本节介绍固体中的线性波——弹性波的基础知识[38]，关于固体中的非线性波，可参见文献 [39]。

由地面附近炸药爆炸（或撞击作用，见 2.5 节）产生的振动波在远场可分为三大类，即纵波、横波和表面波。纵波又称压缩/拉伸波，一般用 P 表示，质点沿过爆心的水平方向 L 运动，纵波过后微元体体积发生变化；横波又称变形/剪切波，一般用 S 表示，质点在地面内沿垂直于 L 的方向运动，横波过后微元体形状变化但体积不变；沿两种介质交界面传播的波称为 Stoneley 波[38]，特别地，在空气界面上的表面波称为 Rayleigh 波，用 R 表示，质点在垂直于地面的平面内做椭圆形运动。这里的远场是一个粗略的概念，它与参照物垂直于 L 方向的尺度有关，假如建筑物的尺度为 10 m，则当与爆源的距离大于 15 m 时即可认为处于远场，球面波可用平面波近似。

为了完整地描述质点的运动，需要同时测量 3 个互相垂直方向的质点运动，在远场，三者都可用正弦（或余弦）函数近似描述。例如，某一方向的位移用 u 表示，则位移方程可写为

$$u = U\sin(kx \pm \omega t) \tag{2-4-1}$$

式中，U 为幅值；k 为波数；ω 为圆频率；x 为空间坐标；t 为时间，+号表示沿 x 轴负向传播的波，−号表示沿 x 轴正向传播的波。式（2-4-1）的行波特性在数学物理方程教程中一般都有介绍（特征线法，参见 1.5.1 节）。关于波数 k 和圆频率 ω 的物理意义，可由 $k = 2\pi/\lambda$ 和 $\omega = \dfrac{2\pi}{T} = 2\pi f$ 看出，这里 λ 表示波长，$\lambda = cT$，c 为波速，单位为 m/s，T 表示周期，单位为 s，f 表示频率，单位为 Hz。

由式（2-4-1）对 t 求偏导数容易求得质点振动速度、加速度的最大值，分别为

$$\dot{u}_{\max} = 2\pi f U \tag{2-4-2}$$

$$\ddot{u}_{\max} = (2\pi f)^2 U \tag{2-4-3}$$

地表面质点振动产生的最大应变、最大应力由式（2-4-1）对 x 求偏导数得到

$$\varepsilon_{\max} = kU = \frac{2\pi f U}{c} = \frac{\dot{u}_{\max}}{c} \tag{2-4-4}$$

$$\sigma_{\max} = E\varepsilon_{\max} = E\frac{\dot{u}_{\max}}{c} = \rho c \dot{u}_{\max} \tag{2-4-5}$$

实际应用中，常是先计算 $\dot{u}_{\max}$，再由式（2-4-4）、式（2-4-5）计算 $\varepsilon_{\max}$、$\sigma_{\max}$ 等，见后。

如前所述，这里研究的是弹性波的传播问题，传播过程中波形不变，传播速度也不变。根据弹性波的有关理论，纵波、横波、瑞雷波的传播速度分别由下式计算

$$c_{\mathrm{p}} = \sqrt{\frac{E}{\rho}} \tag{2-4-6}$$

$$c_{T} = \sqrt{G/\rho} \qquad G = \frac{E}{2(1 + \nu)} \qquad (2-4-7)$$

$$c_{R} = \frac{0.862 + 1.14\nu}{1 + \nu} c_{T} \qquad (2-4-8)$$

式中，E 为弹性模量；ρ 为密度；ν 为泊松比。现场实测的两组沉积岩中的波速见表 2-7，估算的 6 种岩石（节理裂隙由多到无）的波速见表 2-8，可供参考。

表 2-7　现场实测的两组沉积岩中的波速　　　　　　　m·s⁻¹

波　速	砂页岩	页岩
纵波波速	2195	1829
横波波速	1402	1189
瑞雷波波速	762	671

表 2-8　估算的 6 种岩石（节理裂隙由多到无）中的波速　　　　　m·s⁻¹

岩石类型	波　　速	
	纵波	横波
石灰岩	2000~5900	1000~3100
火成岩	2100~3500	1000~1700
Basalt	2300~4500	1100~2200
花岗岩	2400~5000	1200~2500
沙	500~2000	250~850
土	400~1700	200~800

实际应用中，常遇到纵波在两种介质交界面上的反射、透射问题，可做以下简单分析。

设入射波的质点速度为 $\dot{u}_{I}$，应力为 σ_{I}，反射波的质点速度为 $\dot{u}_{R}$，应力为 σ_{R}，透射波的质点速度为 $\dot{u}_{T}$，应力为 σ_{T}。在交界面上，根据质量、动量守恒定律，上述 6 个量应满足速度、应力连续条件，因此有

$$\dot{u}_{I} + (-\dot{u}_{R}) = \dot{u}_{T} \qquad (2-4-9)$$

$$\sigma_{I} + \sigma_{R} = \sigma_{T} \qquad (2-4-10)$$

式（2-4-9）中反射波速度前的负号表示总是与入射波相反。利用式（2-4-5）、式（2-4-9）、式（2-4-10）容易推得

$$\sigma_{T} = \frac{2\rho_2 c_2}{\rho_1 c_1 + \rho_2 c_2} \sigma_{I} \qquad (2-4-11)$$

$$\sigma_{R} = \frac{\rho_2 c_2 - \rho_1 c_1}{\rho_1 c_1 + \rho_2 c_2} \sigma_{I} \qquad (2-4-12)$$

式中，pc 称为介质的声阻抗。可见，$\rho_2 c_2 \ll \rho_1 c_1$ 时，$\sigma_{T} \approx 0$，$\sigma_{R} \approx -\sigma_{I}$，交界面相当于自由端；$\rho_2 c_2 \gg \rho_1 c_1$ 时，$\sigma_{T} \approx 2\sigma_{I}$，$\sigma_{R} \approx \sigma_{I}$，交界面相当于固定端。需要强调的是，这里的结论只适用于微振幅的弹性波，不适用于有限振幅的应力波。

关于弹性连续介质的一维运动的数学处理方法，包括一维非线性连续介质力学、反射和透射、谐波、Fourier 级数、Fourier 积分以及 Fourier 积分的应用，可见文献 [38] 的第一章。

2.4.2 质点振动速度法

根据规范 [36]，评估爆破对不同类型建（构）筑物、设施设备和其他保护对象的振动影响，应采用不同的安全判据和允许标准。地面建筑物、电站（厂）中心控制室设备、隧道与巷道、岩石高边坡和新浇大体积混凝土的爆破振动判据，采用保护对象所在地基础质点峰值振动速度和主振频率。安全允许标准见表 2-9。

表 2-9 爆破振动质点最大允许速度[36]

序号	保护对象类别		安全允许质点振动速度 $v/(\text{cm} \cdot \text{s}^{-1})$		
			$f \leqslant 10$ Hz	10 Hz $< f \leqslant 50$ Hz	$f > 50$ Hz
1	土窑洞、土坯房、毛石房屋		0.15~0.45	0.45~0.9	0.9~1.5
2	一般民用建筑物		1.5~2.0	2.0~2.5	2.5~3.0
3	工业和商业建筑物		2.5~3.5	3.5~4.5	4.2~5.0
4	一般古建筑与古迹		0.1~0.2	0.2~0.3	0.3~0.5
5	运行中的水电站及发电厂中心控制室设备		0.5~0.6	0.6~0.7	0.7~0.9
6	水工隧洞		7~8	8~10	10~15
7	交通隧道		10~12	12~15	15~20
8	矿山巷道		15~18	18~25	20~30
9	永久性岩石高边坡		5~9	8~12	10~15
10	新浇大体积混凝土（C20）	龄期：初凝~3 d	1.5~2.0	2.0~2.5	2.5~3.0
		龄期：3~7 d	3.0~4.0	4.0~5.0	5.0~7.0
		龄期：7~28 d	7.0~8.0	8.0~10.0	10.0~12.0

注：爆破振动监测应同时测定质点振动相互垂直的 3 个分量。

1. 表中质点振动速度为 3 个分量中的最大值，振动频率为主振频率。

2. 频率范围根据现场实测波形确定或按如下数据选取：硐室爆破 f 小于 20 Hz；露天深孔爆破 f 在 10~60 Hz；露天浅孔爆破 f 在 40~100 Hz；地下深孔爆破 f 在 30~100 Hz；地下浅孔爆破 f 在 60~300 Hz。

关于建筑物本身结构特性的影响，文献 [36] 只是提出了以下需要认真考虑的影响因素，但未给出具体的考虑方法。

（1）选取建筑物安全允许质点振速时，应综合考虑建筑物的重要性、建筑质量、新旧程度、自振频率、地基条件等。

（2）省级以上（含省级）重点保护古建筑与古迹的安全允许质点振速，应经专家论证后选取。

（3）选取隧道、巷道安全允许质点振速时，应综合考虑构筑物的重要性、围岩分类、支护状况、开挖跨度、埋深大小、爆源方向、周边环境等。

（4）永久性岩石高边坡，应综合考虑边坡的重要性、边坡的初始稳定性、支护状况、开挖高度等。

（5）非挡水新浇大体积混凝土的安全允许质点振速按表 2-9 给出的上限值选取。

爆破振动安全允许距离按下式计算：

$$R = \left(\frac{K}{V}\right)^{1/\alpha} Q^{1/3} \qquad (2-4-13)$$

式中，R 为爆破振动安全允许距离，m；Q 为炸药量，齐发爆破为总药量，延时爆破为单段最大药量，kg；V 为保护对象所在地安全允许质点振速，cm/s，具体见表 2-9；K、α 为与爆破点与保护对象间的地形、地质条件有关的系数和衰减系数，应通过现场试验确定。在无试验数据的条件下，可参考表 2-10 选取。

表 2-10 参数 K、α 参考取值表

岩性	K	α
坚硬岩石	50~150	1.3~1.5
中硬岩石	150~250	1.5~1.8
软岩石	250~350	1.8~2.0

式（2-4-13）是基于爆破相似率得出的。关于爆破相似率，文献 [2] 有较完整的分析，文献 [4] 从能量准则的角度对爆破相似率做了理论探讨。由式（2-4-13）可以看出，降低质点振速的主要措施是减小 Q。

质点振动速度最大值标准的最大不足是对建筑物的具体结构特性考虑不足。

2.4.3 响应谱理论简介[37]

响应谱理论以建筑物对爆破振动的动力响应为研究对象，比质点振动速度法更科学。

1. 单自由度模型

将建筑物简化为一个单自由度体系，它受到地面运动的激励，忽略地面运动的直接传递作用（即忽略非齐次项）的影响，运动方程为

$$m\ddot{x} + c_1\dot{\delta} + k\delta = 0 \qquad (2-4-14)$$

式中，x 为绝对位移；δ 为相对位移，$\delta = x - u$，u 为地面位移；m 为质量；c_1 为阻尼系数（与 2.2 节不同，在爆破振动问题中通常需要考虑阻尼的影响）；k 为线弹性常数。

将 $x = \delta + u$ 代入式（2-4-14），得

$$m\ddot{\delta} + c_1\dot{\delta} + k\delta = -m\ddot{u} \qquad (2-4-15)$$

由二阶常系数线性常微分方程的有关知识可知，无阻尼单自由度系统的圆频率 $p = \sqrt{k/m}$，临界阻尼系数为 $\dfrac{c_1}{2\sqrt{km}}$，其含义是 $c_1 = 2\sqrt{km}$ 时不振荡只恢复到原位。有阻尼系统的圆频率 $p_d = p\sqrt{1-\beta^2}$，β 为阻尼系数，式（2-4-15）可改写为

$$\ddot{\delta} + 2\beta p\dot{\delta} + p^2\delta = -\ddot{u} \qquad (2-4-16)$$

这样，如果已知单自由度体系的 β、p 两个参数，就无须知道其 m、c_1、k 3 个参数且 β、p 更容易通过试验获得

$$T = \frac{2\pi}{p_d} = \frac{2\pi}{p\sqrt{1-\beta^2}} \qquad (2-4-17)$$

$$\beta = \frac{1}{2\pi}\left(-\ln\frac{\dot{u}_{n+1}}{\dot{u}_n}\right) \qquad (2-4-18)$$

由实测曲线计算 β、p 示意如图 2-6 所示。

63

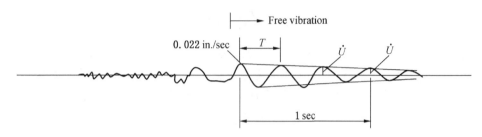

$$T = \text{damped period} = \frac{2\pi}{p_{\mathrm{d}}}$$

$$\beta = \frac{1}{2\pi}\left(-\ln\frac{\dot{U}_{\mathrm{n+1}}}{\dot{U}_{\mathrm{n}}}\right),\ p = p_{\mathrm{d}}\sqrt{1-\beta^2} = p_{\mathrm{d}},\text{for small }\beta\text{ values}$$

Free vibration—自由振动；in./sec—英寸/秒；sec—秒；

damped period—有阻尼的周期；for small β values—对小 β 值

图 2-6 由实测曲线计算 β、p 示意图

2. 响应谱与伪谱响应速度

方程式（2-4-16）的解可用 Duhamel 积分表示：

$$\delta(t) = -\frac{1}{p\sqrt{1-\beta^2}}\int_0^t \ddot{u}(\tau)\mathrm{e}^{-\beta p(t-\tau)}\sin[p_{\mathrm{d}}(t-\tau)]\mathrm{d}\tau \qquad (2\text{-}4\text{-}19)$$

得到上式时采用了初始条件 $\delta(0) = \delta(0) = 0$。

式（2-4-19）以 $\ddot{u}(\tau)$ 为输入条件，若改用 $\dot{u}(\tau)$，则式（2-4-19）变为

$$\delta(t) = -\int_0^t \dot{u}(\tau)\mathrm{e}^{-\beta p(t-\tau)}\left\{\cos[p_{\mathrm{d}}(t-\tau)] - \frac{\beta}{\sqrt{1-\beta^2}}\sin[p_{\mathrm{d}}(t-\tau)]\right\}\mathrm{d}\tau \qquad (2\text{-}4\text{-}20)$$

用式（2-4-20）处理一条振动速度曲线可以获得 δ 的一个最大值 $\delta_{\max}$，乘以圆频率 p，得伪速度 PV

$$PV = p\delta_{\max} \qquad (2\text{-}4\text{-}21)$$

如果与 $\delta_{\max}$ 相关联的脉冲可用正弦函数近似，根据式（2-4-2）可知，伪速度是相对速度的一个很好近似。同样，仿式（2-4-3）可定义伪加速度

$$PA = p^2\delta_{\max} \qquad (2\text{-}4\text{-}22)$$

以 f 为横坐标、PV 为纵坐标，所得曲线称为响应谱。如果该图还能反映 $\delta_{\max}$、PA，则为四轴三用图，如图 2-7 所示。四轴三用图的实用性不言而喻。

3. 建筑物自振频率与阻尼的估算

已知建筑物动力响应实测曲线计算频率、阻尼的方法同地面振动曲线［式（2-4-17）、式（2-4-18）］，没有实测曲线时，可进行理论估算。

根据地震工程已有成果，任意高度地上建筑的频率 p 可用下式估计

$$p = 2\pi\sqrt{\frac{L}{0.05h}} \qquad (2\text{-}4\text{-}23)$$

式中，L 为建筑物宽度，m；h 为建筑物高度，m；或采用

$$p = \frac{2\pi}{0.1N} \qquad (2\text{-}4\text{-}24)$$

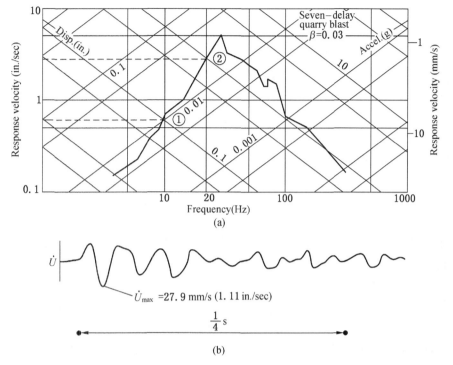

Response velocity（in./sec）—响应速度（英寸/秒）；Response velocity（mm/s）—响应速度（毫米/秒）；Frequency（Hz）—频率（赫兹）；Disp.（in.）—位移（英寸）；Accel.（g）—加速度（g）；Seven-delay quarry blast—七段延期采石爆破

图 2-7　四轴三用图

式中，N 为建筑物层数。由式（2-4-24）可见，分别取 $N=1$、2，则 $f=10$ Hz、5 Hz，与实际测量结果符合良好。

实测结果表明，阻尼系数 β 在平均值为 5% 的较大范围内变化（实际应用中常取 3%）。

墙体和地板的主振频率相似。实测表明，墙体的主频在 12～20 Hz 变化，平均为 15 Hz。地板的主频要低些，特别是地板跨度较大的办公楼。

对于高度较大的单体结构，主频不能用式（2-4-24）估算。某些细高的结构，如煤仓、石油蒸馏塔等，可用悬臂梁的公式估算

$$p = \left(\frac{0.6\pi}{h}\right)^2 \sqrt{\frac{EI}{m}} \qquad (2-4-25)$$

式中，m 为质量强度，lb-sec^2/ih.^{2}；E 为杨氏弹性模量；I 为惯性矩；h 为高度。这类结构的实测结果见表 2-11。

表 2-11　细高单体结构主频实测结果

类型	高度	$p/2\pi$/Hz
电视塔	30	3.8
石油蒸馏塔	21	1.2
煤仓	60	0.6
Bryce Canyon pinnacle	27	3

4. 计算结构中的应变、应力

结构中产生裂缝主要与应变 ε_{max}、应力 σ_{max} 等有关。已知最大位移与伪速度的关系是

$$\delta_{max} = \frac{PV}{p} \tag{2-4-26}$$

而 ε_{max} 与具体的变形形式有关，例如，墙体平动产生剪切变形，剪应变为

$$\gamma_{max} = \frac{\delta_{max}}{h} = \frac{\tau_{max}}{G} \tag{2-4-27}$$

式中，τ_{max} 为最大剪应力；G 为剪切模量。其他变形的计算可参考结构动力学方面的专著，如文献 [9]。

响应谱理论已形成比较完整的体系，进一步的论述与实际应用（包括开裂与响应谱关系方面的案例分析、概率、疲劳与新建筑问题等）见文献 [37]。此外，文献 [5] 介绍了苏联在控制爆破方面的一些研究成果，包括基础爆破、预裂爆破、光面爆破的理论计算、振动、飞石控制等，也可参考。

2.4.4 露天爆破空气冲击波实测结果

由露天爆破产生的空气冲击波常引起周围居民的抱怨，还可能引起窗玻璃破碎、建筑物开裂等。这种情况装药既不在地表、也不在地表以下较深的位置，而是在地表以下附近，理论研究成果较少，这里将文献 [37] 提供的一些实测结果转录如下，需要时可供参考。其中，图 2-8a 所示为露天煤矿爆破产生的空气冲击波超压（噪声）随立方根比例距

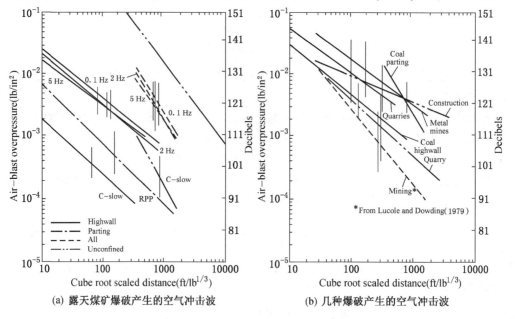

(a) 露天煤矿爆破产生的空气冲击波   (b) 几种爆破产生的空气冲击波

Air-blast overpressure（lb/in.^{2}）—爆破空气冲击波超压（英磅/英寸^2）；Decibels—分贝；Cube root scaled distance（ft/lb$^{1/3}$）—立方根比例距离（英尺/英磅$^{1/3}$）；Highwall—高边帮；Parting—剥离；All—全部；Unconfined—裸药；Coal parting—露天煤矿剥离；Quarries—采石场；Construction—拆除建筑物；Metal mines—金属矿；Coal highwall—露天煤矿高边帮；Mining—采矿；From Lucole and Dowding（1979）—来自 Lucole 和 Dowding（1979）

图 2-8 爆破空气冲击波实测结果

离变化的关系，图 2-8b 所示为几种爆破产生的空气冲击波超压（噪声）随立方根比例距离变化的关系。有了空气冲击波的超压值，就可以进行反射、绕射作用等有关计算了，参见文献［27］～［30］。

2.5 落锤撞击作用下地表面振动问题分析

炼铁厂碎铁车间破碎废钢铁的一种方法是，用电磁铁将落锤（即钢球）吸吊到某一高度，断电让落锤自由落下，砸向废钢铁，使之变形、破碎。由于落锤质量较大，通常为 10 t 量级，吊高也较大，一般为 20 m 左右，落锤撞击废钢铁或地表的同时会引起碎铁车间内及其周围地表面的振动，从而对碎铁车间的厂房及其周围的建（构）筑物（如居民楼、办公楼等）造成较大影响。生产中这种撞击作用非常频繁，因此，有必要对落锤撞击作用下的地表面的振动问题及周围建（构）筑物的安全问题进行研究。

另外，该问题在理论上涉及弹性固体中的波传播问题中经典的 Lamb 问题，我们想通过该问题展示偏微分方程中用积分变换法求解线性偏微分方程的具体应用。因此，2.5.1 节介绍半无限空间在表面脉冲载荷作用下表面振动问题的 Pekeris 解[38]，包括定解问题、求解方法、表面的垂直位移计算、$\lambda = \mu$ 的特殊情况等；2.5.2 节研究落锤撞击作用下撞击力的估算方法，涉及一个拟线性常微分方程的求解问题。至于应用卷积定理计算垂直位移的具体过程、结果、与实测结果的比较等见 2.5.3 节。2.5.2 节、2.5.3 节的内容曾发表过[40]。

本节的内容总体上相当于 2.4 节确定地面振动速度的式（2-4-13）；关于建筑物在地基振动作用下的破坏问题，可参见 2.4 节的质点振动速度法和响应谱理论。总之，2.4 节、2.5 节研究的是炸药在岩土中爆炸（即爆破）、冲击地表造成的地面振动对建（构）筑物的间接破坏作用。

2.5.1 半无限空间在表面脉冲载荷作用下表面振动问题的 Pekeris 解[38]

落锤撞击地面问题在力学上可归结为半空间表面上的垂直点荷载问题。这个问题是更广泛的 Lamb 问题的一种特殊情形。Lamb 通过时间谐和变化的点荷载的解合成脉冲点荷载的解，这里介绍 Pekeris 的解法，其采用积分变换法，荷载是时间的 Heaviside 阶跃函数，求解的是垂直位移。通过时间上的线性叠加，即卷积积分，可以获得随时间任意变化的表面荷载的响应，例如落锤撞击力的情形。希望通过本小节的介绍，可以展示求解弹性动力学中波传播问题所用到的数学方法之精湛，求解弹性动力学中梁振动问题所用到的数学方法已在 2.2 节得到展示，它们是一个问题的两个方面，振动问题着眼于质点的振动，振动的传播称为波。

1. 定解问题

考虑均匀、各向同性半空间，$z \geq 0$，自由面受大小为 $QH(t)$ 的集中垂直载荷作用，这里，$H(t)$ 为 Heaviside 阶跃函数。波动是轴对称的，故采用 x、y、z 或 r、θ、z 圆柱坐标系，如图 2-9 所示。

边界条件为

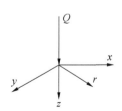

图 2-9 半空间上的点载荷 Q

$$z = 0 \qquad \sigma_z = -QH(t)\frac{\delta(r)}{2\pi r} \qquad \tau_{rz} = 0 \quad (2\text{-}5\text{-}1)$$

这里，利用了在圆柱坐标系里 δ 函数可以表示为 $\delta(r)/(2\pi r)$ 这一点。

对于轴对称运动，向量势只有环向分量，记为 ψ，与标量势 φ 一样，仅是 z、r、t 的函数。根据弹性力学中的位移分解定理，容易写出 r、z 向的位移分量的表达式为

$$u = \frac{\partial \varphi}{\partial r} - \frac{\partial \psi}{\partial z} \tag{2-5-2}$$

$$w = \frac{\partial \varphi}{\partial z} + \frac{1}{r} \frac{\partial (r\psi)}{\partial r} \tag{2-5-3}$$

ψ、φ 满足下列波动方程

$$\frac{\partial^2 \varphi}{\partial r^2} + \frac{1}{r} \frac{\partial \varphi}{\partial r} + \frac{\partial^2 \varphi}{\partial z^2} = \frac{1}{c_{\mathrm{L}}^2} \frac{\partial^2 \varphi}{\partial t^2} \tag{2-5-4}$$

$$\frac{\partial^2 \psi}{\partial r^2} + \frac{1}{r} \frac{\partial \psi}{\partial r} + \frac{\partial^2 \psi}{\partial z^2} - \frac{\psi}{r^2} = \frac{1}{c_{\mathrm{T}}^2} \frac{\partial^2 \psi}{\partial t^2} \tag{2-5-5}$$

有关的应力—位移关系为

$$\sigma_z = (\lambda + 2\mu) \frac{\partial w}{\partial z} + \frac{\lambda}{r} \frac{\partial (ru)}{\partial r} \tag{2-5-6}$$

$$\tau_{zr} = \mu \left(\frac{\partial u}{\partial z} + \frac{\partial w}{\partial r} \right) \tag{2-5-7}$$

式中，λ、μ 为弹性半空间材料的拉梅常数，与弹性模量 E、泊松比 ν 的关系为 $\lambda = \frac{E\nu}{(1+\nu)(1-2\nu)}$，$\mu = \frac{E}{2(1+\nu)}$。

初始条件为

$$\varphi(r,\ z,\ 0) = \frac{\mathrm{d}\varphi}{\mathrm{d}t}(r,\ z,\ 0) = \psi(r,\ z,\ 0) = \frac{\mathrm{d}\psi}{\mathrm{d}t}(r,\ z,\ 0) = 0 \tag{2-5-8}$$

2. 求解方法

适用于定解问题式（2-5-1）~式（2-5-8）的积分变换是对时间的单侧拉普拉斯变换和对径向变量 r 的汉克尔变换。对式（2-5-4）、式（2-5-5）做拉普拉斯变换，得

$$\frac{\partial^2 \overline{\varphi}}{\partial r^2} + \frac{1}{r} \frac{\partial \overline{\varphi}}{\partial r} + \frac{\partial^2 \overline{\varphi}}{\partial z^2} = \frac{p^2}{c_{\mathrm{L}}^2} \overline{\varphi} \tag{2-5-9}$$

$$\frac{\partial^2 \overline{\psi}}{\partial r^2} + \frac{1}{r} \frac{\partial \overline{\psi}}{\partial r} + \frac{\partial^2 \overline{\psi}}{\partial z^2} - \frac{\overline{\psi}}{r^2} = \frac{p^2}{c_{\mathrm{T}}^2} \overline{\psi} \tag{2-5-10}$$

函数 $f(r)$ 的 n 阶汉克尔变换定义为

$$f^{Hn}(\xi) = \int_0^\infty f(r) J_{\mathrm{n}}(\xi r) r \mathrm{d}r \tag{2-5-11}$$

其中，$J_{\mathrm{n}}(\xi r)$ 是 n 阶贝塞尔函数。逆变换为

$$f(r) = \int_0^\infty f^{Hn}(\xi) J_{\mathrm{n}}(\xi r) \xi \mathrm{d}\xi \tag{2-5-12}$$

本问题中，必须对 φ 做零阶汉克尔变换，对 ψ 做一阶汉克尔变换。分部积分后，式（2-5-9）、式（2-5-10）化为下列常微分方程

$$\frac{\mathrm{d}^2 \overline{\varphi}^{H_0}}{\mathrm{d}z^2} - \alpha^2 \overline{\varphi}^{H_0} = 0 \tag{2-5-13}$$

$$\frac{\mathrm{d}^2 \overline{\psi}^{H_1}}{\mathrm{d}z^2} - \beta^2 \overline{\psi}^{H_1} = 0 \tag{2-5-14}$$

式中
$$\alpha = (\xi^2 + s_L^2 p^2)^{1/2} \qquad \beta = (\xi^2 + s_T^2 p^2)^{1/2} \tag{2-5-15}$$

式中，慢度 $s_L = 1/c_L$，$s_T = 1/c_T$。

式 (2-5-13)、式 (2-5-14) 的解为

$$\overline{\varphi}^{H_0} = \Phi(\xi, p) \mathrm{e}^{-\alpha z} \qquad \overline{\psi}^{H_1} = \Psi(\xi, p) \mathrm{e}^{-\beta z} \tag{2-5-16}$$

对位移和应力做拉普拉斯变换和汉克尔变换得

$$\overline{w}^{H_0} = \frac{\mathrm{d}\overline{\varphi}^{H_0}}{\mathrm{d}z} + \xi \overline{\psi}^{H_1} \tag{2-5-17}$$

$$\overline{u}^{H_1} = -\frac{\mathrm{d}\overline{\psi}^{H_1}}{\mathrm{d}z} - \xi \overline{\varphi}^{H_0} \tag{2-5-18}$$

$$\overline{\sigma}_z^{H_0} = \mu \left[2\xi \frac{\mathrm{d}\overline{\psi}^{H_1}}{\mathrm{d}z} + (s_T^2 p^2 + 2\xi^2) \overline{\varphi}^{H_0} \right] \tag{2-5-19}$$

$$\overline{\tau}_{zr}^{H_1} = -\mu \left[2\xi \frac{\mathrm{d}\overline{\varphi}^{H_0}}{\mathrm{d}z} + (s_T^2 p^2 + 2\xi^2) \overline{\psi}^{H_1} \right] \tag{2-5-20}$$

边界条件式 (2-5-1) 变换为

$$\overline{\sigma}_z^{H_0} = -\frac{Q}{2\pi} \frac{1}{p} \tag{2-5-21}$$

$$\overline{\tau}_{zr}^{H_1} = 0 \tag{2-5-22}$$

联立方程式 (2-5-16)、式 (2-5-19)~式 (2-5-22) 得 Φ、Ψ 满足的下述方程

$$(s_T^2 p^2 + 2\xi^2)\Phi - 2\beta\xi\Psi = -\frac{Q}{2\pi} \frac{1}{\mu} \frac{1}{p} - 2\alpha\xi\Phi + (s_T^2 p^2 + 2\xi^2)\Psi = 0 \tag{2-5-23}$$

方程式 (2-5-23) 的解为

$$\Phi = -\frac{Q}{2\pi} \frac{1}{\mu} \frac{1}{p} \frac{s_T^2 p^2 + 2\xi^2}{D_H(\xi, p)} \tag{2-5-24}$$

$$\Psi = -\frac{Q}{2\pi} \frac{1}{\mu} \frac{1}{p} \frac{2\alpha\xi}{D_H(\xi, p)} \tag{2-5-25}$$

其中
$$D_H(\xi, p) = (s_T^2 p^2 + 2\xi^2)^2 - 4\xi^2 \alpha\beta \tag{2-5-26}$$

利用式 (2-5-15)~式 (2-5-18)、式 (2-5-24)、式 (2-5-25)，式 (2-5-17)、式 (2-5-18) 可以写为

$$\overline{w}^{H_0} = \frac{Q}{2\pi} \frac{1}{\mu} \left[(2\xi^2 + s_T^2 p^2) \mathrm{e}^{-\alpha z} - 2\xi^2 \mathrm{e}^{-\beta z} \right] \mathrm{e}^{-\alpha z} \frac{\alpha}{D_H} \frac{1}{p} \tag{2-5-27}$$

$$\overline{u}^{H_1} = \frac{Q}{2\pi} \frac{1}{\mu} \left[(2\xi^2 + s_T^2 p^2) \mathrm{e}^{-\alpha z} - 2\alpha\beta \mathrm{e}^{-\beta z} \right] \mathrm{e}^{-\alpha z} \frac{\xi}{D_H} \frac{1}{p} \tag{2-5-28}$$

3. 表面的垂直位移

利用式 (2-5-12) 计算 $z=0$ 的位移的逆变换，并引入代换 $\xi = p\eta$，得

$$\overline{w}(r, 0, p) = \frac{Q}{2\pi} \frac{s_T^2}{\mu} \int_0^\infty \frac{\eta(\eta^2 + s_L^2)^{1/2}}{D(\eta)} J_0(p\eta r) \mathrm{d}\eta \tag{2-5-29}$$

$$\overline{u}(r,\,0,\,p) = \frac{Q}{2\pi}\frac{1}{\mu}\int_0^\infty \frac{\eta^2\left[s_T^2 + 2\eta^2 - 2(\eta^2 + s_L^2)^{\frac{1}{2}}(\eta^2 + s_T^2)^{\frac{1}{2}}\right]}{D(\eta)}J_1(p\eta r)\,\mathrm{d}\eta$$

$$(2\text{-}5\text{-}30)$$

式中，$D(\eta) = (s_T^2 + 2\eta^2)^2 - 4\eta^2(\eta^2 + s_L^2)^{\frac{1}{2}}(\eta^2 + s_T^2)^{\frac{1}{2}}$。$D(\eta) = 0$ 的根为 $\eta = \pm is_R = \pm\dfrac{i}{c_R}$，这里，$c_R$ 是瑞雷波速。

下一步是采用卡尼阿—德·霍普法求拉普拉斯逆变换。这里只列出垂直位移的计算，反演过程中要用到贝塞尔函数的下列公式

$$J_0(x) = \frac{2}{\pi}I\left[\int_1^\infty \frac{\mathrm{e}^{ixs}}{(s^2-1)^{1/2}}\mathrm{d}s\right]$$

式（2-5-29）变为

$$\overline{w}(r,\,0,\,p) = \frac{Q}{\pi^2}\frac{s_T^2}{\mu}I\int_0^\infty \frac{\eta(\eta^2 + s_L^2)^{1/2}}{D(\eta)}\mathrm{d}\eta\int_1^\infty \frac{\mathrm{e}^{ip\eta rs}}{(s^2-1)^{1/2}}\mathrm{d}s \qquad (2\text{-}5\text{-}31)$$

参见图 2-10a，在 η 复平面的上半平面上，有极点 $\eta = is_R$、支点 $\eta = is_L$ 和 $\eta = is_T$。将积分围道由实轴改到虚轴加上分别绕 3 个极点、支点的缺口上，容易知道，缺口收缩时，绕支点的积分为零。由于对积分的贡献为实数，故绕极点的积分也是零。因此，只需要考虑沿虚轴各部分的积分，仅有的复杂性是过极点的积分必须取主部。剩下的工作是沿虚轴积分，做代换 $\eta = iv$，式（2-5-31）变为

$$\overline{w}(r,\,0,\,p) = -\frac{Q}{\pi^2}\frac{s_T^2}{\mu}I\left[\int_0^\infty m(iv)v\mathrm{d}v\int_1^\infty \frac{\mathrm{e}^{ipvrs}}{(s^2-1)^{\frac{1}{2}}}\mathrm{d}s\right] \qquad (2\text{-}5\text{-}32)$$

其中 $m(\eta) = \dfrac{(\eta^2 + s_L^2)^{1/2}}{D(\eta)}$。可以看出，第二个积分属于拉普拉斯变换的形式，容易得到 $L^{-1}\left[\displaystyle\int_1^\infty \frac{\mathrm{e}^{ipvrs}}{(s^2-1)^{\frac{1}{2}}}\mathrm{d}s\right] = \dfrac{H(t - vr)}{(t^2 - v^2 r^2)^{1/2}}$，第一个积分中没有拉普拉斯参数，故得到

$$w(r,\,0,\,t) = -\frac{Q}{\pi^2}\frac{s_T^2}{\mu}I\left[\int_0^{t/r} \frac{vm(iv)}{(t^2 - v^2 r^2)^{1/2}}\mathrm{d}v\right] \qquad (2\text{-}5\text{-}33)$$

现在考察 η 复平面上沿虚轴各个区间上的 $m(\eta)$，可以发现从原点到支点 is_L 是实数，因此，由式（2-5-33）可以得出，如果 $t/r < s_L$，则 $w(r,\,0,\,t) = 0$。从支点 is_L 到支点 is_T，我们有 $m(iv) = \dfrac{i(v^2 - s_L^2)^{1/2}}{(s_T^2 - 2v^2)^2 + 4iv^2(v^2 - s_L^2)^{1/2}(s_T^2 - v^2)^{1/2}}$，在虚轴的其余部分 $(v > v_T)$，有 $m(iv) = \dfrac{i(v^2 - s_L^2)^{1/2}}{(s_T^2 - 2v^2)^2 - 4v^2(v^2 - s_L^2)^{1/2}(v^2 - s_T^2)^{1/2}}$。

上面的结果表明，在以半径 r 值规定的自由面上一个固定位置上，垂直位移在 3 个不同的时间区间内表示为不同的形式

$$t \leqslant rs_L \qquad w(r,\,0,\,t) = 0 \qquad (2\text{-}5\text{-}34)$$

$$rs_L \leqslant t \leqslant rs_T \qquad w(r,\,0,\,t) = -\frac{Q}{\pi^2}\frac{s_T^2}{\mu}F_1\left(\frac{t}{r}\right) \qquad (2\text{-}5\text{-}35)$$

$$t \geqslant rs_{\mathrm{T}} \qquad w(r,\ 0,\ t) = -\frac{Q}{\pi^2}\frac{s_{\mathrm{T}}^2}{\mu}\left[F_1(S_{\mathrm{T}}) + F_2\left(\frac{t}{r}\right)\right] \qquad (2\text{-}5\text{-}36)$$

其中，

$$F_1\left(\frac{t}{r}\right) = \int_{s_{\mathrm{L}}}^{t/r} \frac{v(v^2 - s_{\mathrm{L}}^2)^{1/2}(s_{\mathrm{T}}^2 - 2v^2)^2(t^2 - v^2r^2)^{-1/2}}{(s_{\mathrm{T}}^2 - 2v^2)^2 + 16v^4(v^2 - s_{\mathrm{L}}^2)^{1/2}(s_{\mathrm{T}}^2 - v^2)^{1/2}}\mathrm{d}v \qquad (2\text{-}5\text{-}37)$$

$$F_2\left(\frac{t}{r}\right) = P\int_{s_{\mathrm{T}}}^{t/r} \frac{v(v^2 - s_{\mathrm{L}}^2)^{1/2}(t^2 - v^2r^2)^{-1/2}}{(s_{\mathrm{T}}^2 - 2v^2)^2 - 4v^4(v^2 - s_{\mathrm{L}}^2)^{1/2}(v^2 - s_{\mathrm{T}}^2)^{1/2}}\mathrm{d}v \qquad (2\text{-}5\text{-}38)$$

这里，符号 P 表示取积分主值。

4. $\lambda = \mu$ 的特殊情况

对于 $\lambda = \mu$ 的特殊情况，有 $c_{\mathrm{L}}^2 = 3c_{\mathrm{T}}^2$，$D(\eta) = 0$ 的根可以显式表为

$$\frac{\eta}{s_{\mathrm{T}}} = \pm i\frac{1}{2}(3 + \sqrt{3})^{1/2} \qquad (2\text{-}5\text{-}39)$$

利用无量纲时间 $\tau = \dfrac{t}{rs_{\mathrm{T}}}$，半空间表面的位移可以写成

$$\tau \leqslant \frac{1}{\sqrt{3}}:\ w(\tau) = 0 \qquad (2\text{-}5\text{-}40)$$

$$\frac{1}{\sqrt{3}} \leqslant \tau < 1:\ w(\tau) = \frac{Q}{32\pi}\frac{1}{\mu}\frac{1}{r}\left[6 - \frac{\sqrt{3}}{\left(\tau^2 - \frac{1}{4}\right)^{\frac{1}{2}}} - \frac{(3\sqrt{3} + 5)^{1/2}}{\left(\frac{3 + \sqrt{3}}{4} - \tau^2\right)^{1/2}} + \frac{(3\sqrt{3} - 5)^{1/2}}{\left(\tau^2 - \frac{3 - \sqrt{3}}{4}\right)^{1/2}}\right]$$

$$(2\text{-}5\text{-}41)$$

$$1 \leqslant \tau < \frac{1}{2}(3 + \sqrt{3})^{1/2}:\ w(\tau) = \frac{Q}{16\pi}\frac{1}{\mu}\frac{1}{r}\left[6 - \frac{(3\sqrt{3} + 5)^{1/6}}{\left(\frac{3}{4} + \frac{\sqrt{3}}{4} - \tau^2\right)^{1/2}}\right] \qquad (2\text{-}5\text{-}42)$$

$$\tau \geqslant \frac{1}{2}(3 + \sqrt{3})^{1/2}:\ w(\tau) = \frac{3Q}{8\pi}\frac{1}{\mu}\frac{1}{r} \qquad (2\text{-}5\text{-}43)$$

在这些式子中，$\tau = \dfrac{1}{2}(3+\sqrt{3})^{1/2}$ 是以瑞雷波速行进的扰动到达的时间，这一扰动通常称为瑞雷波。

图 2-10b 给出了无量纲垂直位移 $(\pi\mu r/Q)w(t)$ 与 τ 的关系。对于某一固定的 r，图 2-10b 表明了位移与时间的关系。可以看到，第一个扰动在 $t = r/c_{\mathrm{L}}$ 时到达，在 $t = r/c_{\mathrm{L}}$ 处，位移 $w(\tau)$ 的斜率有间断。在 $t = r/c_{\mathrm{R}}$ 处，位移为无穷大。对于 $t > r/c_{\mathrm{R}}$，位移保持常数并等于静力解。

2.5.2 落锤撞击力的估算

落锤撞击地表是一个较复杂的力学过程，为简化分析，做以下假设：

（1）落锤为刚性球体，撞击过程中不变形。

（2）撞击过程中钢球与地表不分离，且不考虑钢球与地表之间的摩擦作用。

（3）半空间是线弹性的，地表的最大位移仍在弹性范围内。

（4）最大撞击速度小于弹性半空间的 Rayleigh 面波速度，故考虑撞击载荷时认为过程

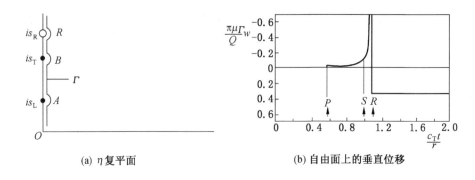

(a) η 复平面   (b) 自由面上的垂直位移

图 2-10 η 复平面和自由面上的垂直位移

是准静态的。

（5）第一脉冲是主要的，仅考虑第一脉冲的作用。

关于这些假设的合理性，文献［24］基于几何非线性理论做了一些分析。基于上述假设，用 P 表示钢球对地表撞击载荷的合力（图 2-11），就可以列出钢球的运动方程

$$M \frac{\mathrm{d}\Delta^2}{\mathrm{d}t^2} = -P \tag{2-5-44}$$

式中，M 为钢球质量；Δ 为从钢球触地点起算的位移；t 为从钢球触底时刻起算的时间。

力 P 与位移 Δ 之间的关系可以借助弹性理论接触问题的现有结果获得。用抛物面近似表示接触部分的球面，根据文献［41］，经过简单的运算，获得下述关系：

$$P = 1.05 \frac{E}{1-\nu^2} \left(\frac{M}{\rho_0} \right)^{1/6} \Delta^{3/2} \tag{2-5-45}$$

式中，E、ν 分别为弹性半空间的弹性模量和泊松比；ρ_0 为钢球的质量密度。

将式（2-5-45）代入式（2-5-44），即得 Δ 满足的微分方程

$$\frac{\mathrm{d}\Delta^2}{\mathrm{d}t^2} = -1.05 \frac{E}{1-\nu^2} (M^5 \rho_0)^{-1/6} \Delta^{3/2} \tag{2-5-46}$$

初始条件为

$$t = 0, \ \Delta = 0, \ \frac{\mathrm{d}\Delta}{\mathrm{d}t} = \sqrt{2gh} \tag{2-5-47}$$

式中，g 为重力加速度；h 为落高。

方程式（2-5-46）与条件式（2-5-47）组成一个拟线性常微分方程初值问题。分析发现，Δ 可以用一个二次抛物线近似。根据文献［42］提供的方法 [实际上，式（2-5-46）属于 $y'' = f(y)$ 型，有解析解]，可以求得 Δ 的最大值 Δ_m 和作用时间的最大值 t_m 分别为

$$\Delta_m = 1.41 \left[\frac{1-\nu^2}{E} (M^5 \rho_0)^{1/6} gh \right]^{2/5} \tag{2-5-48}$$

$$t_m = 2.94 (2gh)^{-1/2} \Delta_m \tag{2-5-49}$$

将式（2-5-48）代入式（2-5-45），可求得力 P 的最大值为

$$P_{\mathrm{m}} = 1.76 \frac{1 - \nu^2}{E} M^{2/3} \rho_0^{-1/15} (gh)^{3/5} \tag{2-5-50}$$

力 P 可以用三角形载荷近似，表达式为

$$P = \begin{cases} \dfrac{2P_{\mathrm{m}} t}{t_{\mathrm{m}}}, \ 0 \leqslant t \leqslant \dfrac{t_{\mathrm{m}}}{2} \\[3mm] P = 2P_{\mathrm{m}}\left(1 - \dfrac{t}{t_{\mathrm{m}}}\right), \ \dfrac{t_{\mathrm{m}}}{2} \leqslant t \leqslant t_{\mathrm{m}} \end{cases} \tag{2-5-51}$$

取 $E = 2 \times 10^{10}$ Pa，$\nu = 0.25$，$M = 8000$ kg，$\rho_0 = 7800$ kg/m³，$h = 19$ m，$g = 9.8$ m/s²，容易算得，$t_{\mathrm{m}} = 4.67$ ms，$\Delta_{\mathrm{m}} = 3.06$ cm，$P_{\mathrm{m}} = 1.2 \times 10^8$ N，钢球的重力是 $M_{\mathrm{g}} = 7.84 \times 10^4$ N，P_{m} 是 M_{g} 的 1530 倍。

2.5.3　地表垂直位移的计算

弹性半空间自由面受到时间的 Heaviside 单位阶跃函数形垂直点载荷作用时，自由表面的垂直位移表达式（$\nu = 0.24$）为[38]

$$W_{\mathrm{H}}(\tau) = \frac{1 + \nu}{8\pi E r} \times \begin{cases} 0, \ (0 \leqslant \tau \leqslant \tau_{\mathrm{p}}) \\ 3 + W_1(\tau), \ (\tau_{\mathrm{p}} \leqslant \tau \leqslant \tau_{\mathrm{s}}) \\ 6 - 2W_2(\tau), \ (\tau_{\mathrm{s}} \leqslant \tau \leqslant \tau_{\mathrm{R}}) \\ 6, \ (\tau \geqslant \tau_{\mathrm{R}}) \end{cases} \tag{2-5-52}$$

式中，$\tau = C_{\mathrm{s}} t / r$，$C_{\mathrm{s}} = [2(1 + \nu)\rho/E]^{-1/2}$，$\rho$ 为弹性半空间的质量密度，r 为所考察点至作用点的距离；$\tau_{\mathrm{p}} = \sqrt{3}/3$；$\tau_{\mathrm{s}} = 1$；$\tau_{\mathrm{R}} = \sqrt{3 + \sqrt{3}}/2$；$W_1(\tau) = \dfrac{\sqrt{3(\tau_{\mathrm{p}}^2 - \tau_1^2)}}{\sqrt{\tau^2 - \tau_1^2}} - \dfrac{\sqrt{3(\tau_{\mathrm{p}}^2 - \tau_2^2)}}{\sqrt{\tau^2 - \tau_2^2}} -$

$W_2(\tau)$，$\tau_1 = \sqrt{3 - \sqrt{3}}/2$，$\tau_2 = 1/2$，$W_2(\tau) = \dfrac{\sqrt{3(\tau_{\mathrm{R}}^2 - \tau_{\mathrm{p}}^2)}}{\sqrt{\tau_{\mathrm{R}}^2 - \tau^2}}$。

利用无量纲量 $\tau = C_{\mathrm{s}} t / r$，式（2-5-51）可以改写为

$$P(\tau) = \begin{cases} \dfrac{2P_{\mathrm{m}} \tau}{\tau_{\mathrm{m}}}, \ 0 \leqslant \tau \leqslant \dfrac{\tau_{\mathrm{m}}}{2} \\[3mm] p = 2P_{\mathrm{m}}\left(1 - \dfrac{\tau}{\tau_{\mathrm{m}}}\right), \ \dfrac{\tau_{\mathrm{m}}}{2} \leqslant \tau \leqslant \tau_{\mathrm{m}} \end{cases} \tag{2-5-53}$$

式中，$\tau_{\mathrm{m}} = C_{\mathrm{s}} t_{\mathrm{m}} / r$。

将式（2-5-53）对 τ 求导，得

$$\frac{\mathrm{d}P}{\mathrm{d}\tau} = \begin{cases} \dfrac{2P_{\mathrm{m}}}{\tau_{\mathrm{m}}}, \ 0 \leqslant \tau \leqslant \dfrac{\tau_{\mathrm{m}}}{2} \\[3mm] P = -\dfrac{2P_{\mathrm{m}}}{\tau_{\mathrm{m}}}, \ \dfrac{\tau_{\mathrm{m}}}{2} \leqslant \tau \leqslant \tau_{\mathrm{m}} \end{cases} \tag{2-5-54}$$

利用式（2-5-52）、式（2-5-54）做卷积，我们求得在力 P 作用下，自由表面的垂直位移表达式为

$$W_{\mathrm{P}}(\tau) = \int W_{\mathrm{H}}(\lambda) P(\tau - \lambda) \mathrm{d}\lambda \tag{2-5-55}$$

上式的分区积分与τ_m的数值有关，这里，考虑$\tau_m = 0.1868 \Big($即$r = \dfrac{2000 \times 4.67 \times 10^{-3}}{0.1868} =$

$50\ \text{m}\Big)$的情况。这样，式（2-5-55）可写为

$$\frac{4\pi E r\, \tau_m W_P(\tau)}{(1+\nu)P_m} =$$

$$\begin{cases}
0,\ 0 \leqslant \tau \leqslant \tau_p \\[2mm]
\displaystyle\int_{\tau_p}^{\tau} [\,3 + W_1(\lambda)\,]\mathrm{d}\lambda,\ \tau_p \leqslant \tau \leqslant \tau_p + \tau_m/2 \\[4mm]
\displaystyle\int_{\tau_p}^{\tau-\tau_m/2} -[\,3 + W_1(\lambda)\,]\mathrm{d}\lambda + \int_{\tau-\tau_m/2}^{\tau}[\,3 + W_1(\lambda)\,]\mathrm{d}\lambda,\ \tau_p + \tau_m/2 \leqslant \tau \leqslant \tau_p + \tau_m \\[4mm]
\displaystyle\int_{\tau-\tau_m}^{\tau-\tau_m/2} -[\,3 + W_1(\lambda)\,]\mathrm{d}\lambda + \int_{\tau-\tau_m/2}^{\tau}[\,3 + W_1(\lambda)\,]\mathrm{d}\lambda,\ \tau_p + \tau_m \leqslant \tau \leqslant \tau_s \\[4mm]
\displaystyle\int_{\tau-\tau_m}^{\tau-\tau_m/2} -[\,3 + W_1(\lambda)\,]\mathrm{d}\lambda + \int_{\tau-\tau_m/2}^{\tau_s}[\,3 + W_1(\lambda)\,]\mathrm{d}\lambda + \int_{\tau_s}^{\tau}[\,6 - 2W_2(\lambda)\,]\mathrm{d}\lambda,\ \tau_s \leqslant \tau \leqslant \tau_R \\[4mm]
\displaystyle\int_{\tau-\tau_m}^{\tau-\frac{\tau_m}{2}} -[\,3 + W_1(\lambda)\,]\mathrm{d}\lambda + \int_{\tau-\tau_m/2}^{\tau_s}[\,3 + W_1(\lambda)\,]\mathrm{d}\lambda + \int_{\tau_s}^{\varepsilon \to \tau_R}[\,6 - 2W_2(\lambda)\,]\mathrm{d}\lambda + \int_{\tau_R}^{\tau}6\mathrm{d}\lambda, \\[2mm]
\qquad \tau_R \leqslant \tau \leqslant \tau_S + \dfrac{\tau_m}{2} \\[4mm]
\displaystyle\int_{\tau-\tau_m}^{\tau_S} -[\,3 + W_1(\lambda)\,]\mathrm{d}\lambda + \int_{\tau_S}^{\tau-\frac{\tau_m}{2}} -[\,6 - 2W_2(\lambda)\,]\mathrm{d}\lambda + \int_{\tau-\tau_m/2}^{\varepsilon \to \tau_R}[\,6 - 2W_2(\lambda)\,]\mathrm{d}\lambda + \int_{\tau_R}^{\tau}6\mathrm{d}\lambda, \\[2mm]
\qquad \tau_S + \dfrac{\tau_m}{2} \leqslant \tau \leqslant \tau_R + \dfrac{\tau_m}{2} \\[4mm]
\displaystyle\int_{\tau-\tau_m}^{\tau_S} -[\,3 + W_1(\lambda)\,]\mathrm{d}\lambda + \int_{\tau_S}^{\varepsilon \to \tau_R} -[\,6 - 2W_2(\lambda)\,]\mathrm{d}\lambda + \int_{\tau_R}^{\tau-\frac{\tau_m}{2}} -6\mathrm{d}\lambda + \int_{\tau-\tau_m/2}^{\tau}6\mathrm{d}\lambda, \\[2mm]
\qquad \tau_R + \dfrac{\tau_m}{2} \leqslant \tau \leqslant \tau_S + \tau_m \\[4mm]
\displaystyle\int_{\tau-\tau_m}^{\varepsilon \to \tau_R} -[\,6 - 2W_2(\lambda)\,]\mathrm{d}\lambda + \int_{\tau_R}^{\tau-\frac{\tau_m}{2}} -6\mathrm{d}\lambda + \int_{\tau-\tau_m/2}^{\tau}6\mathrm{d}\lambda,\ \tau_s + \tau_m \leqslant \tau \leqslant \tau_R + \tau_m \\[4mm]
\displaystyle\int_{\tau-\tau_m}^{\tau-\tau/\tau_m} -6\mathrm{d}\lambda + \int_{\tau-\tau_m/2}^{\tau}6\mathrm{d}\lambda,\ \tau \geqslant \tau_R + \tau_m
\end{cases}$$

$$(2\text{-}5\text{-}56)$$

式中的积分上限引入参数ε是为了避免被积函数在τ_R处的奇性，容易看出，上述广义积分是收敛的。

式（2-5-56）的分段积分结果为

$$\frac{4\pi E r\, \tau_m W_P(\tau)}{(1+\nu)P_m} =$$

$$
\begin{cases}
0, & 0 \leqslant \tau \leqslant \tau_{\mathrm{p}} \\
3(\tau - \tau_{\mathrm{p}}) + A(x = \tau_{\mathrm{p}}, \, y = \tau) + B(x = \tau_{\mathrm{p}}) - B(x = \tau), & \tau_{\mathrm{p}} \leqslant \tau \leqslant \tau_{\mathrm{p}} + \dfrac{\tau_{\mathrm{m}}}{2} \\
3(\tau_{\mathrm{p}} + \tau_{\mathrm{m}} - \tau) - A\left(x = \tau_{\mathrm{p}}, \, y = \tau - \dfrac{\tau_{\mathrm{m}}}{2}\right) + A\left(x = \tau - \dfrac{\tau_{\mathrm{m}}}{2}, \, y = \tau\right) + \\
\qquad 2B\left(x = \tau - \dfrac{\tau_{\mathrm{m}}}{2}\right) - B(x = \tau_{\mathrm{p}}) - B(x = \tau), & \tau_{\mathrm{p}} + \dfrac{\tau_{\mathrm{m}}}{2} \leqslant \tau \leqslant \tau_{\mathrm{p}} + \tau_{\mathrm{m}} \\
-A\left(x = \tau - \tau_{\mathrm{m}}, \, y = \tau - \dfrac{\tau_{\mathrm{m}}}{2}\right) + A\left(x = \tau - \dfrac{\tau_{\mathrm{m}}}{2}, \, y = \tau\right) + \\
\qquad 2B\left(x = \tau - \dfrac{\tau_{\mathrm{m}}}{2}\right) - B(x = \tau - \tau_{\mathrm{m}}) - B(x = \tau), & \tau_{\mathrm{p}} + \tau_{\mathrm{m}} \leqslant \tau \leqslant \tau_{\mathrm{s}} \\
3(\tau - \tau_{\mathrm{s}}) - A\left(x = \tau - \tau_{\mathrm{m}}, \, y = \tau - \dfrac{\tau_{\mathrm{m}}}{2}\right) + A\left(x = \tau - \dfrac{\tau_{\mathrm{m}}}{2}, \, y = \tau_{\mathrm{s}}\right) + \\
\qquad 2B\left(x = \tau - \dfrac{\tau_{\mathrm{m}}}{2}\right) + B(x = \tau_{\mathrm{s}}) - B(x = \tau - \tau_{\mathrm{m}}) - 2B(x = \tau), & \tau_{\mathrm{s}} \leqslant \tau \leqslant \tau_{\mathrm{R}} \\
3(\tau - \tau_{\mathrm{s}}) - A\left(x = \tau - \tau_{\mathrm{m}}, \, y = \tau - \dfrac{\tau_{\mathrm{m}}}{2}\right) + A\left(x = \tau - \dfrac{\tau_{\mathrm{m}}}{2}, \, y = \tau_{\mathrm{s}}\right) + \\
\qquad B(x = \tau_{\mathrm{s}}) + 2B\left(x = \tau - \dfrac{\tau_{\mathrm{m}}}{2}\right) - B(x = \tau - \tau_{\mathrm{m}}) - 2B(x = \tau_{\mathrm{R}}), \\
\qquad \tau_{\mathrm{R}} \leqslant \tau \leqslant \tau_{\mathrm{s}} + \dfrac{\tau_{\mathrm{m}}}{2} \\
3(\tau_{\mathrm{s}} + \tau_{\mathrm{m}} - \tau) - A(x = \tau - \tau_{\mathrm{m}}, \, y = \tau_{\mathrm{s}}) + 4B\left(x = \tau - \dfrac{\tau_{\mathrm{m}}}{2}\right) - B(x = \tau_{\mathrm{s}}) \\
\qquad - B(x = \tau - \tau_{\mathrm{m}}) - 2B(x = \tau_{\mathrm{R}}), & \tau_{\mathrm{s}} + \dfrac{\tau_{\mathrm{m}}}{2} \leqslant \tau \leqslant \tau_{\mathrm{R}} + \dfrac{\tau_{\mathrm{m}}}{2} \\
3(\tau_{\mathrm{s}} + \tau_{\mathrm{m}} - \tau) - A(x = \tau - \tau_{\mathrm{m}}, \, y = \tau_{\mathrm{s}}) + 2B(x = \tau_{\mathrm{R}}) - B(x = \tau_{\mathrm{s}}) - \\
\qquad B(x = \tau - \tau_{\mathrm{m}}), & \tau_{\mathrm{R}} + \dfrac{\tau_{\mathrm{m}}}{2} \leqslant \tau \leqslant \tau_{\mathrm{s}} + \tau_{\mathrm{m}} \\
2B(x = \tau_{\mathrm{R}}) - 2B(x = \tau - \tau_{\mathrm{m}}), & \tau_{\mathrm{s}} + \tau_{\mathrm{m}} \leqslant \tau \leqslant \tau_{\mathrm{R}} + \tau_{\mathrm{m}} \\
0, & \tau \geqslant \tau_{\mathrm{R}} + \tau_{\mathrm{m}}
\end{cases}
$$

$$(2-5-57)$$

式中，$A(x, \, y) = \ln \dfrac{\left(\dfrac{y + \sqrt{y^2 - \tau_1^2}}{x + \sqrt{x^2 - \tau_1^2}}\right)^{\sqrt{3(\tau_{\mathrm{P}}^2 - \tau_1^2)}}}{\left(\dfrac{y + \sqrt{y^2 - \tau_2^2}}{x + \sqrt{x^2 - \tau_2^2}}\right)^{\sqrt{3(\tau_{\mathrm{P}}^2 - \tau_2^2)}}}$，$B(x) = \sqrt{3(\tau_{\mathrm{R}}^2 - \tau_{\mathrm{P}}^2)} \arcsin \dfrac{x}{\tau_{\mathrm{R}}}$。

取 $\rho = 2000 \ \mathrm{kg/m^3}$，其他参数取值同前，利用分段积分结果，画出 $\dfrac{4\pi Er \, \tau_{\mathrm{m}} W_{\mathrm{P}}(\tau)}{(1 + \nu) P_{\mathrm{m}}}$ 随 τ 变化的曲线如图 2-11a 所示。图中，τ_{p}、τ_{s}、τ_{R} 分别表示纵坡、横波、Rayleigh 波的到达时刻，峰值位移 W_{P} 为 0.076 mm。图 2-11b 是实测的速度波形经修正积分处理后得到的位移

波形，在最大脉冲前的波形与上述分析的结果比较吻合，位移峰值为 0.058 mm，与分析的结果是比较接近的。

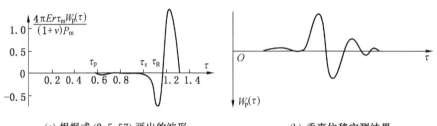

(a) 根据式 (2-5-57) 画出的波形　　　　(b) 垂直位移实测结果

图 2-11　分析与实测垂直位移波形

参 考 文 献

[1] 中国力学学会工程爆破专业委员会. 爆破工程（上册）[M]. 北京：冶金工业出版社，1992.

[2] U. Langetors, B. Kihlstrom. The Modern Technique of Rock Blasting, Third Edition [M]. Sweden：Almqvist and Wiksell, Uppsala, 1978.

[3] Г. И. Покровский. ВЗРЫВ [M]. МОСКВА：Недра, 1980.

[4] 杨人光等. 建筑物爆破拆除 [M]. 北京：中国建筑工业出版社，1985.

[5] А. Е. Заркович. Взрывные работы вблизи охраняемых объектов [M]. МОСКВА：НЕДРА, 1984.

[6] 范喜生. 煤巷掘进爆破优化设计 [J]. 爆破，2012, 29 (2)：15-18.

[7] J. 亨利奇著，熊建国等译. 爆炸动力学及其应用 [M]. 北京：科学出版社，1987.

[8] 李国豪. 工程结构抗爆动力学 [M]. 上海：上海科技出版社，1987.

[9] Б. Г. 科列涅夫，И. М. 拉比诺维奇主编，沈聚民等译. 房屋与构筑物动力计算设计手册 [M]. 北京，科学出版社，1990.

[10] 杨桂通，熊祝华. 塑性动力学 [M]. 北京：清华大学出版社，1984.

[11] 张守中，孙业斌. 爆炸载荷作用下刚-塑性圆柱壳体的变形和破裂 [J]. 兵工学报，1985 (2)：59-64.

[12] 林祖森. 受冲击内压作用的厚壁圆筒的动力分析 [J]. 兵工学报，1986 (2)：57-64.

[13] 王礼立. 球形容器在爆炸内压下的动态断裂 [J]. 化工机械，1983 (2)：11-17.

[14] J. J. White III, D. B. Trott, J. E. Backofen Jr. The physics of explosion containment [J]. Physics in Technology, May 1977：94-100.

[15] S. 铁摩辛柯等著，胡人礼译. 工程中的振动问题 [M]. 北京：人民铁道出版社，1978.

[16] R. W. 克拉夫，J. 彭津著，王光远，等译. 结构动力学 [M]. 北京：科学出版社，1981.

[17] 刘晶波，杜修力. 结构动力学 [M]. 北京：机械工业出版社，2005.

[18] M. S. 斯密斯. 结构动力学 [M]. 北京: 国防工业出版社, 1976.

[19] L. Meirovitch. Elements of Vibration Analysis, Second Edition [M]. McGraw-Hill Book Company, 1986.

[20] 范喜生, 白春华, 李建平, 等. 爆炸载荷作用下水泥板破碎距离的工程计算 [J]. 北京理工大学学报, 2006, (4): 294-296.

[21] 李守巨, 张立国, 何庆志, 等. 水压爆破圆柱薄壳结构物的动力响应分析 [G]. // 霍永基. 工程爆破论文选编. 武汉: 中国地质大学出版社, 1993: 276-280.

[22] 范喜生, 徐天瑞. 敞口薄壁圆筒形构筑物水压爆破药量计算 [J]. 爆炸与冲击, 1995, (1): 63-68.

[23] W. E. Baker 等著, 张国顺等译. 爆炸危险性及其评估 (上) [M]. 北京: 群众出版社, 1988.

[24] 陈至达. 理性力学 [M]. 北京: 重庆出版社, 2000.

[25] 陈至达. 杆、板、壳大变形理论 [M]. 北京: 科学出版社, 1994.

[26] 乔登江. 核爆炸物理概论 [M]. 北京: 原子能出版社, 1988.

[27] W. E. Baker. Explosions in air [M]. Texas: University of Texas press, 1973.

[28] G. F. Kinney, K. J. Graham. Explosive shocks in air, Second edition [M]. Springer-Verlag, 1985.

[29] S. Glasstone, P. J. Dolan. The effects of nuclear weapons, Third edition [M]. US department of defense and US department of energy, 1977.

[30] 北京工业学院八系《爆炸及其作用》编写组. 爆炸及其作用 (下) [M]. 北京: 国防工业出版社, 1979.

[31] 周毓麟. 一维非定常流体力学 [M]. 北京: 科学出版社, 1990.

[32] GB 50010—2002 混凝土结构设计规范 [S]. 北京: 中国建筑工业出版社, 2002.

[33] 申建红, 邵军义. 工程结构 [M]. 北京: 化学工业出版社, 2017.

[34] 郑哲敏, 杨振生. 爆炸加工 [M]. 北京: 国防工业出版社, 1981.

[35] T. Z. Blazynski. Explosive welding, forming and compaction [M]. London and New York: Applied science publishers, 1983.

[36] GB 6722—2014 爆破安全规程 [S]. 北京: 中国标准出版社, 2014.

[37] C. H. Dowding. Blast Vibration Monitoring and Control [M]. Prentice-Hall, INC., Englewood Cliffs, NJ 07632, 1985.

[38] 阿肯巴赫著, 徐植信, 洪锦如译. 弹性固体中波的传播 [M]. 上海: 同济大学出版社, 1992.

[39] 杨桂通, 熊祝华. 塑性动力学 [M]. 北京: 清华大学出版社, 1984.

[40] 范喜生, 陆来, 李丽. 落锤撞击作用下地表面振动问题的初步分析 [J]. 振动与冲击, 1996, 15 (3): 22-27.

[41] L. A. 加林著, 王君键译. 弹性理论的接触问题 [M]. 北京: 科学出版社, 1958.

[42] S. P. Timoshenko, J. N. Goodier. Theory of Elasticity, Third Edition [M]. McGraw-Hill Book Company, 1970.

3 粉尘爆炸的预防与防护

3.1 粉尘爆炸的特性参数

粉尘爆炸是一种较常见的工厂爆炸事故类型。煤矿井下的煤尘爆炸也属于粉尘爆炸，但由于历史渊源及其特殊性（人在其中），常将其与瓦斯爆炸放在一起研究、处理，因此，通常所说的粉尘爆炸单指工厂粉尘爆炸，如纺织厂的亚麻纤维粉尘爆炸、金属加工过程中的铝及镁粉尘爆炸、家具厂的木材粉尘爆炸、粮食加工厂的面粉爆炸、饲料加工厂的饲料粉尘爆炸、炼铁厂高炉、水泥厂转炉、热电厂锅炉喷吹烟煤系统的煤粉爆炸等，不一而足。

能够发生粉尘爆炸的粉尘种类遍布日常生活，但关于粉尘爆炸的定义国际上并未完全统一。一般说来，粉尘爆炸涉及以下几个方面：①存在可燃（不限于有机）粉尘且粉尘的平均粒径较小；②粉尘悬浮于气体中，其中氧气的浓度（体积分数）大于、等于某一值（富氧环境中大于 21%；在空气中等于 21%；采用 N_2、CO_2、炉窑尾气等惰性气体作为惰化防爆措施时低于 21%、大于其极限氧含量）；③出现具有一定能量的着火源（自燃或点燃）；④处于容器内且容器破裂才称为爆炸，只有泄爆技术属于爆炸防护措施，其他措施包括抗爆等都属于爆炸预防措施（美国）[1,2] 或不必处于容器内、防护措施包括抗爆、泄爆、抑爆、隔爆、阻爆等，预防措施包括清扫、惰化（不限于气体惰化）、防止出现各类着火源等（德国等）。

可燃粉尘种类繁多，粉尘爆炸机理各异，因此，在粉尘爆炸领域，研究方法以试验研究为主[3]，有些问题可以借鉴气体爆炸理论里的一些模型予以解释，如容器、管道内的爆炸过程，见 4.1.3 节；有些问题可以借鉴炸药爆炸理论中的一些概念予以说明，如结构动力响应等。粉尘爆炸研究工作一般包括理论研究（数值模拟）、试验研究、产品研发、工厂应用研究、规范标准编制、事故调查分析等几个方面。

本节介绍粉尘爆炸的特性参数，其中，3.1.1 节介绍常用的 7 个参数的含义及其试验测定方法、标准；3.1.2 节介绍一些常用的数据来源；3.1.3 节介绍参数应用中需要注意的几个问题。需要说明的是，这些参数都是容器内的，容器一般是指长径比小于 2（有时指长径比小于 5）的围包体。长径比大于 2（或 5）时我们称其为管道，见 3.2 节。

3.1.1 粉尘爆炸的特性参数及其试验测定方法、标准

1. 粉尘爆炸的特性参数及其意义

常用的粉尘爆炸的特性参数包括爆炸下限 C_{min}、最小点火能 E_{min}、极限氧含量 LOC、云状着火温度 T_C、层状着火温度 T_L、最大爆炸压力 P_{max} 和最大爆炸压力上升速率 $\left.\dfrac{\mathrm{d}p}{\mathrm{d}t}\right|_{max}$ 或爆炸指数 K_{st} 等。其中，前 5 个参数与粉尘爆炸的敏感度有关，主要用于粉尘爆炸的预防措施；后 2 个参数与粉尘爆炸的猛烈度有关，主要用于粉尘爆炸的防护措施（敏感度与

猛烈度之间没有必然联系，敏感度高的粉尘猛烈度不一定高等）。这里的爆炸指数 K_{st} 与最大爆炸压力上升速率 $\left.\dfrac{dp}{dt}\right|_{max}$ 之间的关系是

$$K_{st} = \left(\frac{dp}{dt}\right)_{max} V^{1/3} = const \tag{3-1-1}$$

式中，V 为发生爆炸的容器内的净容积，单位 m^3。式（3-1-1）即所谓的"立方根定律"，下标 st 系德文"粉尘"的缩写。气体爆炸也存在类似定律（那里记为 K_G），其推导见 4.1.3 节。

式（3-1-1）有两个重要应用，一是根据 K_{st} 值对粉尘的爆炸性（猛烈度）进行分类，将粉尘分为 st_1、st_2、st_3 等三级，级别越大越危险：$0 < st_1 \leqslant 20$，$20 < st_2 \leqslant 30$，$st_3 > 30$。通常，各种粉尘的最大爆炸压力在一个数量级上，相差不是很大，但 K_{st} 值可能相差很大，因此，采用 K_{st} 值作为分类的指标有其合理的一面，而分界值的选取则是经验性的，与泄爆设计等应用有关。美国矿山局以匹兹堡煤粉爆炸特性参数为参照指标的综合分类方法已被否定[4]，因为是否发生粉尘爆炸以及粉尘爆炸的猛烈度与匹兹堡煤粉无关；另外根据粉尘的 K_{st} 值可以计算出现场容器内（V 已知）发生粉尘爆炸时的最大爆炸压力上升速率，与最大爆炸压力一起可以进行结构抗爆、泄爆动力学计算。实际上，仅有最大爆炸压力和最大爆炸压力上升速率两个参数并不能确定粉尘爆炸的压力随时间的变化关系，至少还需要一个爆炸载荷持续时间，才可近似用三角形载荷曲线表征[5]，结构的动力响应应参照指数衰减规律那样的情况进行推导（参见 2.3.1 节），以建立粉尘爆炸动力系数的计算方法（这项工作值得研究）。如果没有载荷作用持续时间，只能按准静态载荷处理，动力系数取 2，这在某种程度上夸大了粉尘爆炸的破坏作用，并不合适，因此，有时候动力系数取 1.5（参见 3.3 节），原因或许就在于此。目前广泛采用的泄爆设计规范、标准（包括气体爆炸的情况）都是基于试验结果的经验总结，没有明确反映爆炸载荷持续时间的影响是其不足（另一个不足是没有给出 P_{red} 的确定方法，见 3.3 节），必要时，应进行较详细的理论计算[6,7]。

2. 试验测定方法、标准

目前，国际上尚无粉尘爆炸特性参数方面统一的试验测定方法、标准。ISO、IEC 制定有一些标准，德国、美国、中国等都有自己的标准，近年来欧盟也制定了一些标准，但都大同小异。这里简要介绍 ISO 及德国、美国的一些标准，需要时请查阅原文。

1）ISO 6184

ISO 6184 的具体名称是爆炸防护系统（Explosion protection systems），共包括 4 部分，第 1 部分是空气中可燃粉尘爆炸指数的测定，第 2 部分是空气中可燃气体爆炸指数的测定，第 3 部分是其他燃料/空气混合物爆炸指数的测定，第 4 部分是抑爆系统有效性的测定，均是由德国的 W. Bartknecht 及瑞士的 R. Siwek 等主导起草的，初版发布于 1985 年 11 月 15 日。

ISO 6184 的重要作用是确立 1 m^3 试验装置是国际上测定爆炸指数的标准装置等。

2）VDI 2263

VDI 2263 是德国工程师协会发布的有关粉尘防爆的标准之一，第 1 部分是确定粉尘安全参数的试验方法（Test Method for the Determination of the Safety Characteristic of Dust），初

版发布于 1990 年。

这个标准代表了当时欧洲粉尘爆炸特性参数测试方面的水平，其关于粉尘是否具有爆炸性的判据比较科学（见下）。

3) 20 L Siwek 球形试验装置与 1 m³ 试验装置的关系

目前，实验室常采用 20L Siwek 球形（或美国矿山局的圆柱形）试验装置测定粉尘的爆炸特性参数（因为与 1 m³ 试验装置相比，20L Siwek 球形试验装置更方便），但与 1 m³ 试验装置的试验结果存在差别，需要修正，大致情况如下：

（1）改进后 20 L 试验装置的粉尘分散方法（rebound nozzle）不同于原来的和 1 m³ 试验装置的分散方法（ring nozzle）。

（2）粉尘的爆炸性与点火能的大小有直接关系。1 m³ 试验装置的点火能 10 kJ 对应 20 L 试验装置的 2 kJ。测定爆炸性的浓度系列为 30、60、125、250、500、750、1000、1250、1500、1750、2000 g/m³，20 L 试验装置的判定标准是超压 0.3 bar（含点火源的作用）。

（3）两种试验装置测得的爆炸下限（10 g/m³ 起步、步长 10 g/m³，超过 100 g/m³ 或 200 g/m³ 时步长为 20 g/m³ 或 50 g/m³，20 L 试验装置的判别标准为超压 1.4 bar，包括点火源的作用）、最小点火能基本相同，无须修正。

（4）采用惰性粉尘作为惰化措施时，20 L 试验装置采用 1 kJ 点火能与 1 m³ 试验装置采用 10 kJ 获得的极限氧含量相当；采用惰性气体作为惰化措施时，1 m³ 试验装置的极限氧含量是 20 L 试验装置（均采用 10 kJ 点火能）的 1.64 倍，采用 CO_2 的极限氧含量是采用 N_2 的 1.27 倍（N_2 的惰化能力比 CO_2 强）。

（5）20 L 试验装置测得的超压 P_{ex} 大于 5.5 bar 时修正为 $P_m = 1.3 P_{ex} - 1.65$，P_{ex} 小于 5.5 bar 时修正为 $P_m = 5.5(P_{ex} - P_c)/(5.5 - P_c)$，$P_c = 1.3 \times IE/10000$（点火能的影响）。

4) ASTM E1515、ASTM E2019、ASTM WK1680、ASTM E1491、ASTM E2021、ASTM E1226

这 6 个标准是美国材料试验协会发布的关于粉尘爆炸特性参数测试方面的方法、标准，其中：

（1）ASTM E1515 是用于可燃粉尘爆炸下限测定方法的（Standard Test Method for Minimum Explosible Concentration of Combustible Dusts）。

（2）ASTM E2019 是用于空气中粉尘云最小点火能的测定方法的（Standard Test Method for Minimum Ignition Energy of a Dust Cloud in Air），用于确定任意浓度的最小点火能。这种方法采用储存在一个电容里的最小能量，能量以火花形式释放时能够点燃云状粉尘—氧化剂混合物。通过粉尘浓度在一定范围内变化，可以得到最小的点火能量。最小点火能与试验方法关系很大，特别是火花电极的几何参数和电容放电电路的特性（参见 4.1.1 节）。该标准描述的测试方法在目前的应用中能够获得有可比性的结果。

（3）ASTM WK1680 是用于可燃粉尘云极限氧含量测定方法的〔Test Method for Limiting Oxygen（Oxidant）Concentration of Combustible Dust Clouds〕。

（4）ASTM E1491 是用于粉尘云最小着火温度标准测定方法的（Standard Test Method for Minimum Autoignition Temperature of Dust Clouds），用于测定粉尘云的自燃温度。试验包括将粉尘吹入一个预置温度的加热炉内。通过系统变化粉尘云浓度，可以找到常压下的最低着火温度。可见的火焰从炉子中喷出是着火的判据。该标准中介绍了 4 种试验炉：

0.27 L 的 Godbert-Greenwald 炉、0.35 L 的 BAM 炉、1.2 L 的美国矿山局炉和 6.8 L 的美国矿山局炉。4 种炉子得到的结果均不同，最大偏差出现在最大着火温度处。但是，点火温度的低值范围更有实际意义，4 种炉子在这个区域的一致性比较好。

（5）ASTM E2021 是用于热表面粉尘层着火温度的标准测定方法的（Standard Test Method for Hot-Surface Ignition Temperature of Dust Layers），该方法使用一个恒温热板加热沉降在一侧的粉尘层，常规试验粉尘层厚度为 12.7mm（0.5 in.），用来模拟热的设备外壳上的积尘。但是，着火温度随粉尘层厚度的增加迅速降低，这种方法允许粉尘层厚度随实际情况变化。

（6）ASTM E1226 是关于粉尘云爆炸性的标准测定方法的（Standard Test Method for Explosibility of Dust Clouds），用于测定粉尘云的最大爆炸压力 P_{max} 和最大爆炸压力上升速率或爆炸指数 K_{st}。测试工作要求在已知体积的容器内产生可重复的接近均匀的粉尘云。测定前，首先确定该粉尘具有爆炸性。该标准要求的最小容器体积是 20 L（与 1 m³ 试验装置获得的试验结果具有一定关系），用一个小圆柱状压缩空气罐将粉尘吹入试验容器内形成粉尘云。经过一个预定时间后，用一个已知能量的强点火源点燃高湍流度的粉尘云，压力随时间的变化用传感器记录下来，记作 P_{ex}。通过变化粉尘浓度，可以获得最大值。粒径和水分是必须考虑的，作为设计用参数，粒径应小于 75 μm。

5）粉尘爆炸参数测定指南

除上述 6 个具体的测定标准外，NFPA 68—2018 的附录 C（Guidelines for Measuring Deflagration Parameters of Dusts）对粉尘爆炸参数的测定方法、标准等进行了解说，可供参考。

3.1.2 一些常用的数据来源

严格说来，已发表的试验数据只能用于粉尘爆炸危险性的初步评价，不应该用于实际防爆工程设计，但对于现场粉尘粒度、水分等与已有数据的相同或相近或者对于经评价（参见 3.4.1 节）粉尘爆炸风险比较小、处于可接受范围的系统，已发表的试验数据仍具有较大的参考价值。

1. NFPA 68—2018、NFPA 69—2014、NFPA 652—2016 提供的粉尘爆炸特性参数

（1）农产品、炭类粉尘、化工粉尘、金属粉尘、塑料粉尘的爆炸下限、最大爆炸压力、爆炸指数、粉尘危险性分级。见 NFPA68—2018 附录 F 的表 F.1（a）~F.1（e）。

（2）农产品粉尘、塑料粉尘的最小点火能等。一些农产品粉尘的最小点火能、爆炸下限、最大爆炸压力、爆炸指数（20 L 球形试验装置中的数据）见 NFPA 652—2016 的附表 A.5.2.2（a）（NFPA 61—2017 的附表 A.5.2.2 也有该数据）。

20 L 和 1 m³ 试验装置中 PVC、Copolymer 塑料树脂和粉尘的最小点火能、爆炸指数见 NFPA652 的附表 A.5.2.2（g）。

（3）更多金属粉尘的爆炸特性参数（爆炸指数、最大爆炸压力、云状着火温度、最小点火能、爆炸下限、极限氧含量）见 NFPA 652—2016 的附表 A.5.2.2（h）；原子态（Atomized）铝粒子的点火与爆炸参数（爆炸下限、最大爆炸压力、最大爆炸压力上升速率、爆炸指数、最优爆炸浓度、最小点火能、极限氧含量、最优点火浓度）见 NFPA652—2016 的附表 A.5.2.2（i）；非合金态镁粉尘（过 200 目筛）在空气中的爆炸特性参数（爆炸指数、最大爆炸压力、最大爆炸压力上升速率、云状着火温度、最小点火能、爆炸下

限）见 NFPA652—2016 的附表 A.5.2.2（j）。

（4）极限氧含量。用氮气作惰化剂的可燃粉尘的极限氧含量见 NFPA 69—2014 的附表 C.1（b）〔NFPA 69—2014 的附表 C.1（a）是用氮气或二氧化碳作惰化介质的可燃气体的极限氧含量数据〕，用惰性粉尘作惰化物质的可燃粉尘的极限氧含量见 NFPA69—2014 的附表 C.2。

（5）粉尘层或粉尘云的着火温度。各种粉尘层或粉尘云的着火温度见 NFPA 652-2016 的附表 A.5.2.2（k）。

2. Dust Explosions in the Process Industries[8]

文献［8］附录 A1 列出了 375 种可燃粉尘的爆炸特性参数，有关情况如下：

（1）原始出处是 1987 年德国 BIA 发表的约 1900 种粉尘的实测结果。

（2）适用条件：环境压力-0.2~0.2 bar（表压）、环境温度 0~40 ℃、空气中氧含量（体积分数）18%~22 %。

（3）多数粉尘未经过筛分、烘干，少部分经过 63 μm 筛分。

（4）大多数 C_{min} 来自 1 m³ 或 20 L 试验装置，括号里的来自 1.2 L 改进型 Hartmann 试验装置。

（5）P_{max} 来自 1 m³ 或 20 L Siwek 球型试验装置，括号里的来自 20 L 简化试验程序（因粉尘量不够）。

（6）K_{st} 来自 1 m³ 或 20 L Siwek 球型试验装置。

（7）T_C 即其中的 G.G.，是 IEC 认可的 Godbert-Greenwald 炉实测结果，括号中的数据来自一种改进的 G.G. 炉，通常小于前者。BAM 是德国的一种试验装置。

（8）E_{min} 即其中的 MIE，来自 VDI。

（9）T_L 取 Glow Temp，符合 IEC 热板试验标准。

（10）另有附录 A2，是关于 60 种可燃粉尘采用 N_2 惰化时的极限氧含量的；另有附录 A3，是关于 5 种可燃粉尘采用惰性粉尘惰化时的最低用量的。

3. Dust Explosions[9]

文献［9］附录 F 提供了约 500 种从小型试验装置（如 1.2 L Hartmann 试验管）、约 170 种从大型试验装置（如 1 m³ 试验装置等）获得的可燃粉尘的爆炸特性参数，此外，文献［9］附录 E 列出了 76 种不可爆粉尘，对于实际工作中排除粉尘的爆炸性有帮助。

此外，文献［10］也提供了许多有用数据，可供需要时查阅。文献［11］是化工行业的一个火灾、爆炸危险性分类方法，包括粉尘爆炸，自然也包括许多有用数据。

3.1.3 参数应用中应注意的一些问题

1. 粉尘粒径大小、分布、水分的影响

传统上，粉尘（Dusts）指能够通过美国标准 40 目筛（直径 420 μm）的物料，现在常用通过标准 35 目筛（直径 500 μm）作为标准；可燃固体颗粒（Combustible Particulate Solids）包括粉尘、纤维、细颗粒、片状物等或它们的混合物。可燃固体颗粒的粒径大于 500 μm 时很难有爆燃危险，但片状的纤维等仍有可能有爆燃危险，一般可以 500 μm（容易记住 0.5 mm）为粗略判据，必要时可通过试验确定其爆炸性。

粉尘粒径的大小、分布、水分等对粉尘爆炸特性参数的影响很大，当具体粉尘粒径的大小、分布、水分等与数据库中所列粉尘的同等参数相同或接近时，才能参考数据库中的数据，否则，应通过试验进行测定。

国内外的粉尘爆炸特性参数测定方法、标准一般都要求对试样进行破碎、筛分（一般需过200目筛）、烘干（常取8 h）等预处理，获得的试验结果反映了比较危险的情况，偏于安全，这对于新系统的防爆设计是必要的。但是，对于已有系统的防爆改造或事故分析，系统的工艺流程是固定的，粉尘的种类、产尘的地点、粒径的大小、分布、水分情况等都是固定的，因此，作者认为只要试样取自粉尘粒径较小的地方，如除尘器内部等，也可以不进行破碎、筛分、烘干等预处理，这样的试样更具有代表性，更能反映实际情况（大颗粒粉尘往往能够起到惰化作用，这或许是众多的粉体加工、处理系统能够常年平安运行的根本原因）。那种谈粉尘色变，不加区分、死搬硬套标准条文的做法并不可取（标准的编写方法也在变化中，参见3.5节），它有可能给企业带来不必要的投入，造成巨大浪费。当然，对于产尘地点较多及容易出现粗、细粉尘分离的情况等，不容易掌握取样的代表性，适当进行预处理也是必要的。

有些金属粉尘比较特殊，烘干有可能降低其着火敏感度，应特别注意。

2. 着火源种类的影响

能够引发粉尘爆炸的着火源种类很多。通常，点火源与强迫点火相对应，包括体积相对较小、持续时间相对较短的火花和体积相对较大、持续时间相对较长的明火两大类，火花的例子如焊接金属时发出的炽热火花、机械碰撞火花、电气火花、静电火花等，明火的例子如氧割火炬、直接加热用的明火、首次爆炸产生的明火等。一般说来，明火的点火能力大于火花的点火能力，因此更危险。

自燃着火源则与热爆炸相对应，包括热的表面和堆积物自燃等。可燃粉尘云与热表面接触可直接发生爆炸，沉降在热表面上的粉尘层可能自燃成为着火源，与转动轴承接触的粉尘因摩擦发热也可能自燃成为潜在的着火源；堆积物自燃指堆积物内部发生化学反应放出的热量大于向周围环境散失的热量引起的自燃等。

总的说来，引发粉尘爆炸所需的点火能量是比较小的，因此，在有关的工业防火防爆标准中，要求尽可能控制出现各种类型的潜在的着火源（文献［10］Part 2 提供了 E_{min} 与预防措施之间的对应关系的建议）。有时候，在事故调查、分析过程中，很难确定着火源，系统破坏程度最大的部位（如管道的拐弯处）并不一定是起爆点等，只能进行推断，说明人们对各种着火源的认识尚不够充分，有必要继续对粉尘的着火特性进行深入研究，参见4.1.1节。

3. 试验装置大小的影响

前面曾提到粉尘爆炸的最大爆炸压力上升速率与试验装置的大小有关进而介绍了立方根定律等。实际上，7个爆炸特性参数中，云状着火温度在一定范围内也与试验装置的大小有关。当现场容器体积较大时，着火温度要低于实验室测得的着火温度。因此，在确定流化床、布袋收粉器等生产设备、装置的控制温度时要充分注意到这一点，不能直接取为粉尘云的最低着火温度，应由仪器、设备制造厂家结合行业经验综合确定。

3.2　气力输送管道内粉尘爆炸压力与火焰传播速度试验研究

各类粉体生产、加工、处理系统都是由大大小小的容器状设备、设施通过管道连接而成。设备、设施的长径比一般小于2（2~5的情况也可归为容器，但需进行修正），内部一般有运转、加工部件，占用一定体积，而被加工、处理的物料朝某一方向的宏观运动速度较小，即发生粉尘爆炸时初始流速的影响较小，3.1节介绍的粉尘爆炸特性参数主要适用于这种情况，粉尘爆炸防护一般采取抗爆、泄爆或抑爆措施，参见3.3节。

管道的长径比一般大于5。管道内有的有运转部件，如斗式提升机、螺旋输送机、刮板输送机等，有的没有运转部件，如常见的除尘管路内、气力输送管路内等，而被加工、输送的物料往往沿管轴方向具有一定的宏观流动速度，在管道内出现点火源的概率较小，但发生在设备内的爆炸可以沿管道传向与之相连的设备内。对于相连的设备，点火源属于强点火源，因此，爆炸往往更猛烈（即"二次爆炸"）。因此，对于管道爆炸防护问题，需要知道：①管道本身不能破裂，可以采用抗爆、泄爆等措施；②隔断爆炸沿管道的传播，防止在相连的容器内形成更为猛烈的二次爆炸，可以采用的防护措施包括单向隔爆阀、双向隔爆阀、抑爆系统等。

为了达到上述目的，首先需要知道管道内粉尘爆炸的压力、火焰传播速度等特性参数。管道内的粉尘爆炸过程比较复杂，它与管道的直径、长度、放置情况（水平、倾斜、竖直）、拐弯情况、两端的密闭或开口情况、可燃粉尘的种类、粒径的大小与分布、含水率、粉尘云浓度的大小、点火源的种类、点火能量的大小、点火源位置等因素有关。鉴于管道内粉尘爆炸过程的复杂性，尽管国外在这方面已开展了大量的实验研究工作，但并未形成相关的试验测试方法、标准等。

本节重点介绍在气力输送管道内烟煤粉（st_1级）、玉米淀粉（st_2级）爆炸压力与火焰传播速度方面所做的一项大型试验研究工作，研究成果有助于烟煤制粉系统、粮食与饲料行业等管道的抗爆及泄爆设计、单向隔爆阀选型及安装等。

3.2.1 国内外研究装置概况

管道内粉尘爆炸形成粉尘云的试验装置可分为两大类。一类是事先将粉尘放入管道内，然后用压缩空气通过分散管上的小孔将粉尘吹起来，与空气混合形成粉尘云，或利用振动下料机让粉尘从竖直放置的管道顶部落下形成粉尘云，或事先将粉尘与压缩空气混合在一起，快速打开阀门，将粉尘与空气一起喷入管道内，形成粉尘云等。这类装置的最大特点是，粉尘云沿某一方向的宏观流速较小。另一类是模拟粉体的气力输送系统、收尘系统等，用流动的气体带动粉体一起运动形成粉尘云（浓相输送技术属此类）。这类装置较真实地反映了粉体生产、加工、处理系统的实际情况，如不少行业的烟煤制粉、输粉、喷吹系统等。

第一类试验装置相对简单，国内外很多实验室都有这类试验装置，并开展了较多的试验研究工作，这里不做过多的介绍。第二类试验装置相对复杂，国内外应用较少。日本劳动省工业安全研究所的实验装置由 $\phi75$ mm、长 15 m 的下料段和 $\phi100$ mm、长 37 m 的试验段（试验A）或 $\phi75$ mm、长 51.5 m 与 $\phi100$ mm、长 35 m 用长 0.12 m 的过渡段连接组成的试验段（试验B）构成[12]；英国 CEGB（Central Electrical Generating Board）的试验装置管径为 $\phi600$ mm，由长 6 m 的点火段和长 30 m 的试验段组成[13]；法国也开展过大型管道内粉尘爆炸的试验研究工作[14]；德国 Berufsgenossenschaft Nahrungsmittsl und Gaststatten 的试验装置的管径分 $\phi100$ mm、$\phi150$ mm、$\phi200$ mm 三种，长 40 m、48 m 两种[15]；鉴于这类装置能够更真实地模拟工厂的实际情况，我们也研发了一套气力输送管道内粉尘爆炸火焰传播速度与爆炸压力试验测试系统。试验装置管径为 $\phi325$ mm（内径 $\phi305$ mm）、长 44.194 m，管径单一，便于数据分析，详见 3.2.2 节。

3.2.2 试验装置与试验方法

1. 试验装置

试验装置如图 3-1 所示，包括离心式引风机、风机保护装置、旋风分离器、试验管道、点火装置、振动给料机、观察孔、压力与火焰探测系统等。

风机为 Y5-47 5C 型离心引风机，风量 5560~9870 m³/h，全压 2280~1560 Pa，主轴转速 2900 r/min，电机功率 7.5 kW。风机上有风门调节装置，用于调节风量，改变管道内风速。

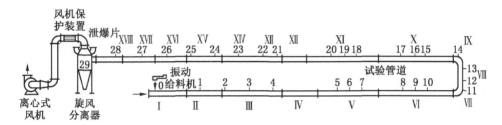

图 3-1 气力输送管道型粉尘爆炸试验装置

风机与旋风分离器之间有简单可靠的风机保护装置。具体做法是：将管道割断，用 12 根长 800 mm、φ10 mm 的钢筋两端与管道焊接成笼状。试验时，在笼子外包一层牛皮纸，用细铁丝捆几道即可。爆炸时，压力将牛皮纸冲破，泄压，可避免风机破坏。

旋风分离器根据情况自行设计制造，壁厚 6 mm，其上开设 3 个泄爆口和一个测试孔。

试验管道由壁厚 10 mm、外径 φ325 mm 的无缝钢管用法兰连接组成。因管道较长，受场地限制，分上、下两层布置。管道上有观察孔、传感器安装底座。每个底座均可用于压力、火焰测量或安装点火器。有的位置同时设有 2 个传感器底座（环向）。暂时不用的底座用带有螺纹的堵头堵上即可。

点火器由按钮、点火点路、电极等组成。将引火头的脚线连到电极的两端并安装在管道上，打开电源，按下按钮即可起爆。点火源可以用 5 kJ 的标准化学点火器，也可用引火头外包 20 g 硝化棉，视需要而定。

振动给料机为 GZPF-30 型，配用 YZS11-4 型振动电机 2 台，功率 0.3×2 kW，最大下料量 30 t/h。

压力测量系统由 BPR-2 型应变式压力传感器、Y6D-3A 型动态电阻应变仪、SC-16 型光线示波器组成，传感器采用油压机静态标定（随着电子技术的快速发展，这套系统已经落伍不用了）。

火焰探测采用光电管传感器，利用光电效应，探测火焰灵敏、可靠。通过测量火焰经过两个已知距离测点之间的时间，可以很方便地计算出这一距离内火焰的平均速度。测点之间的距离此处从略。

2. 试验方法

试验方法：称取一定量的粉尘，放到下料机入口部位；安装点火源；启动风机，待达到正常转速后，启动下料机，观察下料机下料情况，均匀下料后，启动记录仪，点火。

试验所用粉尘包括煤粉、玉米淀粉两种。煤粉系由鞍钢所用双鸭山烟煤经烘干、球磨获得。将原煤烘干到一定程度有利于球磨机制粉。烟煤粉的工业分析结果：挥发分 V^f31.74%，固定碳 C_{GD}^f52.87%，灰分 A^f12.98%，水分2.42%。粒度组成：个数平均粒径为25 μm（武汉大学分析测试中心扫描电镜法），试验前煤粉均在60 ℃烘箱内烘8 h左右。

粉尘云浓度的测定包括风速测定和单位时间内下料量测定。用皮托管测定风速，记为 V，同时测定下料机单位时间内的下料量，记为 Q，则粉尘云浓度 C 可由下式计算

$$C = \frac{Q}{\frac{\pi}{4}\phi^2 V} \tag{3-2-1}$$

式中，ϕ 为试验管道内径。

振动下料机单位时间内的下料量与粉量的多少、下料机倾角的大小以及振动电机偏心块的位置等有关。将一定量的粉尘放入下料机上端的入口处，启动下料机，经过一段时间，粉尘即从低端流出。起初下料量（指单位时间内）逐渐增大，几秒种后，下料量变得均匀并持续较长时间，测定下料机单位时间内的下料量与试验均应在这段时间内进行。以后下料量又逐渐减小，直至为零。

这种方法形成的粉尘云是比较均匀的，因为下料机单位时间内的下料量比较一致，管道内气体的流速不是太小（对于煤粉，如大于10 m/s），可由试验结果的一致性得到证明。所以试验时管道内壁黏附的粉尘量也是比较小的。

在开始煤粉试验前，用玉米淀粉做了几次试验，以考察试验装置的基本性能。所用玉米淀粉系从市场购得，粒度组成：中位粒径18 μm，粒径范围为1.4~40 μm，相对密度1.5 g/cm³。试验前玉米淀粉也在60 ℃的烘箱内烘8 h。

玉米淀粉试验采用5 kJ化学点火器作为点火源，其由60%的锆粉、30%的硝酸钡和30%的过氧化钡组成，总质量1.2 g，装在一个特制的塑料管壳内（壳质量0.2 g），由一个电引火头引爆。煤粉试验采用一个电引火头外包20 g硝化棉，并用纸包住。

烟煤粉的流动性明显不如玉米淀粉好。

火焰探测器易被煤粉堵塞，应不定期擦除，压力传感器应经常标定。

3.2.3 试验结果与分析

1. 点火强度的影响

由4.1.1节可知，气体（粉尘云）的点火过程是一个很复杂的问题。首先是点火成功与否的标准问题。点火后火焰从点火点传播较远距离不熄灭，表明点火成功；若根本没有传播，表明点火失败；若传播较短距离后即熄灭，表明点火源强度不够或管径太细等，需加大点火能量进一步验证。其次，根据现有点火理论，点火源的点火特性与点火源几何体积的大小、点火源的能量密度、点火源的持续时间等多个参数有关，仅用一个点火能量不能全面反映点火源的点火特性。

目前，研究管道内粉尘爆炸常用的点火源有化学点火器、硝化棉、气体火焰喷射器等。化学点火器通常用于着火敏感度较高的粉尘，气体火焰喷射器多用于着火敏感度较低的粉尘，硝化棉的点火能力视用量的多少而定。选择点火源时，既要考虑粉尘的着火敏感度，也要考虑生产上可能遇到的点火源的实际情况。

试验玉米淀粉采用5 kJ标准化学点火器成功点火。爆炸从点火点逆风向传播20.235 m

从敞口端喷出，顺风向传播23.959 m到达旋风分离器入口处，表明点火成功；烟煤粉试验采用10 kJ标准化学点火器时失败，爆炸从点火点向两边传播很短距离即熄灭，显然，流速起到了逆止作用，表明正常运行情况下，管道内出现静电点火成功的可能性不大。采用一个电引火头外包20 g硝化棉时点火成功，爆炸火焰逆风向传播20.235 m从敞口端喷出，顺风向传播一定距离后熄灭（原因后述）。从安装在点火源附近的火焰探测器的试验结果看，火焰速度并不是从零慢慢开始增长的，而是从一个有限值开始的，这一点容易理解，因为点火源本身有体积。

本次试验烟煤粉采用20 g硝化棉作为点火源。为了研究容器内爆炸沿管道的传播过程，应开展气体火焰点火试验或直接在管道端部增加一个容器，并在其内部进行点火试验。

2. 点火源位置与管道端部条件的影响

参见图3-2a，当点火源位于下部管道6号位置时（距离敞口端12.35 m），由于敞口端的作用，火焰从敞口端喷出，顺风向只传播5 m左右（10号测点附近）即自行熄灭。同样，当点火源位于24号位置时（距旋风分离器入口处7.29 m），火焰顺风向传播进入分离器，逆风向仅传播13 m左右（15号测点附近）也自行熄灭。当点火源位于13号位置时，火焰向两个方向传播，在敞口端有火焰喷出，沿顺风向，一般传播13 m左右（22号测点附近）即自行熄灭。

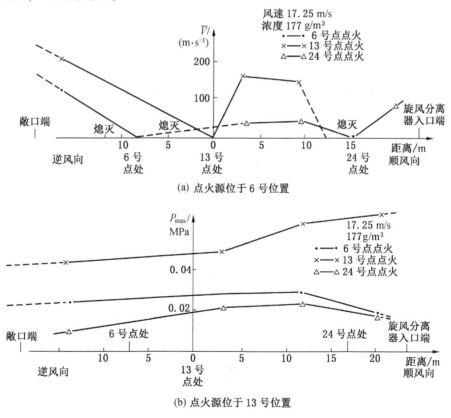

(a) 点火源位于6号位置

(b) 点火源位于13号位置

图3-2　点火源位置对火焰传播和压力的影响

在试验管段与旋风分离器之间有一段圆形截面向长方形截面（旋风分离器入口必须是长方形）的过渡段，致使该端既不是敞口端也不是密闭端，这也是出现上述不对称现象的主要原因。大量管道内气体爆炸试验结果表明，一端开口、一端密闭的管道，当点火源位于开口端附近时，火焰很难向密闭端传播；点火源位于密闭端附近（但不是密闭端）时，火焰向开口端传播的速度最快。两端开口的情况，点火源位于管道中部时，火焰向两端传播，相当于一端开口、一端密闭但点火源位于密闭端、管道长度减半的情况。这种情况获得的火焰传播速度较大，但压力较小。端部条件的影响随爆炸性的增强而减弱。如玉米淀粉的实验可传入旋风分离器而烟煤粉则不然。

点火源位置对爆炸压力的影响则呈现为另一种情况。参见图3-2b，点火源在两端时，中部的爆炸压力较大；点火源在中部时，接近密闭端的压力较大。一般说来，两端密闭时压力最大，但有时会出现熄灭现象，尤其是浓度不是最优时。

上述结果表明，火焰容易向开口端传播，爆炸压力在密闭端最大。在爆炸事故分析中，不能简单地把管道的破裂位置断定为最初的着火点。

以下，点火源位置均在管道的中部13号测点。

3. 风速的影响

图3-3所示为实验中风速对管道内火焰传播速度（图3-3a）与最大爆炸压力（图3-3b）影响的实验结果。结果表明，风速越大，越不利于火焰传播，爆炸压力也越小。生产

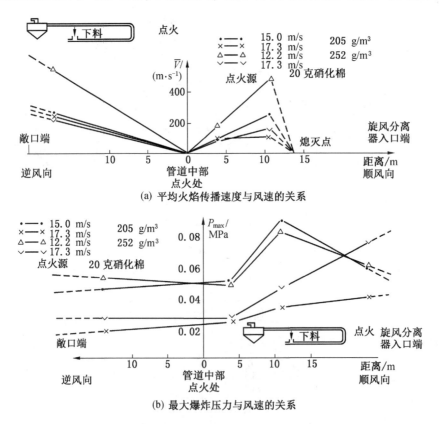

图3-3　风速对管道内火焰传播速度和爆炸压力的影响

上制粉管道内的流速通常在 18 m/s 以上，因此，利用压缩空气或重力形成粉尘云的方法研究烟煤粉的爆炸性无形中夸大了其爆炸危险性。

与用压缩空气或重力形成粉尘云的方法不同，风速是本类试验中形成粉尘云的必要条件。可以想象，沿逆风方向，风速越大，火焰相对于管壁的传播速度越小。当风速等于火焰的传播速度时，火焰将停止在那里不动；但风速大于火焰的传播速度时，火焰将不能向逆风方向传播甚至被吹熄，所有这些成为工业上一种防回火装置的理论基础，因此，风速越大，爆炸火焰传播速度和压力越小，这种影响对弱爆炸粉尘更为明显。

沿顺风向，情况有所不同，风速较小时，风速越大，湍流度越大，火焰传播速度也越大。风速较大时，火焰燃烧反应区产生的热量或活性离子向未燃区的扩散将不能维持火焰的传播，因此会熄灭。显然，这里的情况比较复杂。风速的大小是相对的，它与粉尘的种类、点火源的特性、管径的大小等因素有关。这解释了为什么 Vogl 的试验结果与作者的试验结果恰恰相反。Vogl 的试验结果是，管径 200 mm、长 40 m、5 kJ 化学点火源，中部点火，玉米淀粉，风速 15~30 m/s。风速越大，火焰传播速度越大。

以下试验风速均采用 17.25 m/s。

4. 浓度的影响

图 3-4 所示为烟煤粉浓度对管道内火焰传播速度（图 3-4a）和爆炸压力（图 3-4b）影响的实验结果。尽管图中个别点处的试验结果似乎存在误差，但总的趋势清楚地表明，

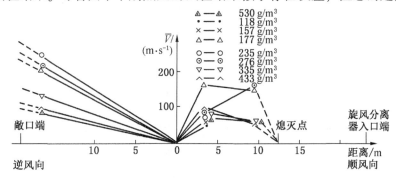

(a) 平均火焰传播速度与浓度的关系

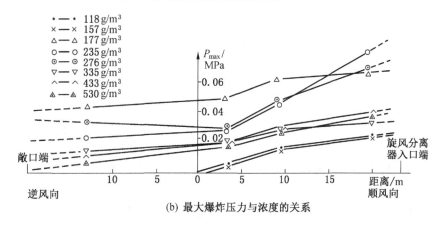

(b) 最大爆炸压力与浓度的关系

图 3-4　浓度对管道内火焰传播速度和爆炸压力的影响

管道内粉尘爆炸也存在爆炸下限、爆炸上限、最优浓度等。浓度小于 117 g/m³ 时，压力和速度明显变小；浓度大于 530 g/m³ 时，压力和速度也将逐渐变小，但速率不是很大。浓度在 235 g/m³ 时，爆炸压力最大，在接近旋风分离器一端，最大压力达到 0.08 MPa，这在存在敞口端作用的情况下仍能达到这样的破坏压力，生产上，必须采取措施予以防护。在接近敞口端，火焰速度达到 247.5 m/s，为了阻断这种火焰传播，应考虑快速的抑爆系统或单向隔爆阀，值得进一步研究。

显然，当浓度达到 5 kg/m³ 时是比较安全的（浓相输送技术属于这种情况）。

作为对比，图 3-5 给出了玉米淀粉的实验结果。可以看出规律是一样的，玉米淀粉的最优浓度在 290 g/m³ 左右，最大爆炸压力为 0.295 MPa，最大火焰传播速度为 510 m/s（测点值）。

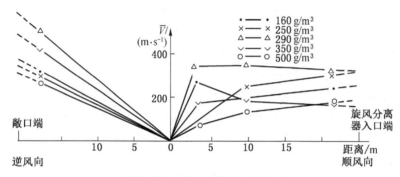

(a) 玉米淀粉平均火焰传播速度与浓度的关系

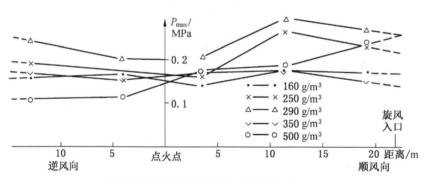

(b) 玉米淀粉最大爆炸压力与浓度的关系

图 3-5　管道内玉米淀粉粉尘爆炸试验结果

5. 小结

（1）管道内粉尘爆炸所需的点火能量与粉尘的种类有很大关系。实验中，用 5 kJ 的化学点火器即可成功引爆玉米淀粉，用 10 kJ 的化学点火器仍不能引爆烟煤粉，因此，在高速流动的输粉管道内由于静电点火发生烟煤粉（以及其他感度较低的粉尘）爆炸的可能性不大。

（2）点火源的位置与管道的端部条件对管道内爆炸火焰的传播和爆炸压力有重大影响：火焰容易向开口端传播，密闭端爆炸压力最大。在爆炸事故分析中，不能简单地把管道的破裂位置断定为最初的着火点。

（3）对于某些粉尘，风速越大，越不利于火焰的传播，爆炸压力也越小，作者的试验结果即属于这一类；也有可能风速越大，越有利于火焰的传播，爆炸压力也越大，这与试验条件有关。

（4）管道内的粉尘爆炸也存在爆炸下限、爆炸上限和最优浓度。

（5）试验中定量的试验结果都是在特定条件下获得的，具体应用时应注意适用条件，必要时应通过试验验证等。

（6）试验研究工作的长度、管径没有变化。实际上，长度、管径的影响也需要研究。本套试验系统的长度容易变化，而改变管径则需要较大投入，关于长度、管径影响的试验研究工作留给感兴趣的读者（理论上，长度、管径越大越危险，参见4.1节）。

3.3　加筋薄板强度的计算方法及其在泄爆、抗爆措施中的应用

泄爆是粉尘（气体）爆炸预防措施（广义的）中最常用的防护措施。关于粉尘爆炸泄爆设计，国内执行的技术标准是《粉尘爆炸泄压指南》（GB/T 15605—2008），美国、德国执行的技术标准分是 NFPA 68—2018、VDI 3673—1995。这些标准的核心内容基本相同，对于长径比相差不大的容器状结构物，如布袋收尘器等，泄爆面积 S 的计算主要涉及泄爆片的开启压力 p_{stat}、容器内污风部分的体积 V、泄爆后允许的最大爆炸压力 p_{red}、粉尘的爆炸性指数 K_{st} 或 st 分级等。其中的 V、K_{st} 或 st 分级比较容易确定，p_{stat} 可以根据 GB/T 15605—2008 等选定（泄爆片由生产厂家根据选定的 p_{stat}、S 等制造），而 p_{red} 应小于等于容器的抗爆强度，如何确定已有容器的抗爆强度成为"是否规范采用泄爆设计"的关键。

文献［1］将收尘器强度设计归为压力容器技术规范管理的范畴，因此，美国收尘器的主体一般为圆柱形，其 p_{red} 容易计算；国内尚无这类规定，因此，为便于加工、制造，收尘器的箱体多采用长方体；为了提高箱体的强度、刚度等，稍大一些的箱体面板上多数带有加强板筋，如何计算这类结构物的强度尚无规范可循，不少人在制定涉爆粉尘企业事故隐患治理技术方案时往往凭经验估计一个 p_{red}，或直接取 0.2 或 0.4 MPa（GB/T 15605—2008 的常用下限值），有可能低估了收尘器的强度，显然不妥。

除泄爆措施外，NFPA 69—2014[2] 从容器是否破裂的角度将抗爆设计作为一种爆炸预防措施，如果从点火是否成功的角度分类（德国、英国等多采用这种分类）也可将抗爆设计看作一种爆炸防护措施。一般说来，抗爆设计适用于收尘器体积相对较小的情况。考虑到多数可燃粉尘属于 st_1、st_2 级，爆炸威力较小，抗爆设计也应该具有一定的适用范围；为了进行抗爆设计，采取抗爆措施，也需要计算带加强板筋的容器强度。

因此，我们从不带加强板筋的金属圆板的强度计算开始。关于金属圆板在静载作用下的破坏问题，文献［18］介绍了国外一些学者在金属圆膜塑性失稳、破坏载荷方面所做的试验与理论计算工作；在粉爆领域，文献［19］较早关注该问题，文献［20］在文献［18］、［17］的基础上开展了一些小型水压试验研究工作。

本节试图在上述工作的基础上研究解决带加强板筋的容器抗爆强度计算问题，并用于泄爆、抗爆设计。3.3.1 节在国内外学者试验、理论研究成果的基础上导出了简单圆形板、矩形板静载强度的计算公式（进一步的工作是采用附录 A2.2 小节介绍的几何非线性理论予以完善[21]）；3.3.2 节结合作者在除尘系统泄爆、抗爆设计方面的工程经验，提出了带加强筋板强度的估算方法；3.3.3 节将所得方法用于容器、管道泄爆、抗爆设计，提出了

管道（包括斗式提升机、螺旋输送机、刮板输送机等）抗爆设计的新概念，可供从事粉尘爆炸预防与防护工作的读者参考。文中带加强板筋的板不同于其上的板筋，以下将前者简称为加筋（薄）板，请注意区别；采用国际单位制，压力的单位为 MPa，有时也用 bar，偶尔也用 psi，$1\text{bar} \approx 0.1\ \text{MPa}$，$1\text{psi} = 6.89\ \text{kPa}$。

3.3.1 简单薄板强度的计算方法

在板壳理论中，通常按照板的厚度与其另外两个方向特征尺度的比值将板分为厚板、中厚板、薄板和薄膜四类。在泄爆、抗爆设计中（如计算泄爆片的开启压力），板的厚度一般远小于其另外两个方向的特征尺度（$1/80 \sim 1/100$ 以下），板内应力可视为沿厚度方向均匀分布的拉应力（不考虑弯矩作用），即属于薄膜的范围，为兼顾习惯，以下称为薄膜或薄板。

圆形薄膜是形状最简单的薄膜。关于圆形薄膜在静水压力下的塑性失稳破坏载荷的试验与理论研究工作，文献 [18] 中有详细介绍。假设变形近似为球形，可推得塑性失稳时压力的计算式为

$$p = 2\sigma_1 t / \rho \tag{3-3-1}$$

式中，$\sigma_1 = A(B + \epsilon_3)^n$，$A$、$B$、$n$ 为与材质有关的试验参数，ϵ_3 为失稳时厚度方向的瞬时应变，满足 $11\epsilon_3^2 + (11B - 8n - 4)\epsilon_3 - 4B = 0$；$t$ 为失稳时的瞬时厚度，$t = t_0\exp(-\epsilon_3)$，t_0 为膜的初始厚度；ρ 为瞬时曲率半径，$\rho = a\left(\dfrac{1}{\epsilon_3} + \dfrac{1}{4}\right)\sqrt{\exp\left(\dfrac{\epsilon_3}{2}\right) - 1}$，$a$ 为初始半径。

作为近似计算，可取 $\sigma_1 = \sigma_b / 2$，即材料单轴抗拉强度的一半；大量试验结果表明，$\epsilon_3 \approx \dfrac{1}{2}$，则 $t = t_0\exp\left(-\dfrac{1}{2}\right) \approx 0.6t_0$，$\rho = a\left(2 + \dfrac{1}{4}\right)\sqrt{\exp\left(\dfrac{1}{4}\right) - 1} \approx 1.2a$，代入式（1）得

$$p = \frac{t_0}{2a}\sigma_b = \frac{t_0}{D}\sigma_b \tag{3-3-2}$$

式中，D 为圆膜直径。

式（3-3-2）抓住了问题的关键，即薄膜的强度除膜的厚度、材质外主要与膜的大小（面积）有关。

对于矩形膜，记膜的边长分别为 b、c，可以采用面积等效的办法利用式（3-3-2）近似计算其强度，即

$$p \approx \frac{\sqrt{\pi}\, t_0}{2\sqrt{bc}}\sigma_b \tag{3-3-3}$$

当 b、c 相差不大时，式（3-3-3）的合理性容易理解；当 b、c 相差较大时，例如，$b \gg c$，在膜的中部近似为单向变形，不容易破坏，但在边界处仍为两向受力，因此，式（3-3-3）也适用于 $b \gg c$ 的情况。当然，这是指四边边界均为固支的情况。对于薄膜问题，边界固支或简支对膜的强度影响不大，破坏有时发生在膜的中心扰度最大处，有时发生在边界处，与边界法兰的倒角光滑程度、密封垫软硬等因素有关。但是，自由边界对膜的强度有较大影响，例如，假设一对边界为固支或简支，另一对边界为自由边界，则膜的强度会增大，可用下式计算

$$p \approx 2\frac{t_0}{c}\sigma_b \qquad (3\text{-}3\text{-}4)$$

式中，c 为自由边界的长度。

式（3-3-4）与薄壁圆筒（或管道）的强度公式形式相同，那里 $c=D$，D 为薄壁圆筒（管道）的直径。可见，当体积相当时，圆筒形容器的强度约是立方形容器的 2 倍，这就是防爆除尘器最好采用圆筒形的主要原因（同样道理，管道最好采用圆管而非方形截面管或矩形截面管等）。

需要指出的是，式（3-3-1）是基于试验结果的经验公式，如果采用文献［21］建立的几何非线性理论，可能会更完善；算得的强度是真实的失稳或破坏载荷，没有考虑安全系数，也没有考虑动载系数，需要时可根据情况考虑。安全系数一般取 1~4，动载系数一般取 1.5，详见 3.3.3 节。

3.3.2 加筋薄板强度的计算方法

当板的面积较大时，为避免增加板的整体厚度，常常在板强度最薄弱的地方加设板筋，以提高板的强度、刚度等。板筋与主板之间一般采用焊接方式连接，板筋的形式较多，有角钢、槽钢、工字钢、T 型钢等，视需要而定。

显然，计算加筋薄板的强度是一个复杂的力学问题。一种可行的方法是采用数值软件进行数值模拟、计算，但需要专门训练。考虑到爆炸防护措施本身有一定的估算成分，过分追求精度并无必要，这里以矩形板上焊接一条槽钢为例（图 3-6 收尘器面板上的一圈板筋），提出一种简单易行的估算方法。矩形板本身四边为固支，无筋板的一侧板面上（内部一侧）受均布压力。

图 3-6 带加筋薄板收尘器

强度计算可分三种情况处理：

（1）板筋两端不固定。这种情况板筋对整块板的刚度有较大的支撑作用，对整块板的强度只有局部加强作用，整块板的强度可按无筋板的式（3-3-3）进行计算。在防爆设计或改造工程中，应尽量避免这种情况，尽可能将板筋的两端固定，使其发挥应有的作用。

（2）板筋两端固定且板筋的强度、刚度均较大。这种情况相当于增加了一个固定边界，将原板一分为二，每块板的面积都小于原板的面积，可按式（3-3-3）分别计算每块板的强度，整块板的强度取两者中的小值。显然，为了获得最大强度，板筋应位于中间对称位置，实际工程中也确实如此。

（3）板筋两端固定，但板筋的强度、刚度较小。这种情况介于（1）项与（2）项之间，理想的处理方法是，分别研究主板与板筋的受力情况，两者之间的相互作用用面载荷或线载荷表示，获得两个边值问题；联立求解两个边值问题，分别获得主板及板筋的位移、应变、应力等；根据屈服或破坏条件，分别确定主板、板筋的强度，而整块板的强度取其中的小者。

一般说来，板筋的边值问题可用两端固支梁近似，但矩形薄板在弹性支承上的边值问题比较复杂，不易求解，因此，除非特别重要的情况，我们不进行该类研究、计算（参见1.3节），而是分别按照前面的两种情况进行计算，取两者的平均值或者根据问题的重要程度干脆按照其中的一种方法进行计算。

总之，利用式（3-3-3）可以近似计算加筋薄板的强度。

以上计算没有考虑结构上检修门、人孔等的强度，实际设计、计算时必须考虑这些薄弱环节的影响。有时合页、螺栓等的强度决定着检修门、人孔的强度，这些薄弱环节的强度可能小于结构物主体的强度，应予加固或者干脆取它们的强度作为结构物的强度等。这类计算相对简单，这里就不介绍了。

圆柱形容器（管道）端头、法兰等部位受力比较复杂，必要时也要核算其强度等。

除焊接连接外，钢结构的连接方式还有铆接和螺栓连接等。近年来收尘器市场上出现了一种用镀锌板作为组装件、用螺栓连接的组装板制造的收尘器（下部带沉降室），如图3-7所示，镀锌板的厚度在 1.5~2 mm，每个板条的宽度在 0.5 m 左右，板与板之间用螺栓相连，螺栓直径在 6 mm 左右。这种收尘器十分方便在现场安装，板与板之间的缝隙用密封胶封堵，平时密封良好。

这种板的强度计算比较复杂。首先需要将其作为一块整板计算其强度。其次，需要根据螺栓的直径、螺栓与螺栓之间的距离等以螺栓的强度确定整板的强度。最后，取两者的小者作为整板的强度。实践中，比较好的设计是两者相当，因此，也可根据经验只进行一次计算确定整板的强度。

这种螺栓连接板在较大的压力作用下便变形、漏气。从文献［2］将用于可燃粉尘的收尘器归于压力容器管理范畴的角度看，作者认为这类面板不适于用作可燃粉尘收尘器的面板。

3.3.3 在泄爆、抗爆设计中的应用

1. 容器泄爆设计

对于常见的长径比小于 2 的长方体结构物，可以采用面积较大的板的强度作为结构物的强度。采用上述方法确定容器的强度后即可进行泄爆设计：选择泄爆片的开启压力

(a) 示意图

(b) 现场图

图 3-7　用螺栓连接的镀锌板示意图及收尘器现场图

P_{stat}；计算容器内污风部分的体积 V；计算选取 P_{red}，一般应小于等于容器的强度并除以动力系数 1.5（必要时再考虑一个安全系数）；采用拟合公式计算所需的泄爆面积等。

泄爆片最好采用正规厂家生产的标准产品或根据需要定制，也可自制泄爆片，但需满足选定的开启压力要求。

泄爆设计涉及的内容很多，概括如下[17]：

（1）粉尘云均匀程度的影响。粉尘云不均匀的 3 个必要条件包括：沿中心轴向进料，无阻挡，最大空气流量 2500 m^3/h 或依靠重力下料，最大下料量 8000 kg/h；$P_{stat} \leqslant$ 0.1 bar；$P_{max} \leqslant 9$ bar 和 $K_{st} \leqslant 300$ bar·m/s。不均匀粉尘云爆炸的泄爆面积有专门的诺莫图和公式可供使用。

（2）长筒状结构物泄爆。长径比大于 2 时需考虑其影响，泄爆面积等于同体积立方体容器的泄爆面积加上附加泄爆面积，附加泄爆面积也分粉尘云均匀、非均匀两种情况，各有其计算公式。筒仓长径比常大于 2，容易出现非均匀粉尘云的情况，通常需要将整个顶盖作为泄爆面等。

（3）泄爆火焰与压力的作用范围。室外布置时，为避免泄爆火焰、压力伤人，泄爆口应向上开或侧面的上部，火焰与压力影响范围有经验公式估算，在此范围内应避免行人。

（4）无焰泄爆装置、泄爆导管等。室内布置时，可采用无焰泄爆装置等防止泄爆伤人，或采用泄爆导管引出室外，但需考虑它们对泄爆效果的影响，已有详尽研究成果可供参考。

（5）防止造成负压破坏。采用泄爆门作为泄爆装置时，有可能在容器内产生负压，造成负压破坏，需要安设真空消除器，所需进气面积有诺莫图可供查用。

（6）反作用力问题。泄爆会在反方向产生反作用力，其冲量、作用时间等有经验公式可供使用。

（7）连通容器内泄爆。连通容器内爆炸往往比首个容器内爆炸更猛烈，因为后者的点火源更强，有专门研究成果可供参考。

（8）管道上泄爆。管道内粉尘爆炸的火焰速度有可能达到 2000 m/s，局部短时压力峰值有可能达到 20 bar，要承受住这种情况，管子设计压力要达到 10 bar。

管道端头泄爆要全断面泄爆，侧面泄爆要每隔一段距离开设一个泄爆口（参见本节管道抗爆设计相关内容）等。

（9）杂混合物泄爆。杂混合物是指同时存在可燃粉尘与可燃气体，其爆炸敏感度和威力往往分别大于单独可燃气体或可燃粉尘的爆炸敏感度和威力，需要特别关注，有专门研究成果可供参考。

（10）维护。应定期检查与维护泄爆装置（泄爆片、板、门等）。

此外，还有一些重要因素值得考虑，如大颗粒的惰化作用。当粉尘中含有较大成分的大颗粒时，很难发生粉尘爆炸，这或许是大量粉体加工企业多年平安生产的一个原因（该因素涉及取样粉尘要不要筛分的问题，见 3.1.3 节粉尘粒径相关内容）。

2. 容器抗爆设计

抗爆设计的关键是确定容器的设计压力，文献［2］给出的计算公式是

$$P_f = 1.5 \frac{[R(P_i + 14.7) - 14.7]}{F_u} \qquad (3-3-5)$$

$$P_d = 1.5 \frac{[R(P_i + 14.7) - 14.7]}{F_y} \qquad (3-3-6)$$

式中，P_f、P_d 压力的单位为 psi（表压），P_f 与发生破裂相对应，P_d 与发生塑性变形相对应，1.5 为动载系数，R 为最大爆炸压力（绝对压力）与最大初始压力（绝对压力）的比值，考虑到生产设备中粉尘云浓度不一定能够达到最优浓度，对于大多数可燃气体/空气的混合物，R 可取为 9；对于 st_1、st_2 级可燃粉尘/空气的混合物，R 可取为 11；对于 st_3 级可燃粉尘/空气的混合物，R 可取为 13；P_i 为最大初始压力（表压）；F_u 为容器极限强度与容器允许应力的比值；F_y 为容器屈服应力与允许应力的比值。

许用应力指强度极限或屈服极限除以安全系数，因此，F_u 即为防止发生破坏而采取的安全系数，F_y 即为防止发生屈服采取的安全系数。安全系数越大，允许的设计压力越小。考虑到粉尘爆炸毕竟是小概率事件，我们认为应该允许发生塑性变形但不允许破坏，因此，应以 P_f 作为设计依据。安全系数的最小值为 1，对应没有安全系数，即接近或发生破坏的情况，考虑常见的 st_1、st_2 级可燃粉尘，初始条件为标准状态，利用式（3-3-5）算得 $P_f = 220.5$ psi $= 1.52$ MPa。假设圆柱形容器的直径为 2 m，强度极限 $\sigma_b = 400$ MPa，按式（3-3-4）可算得最小壁厚为 $t_0 = \frac{1.52 \times 2}{2 \times 400} = 0.0038$ m $= 3.8$ mm；假设是边长为 2 m 的立方体布袋收尘器，按式（3-3-3）算得最小壁厚应为 8.6 mm，如果收尘器的壁厚小于该值，许多品牌除尘器，如布勒等，除尘器的壁厚在 3 mm 左右，似乎不具有抗爆能力。

实际上，布袋收尘器里的污风部分的体积只占收尘器内部空间的较小部分，大量工程实践表明，该占比约为 1/4，因此，$F_u \approx 4$，这样，最小壁厚应为 2.1 mm。如果收尘器的壁厚在 3 mm 左右，可以认为其具有抗爆能力。

当然，应该具体问题具体分析，包括滤筒收尘器，合理确定其 F_u，确定其是否具有抗爆能力。总之，对于布袋或滤筒收尘器，当体积较小时，首先应考虑采用抗爆设计，不能满足要求时再考虑采用泄爆措施（必要时配泄爆导管、无焰泄爆装置等）。

式(3-3-5)、式(3-3-6)适用于运行温度为 25 ℃时的情况，当运行温度低于 25 ℃时，还应进行温度修正，即上述 R 值应乘以系数 $\dfrac{298}{273+T_i}$，这里，T_i 为运行温度，单位为℃。

已知容器的几何参数、检验其是否具有抗爆能力时，首先需要按照 3.3.1、3.3.2 节中给出的计算方法计算容器的强度。如果算得的容器强度大于等于这里给出的 p_f，则可认为其具有抗爆能力。

3. 管道抗爆设计

管道内的粉尘爆炸过程比较复杂（见 3.2 节），为了采用泄爆措施保护管道，需要沿管道长度方向每隔一段距离开设一个泄爆口，端头泄爆时应将全断面泄爆。

沿管道长度方向泄爆有一个前提条件，即要求管道布置在厂房外或靠近厂房外墙以便用泄爆导管引出厂房外。这对于新建厂房、生产线是可行的，文献［22］给出了粮食与饲料行业关于斗式提升机泄爆的这类要求，但对于已有生产线防爆改造有可能存在困难，斗提机个数多，可能布置在厂房的中部、距离外墙的距离远大于 6 m 等，需要配备较多无焰泄爆装置，因此费用较高等。如何解决厂房内管道（包括斗式提升机、螺旋输送机、刮板输送机等）的爆炸防护问题需要进一步研究。

文献［1］从专业的角度对斗式提升机机身的泄爆问题进行了总结，具体见表 3-1。

表 3-1 斗式提升机机身泄爆设计

斗式提升机分类	$K_{st}/$ (bar·s^{-1}·m)	泄爆口间距/m p_{red}/bar		
		0.2（表压）	0.5（表压）	1.0（表压）
双腿	＜100	6	不需要	不需要
	100~150	3	10	19
	151~175	不允许	4	8
	176~200		3	4
	＞200		不允许	3
单腿	＜100	不允许*	不需要	不需要
	100~150	不允许	7	14
	151~175		4	5
	176~200		3	4
	＞200		不允许	3

注：* 表示 $p_{red}=0.3$ bar（表压）时，泄爆口间距 6 m 是适当的。

由表 3-1 可知，斗式提升机泄爆口间距与粉尘的 K_{st}、机身的 p_{red} 有关，存在不需要和不允许两种特殊情况。以双腿机身为例，当 $K_{st}>151$、$p_{red}<0.2$ bar（表压）时不允许泄爆（泄爆措施无效）；但 $K_{st}<100$（bar/s）·m、$p_{red}>0.5$ bar（表压）时可以不泄爆。饲

料粉尘的 $K_{st}<100\ bar\cdot m/s$，如果斗式提升机外壳的强度大于 0.5 bar 或者通过在外壳外每隔一定高度加设一圈板筋，使其强度大于 0.5 bar，就可以使斗式提升机机身不泄爆，而加设板筋与开设泄爆口、安装无焰泄爆装置相比要简单容易得多，费用也要便宜很多。

应用式（3-3-3）可以计算板筋之间的距离。例如，假设板的宽度为 0.5 m，板厚 1 mm，板材的极限抗拉强度为 400 MPa，动载系数取 1.5，则板筋的距离为 $b=$

$$\frac{\pi\left(0.001\times\dfrac{4000}{2\times1.5\times0.5}\right)^2}{0.5}=45\ m$$，大于一般斗提机的高度，因此，这类斗式提升机不加设板筋也能承受住爆炸压力而不开裂，即具有抗爆能力。如果取 $\sigma_b=200\ MPa$，即安全系数取

2，则 $b=\dfrac{\pi\left(0.001\times\dfrac{2000}{2\times1.5\times0.5}\right)^2}{0.5}=11\ m$。

可以看出，这一方法可行的关键在于粉尘的 $K_{st}<100\ bar\cdot m/s$、管道的截面尺度较小，因此，也适用于粮食与饲料等粉尘用螺旋输送机、刮板输送机输送的爆炸防护措施设计。

3.3.4 粉尘爆炸的动力系数

3.3.3 节 2）款曾取动力系数为 1.5，本节仿 2.3.1 节推导粉尘爆炸的动力系数。

容器内粉尘爆炸压力随时间的变化可用分段线性函数近似

$$p(t)=\left[\left(\frac{dp}{dt}\right)_{max}\right]t,\ 0\leqslant t\leqslant\Delta\tau \qquad (3-3-7)$$

$$p(t)=\frac{\dfrac{t}{\tau}-1}{\dfrac{\Delta\tau}{\tau}-1}p_m,\ \Delta\tau\leqslant t\leqslant\tau \qquad (3-3-8)$$

式中，$\Delta\tau$、τ 分别为压力达到峰值的时间和总作用时间，$\Delta\tau$ 与 $\left(\dfrac{dp}{dt}\right)_{max}$、$p_m$ 的关系为 $\Delta\tau=\rho_m/\left(\dfrac{dp}{dt}\right)_{max}$，即可以认为 $\Delta\tau$ 是已知的，而 τ 待定。

将式（3-3-7）代入式（2-2-51）积分得

$$u(t)=\frac{1}{m\omega}\left(\frac{dp}{dt}\right)_{max}\int_0^t\epsilon\sin\omega(t-\epsilon)d\in=\frac{\omega t-\sin\omega t}{m\omega^3}\left(\frac{dp}{dt}\right)_{max},\ 0\leqslant t\leqslant\Delta\tau\ (3-3-9)$$

则 $t=\Delta\tau$ 时刻的位移和速度分别为

$$u(\Delta\tau)=\frac{\omega\Delta\tau-\sin\omega\Delta\tau}{m\omega^3}\left(\frac{dp}{dt}\right)_{max} \qquad (3-3-10)$$

$$\dot{u}(\Delta\tau)=\frac{1-\cos\omega\Delta\tau}{m\omega^2}\left(\frac{dp}{dt}\right)_{max} \qquad (3-3-11)$$

将式（3-3-10）、式（3-3-11）作为下一阶段的初始条件，根据式（2-2-52）得

$$u(t)=\frac{\left(\frac{dp}{dt}\right)_{max}}{m\omega^3}\left[(\omega\Delta\tau-\sin\omega\Delta\tau)\cos\omega t+(1-\cos\omega\Delta\tau)\sin\omega t\right]+\frac{1}{m\omega}\frac{p_m}{\dfrac{\Delta\tau}{\tau}-1}\cdot$$

$$\int_{\Delta\tau}^{t}\left(\frac{\epsilon}{\tau}-1\right)\sin\omega(t-\epsilon)\,\mathrm{d}\epsilon=\frac{\left(\dfrac{\mathrm{d}p}{\mathrm{d}t}\right)_{\max}}{m\omega^{3}}\left[(\omega\Delta\tau-\sin\omega\Delta\tau)\cos\omega t+(1-\cos\omega\Delta\tau)\sin\omega t\right]+$$

$$\frac{\omega(\tau-t)+\sin\omega(t-\Delta\tau)-\omega(\tau-\Delta\tau)\cos\omega(t-\Delta\tau)}{m\omega^{3}(\tau-\Delta\tau)}p_{\mathrm{m}},\quad\Delta\tau\leqslant t\leqslant\tau\qquad(3\text{-}3\text{-}12)$$

用 $\left(\dfrac{\mathrm{d}p}{\mathrm{d}t}\right)_{\max}=p_{\mathrm{m}}/\Delta\tau$ 改写式（3-3-12），并记 $k=m\omega^{2}$，得

$$\frac{u(t)}{p_{\mathrm{m}}/k}=\frac{(\omega\Delta\tau-\sin\omega\Delta\tau)\cos\omega t+(1-\cos\omega\Delta\tau)\sin\omega t}{\omega\Delta\tau}+$$

$$\frac{\omega(\tau-t)+\sin\omega(t-\Delta\tau)-\omega(\tau-\Delta\tau)\cos\omega(t-\Delta\tau)}{\omega(\tau-\Delta\tau)},\quad\Delta\tau\leqslant t\leqslant\tau\qquad(3\text{-}3\text{-}13)$$

最大值通常发生在 $\Delta\tau<t\leqslant\tau$ 之间靠近 $\Delta\tau$ 的第一个峰值处。令式（3-3-13）右端对 t 的一阶导数等于零，可得 $\omega t_{\max}$ 满足的方程

$$\frac{\tau-\Delta\tau}{\Delta\tau}=\frac{\cos\omega(t_{\max}-\Delta\tau)+\omega(\tau-\Delta\tau)\sin\omega(t_{\max}-\Delta\tau)-1}{(\omega\Delta\tau-\sin\omega\Delta\tau)\sin\omega t_{\max}-(1-\cos\omega\Delta\tau)\cos\omega t_{\max}}\qquad(3\text{-}3\text{-}14)$$

从式（3-3-14）中求出 $\omega t_{\max}$、代入式（3-3-13）右端即得动力系数 η，相当于联立式（3-3-13）、式（3-3-14）消去 $\omega t_{\max}$，采用数值方法处理，结果如图3-8所示。图中，$T=2\pi/\omega$，结构物如薄板的 ω 见2.2.2节。

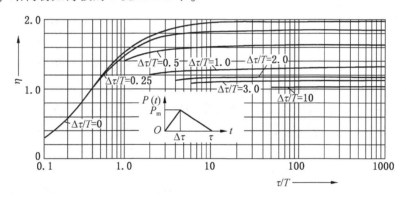

图3-8 粉尘爆炸的动力系数的数值分析结果

由图3-8可见，T 一定时，$\Delta\tau$ 越小、τ 越大 η 越大，最大值均为2。如前所述，$\Delta\tau$ 可由实验室试验与"立方根定律"获得，但尚未见到关于 τ 的理论计算方法与试验研究结果，因此，笼统将动力系数取为1.5缺乏依据，这是粉尘爆炸领域需要研究的一个问题。

下面对下降时间 $\tau-\Delta\tau$ 的理论计算方法做初步探讨。

理论研究表明，下降时间始于中心点火、球形火焰面到达球形容器内壁的瞬间，此时，容器内的未燃混合物全部转化为高温高压的燃烧产物，作为近似可认为温度均布。燃烧产物内与器壁内均开始发生热传导过程。燃烧产物内热传导的内边界条件可取为球心处温度对径向坐标的一阶偏导数等于零，外边界条件与器壁内热传导的内边界条件耦合，即热流量相等，器壁内热传导的外边界条件可取为与室内空气对流换热。联立求解两个热传导问题，即可获得球心处燃烧产物温度降到室温时所需的时间也即压力的下降时间。

当然，以上研究方法需经过试验检验，例如 20 L 和 1 m³ 试验装置内的试验检验（包括容器大小的影响等）。

根据式（3-3-13）、式（3-3-14）可以推得动力系数 η 的近似计算式，这里从略。实际上，动力系数的概念与 Baker 等提出的 P-I 图[5] 等价，引入 P-I 图并无必要。

本小节的结果也适用于气体爆炸。

3.4　粉尘爆炸的危险分析方法、预防技术、安全管理制度、行业标准

在涉爆粉尘系统防爆设计、防爆改造工程中，首先要全面了解、掌握厂区周边环境、厂房布局、系统工艺流程、设备型号、有关参数等，然后从发生爆炸的概率、爆炸是否会造成人员伤亡、是否允许设备发生塑性变形、厂房是否会垮塌、破坏作用是否会波及到四周等 5 个方面进行认真分析，根据国家标准、行业标准、监管部门的要求、结合资金投入情况等通过计算确定应采取的预防与防护措施，形成防爆设计、改造技术方案，必要时还需经过专家评审、修改、完善等，再付诸实施。目的是将发生爆炸的概率以及潜在的事故损失降到各方均可接受的程度或水平，其中，人的因素是最重要的，也是底线，即不允许发生人员死亡。

为了达到上述目标，在 3.1 节~3.3 节的基础上，本节介绍粉尘爆炸的危险分析方法、预防技术、安全管理制度、行业标准等。其中，3.4.1 节简要介绍粉尘危险分析（DHA）常用的方法和风险分析（RA）方法，前者与系统隐患分析有关，后者与预防措施的取舍有关，难度均较大，做好这方面的工作并不容易，这里着重讲清楚两种方法的内涵，具体内容可参考安全系统工程方面的文献等[23,24]。在 NFPA 技术标准中，爆炸（Explosion）定义为一个围包体或一个容器由于其内部发生的爆燃过程产生的内部压力导致的突然破裂（The bursting or rupturing of an enclosure or a container due to the development of internal pressure from a deflagration），这个定义强调的是围包体或容器的破裂。根据这一定义，可将常见的防爆措施分为 3 类：①防止围包体或容器内发生爆燃过程（狭义的爆炸预防技术）：如控制系统的氧含量低于极限氧含量、粉尘浓度低于爆炸下限、清除各类着火源、抑爆等；②抗爆、泄爆技术（爆炸防护措施）：围包体或容器的强度能够承受内部爆燃产生的最大爆炸压力 P_{max} 或泄爆后的最大压力 P_{red} 而不破裂；③隔爆技术（爆炸防护措施）：阻止爆炸从一个围包体或容器传入连通的围包体或容器内（管道和隔爆措施都要能够承受住爆炸压力），防止发生更为严重的二次爆炸等，如抑爆、多种主动式隔爆措施、多种被动式隔爆措施等。NFPA 将泄爆技术单独列为一个标准，即 NFPA68，其余归入 NFPA69，即爆炸预防系统（Standard on Explosion Prevention Systems）。NFPA68、NFPA69 是粉爆领域的两个专业标准。泄爆与抗爆技术 3.3 节中已做了介绍；3.4.2 节介绍 NFPA69—2014 中提供的其余 6 种粉尘爆炸预防技术，侧重其核心内容和应用情况简评，具体内容请见原标准。考虑到防爆电气与点（着）火源有关，这里也就有关问题做简要介绍[25]；3.4.3 节介绍安全管理方面常用的一些管理制度的主要内容，这些内容来自国外大量的长期的历史经验的系统总结，具有较高的参考价值，可供各单位在编制本单位有关规章制度、应急预案时参考；3.4.4 节提供 NFPA 系列标准中 13 个行业标准的名称，供需要时查找；3.4.5 节介绍作者从事粉尘防爆工程实践的概况。

3.4.1　粉尘爆炸的危险分析方法

粉尘危险分析（DHA）是指与过程或设施中存在一种或多种可燃粒状固体有关的潜在的火灾、闪燃、爆炸危险的系统辨识与评价。安全系统工程中的许多方法都可用来进行粉尘危险分析，如"what-if"分析，失效模型和效用（failure modes and effects）分析，故障树（fault tree）分析和 HAZOP 等。在 NFPA 可燃粉尘指南（NFPA Guide to Combustible Dust）和 AIChE 危险评估程序指南（AIChE Guidelines for Hazard Evaluation Procedures）中含有实施 DHA 的其他指引，国外还开发了一些专用软件可供利用。

DHA 要对工艺系统、设施进行详细分析、备案，系统的每一部分都有其潜在的爆燃危险，每一幢建筑（厂房）都要考虑其潜在的爆燃危险。发生爆燃的 4 个充分必要条件是：粒子小到足以支持爆燃火焰传播，粒子悬浮或分散到空中或其他氧化性环境的手段（means），粒子的量要达到爆炸下限，有效的点火源。在 NFPA 标准中，一般认为火源总是存在的，但是，通过考虑事故后果［例如，风险分析（risk analysis）］，某些情况下控制点火源的想法也可接受。如果有可能发生爆燃，需要采取防控措施，达到防爆目标。DHA 一般将区域分成三类：无危险区（Not a hazard）、可能危险区（Maybe a hazard）和爆燃危险区（Deflagration hazard），这种划分有助于业主区分管理危险的顺序等。

DHA 大体相当于我们的隐患分析。DHA 通常比较复杂，具体示例可参考 NFPA652-2016 附录 B[26]。

风险评价（risk assessment）指由危险导致事故的可能性和大小的评价。风险评价是一个过程，包括 6 步：①辨识危险；②量化危险的后果和可能性；③辨识危险控制选项；④量化选项对风险的作用效果；⑤建立风险允许标准；⑥选择合适的满足或超过风险可接受阈值的控制选项。其中①~③步是 DHA 的组成部分。

风险评价可以是定性的、半定量的或定量的。定性的评价一般用于辨识最危险的事件，半定量方法用于与不希望的事件关联的相对危险（relative hazards），典型方法包括指数法或打分法，定量方法最全面，采用概率方法量化基于频率与后果的风险，风险分析可用于帮助确定应采取的预防措施等。

3.4.2　粉尘爆炸预防技术

1. 惰化（Deflagration Prevention by Oxidant Concentration Reduction）

这种方法适用于围包体内氧浓度受控的情况，其次要求有稳定的惰化气源等，对各种监测监控设备的要求也比较高，因此适用范围有限。例如，炼铁厂、水泥厂的烟煤制粉、输粉系统等（参见 NFPA85-2015）。

那种只采用惰性气体反吹的布袋收粉器不能算作采取了惰化措施。惰化气体的量要能够将气氛的氧含量降低到极限氧含量以下（尚需考虑一定的安全系数），因此需要计算与监测。

各种粉尘的极限氧含量见 3.1.2 节。

2. 降低粉尘浓度（Deflagration Prevention by Combustible Concentration Reduction）

这种方法适用于可燃粉尘处于围包体内且浓度可以控制在爆炸下限以下的情况。这种方法对监测监控系统（如粉尘浓度）的要求也比较高，要求保证粉尘浓度维持在下限的 1/4 以下（在有连续监控的条件下，允许将浓度维持在下限的 60% 以下；铝粉生产系统允许在 50% 以下，参见 NFPA 484），因此，这种方法的应用范围也有限。

不过，加强厂房内的粉尘清扫工作可以有效预防二次爆炸的发生可以认为是该种方法的最好体现。关于粉尘清扫的要求比较多，包括清扫制度、所用工具等，可见有关的行业标准的要求等。

有关粉尘层厚度的标准包括：

（1）粉尘层可见，按 NFPA70 中的 Articles500-505，划为 Class Ⅱ、Division 2 危险区。

（2）厚度超过 0.8 mm，按 NFPA654，有爆炸危险（Explosion Hazard）。

（3）厚度超过 3.2 mm，按 NFPA664，有爆燃危险（Deflagration Hazard）。

（4）厚度超过 3.2 mm，按 NFPA70 中的 Articles500-505，划为 Class Ⅱ、Division 1 危险区。

可燃粉尘爆炸下限的数据见 3.1.2 小节。

3. 火源探测与控制（Predeflagration Detection and Control of Ignition Sources）

这种方法可用于处理可燃固体颗粒的系统中探测、控制某些具体类型的火源，这种方法可以与其他措施，如抑爆、泄爆措施等联合使用。光学传感系统常与水雾、二氧化碳喷射等系统连用，气体感知系统常与报警、自动切断或喷雾系统联动等。

这种方法对监测监控系统的要求也比较高，适用于风险比较大的系统，有许多具体问题需要处理，例如传感器需要定期清理等。

4. 抑爆（Deflagration Control by Suppression）

这种方法原理简单，主要由探测、运算控制、执行机构三部分组成，但要在爆燃过程的初期抑制其发展，需要整个系统的动作速度非常快，国内这方面的研发工作进展缓慢，而采用国外产品费用较高，因此，在容器上的应用非常有限。另一个原因是要实现快速响应，常常需要采用火工品，这在许多情况下是不允许的。用在管道上倒是可行，但那里只有单向隔爆阀、双向隔爆阀等可供选用，因此，抑爆系统在国内的应用有限。

5. 主动隔爆（Deflagration Control by Active Isolation）

NFPA69-2014 提供了多种主动式隔爆措施。主动式是指包括探测、控制、执行机构三部分，包括上述抑爆系统、快关阀、闸阀、蝶阀等。由于涉及探测、运算等，整个系统的可靠性受影响，因此，不如被动式隔爆措施应用广泛。

6. 被动隔爆（Deflagration Control by Passive Isolation）

被动式隔爆措施以爆炸压力为动力，形式也有很多，如拐弯阻断器、双向隔爆阀、单向隔爆阀、锁气卸灰阀等。

（1）拐弯阻断器（Flame Front Diverters）。拐弯阻断器的核心思想是利用火焰与燃烧产物的惯性，在拐弯处通过泄爆片、泄爆门或自动复位式泄爆门泄爆，降低爆炸传向下游的可能性。试验表明，这种方法不能单独用作阻爆措施，且拐弯（180°）阻力太大，因此应用非常有限。

（2）双向隔爆阀（Flow-Actuated Float Valve）。双向隔爆阀利用爆炸在阀芯两侧产生的压差作用移向一侧并锁住，阻断爆炸沿管道的传播。双向隔爆阀隔爆是否成功受多种因素影响，例如，爆炸产生的压差要大于阀芯动作的压差、平时的流速要小于阀芯动作的限度、要有自锁机构、锁住后要有信号指示等，当然，也需经过第三方检测认证，包括与潜在爆源的最小、最大距离等，确保符合现场要求。

双向隔爆阀在食品、医药等行业有较广泛应用。

（3）单向隔爆阀（Flow-Actuated Flap Valve）。单向隔爆阀应安装在被保护容器的进风管上，要有自锁机构和检查口，定期检查是否有粉尘层妨碍隔板动作等，与爆源之间的管路的强度要能够承受住可能的爆炸压力，也要经过检测认证，包括距潜在爆源的最小、最大距离及强度等，确保产品符合现场应用条件。

单向隔爆阀在木材行业除尘器进风管上获得了较广泛的应用（目的在于阻止爆炸传入厂房内形成二次爆炸）。

（4）星型阀。星型阀有两种工作原理，一种是利用小间隙熄火，另一种是利用阀芯上物料阻挡，不论哪种类型，均应能够承受住可能的爆炸压力（应采用金属外壳）。小间隙熄火型（间隙等于 0.2 mm，需注意磨损的影响）至少要有 6 个瓣、任一时刻每边处于最小间隙瓣的个数不少于 2 个，轴承在外面，与其他防爆系统联锁、一旦发生爆炸能够立即停止旋转等。料柱型（最小间隙大于 2 mm）的料柱高度应不小于 0.3 m 等。

星型阀在饲料厂、木材家具厂等除尘器上应用较广。

7. 可燃粉尘、纤维、飞絮的防爆电气分区等

NFPA70 是美国国家电气标准，其中的段 506（Article 506）是关于可燃粉尘、纤维、飞絮采用防爆电气时的 20、21、22 区划分的（Zone 20, 21, and 22 Locations for Combustible Dusts or Fibers/Flyings）。不同分区的除尘系统原则上不应互联互通。

1）20 区

满足下列 2 条之一的区域为 20 区：

（1）可燃粉尘、纤维/飞絮的可点燃浓度连续存在。

（2）可燃粉尘、纤维/飞絮的可点燃浓度长时间存在。

例如，储存粉尘的容器内部；料斗、筒仓等，旋风和滤袋分离器，除去皮带和刮板输送机等部分部件的粉尘输送系统；混合机，磨机，干燥器，打包机等。

2）21 区

满足下列条件之一的区域为 21 区：

（1）可燃粉尘、纤维/飞絮的可点燃浓度在正常运行条件下偶尔可能出现。

（2）可燃粉尘、纤维/飞絮的可点燃浓度由于维修或维护作业或泄漏而可能经常出现。

（3）设备运行状态不佳，设备故障或误操作有可能造成可燃粉尘或纤维/飞絮的可点燃浓度的泄露并引起电气设备的同时故障使电气设备成为一个点火源。

（4）与 20 区相连，20 区可点燃浓度的粉尘或纤维/飞絮可能传过来。

例如，储存粉尘的容器的外边和紧邻检修门的地方，为了操作检修门经常被卸下或打开，里面有可燃混合物；粉尘容器外面的装卸点、供给皮带、取样点、卡车转载站、皮带转载点等附近，没有采取措施防止形成可燃混合物；粉尘容器外面有粉尘积聚的地方和由于生产作业沉积的粉尘可能被扰动形成可燃混合物的地方；粉尘容器的内部可能出现爆炸性粉尘云（但既不连续也不持续很长时间，更不经常），如筒仓（假如只是偶尔装、卸）和分离器的脏室一侧（假如反吹时间间隔很长）。

3）22 区

满足下列条件之一的区域为 22 区：

（1）可燃粉尘或纤维/飞絮的可点燃浓度在正常运行条件下不大可能出现，即使出现也只存在较短时间。

（2）可燃粉尘或纤维/飞絮的加工、处理等正常情况下封闭在密闭系统内，只有设备异常运行才能导致泄漏。

（3）与21区相连，21区可点燃浓度的粉尘或纤维/飞絮可能传过来。

例如：布袋分离器泄爆口（泄爆片失效有可能导致可燃混合物漏出）；不得不但不经常打开的设备和根据经验容易泄漏、喷出的设备的附近；气动设备，可能损坏的柔性连接等；储存布袋的地方，布袋装有粉尘状产品，作业的时候布袋可能破坏，造成粉尘泄漏；形成的可控粉尘层可能被扰动起来形成可爆粉尘-空气混合物的地方。只有在危险的粉尘-空气混合物形成前粉尘层被清扫的地方才能划为非危险区域。

通常划为21区的地方如果采取措施防止形成爆炸性粉尘-空气混合物可以化为22区。这些措施包括负压通风等，地点应在布袋装、卸载点，供给皮带，取样点，卡车转载站，皮带转载点等附近。

4）根据分区需要等的物质分组

ⅢC：可燃金属粉尘；ⅢB：可燃金属粉尘之外的粉尘；ⅢA：固体粒子，包括纤维，粒径大于 500 μm，可以悬浮在空气中，可以在自重作用下沉降下来。

5）特殊考虑

（1）分区、工程和设计、设备选型和导线连接方法、安装、检查应由专业人员完成。

（2）同时存在可燃气体和可燃粉尘或纤维/飞絮时，电气设备和导线连接方法的选择和安装应该考虑它们同时存在的问题，包括确定电气设备的安全运行温度。

3.4.3 粉尘防爆安全管理制度

粉尘爆炸事故的一个显著特点是，企业管理人员和员工不知道可燃粉尘在一定条件下会发生爆炸，因此，应大力开展粉尘爆炸知识的普及工作，让涉爆企业领导和职工都懂得粉尘爆炸的基本原理，自觉采取预防措施，保障企业安全生产。这也是作者写作本章的一个主要目的。

粉尘爆炸的第二个特点是，企业管理人员和员工存在误解和侥幸心理，认为企业已安全运行多年，不会发生粉尘爆炸事故。实际上，企业有可能多次涉险，只是条件不完全具备没有发生爆炸而已。因此，企业应重视粉尘爆炸预防工作，采取必要的硬件措施，结合企业、行业特点制定安全管理规章制度，并认真落到实处，保障企业安全生产。

粉尘爆炸的第三个特点是，防爆工作不认真、敷衍、流于形式，这种情况终将酿成大祸。

总之，安全管理工作非常重要，需要开展的工作也有很多，例如，制定的作业程序（operating procedures）应包括正常条件和安全运行极限，可能的话，最好也包括建立极限的基础和超过极限的后果。作业程序宜考虑作业的各个方面，包括（合适的话）正常启动、连续运行、正常停机、紧急停机、正常或紧急停机后的重启、可以想到的故障条件、系统停用等。以下是安全管理制度的要点，可供企业在制定安全管理制度、应急预案时参考。

1. 一般性安全培训

（1）工厂的总的安全制度。

（2）应急程序。

（3）事故或不安全状况的上报程序。

（4）清扫制度和方法。

（5）主要的个体防护设备的要求。

（6）安全科、医务室和急救站的地点。

（7）应急路线、出口和避难所。

（8）消防器材的位置。

（9）危险场所。

2. 岗位安全培训

（1）工作环境所具有的事故隐患和火灾、爆炸、有害物泄漏等紧急情况下该怎么做。

（2）应急响应预案，包括从工作岗位安全逃生的方法，允许的扑灭早期火灾的方法。

（3）自己负责的消防器材处于完好状态的必要性。

（4）设备维护要求和做法，包括挂牌制度。

（5）自己使用的有害物的领取、使用、储存、处置。

（6）消防器材、手动拉响报警器、应急电话、救护队以及安全装备的位置和用法。

（7）设备操作、安全的启动和停机、应对故障。

（8）为确定灾害程度、范围、个体防护设备所必需的决策过程和为安全完成任务所必需的工作计划。

3. 粉尘清扫制度应包括的内容

（1）粉尘特性（粒径，水分，爆炸下限，最小点火能等）。

（2）个体防护措施，包括高处作业防坠落措施等。

（3）个体防护设备，包括阻燃服等。

（4）清扫顺序。

（5）清扫方法。

（6）清扫工具、设备，包括梯子、扫帚、真空吸尘器等。

（7）清扫频率。

4. 危险区域动火应实行动火证制度

（1）工作区域外 11 m 范围内不应有可燃粉尘。

（2）工作区域外 11 m 范围内的其他可燃物应移出或覆盖。

（3）工作区域内或下方的可燃地板、设备应打湿或用沙、钢板、阻燃织物等覆盖。

（4）彻底清除动火设备内的可燃物、残油，移出所有暴露在外的可燃的内衬。

（5）动火区域内产生可燃粉尘或可燃蒸气的设备在动火作业期间停止运行。

（6）带有火灾防护或探测系统的，动火作业期间系统应运行，除非作业就在火灾防护或探测系统上。对于火灾防护或探测系统停止作业可能造成人员伤亡的情况，允许安排专人巡视代替。

（7）工作区域外 11 m 范围内的地板上、墙上的孔洞均应盖上或关闭等。

（8）作业期间和作业结束后至少 60 min 内有专人进行现场监护，配备有适用的手提灭火器或消防水龙头。

（9）动火证的有效期不应超过一个班。

（10）定期检查作业区域，确保没有发生阴燃，包括工作当天或周末结束工作前进行一次检查等。

（11）运行设备上不允许实施动火作业。

5. 事故应急预案至少应包括的内容

（1）发生火灾、爆炸时通知有关人员的手段。

（2）预定的疏散地点。

（3）指定的通知应急指挥人员包括消防队的人员。

（4）表明逃生通道、危险物和消防器材位置的平面图。

（5）危险物的安全数据卡片的位置。

（6）应急电话号码。

（7）有关人员应急响应方面的职责。

（8）指定的接待外界应急响应方面事务的人员。

3.4.4　粉尘防爆行业标准简介

NFPA 系列标准中至少有 13 个是关于粉尘防爆的行业标准，它们是：

（1）NFPA30B—2015 是气溶胶产品制造和储存标准（Code for the Manufacture and Storage of Aerosol Products）。

（2）NFPA33—2018 是用于可燃物喷涂的（Standard for Spray Application Using Flammable or Combustible Materials）。

（3）NFPA61—2017 是用于预防农业与粮食加工设施火灾和粉尘爆炸的（Standard for the Prevention of Fire and Dust Explosions in the Agricultural and Food Processing Facilities）。

（4）NFPA85—2015 是关于锅炉和燃烧隐患的（Boiler and Combustible Hazards Code）。

（5）NFPA120—2015 是用于煤矿火灾预防和控制的（Standard for Fire Prevention and Control in Coal Mines）。

（6）NFPA484—2015 是用于可燃金属的（Standard for Combustible Metals）。

（7）NFPA495—2013 是炸药材料标准（Explosive Materials Code）。

（8）NFPA654—2017 是用于预防制造、加工、处理可燃固体颗粒的火灾和粉尘爆炸的（Standard for the Prevention of Fire and Dust Explosions from the Manufacturing, Processing, and Handling of Combustible Particulate Solids）。

（9）NFPA655—2012 是用于预防硫火灾和爆炸的（Standard for Prevention of Sulfur Fires and Explosions）。

（10）NFPA664—2017 是用于预防木材加工、家具厂火灾和粉尘爆炸的（Standard for the Prevention of Fire and Dust Explosions in Wood Processing and Woodworking Facilities）。

（11）NFPA820—2016 是用于废水处理与回收设施防火的（Standard for Fire Protection in Wastewater Treatment and Collection Facilities）。

（12）NFPA850—2015 是关于发电厂和高压直流转换站防火的（Recommended Practice for Fire Protection for Electric Generating Plants and High Voltage Direct Current Converter Station）。

（13）NFPA1125—2012 是用于模型火箭和高功率火箭马达的（Code for the Manufacture of Model Rocket and High Power Rocket Moters）。

其中，NFPA33、NFPA85 相对独立；NFPA61、NFPA484、NFPA654、NFPA655、NFPA664 与 NFPA652[26] 关联较大，但 NFPA61 宣称已很好地吸收 NFPA652 的精神，可以不

再参考 NFPA652，在使用另外 4 个标准时应首先学习 NFPA652，特别是关于冲突的解决原则。关于 NFPA652，见 3.5 节。

3.4.5 作者从事粉尘防爆工程实践概况

1991—1995 年作者参加了国家"八五"攻关"烟煤粉粉尘防爆安全技术"项目的研究工作，参加编写了高炉喷吹烟煤系统防爆安全规程（首版）；1996—1997 年对天津港二公司散粮装卸系统粉尘爆炸的危险性及防爆措施的可行性进行了系统研究（该散粮装卸系统系 20 世纪 80 年代初耗资一亿元从英国 Simon 公司原装引进，系统整体布局合理，工艺流程先进，防火防爆措施规范，反映了当时欧洲粉尘防爆的整体水平）；20 世纪 90 年代还曾参加过贵州铝厂沥青粉等爆炸性参数测试与生产线（引自日本）改造工程、宝钢烟煤粉自燃特性研究、首钢烟煤粉爆炸参数测试、武钢炼铁厂高炉喷吹烟煤系统改造工程劳动安全卫生预评价等粉尘防爆项目。

2014 年 8 月 2 日，江苏苏州昆山市昆山经济技术开发区某金属制品有限公司抛光二车间发生特大铝粉尘爆炸事故，共造成 146 人死亡，经济损失数亿元，造成了恶劣社会影响，引起党中央、国务院的高度重视，全国迅速展开了涉爆粉尘企业事故隐患治理工作。北京市安委会以京安发〔2016〕11 号文件的形式下发了关于在全市行政区域范围内开展涉爆粉尘企业事故隐患治理专项行动的通知，并成立了专家组，作者有幸成为其中的一员。到目前为止，作者作为专家组成员对一百余家企业进行了隐患排查，参与了其中五十余家企业的整改方案制定、验收工作等。

3.5 粉尘防爆的通用标准

NFPA652—2016 是关于可燃粉尘基础知识的标准（Standard on the Fundamentals of Combustible Dust），是 NFPA61、NFPA484、NFPA654、NFPA655、NFPA664 等 5 个行业标准的基础（当与它们发生冲突时，以行业标准为准）。实际上，上述 5 个标准应用较多，因此，NFPA652 可作为粉尘防爆的通用标准，其中基于功能的设计方法创新明显。

限于篇幅，NFPA652—2016 前三章（适用范围、参考文献、术语）从略。原标准分层达 8 级，这里做了特殊处理，这里的 3.5.1 节相当于原标准的 Chapter 4，这里的"1."相当于原标准的 4.1，这里的"（1）"项相当于原标准的 4.1.1，这里的"A"相当于原标准的 4.1.1.1，这里的"a"相当于原标准的 4.1.1.1.1 等，其他章节等依此类推，有时用分号隔开保留其内容或请见原标准，需要时可参见原术语及条文解释。

需要指出的是，NFPA 的技术标准正文中只规定了正确的做法，用 shall 一词（"应"），条文解释中只有建议，也只建议正确的做法，用 should 一词（"宜"）。作者认为这种做法也值得我们借鉴、参考[①]。

3.5.1 总体要求（Chapter4 General Requirements）

1. 可燃粉尘企业业主/管理者（owner/operator）

可燃粉尘企业业主/管理者（以下简称"业主"）对下列活动负责：根据 3.5.2 确定物料的燃烧性和爆炸性；根据 3.5.3 辨识、评价火灾、闪燃、爆炸危险；根据下面目标中的（4）管理发现的火灾、闪燃、爆炸危险；根据 3.5.6 中的培训和危险预知将危险告知

---

① 实际上，条文解释、资料性附录、专家解读等都不具有法律效力。

有关人员。

2. 目标

（1）生命安全（Life Safety）

A. 设施、工艺和设备的设计、建设、装备、维护、管理系统等应保障除邻近火源的人之外的人在疏散、安置、避难各阶段受到合理的保护、不能受到火的伤害。

B. 设施、工艺和设备的设计、建设、装备、维护、管理系统等应合理防止由闪燃（Flash fires）造成重伤。

C. 设施、工艺和设备的设计、建设、装备、维护、管理系统等应合理防止由爆炸（Explosions）造成伤害。

D. 建筑物的位置、设计、建设、维护应合理保护邻近的财产、公众不受火灾、闪燃或爆炸的伤害。

（2）生产的连续性 设施、工艺、设备等的设计、建设、装备、维护、管理系统等应保障将事故对厂房、生产等造成的损失降到业主可接受的程度。

（3）火灾蔓延与爆炸的控制 设施、工艺的设计应防止或控制火灾和爆炸引起临近建筑物或其它围包体、应急系统、邻近财产、仓库或厂房构件的破坏（Failure）。

（4）满足要求的方法选项（Compliance Options）下列两种方法都满足上面2）的要求：根据3.5.2节、3.5.3节、3.5.5节、3.5.6节以及行业标准要求的条文法；3.5.4节基于功能的方法。

（5）加工系统里存在粉尘火灾、爆燃或爆炸危险的，其危险管理适用本标准。

（6）建筑物或部分建筑物内存在粉尘火灾、爆燃或爆炸危险时，其危险性管理适用本标准。

3.5.2 危险辨识（Chapter 5 Hazard Identification）

1. 责任

有可燃粉尘的设施的业主负责确定粉尘是否具有燃烧或爆炸性，有的话需要确定爆炸参数，以支持进行粉尘危险分析。

（1）有燃烧或爆炸性的，与粉尘有关的危险性应根据3.5.3节进行粉尘危险评价。

（2）有燃烧或爆炸性的，其控制措施按3.5.1节的（4）执行。

2. 燃烧性或爆炸性筛分

（1）燃烧性或爆炸性的确定允许采用下面的两种方法之一：与当下的材料、过程条件一致的历史数据或已发表的数据；参考下面的"4."中的（1）和（3）。

（2）测试结果、历史数据、已发表数据应存档，安监部门要求时，提供给安监部门。

（3）没有发生过爆炸不等于没有燃烧性或爆炸性。

（4）确定不具有燃烧性或爆炸性的业主要保留好有关资料。

3. 自热和反应危险（预留）

4. 燃烧性和爆炸性测试需要进行燃烧性和爆炸性测试的，其取样应符合下面取样的要求。

（1）确定燃烧性。

A. 燃烧性不知道的，可用下面两种方法之一确定：基于 the UN Recommendations on the Transport of Dangerous Goods：Model Regulations—Manual of Tests and Criteria，Part III，

Subsection 33.2.1，Test N.1，"Test Method for Readily Combustible Solids"；其他等效火灾暴露（fire exposure）测试方法。

B. 为了确定燃烧性，如果移除热源后处于测试状态的粉尘着火并且能够传播或从加热区放出火花，应该认为物质具有燃烧性。

C. 已知粉尘可爆的，允许认为粉尘具有燃烧性，不能再用上面的 A 条。

（2）确定闪燃危险（预留）。

（3）确定爆炸性。

A. 是否可爆不清楚的，其爆炸性可按下列 3 种方法之一确定：ASTM E1226 中的"Go/No-Go"法；ASTM E1515；其他等校测定方法。

B. 允许过 200 目筛（75 μm）。

C. 允许不过筛。

D. 允许放弃可爆性试验认为具有爆炸性。

E. 粉样粒径小于 0.5 μm 时，爆炸性筛分试验要考虑到在粉样喷射装置里着火（与纳米有关）。

（4）燃烧性和爆炸性定量化。

A. 有燃烧或爆炸性的，尚需进行参数测试，用于功能设计、DHA、RA、3.5.5 小节等。

B. 允许业主使用加工的各种物料中最糟糕的数据作为设计基础参数。

5. 取样（请见原标准）

3.5.3 粉尘危险分析［Chapter 7　Dust Hazard Analysis（DHA）］

1. 一般要求

（1）责任。有燃烧、爆炸性粉尘的企业的业主负责按本小节开展 DHA。

（2）DHA 工作具有追溯性。

A. 正在进行物料改进的现有工艺和设施，业主应将 DHA 作为工程的一部分。

B. 现有工艺和设施没有进行物料改进的，业主可以制定计划在本标准生效 3 年内对现有工艺和设施进行 DHA。

C. 物料改进应包括超过原投入 25% 的改进、维修和修理活动。

2. 标准

（1）总览 DHA 应评估火灾、爆燃、爆炸危险，根据 3.5.1 节的目标给出建议。

（2）资质 DHA 应由专业人员完成或领导。

（3）存档 DHA 结果应存档，包括需要对加工物料、物理过程、工艺操作或设施进行改变的所有活动的明细。

3. 方法

（1）一般要求 DHA 应包括：辨识存在火灾、闪燃和爆炸危险的加工系统、场所；存在这类危险时，在辨识具体的火灾和爆燃危险时应包括安全作业的范围、紧急制动的措施和建议的新增措施等。

（2）物料评价 DHA 所用参数应来源于有代表性的物料、粉样。

（3）加工系统。

A. 加工系统中能够出现可燃粉尘的每一个部分都应评价，内容包括部分与部分之间潜在的可燃粉尘的输运；潜在的可燃粉尘外溢进入厂房内；潜在的爆燃在加工系统部分与部分之间的传播。

B. 加工系统的每一部分含有可燃固体颗粒、潜在地具有氧化性环境和可信的点火源的都应认为具有火灾危险并备案。

C. 加工系统的每一部分含有足以支撑爆燃传播的可燃粉尘量、潜在地具有氧化性环境、可信的点火源和可靠的悬浮机制的都应认为具有爆燃危险并备案。

（4）厂房或部分厂房。

A. 存在可燃粉尘的每一个厂房或部分厂房都应评价。

a. 情况相仿时允许以一个做代表。

b. 评价内容应包括厂房间粉尘的传输。

c. 也要考虑厂房间爆燃的传播。

B. 含有可燃固体颗粒、潜在地具有氧化性环境和可信的点火源的厂房或部分厂房应认为具有火灾危险并备案。

a. 厂房内粉尘爆燃危险的评价应包括实际的或预期的粉尘层堆积厚度达到阈值可能产生闪燃或由于爆炸超压造成部件垮塌。

b. 粉尘清扫阈值应与行业标准一致。

C. 厂房或部分厂房含有足以支撑爆燃传播的可燃粉尘、具有潜在的氧化性环境、可信的点火源和可信的悬浮机制的应认为具有粉尘爆燃危险并备案。

3.5.4 基于功能的设计选项（Chapter 6 Performance-Based Design Option）

1. 一般要求

（1）这种方法可代替 3.5.5 节。

（2）资质要求。该法应由业主认可的专业人员完成。

（3）存档要求。下列内容应存档：

A. 技术参照和资源。安监部门要求时，要有足够的资料支持所用方法的有效性、准确性、关联性、精度等。提供的工程标准、计算方法以及其它科学信息应适用于具体问题、方法等。

B. 建筑设计说明书。所有影响建筑、设施、设备和工艺设计的满足国家标准要求的详细信息。

C. 功能标准。带支撑的功能标准。

D. 人员情况。假设的人员情况。

E. 设计的火灾和爆炸场景。

F. 输入数据。为模型、评价方法包括灵敏性分析输入的数据。

G. 输出数据。从模型、评价方法包括灵敏性分析输出的数据。

H. 安全系数。所用的安全系数。

I. 前提条件。采用的前提条件。

J. 模型方面。所做假设、对模型的描述、所用方法包括已知的局限；提供材料说明所用评价方法有效、合理。

K. 设计团队的相关工作经验。

L. 功能评价总结。

M. 设计建议应包括全部或部分通过了哪些要求，哪些方面需要进一步开展工作等。

（4）任何假设发生变化时基于功能的设计和资料要更新。

（5）数据来源。

A. 除了假设的火灾场景或厂房设计说明之外的数据来源要可靠。

B. 反映在这些数据中的保守的程度应予说明，并提供对来源的判断。

（6）每一个危险区域的设计特点要保持。

2. 风险因子与可接受性

以下功能标准、设计场景中的具体的功能标准、设计场景允许修改，前提是经过风险评价、安监部门认可，最终的功能标准、设计场景需存档。

3. 功能标准

满足下列（1）~（5）时可认为达到了 3.5.1 节的目标。

（1）人的安全。

A. 满足下列条件之一即可认为火灾情况下的人是安全的：清除了火源；各种火灾场景下，除了离着火点很近的人之外，没有其他人由于火灾被困，没有厂房的关键部件损坏到疏散过程中不能支撑其设计载荷的程度。

B. 满足下列条件之一即可认为爆炸情况下人是安全的：清除了火源；各种爆炸场景下，除了离着火点很近的人之外，没有其他人由于爆炸被困、飞散物打击、超压致伤等，没有厂房的关键部件损坏到疏散过程中不能支撑其设计载荷的程度。

（2）厂房的整体性。火灾、爆炸情况下如果没有关键构件在整个火灾、爆炸场景中破坏到不能支撑其设计载荷的程度即可认为达到了相关要求。

（3）设施的整体性。设备、设施的破坏程度在业主可接受范围内即可认为达到了相关要求。

（4）火灾蔓延和爆炸的控制。达到下列 3 条可以认为控制住了火灾蔓延：邻近的可燃物没有达到其点火温度；厂房设计与清扫工作能够防止外部积聚的可燃物进入封闭的工艺系统内部、浓度达到支持传播火焰的程度；颗粒处理加工系统能够防止火灾或爆炸从一个系统进入邻接的加工系统或厂房内。

（5）爆炸效应。爆燃没有产生下列任意一条可以认为爆炸没有产生有害效应：厂房或设备内的压力足以威胁到其整体性；除泄爆外火焰冲出厂房或设备外；厂房或设备破裂，飞散物可能形成抛掷物伤人。

4. 设计场景

（1）火灾场景。列举了以下 7 种：

A. 建筑物内或设备自带的每一个燃料物体。

B. 启动、正常运行、停机过程中能够产生非常迅猛火势的燃料物体。

C. 生产中断或单一设备故障条件下能够产生非常迅猛火势的燃料物体。

D. 启动、正常运行、停机过程中能够产生最大总热量的燃料物体。

E. 生产中断或单一设备故障条件下能够产生最大总热量的燃料物体。

F. 启动、正常运行、停机过程中能够产生隐燃火灾的燃料物体。

G. 生产中断或单一设备故障条件下能够产生隐燃火灾的燃料物体。

（2）爆炸场景。列举了以下 5 种：

A. 每一条管道、封闭的输送机、筒仓、料斗、旋风除尘器、收尘器或其他容器含有足量可燃粉尘或条件支持启动、正常运行或停机过程中火焰传播的均构成一种爆炸场景。

B. 每一条管道、封闭的输送机、筒仓、料斗、旋风除尘器、收尘器或其他容器含有足量可燃粉尘或条件支持生产中断或某一设备故障情况下火焰传播的均构成一种爆炸场景。

C. 厂房或部分厂房含有足量可燃粉尘或条件支持启动、正常运行、停机过程中火焰传播的构成一种爆炸场景。

D. 厂房或部分厂房含有足量可燃粉尘或条件支持生产中断或某一设备故障情况下火焰传播的构成一种爆炸场景。

E. 可燃粉尘会引起其他爆炸危险的，如产生氢或其他可燃气体，这些危险也应包括为爆炸场景。

5. 设计评审

（1）提出的设计方案的功能要经过安监部门认可的评审，保证能达到目标。

（2）设计人员应该为为设计建立的每一个功能目标建立数值功能标准。

（3）专业设计应使用评价方法展示提出的设计能达到为每一场景设立的目标。

6. 保留条文方面的要求

采用功能设计方法的也需要满足条文方法里的下列要求：3.5.5节4.段关于清扫、3.5.5节6.关于个体防护装备和3.5.6节关于管理系统。

3.5.5 危险管理：控制和预防（Chapter 8 Hazard Management：Mitigation and Prevention）

1. 本质安全设计（预留）

2. 厂房设计

（1）风险评价。允许通过安监部门接受的风险评价确定应采取的防护水平。

（2）建设。建设类型应符合安监部门认可的设计规范。

（3）房屋或部分房屋保护。

A. 存在粉尘爆燃危险的厂房或部分厂房均应采取防护措施。

B. 厂房内设备外存在粉爆危险的厂房要按照NFPA68的要求泄爆（通过外墙或屋顶），产生的火球、抛射物等不能朝向行人或财物。

（4）人的安全。建筑布局等应符合关于人的安全的设计规范的要求。

A. 厂房及其附属物内、设备外存在粉尘爆燃危险的，厂房布局及其附属物应符合防火规范的要求。

B. 厂房及其附属物内存在粉尘爆燃危险且采用封闭式避难措施的，其设计应能够承受潜在的厂房内爆燃产生的外部超压。

（5）限制积尘的建设特点。

A. 有可能积粉的内表面的设计和建造要便于清扫将积尘降至最少。

B. 不便于进去进行日常打扫的封闭空间要密封防止粉尘积聚。

C. 封闭的建筑空间难于进行日常打扫的其设计要考虑日常检查以便定期打扫。

（6）危险区域与其他危险区域、有人区域的分离（Separation）。

A. 厂房内（设备外）存在粉尘爆燃危险的区域可以采用隔开（Segregation）、分开

（Separation）或隔离（Detachment）措施与其他有人区域分开，使火灾或爆炸的损失最小化。

B. 采用隔开（segregation）。

a. 用挡墙限制火灾蔓延，挡墙要满足 NFPA221 的要求。

b. 挡墙，地板、墙、屋顶上的穿透物等的最小阻燃时间与预期的火灾持续时间有关。

c. 防粉爆的要满足 NFPA68 的要求。

C. 采用分开（separation）。

a. 在安监部门认可的工程评价支撑下可以在厂房内采用分开的方法限制粉尘爆炸危险或爆燃危险区域。

b. 与周围暴露物分开的距离应考虑下面 5 条通过工程评价综合确定：物料的性质；工艺类型；设备外可能出现的物料的量的多少；厂房与设备的设计；周围暴露物的属性。

c. 分开的区域应无粉尘，表面上有积尘的表面容易识别。

d. 最小分开距离不得小于 11 m。

e. 采用分开措施的也允许采取其他措施限制粉爆危险或闪燃危险区，如清扫、投料口固定除尘系统、隔开措施等。

D. 采用隔离（detachment）。

a. 允许用隔离措施将粉尘危险区限制在一个邻近的建筑物内。

b. 与周围暴露物的距离可由工程评价综合决定，所需考虑的因素同上面 C 中的 5 条。

3. 设备设计

（1）风险评价。允许通过安监部门接受的风险评价确定应采取的防护水平。

（2）粉尘盛装设计。

A. 加工可燃固体颗粒的封闭系统的任何部件除进出、口外应尘密。

B. 不能尘密的就要上收尘器。

（3）气力输送、收尘、中央真空吸尘系统。

A. 一般要求。

a. 处理可燃固体颗粒的系统的设计、安装应由懂系统及其危险的专业人员监督。

b. 对现有系统进行改造的要满足改造方面的有关要求。

c. 风速要满足或超过所有正常工况下系统内不积尘所需的最小值。

d. 运行。启动时达到风速后再给料，正常停机时物料排完再关风，紧急停机可能是由启动紧急停机按钮或自动安全联锁装置启动造成，气力输送系统紧急停机后重启动时要能够排出残余物料、达到设计风速等。

B. 对气力输送系统的具体要求。

a. 气力输送系统的设计应考虑所需的功能参数和待输物料的性质。

b. 正压气力输送系统表压超过 0.1 MPa 的要按压力容器进行设计（标准名参见原标准）。

c. 输送可燃固体颗粒、有爆炸危险的应按 3.5.5 节爆炸预防/防护要求采取防爆措施。

C. 对收尘系统的具体要求。

a. 每个收尘点的风速要达到吸尘要求。

b. 每个吸尘罩的风量也要达到要求。

c. 没有采用阀门的不能断开支管和不用的部分以保证系统能够提供所需的平衡气流。

d. 在确认整个系统能够提供所需的平衡风流前不能增加分支。

e. 用于正常生产条件下可能产生火花、热物的除尘系统不可与其他用于可燃粒状固体或杂混合物的除尘器连接。

f. 气-物分离器选型要与粉尘的性质协调。

g. 风机类型和风量要合适。

h. 气物分离器的控制设备的安装地点要避开气物分离器内部发生爆燃的作用等。

D. 对中央吸尘系统的具体要求。

a. 中央吸尘系统要保证任何时刻风速都能满足要求。

b. 进气段长度和直径合适。

c. 收集易点燃粉尘的真空工具要用金属或抗静电材料制造。

d. 进气段要适当接地，进气段应抗静电或导电、接地。

（4）AMS 的位置。

A. 位于室内。

a. 干式 AMS 脏室的体积大于 0.2 m³ 的，应根据 3.5.5 节爆炸预防/防护要求考虑防爆措施；敞开式原则上不可用于室内，除非专业标准允许。

b. 湿式允许放在室内，但需全部满足下列 4 条：带有联锁装置，过滤介质低于设定流速时停机；过滤介质不可燃；气物分离器内不会形成可燃粉尘云；分离器的设计考虑了各种可能的物料与介质之间的反应。

B. 位于室外（预留）。

（5）气物分离器干净空气排放。

A. 应排到室外一个受限范围内，与厂房的进气区域分开。

B. 气物分离器的排气允许直接进入气力输送系统循环利用。

C. 气物分离系统的排气满足下列 8 条时允许返回厂房内：

a. 进气或循环气体里没有浓度高于工业卫生限值或下限（LEL）的 1% 两者中的低者的可燃气体或蒸气。

b. 循环气体里没有浓度高于工业卫生限值或下限（MEC）的 1% 两者中的低者的可燃粒状固体。

c. 循环气体里氧的体积分数在 19.5%~23.5%。

d. 采取措施能够防止气物分离器里爆燃的火焰与压力传入厂房内，除非 DHA 表明这类危险对厂房或人员不构成危害。

e. 采取措施能够防止气物分离器里着火的烟雾与火焰传入厂房内，除非 DHA 表明这类危险对厂房或人员不构成危害。

f. 系统能够探测气物分离器工作不正常可能降低效率使返回厂房内的可燃粒状固体增大。

g. 气体返回的厂房或部分厂房满足设备设计的要求。

h. 气体循环部分的管道至少每年检查、清理一次。

（6）转载点（预留）。

4. 清扫

（1）一般说明。有关清扫的要求有追溯性，除非另有说明。

（2）方法。

A. 程序。

a. 粉尘清扫程序要备案。

b. 选择清扫表面积尘的方法要考虑降低产生潜在的可燃粉尘云。

c. 清扫方法应考虑粉尘等的性质、数量。

B. 真空吸尘。

a. 满足7条（见原标准）的移动式真空吸尘器可用于非危险区清理可燃固体颗粒。

b. 电气分类为Ⅱ类（危险）区域的所用电动真空吸尘器应经过认证适用于该区域或采用管路固定式吸尘系统、风机远置、气/物分离器符合厂房设计的要求。

c. 有可燃蒸气、气体的情况真空吸尘器应经过认证，适用于 Class I 和 Class Ⅱ 危险区。

C. 扫帚等。允许用扫帚、撮箕等清扫。

D. 水洗方法。

a. 允许用水冲洗。

b. 金属粉尘属于 NFPA484 范围的要满足其要求。

c. 与水反应粉尘要采取附加措施防止关联的危险。

E. 水泡沫清洗系统（预留）。

F. 压缩空气吹扫。

a. 满足下面 b 中7条的可用压缩空气吹扫。

b. 使用压缩空气吹扫的，应遵从；使用压缩空气吹扫前，容易清扫的地方先用真空吸尘器、扫帚、水洗等方法清扫；经过真空吸尘器等方法清扫积尘厚度不超过阈值的地方；压缩空气喷头配有减压喷嘴符合 OSHA 29 CFR 1910.242（b）的要求能将释放压力限制在 207 kPa 以下；所有电气设备，包括照明，有可能暴露在清扫过程中产生粉尘云的地方的适用于 NFPA70 Class Ⅱ、Division 2 区；所有能够点燃粉尘云或粉尘层的点火源和热表面被关闭或移除；吹扫完毕，在引入潜在的点火源之前将处于低处的粉尘清除；有 NF-PA484 管辖的金属或含金属粉尘或粉末的，需满足 NFPA484 要求。

G. 蒸气吹扫方法（预留）。

（3）培训 雇员、承包商的培训内容应包括程序、个体防护设备（PPE）、设备的正确用法。

（4）设备（预留）。

（5）真空卡车。

A. 要接地和跨接。

B. 进料头和软连接应是防静电或导电并接地。

（6）频率和目标。

A. 清扫频率要保证积尘厚度不超过规定值。

B. 规定值由行业标准规定。

C. 临时泄漏应及时清理。

（7）巡查和记录。

A. 要巡查清扫效果并做好记录。

B. 确保达到上述目标。

5. 火源控制

（1）一般说明。火源控制方面的要求具有追溯性，除非另有说明。

（2）风险评价。允许通过风险评价（需安监部门认可）确定所需的防火措施。

（3）动火。

A. 动火作业应满足 NFPA 51B 的要求。

B. 动火前对动火影响区进行可燃粉尘大清除。

C. 动火区内盛有可燃粉尘的容器要关闭、覆盖或都做。

D. 动火有可能对设备内的可燃粉尘构成点火危险时动火前应关闭设备并清理粉尘。

E. 动火区域地板或墙上的孔洞应盖住或堵上。

F. 手提式电气设备（预留）。

（4）热表面。

A. 对热表面的要求不回溯。

B. 粉爆爆燃危险区域里的加工设备、管道的热的外表面温度要低于两个着火温度中的小者至少 50℃。

（5）轴承。

A. 对轴承的要求不回溯。

B. 直接暴露于可燃粉尘环境或可能沉积可燃粉尘的，两者有可能引发爆燃的需要监测轴温过高。

C. 检测周期由雇主确定。

D. 安监部门认可的风险评价认为不必监测的可以不监测。

（6）电气设备与导线。

A. 可能存在的Ⅱ类、Ⅲ类区及其范围按 NFPA70 中的 500.5C 和 D 条划分、存档，存档应保存在设施内以便查阅。

B. Ⅱ区内的应满足 502 条。

C. Ⅲ区内的应满足 503 条等。

D. Ⅱ类、Ⅲ类区域电气设备、线路的预防维护工作应包括确认尘密电气外壳不受大量粉尘侵袭。

E. 不允许使用 NFPA70 中的 506 条进行粉尘危险性分区（译注：该条是 IEC 标准，因美国的粉爆电气标准与 IEC 标准尚未统一，可燃气体的已统一）。

（7）静电放电。

A. 导电设备。

a. 处理颗粒的设备要导电，除非满足 b 中的 5 条。

b. 满足下列 5 条允许使用非导电部件：没有杂混合物；处理的不是导电粉尘；物料的不带电感测得的 MIE 大于 3 mJ；不导电部件不会隔离导电部件接地；用在高表面充电过程的跨过不导电薄片、外层或薄膜的击穿强度不超过 4 kV。

c. 导体的跨接和接地电阻小于 10^6 Ω。

d. 柔性连接。对柔性连接的要求不追溯；长度大于 2m 的柔性连接的端对端对地电阻甚至在柔性连接的设备有内或外跨接线的情况下也要小于 $10^6\ \Omega$；对于没有可燃蒸气的情况，下面两种情况下允许使用电阻 $\geqslant 10^8\ \Omega$ 的柔性连接：粉尘的 MIE 大于 2000 mJ 和最大传输速度小于 10 m/s。

B. 最大颗粒输送量。

a. 受料容器的体积大于 1 m³、一个进料口满足下列 2 条的，其最大颗粒输送量见下面的 c：悬浮部分的 MIE $\leqslant$ 20 mJ；输送物料的比电阻（electrical volume resistivity）大于 $10^{10}\ \Omega \cdot m$。

b. 受料容器的体积大于 1 m³、满足下列条件之一的，其最大颗粒输送量见下面的 c：比电阻大于 $10^{10}\ \Omega \cdot m$ 的物料装入的容器内含有 MIE $\leqslant$ 20 mJ 的粉末或粉尘；受料容器的体积大于 1 m³、满足下列条件之一的，其最大颗粒输送量见下面的 c：比电阻大于 $10^{10}\ \Omega \cdot m$ 的物料装入的容器内含有 MIE $\leqslant$ 20 mJ 的粉末或粉尘，随后装入 MIE $\leqslant$ 20 mJ 的粉末或粉尘。

c. 满足上面 a、b 要求的，其最大物料输送量限定为：粒径大于 2 mm 的为 1.4 kg/s；粒径在 0.4~2 mm 的为 5.6 kg/s；粒径小于 0.4 mm 的为 8.3 kg/s。

C. 人员接地。

a. 存在爆炸性环境、有可能由于人未接地产生的静电放电点燃的，从事向容器内填料、取料的人员作业时应当接地。

b. 满足下列两条的可以不接地：没有可燃气体、蒸气和杂混合物以及粉尘云最小点火能大于 30 mJ。

D. 柔性中间物料容器（FIBCs）满足 7 条（见原标准）的允许使用 FIBCs 处理和储存可燃固体颗粒。

E. 硬质中间物料容器（RIBCs）。

a. 导电并接地的 RIBCs 允许用于倒入任一可燃蒸气、气体、粉尘或杂混合物环境。

b. 不导电的 RIBCs 不能用于上述情况，除非经过安监部门认可的 RA。

（8）明火和燃油（气）设备。

A. 明火、火炬 11 m 范围内不应有放出或扬起可燃粉尘的生产、维修或修理作业。

B. 对周围空气有吸力的燃油（气）空气加热器不应位于 II 类危险区。

C. 用于过程加热的燃油（气）设备的运行和维护应符合 NFPA31、NFPA54、NFPA85、NFPA86 的要求。

D. 对用于过程加热的燃油（气）设备的检查和预防性维护应包括设备内或附近没有明显粉尘积累。

E. 除非设备运行满足热表面中 B 条要求，否则应采取措施防止热表面积累可燃粉尘。

F. 室内有悬浮粉尘或沉积粉尘的，加热器所用空气应通过管子来自建筑物外或非危险区。

（9）工业卡车。

A. 工业卡车应经过认证适于电气分类的场所，按 NFPA505 使用。

B. 没有符合 NFPA505 要求的商用卡车的，允许通过 RA 确定所用卡车的防火、防爆特性。

（10）加热过程空气与介质的温度。含有可燃粉尘的加热过程设备需要加热的，需要控制设备内表面的温度在设定范围内。

（11）自热。

A. 大型筒仓或料斗储存有可能发生自燃颗粒的要加强管理或安装自燃探测装置。

B. 有自热危险的，应做好处置方案等。

（12）摩擦与撞击火花。

A. 采取措施防止有可能产生火源的异物进入系统。

B. 能够点燃加工的物料的异物如铁，应剔除。

C. 如果设备采取了爆炸防护措施，允许能够点燃物料的游离物进入系统。

D. 加工可燃固体颗粒的设备的高速运动部件与外壳的间隙、配合情况要定期检查，检测频率由业主根据磨损经验确定，除非设备带有振动检测和报警装置或进行日常人工检测。

E. 斗提的间隙和配合情况要定期检测，检查周期由业主根据磨损经验确定，除非带有皮带跑偏监测装置。

6. 个体防护装备

（1）岗位危险评价。

A. 按 NFPA2113 进行岗位危险评价。

B. 评价结论认为需要防火服的，工人应穿戴防火服。

C. 需要穿防火服防止闪燃的，需满足 NFPA2112 的要求。

D. 需要考虑的 10 条事项（见原标准）。

E. 防火服的选择、获取、检查、清理、维护等执行 NFPA2113。

F. 雇员应善待防火服。

（2）PPE 应用限制（防火服）。

A. 岗位危险评价 B 要求穿防火服的，可以穿防火服或不熔性内衣。

B. 岗位危险评价 A 要求穿防火服的，只需要在防火的日常外衣之外穿防火服。

（3）PPE 对可燃粉尘闪燃的限制（预留）。

（4）脸、手、鞋防护（预留）。

7. 烟火粉尘（预留）

8. 粉尘控制

（1）正常工作状态下有可能产生粉尘外溢的地点要采取吸尘或其他措施。采用连续抽吸的，粉尘应输送至符合 3.5.5 设备设计中粉尘盛装设计要求设计的气-物分离器。

（2）采用液态抑尘剂。

A. 不能与粉尘产生不良反应。

B. 要采取监控装置保障抑制系统正常运行。

（3）限制积尘的局部通风机（预留）。

9. 爆炸预防/防护

（1）一般要求。围保体内存在粉尘爆炸危险的，应采取措施保护人员不受爆燃伤害。

（2）RA 允许通过监管部门认可的 RA 确定采取的保护水平。

（3）设备保护措施。

A. 一般要求。容积大于 0.2 m³ 的设备内存在爆炸危险的都要采取防护措施。

B. 爆炸防护系统包括下列一种或几种：按 NFPA69 降低氧含量；按 NFPA68 泄爆；按 NFPA68 采用无焰装置泄爆；按 NFPA69 抗爆；按 NFPA69 抑爆；用不燃粉尘惰化。

C. 依据上述 B 保护的围保体和所有连接管道的设计应能承受住爆燃过程中产生的压力。

（4）设备隔离。

A. 存在爆炸危险的，应根据 NFPA69 采取隔离装置防止爆燃在连接的设备之间传播。

B. 满足下列 5 条的可以不采取隔离措施：输送的粉体不是金属或杂混合物；连接管径小于 100 mm；管子里的最大浓度小于下限的 1/4；流速足以防止管子里积粉；所有连接设备的保护措施不是抗爆。

C. 采取有效惰化措施的可以不用隔离装置。

D. 上游工作区域隔离。存在爆炸危险的，应采取隔离装置防止爆燃传向上游区域。

10. 防火

（1）一般要求。

A. 根据 3.5.3 节确定有火灾危险时就需要采取手动或自动防火措施。

B. 存在下列 3 条之一就需采取自动防火系统：人工灭火面临不可接受风险；人工灭火效果不能满足要求；安监部门认可的地方建筑法规要求采取自动灭火系统。

（2）系统要求。采用防火系统的需符合以下 4 条：

A. 灭火剂要与输送、处理、储存物相容。

B. 气力输送、中央真空吸尘、收尘系统带有火花探测系统的，其 DHA 应辨识为风机和系统运行所需的安全连锁。

C. 系统里可能会存消防水或湿物的，其容器、管道支架、排水应满足 NFPA91 的要求。

D. 灭火过程中尽量避免扬起粉尘。

（3）灭火器。

A. 厂房内手提式灭火器的配置符合 NFPA10 的要求。

B. 指定的使用人员要经过培训，以防灭火过程中产生粉尘云。

（4）消火栓等。

A. 安装消火栓、水龙带的，需符合 NFPA14 要求。

B. 喷头。

a. 含粉尘的区域应该使用经过认证或可用于 C 类火灾的移动式喷头，以防灭火过程中产生不必要的粉尘云。

b. 直射型喷头和直射型喷头上的组合喷头不能用于扑灭有可能产生粉尘云地点的火灾。

c. 采用上面 a 项所列喷头进不去的地点允许采用直射流喷头或组合喷头。

C. 供水。

a. 使用私人水源和地下主管（private hydrants and underground mains）的，需满足 NFPA24。

b. 使用防火泵（fire pumps）的，需符合 NFPA20。

c. 使用消防水箱的，需符合 NFPA22。

（5）自动喷淋系统。

A. 处理可燃固体颗粒的工艺过程使用可燃液体的，应通过安全监管部门认可备案的RA确定需要在有加工过程的围保体内采用自动喷淋保护系统。

B. 除NFPA484允许外，生产、处理可燃金属粉的地方不允许使用自动喷淋系统。

C. 采用自动喷淋头的，其安装需符合NFPA13的要求。

D. 安装自动喷淋头的，应尽可能降低头面（overhead surfaces）上集聚粉尘，以防发生火灾时过多的喷淋头开启。

（6）火花/热团探测和熄灭系统。

采用这些系统的，其设计、安装和维护应满足NFPA15、NFPA69、NFPA72的要求。

（7）特殊防火系统。

A. 采用自动熄灭系统或特殊灾害熄灭系统的，其设计、安装、维护应符合相关NFPA标准要求（见标准原文）。

B. 灭火系统的设计、使用应尽可能减小喷射过程中产生粉尘云。

3.5.6 管理系统（Chapter 9 Management Systems）

1. 追溯性。

本小节适用于新建和已有设施和过程。

2. 一般要求。

本小节的程序和培训应以参与者能够理解的语言表达传递。

3. 作业程序与实践

（1）业主要建立书面的作业规程，预防、控制可燃固体颗粒火灾、爆燃、爆炸。

（2）业主应建立安全作业实务，反映维护和服务工作中的危险。安全作业实务应适用于雇员和承包商。

4. 检查、测试和维修

（1）影响预防和控制可燃粉尘火灾、爆燃、爆炸的设备应当按照可用的NFPA标准和生产厂家建议进行检查和测试。

（2）检查、测试和维护应该包括火灾、爆炸预防和防护设备根据可用的NFPA标准；粉尘控制设备；清扫；潜在的点火源；电气、工艺、机械设备，包括工艺联锁；工艺变化；轴承润滑。

（3）业主应为设施、设备在预防、防护可燃粉尘火灾、爆炸方面安全运行制定程序和计划。

（4）发现影响粉尘火灾、爆燃和爆炸预防、防护的设备缺陷后，业主应制定解决方案和明确期限。

（5）影响粉尘火灾、爆燃和爆炸预防、防护的检查和测试活动应当备案。

（6）应根据需要对工作区域进行大检查，以帮助确认设备处于安全运行状态、工作程序正常。

5. 培训和危险预知

（1）雇员、承包商、临时工、访客应经过培训，内容视可能面对的可燃粉尘危险与风险而定。

（2）对所有受影响的雇员的培训要包括一般性安全培训和可燃粉尘和固体危险预知

培训。

A. 岗位培训要让雇员知道他们工作环境里的可燃粉尘、固体颗粒的火灾、粉爆危险。

B. 雇员在负责执行一项任务前要培训。

C. 安装爆炸防护系统的，有关人员的培训要包括系统的工作和潜在的危险。

（3）根据监管部门、其他 NFPA 专业标准的要求实施再培训。

（4）培训记录要存档。

6. 承包商

（1）业主应确保本段的要求得到满足。

（2）凡是与火灾爆炸有关的工程只能雇佣合格承包商。

（3）承包商培训。

A. 使用业主设备的承包商应经过培训学会使用后完成工作。

B. 承包商的培训应存档。

C. 应该让承包商知道工作过程中潜在的来自于火灾和爆炸的危险。

D. 应要求承包商遵从企业的安全工作实务。

E. 承包商应了解企业的应急预案，包括紧急报告程序，安全出口和疏散区域。

7. 应急预案

（1）应急预案必须是书面的，至少包括火灾、爆炸方面的内容。

（2）应急预案至少每年修订一次。

8. 隐患排查

（1）业主应有一套制度保障火灾、爆燃、爆炸事故隐患能够及时上报、排查。

（2）排查报告应包括原因和建议并存档。

（3）要建立一种制度，处理发现的隐患和建议。

（4）隐患与建议应让有关人员参与讨论。

9. 对变化的管理

（1）建立、执行一种书面程序，管理提出的对工艺材料、员工、分工、技术、设备、程序和设施的变化。

（2）书面程序要确保在实施变化前考虑到下列诸项：提议的变化的基础；安全与健康方面的影响；是永久性的还是临时性的变化，包括临时性变化的授权期限；对运行和维护程序的修改；雇员培训方面的要求；对提出的变化的授权要求；如果实施，用于评价危险的特征测试的结果。

（3）对于 replacement-in-kind 不应要求执行管理变化程序。

（4）设计和程序文件应及时更新反映所做的变化。

10. 资料保存

业主应建立一个程序执行一项制度保存至少下列资料：培训记录；设备检查、测试、维护记录；隐患排查报告；粉尘危险分析（DHA）；工艺和技术信息；变化资料管理；应急预案；合同。

11. 管理系统评审

（1）业主应通过定期评审每一个管理系统来评估本标准提供的管理系统的有效性。

（2）业主负责维护和评估本标准提供的管理系统的随后的有效性。

12. 雇员参与

执行本标准过程中，业主应建立、执行一项制度，听取有关人员和他们的代表的意见，让他们主动参与有关工作。

参 考 文 献

［1］ NFPA 68－2018 Standard on Explosion Protection by Deflagration Venting ［S］. American National Standard Institute，2018.

［2］ NFPA 69 Standard on Explosion Prevention Systems ［S］. American National Standard Institute，2014.

［3］ W. Bartknecht. Dust Explosions ［M］. Springer－Verlag，1989.

［4］ M. Hertzberg. A critique of the dust explosibility index ［R］. United States Bureau of Mines，RI9095.

［5］ W. E. 贝克，P. S. 威斯汀，R. A. 斯特劳，等著，张国顺，文以民，刘定吉，等译. 爆炸危险性及其评估（上册）［M］. 北京：群众出版社，1988.

［6］ Б. Г. Коренева，А. Ф. Смирнова. Динамический Расчет Специальных Инженерных Сооруженийи Конструкций ［M］. Москва：Стройиздат，1986.

［7］ J. Nagy，H. C. Verakis. Development and Control of Dust Explosions ［M］. New York and Basel：Marcel Dekker，INC. 1983.

［8］ R. K. Eckhoff. Dust Explosions in the Process Industries ［M］. Butter－Heinemann Ltd，1991.

［9］ P. Field. Dust Explosions ［M］. Elsevier，1982.

［10］ The Institution of Chemical Engineers. Guide to Dust Explosion Prevention and Protection，Part 1－Venting，1984；Part2－Ignition Prevention，Containment，Inerting，Suppression and Isolation 1988；Part 3－Venting of Weak Explosions and the Effect of Vent Dusts，1988.

［11］ American Institute of chemical Engineers. DOW´S Fire and Explosion Index Hazard Classification Guide，Seventh Edition ［R］. Three Park Avenue，New York，NY10016－5991，1994.

［12］ T. Matsuda，et al. Some Observations on Dust Explosibility in a Pneumatic Transport System ［J］. J. of Powder and Bulk Solids Technology，1982，6（4）：22－28.

［13］ B. R. Gardner，et al. Explosion Development and Deflagration to Detonation Transition in Coal Dust Air Suspension ［C］. Shenyang：Proceedings of the Second International Colloquium on Dust Explosions，1987.

［14］ J. P. Pineau. Dust Explosions in Pipes Ducts and Galleries ［C］. Shenyang：Proceedings of the Second International Symposium on Dust Explosions，1987.

［15］ A. Vogl. The Course of Dust Explosions in Pipes of Pneumatic Systems ［C］. Proceedings of the Shenyang International Symposium on Dust Explosions，1994.

［16］ GB/T－15605 粉尘爆炸泄压指南 ［S］. 北京：中国标准出版社，2008.

［17］ VDI-3673 Pressure Venting of Dust Explosions ［S］. VDI, 1995.

［18］ 蒋詠秋, 穆霞英. 塑性力学基础 ［M］. 北京: 机械工业出版社, 1981.

［19］ 范喜生. 泄爆膜静态破膜压力计算式的修正与推广 ［J］. 工业安全与防尘, 1993, (5): 11-14.

［20］ Fan Xisheng et al. The Edge Effect in the Static Bursting of Vent Closure ［C］. 6ICDE' 94: 553-559.

［21］ 陈至达. 杆、板、壳大变形理论 ［M］. 北京: 科学出版社, 1994.

［22］ NFPA 61—2017 Standard for the Prevention of Fire and Dust Explosions in the Agricultural and Food Processing Facilities ［S］. American National Standard Institute, 2017.

［23］ SFPE. Engineering Guide to Fire Risk Assessment ［M］. 2006.

［24］ AIChE. Guides for Hazard Evaluation Procedures, 3rd edition ［M］. Three Park Avenue, New York, NY10016-5991, 2008.

［25］ NFPA 70—2017 National Electric Code ［S］. American National Standard Institute, 2017.

［26］ NFPA 652—2016 Standard on the fundamentals of combustible dusts ［S］. American National Standard Institute, 2016.

4 气体爆炸的预防与防护

4.1 气体的着火、燃烧与爆炸过程简介

人们在日常生活、工厂、矿山等地时常听说甚至遇到可燃气体火灾、爆炸事故，如日常生活中的液化气瓶泄漏遇明火爆炸、管道煤气泄漏遇明火爆炸、小孩将鞭炮丢入下水道中引发沼气爆炸、吸烟造成的加油站的油气爆炸、炼铁厂的高炉煤气爆炸、焦化厂的焦炉煤气爆炸、煤矿井下的瓦斯爆炸、隧道施工中的可燃气体爆炸等。

为了做好气体爆炸的预防与防护工作，需要了解、掌握气体燃烧爆炸的一些基本知识，阅读有关的专业技术文献等，因此，本节对可燃气体的着火、燃烧与爆炸过程做简要介绍。可燃气体燃烧、爆炸涉及化学热力学（如化学计量比的理论计算等）、化学动力学（化学反应速度与化学平衡）、真实气体的状态方程与输运特性（黏性系数、扩散系数、导热系数）的计算、多组分带有化学反应的守恒方程组（反应流气体动力学）、着火（自燃和点燃）、层流火焰、爆轰波、湍流燃烧、爆燃、爆燃向爆轰的转变等丰富内容，已有非常优秀的专著、教材可供参考，如文献［1］、［2］，限于篇幅，本节仅介绍其中的几个方面，4.1.1 节介绍着火过程；4.1.2 节介绍定常的火焰传播与爆轰过程；4.1.3 节介绍爆燃以及爆燃向爆轰的转变（关于炸药中的爆轰波，见 1.5 节）、压力容器爆炸等不定常过程。这些内容是 3.1 节、3.2 节、3.4 节、4.5 节的理论基础。

4.1.1 着火

1. 化学计量比的概念

众所周知，气体着火、燃烧、爆炸均存在浓度下限和上限及最优浓度。一般说来，实测的最优浓度稍大于化学计量比（Stoichiometry），因此，本节从介绍气体燃料（液体燃料、固体燃料情况稍复杂）的化学计量比开始。

气体燃料的主要元素是 C、H、O、N。所谓化学计量比是指将燃料中的 C 完全氧化成 CO_2、H 变成水蒸气而没有过量的氧所需要的空气量。以 1 mol 的液化石油气燃烧为例。1 mol 的液化石油气含 0.4 mol 的 C_3H_8（丙烷）和 0.6 mol 的 C_4H_{10}（丁烷），假设空气中 O_2 的含量为 21%，1 mol 的 O_2 带有 3.76 mol 的 N_2，则可以写出下列平衡关系：

$$\begin{pmatrix} 0.4C_3H_8 \\ 0.6C_4H_{10} \end{pmatrix} + \begin{pmatrix} 1.2+0.8 \\ 2.4+1.5 \end{pmatrix} (O_2+3.76N_2) \longrightarrow 3.6CO_2+4.6H_2O+22.18N_2$$

即
$$C_{3.6}H_{9.2}+5.9O_2+22.18N_2 \longrightarrow 3.6CO_2+4.6H_2O+22.18N_2$$

可以看到 0.052 kg 的燃料完全氧化需要 0.810 kg 的空气，因此，按体积（或摩尔）计算的化学计量比为 $\frac{1}{1+5.9\times4.76}\times100\% = 3.4\%$、按质量计算的化学计量比为 $\frac{0.052}{0.052+0.810}\times100\% = 6.1\%$。

以上是化学计量比的简化计算方法。关于其详细计算（包括液体燃料、固体燃料的情

124

况）可见文献［2］。

2. 自燃与点燃

气体着火包括自燃和点燃两大类。自燃（煤炭行业称为"自然着火""自然发火"）包括热自燃（或热爆炸）和链自燃两类，前者主要是由系统氧化反应放出的热量大于散失的热量引起的，后者是在系统初始温度或初始压力较低时由链反应机制引起的（有关链自燃理论的简要论述可见文献［3］）；点燃又称点火，包括热表面点火、热气流（火焰）点火、电火花点火等多种形式。着火指预混气自动加速反应升温引起空间某部或最终在某个时刻有火焰出现的过程。研究着火的目标是寻找着火条件，目的在于更好地利用或防止着火（即灭火）。

关于热自燃已形成完整的数学理论。为了便于理解热自燃的数学理论，这里对其做定性介绍。热自燃理论包括闭口系统（容器内）和开口系统（气流中）两类。寻找闭口系统的着火条件有两种分析方法：非稳态分析法和稳态分析法。前者假设容器内温度和浓度是均匀的，不随空间坐标变化但随时间变化，包括 Семёнов 的简化热理论、Тодес 的非稳态分析法和 Франк-Каменецкий 的非稳态分析法等，3 种方法所得结果基本相同；后者不考虑系统随时间的变化，只研究温度或浓度的空间分布（稳态分布），认为当不可能存在稳态解时就达到了着火条件，如 Франк-Каменецкий 的稳态分析法。稳态分析法的主要缺点是无法求得着火延迟时间，因此，闭口系统通常采用非稳态分析法。

开口系统关心的是在什么样的边界条件下流动系统才能着火以及在空间何处着火的问题。可以把系统不具备着火条件的情况看成是具备着火条件的地点在无穷远处，这样，着火条件和着火延迟两个概念合二为一，也就是说，着火分析可归结为寻找着火位置问题。寻找开口系统的着火条件也有两种分析方法：一种是借助闭口系统的 Семёнов 非稳态分析法研究定常流动系统中某一单元体的温度变化即 Lagrange 坐标法，另一种是借助闭口系统的 Франк-Каменецкий 稳态分析法研究定常流动空间中温度的分布即 Euler 坐标法。

关于气流中炽热平板的点燃问题，Зельдович 等提出了一种简化的分析理论——零值边界梯度法。实际上，自燃和点燃没有本质差别，只是自燃是在容器的整个空间进行，点燃是在高温点燃源的热边界进行。这里涉及边界层的有关知识，分析工作比较复杂。热气流点燃（火焰点燃）也有类似问题。总之，热自燃与炽热平板点燃（火焰点燃）等着火问题涉及复杂的数学、力学知识，是燃烧爆炸数学理论的重要组成部分，这里对其做概要介绍，需要了解具体内容的读者可参见有关文献，如文献［4］、［5］。

电火花是最常见的一类点燃源。关于静止与流动混气中电火花最小点火能的半经验理论等可见文献［4］。Зельдович 提出的最小点火能的计算公式为[6]

$$A_{\min} = \frac{\pi}{6}\rho_b c_p (T_b - T_0) d_{\min}^3 \tag{4-1-1}$$

式中，ρ_b 为燃烧产物的密度；c_p 为燃烧产物的比热；T_b 为绝热火焰温度；T_0 为初始温度；$d_{\min}$ 为熄火间距，需要试验测定。用实验方法测定可燃气体最小点火能的现代方法主要是刘易斯及其同事等建立的[7]。刘易斯等回答了什么样的点火能是最小点火能这一棘手问题，其测定方法为后人公认（对可燃粉尘最小点火能的测定方法也有直接影响，见 3.1.1

节），经典实验结果是最小点火能 $A_{min} = \dfrac{1}{2}CU^2$ 与点火电极间距之间的关系，即最小点火能随间距的减小而增大，带有法兰时迅速增大；间距大于临界值 $d \geqslant d_{min}$ 时近乎不变，与是否带有法兰没有关系。因此，最小点火能也就是 $d \geqslant d_{min}$ 时的最小点火能，与电极以及是否带有法兰无关。为了确保不同研究者获得相近的结果，他们只采用空气电容器，在量热技术方面也有创新，95% 以上的能量在电极间释放并且在形成焰核的时间段内损失甚小（不用考虑可能产生击波的损失）。

关于可燃气体最小点火能与熄火间距的测定标准，可见 ASTM E582—2013 Standard Test Method for Minimum Ignition Energy and Quenching Distance in Gaseous Mixtures。表 4-1 列出了一些常见气体的最小点火能和熄火间距[3]。

表4-1　常见气体的最小点火能和熄火间距

燃料	氧化剂	d_0/mm	$E_{min,min}/\times 10^{-5}J$	燃料	氧化剂	d_0/mm	$E_{min,min}/\times 10^{-5}J$
氢	空气	0.64	2.01	乙烯	氧	0.19	0.25①
氢	氧	0.25	0.42①	丙烷	空气	2.03	30.52
甲烷	空气	2.55	33.07	丙烷	氩+氧②	1.04	7.70①
甲烷	氧	0.30	0.63①	丙烷	氦+氧②	2.53	45.33
乙炔	空气	0.76	3.01	丙烷	氧	0.24	0.42①
乙炔	氧	0.09	0.04①	异丁烷	空气	2.20	34.41
乙烷	空气	1.78	24.03	苯	空气	2.79	55.05
乙烯	空气	1.25	11.09①	异辛烷	空气	2.84	57.40①

注：①估计值。

②分别以氩、氦代替空气中的氮。

向上、水平、向下传播时几种烃的可燃极限见表 4-2[7]。更多数据可见文献 [7] 的附录三。

表4-2　几种烃的可燃极限

混合物	传播方式	可 燃 极 限			
		燃料百分数		化学计量百分数	
		下限	上限	下限	上限
甲烷-空气	向上	5.35	14.85	0.54	1.7
	水平	5.40	13.95	0.54	1.6
	向下	5.95	13.35	0.60	1.5
乙烷-空气	向上	3.12	14.95	0.54	2.9
	水平	3.15	12.85	0.54	2.5
	向下	3.26	10.15	0.56	1.9
戊烷-空气	向上	1.42	8.0	0.55	3.3
	水平	1.44	7.45	0.56	3.1
	向下	1.48	4.64	0.57	1.9

表 4-2（续）

混合物	传播方式	可 燃 极 限			
		燃料百分数		化学计量百分数	
		下限	上限	下限	上限
苯-空气	向上	1.45	7.45	0.53	2.9
	水平	1.46	6.65	0.53	2.6
	向下	1.48	5.55	0.54	2.1

用氮气或二氧化碳做抑爆剂的可燃气体的极限氧含量、系统防爆所需氧含量、浓度的计算等可见文献［8］。

4.1.2 火焰传播

1. 层流火焰与爆轰波

几乎所有关于气体燃烧的教材都会介绍预混层流火焰模型及其求解方法，包括Зельдович 等人的分区近似解法、Toong, T. Y. 的精确解法以及 Tanford 等人的扩散理论等[4,5,9]。可以证明，分区近似解与精确解的一次逼近值完全相同

$$S_L = \frac{\sqrt{2\lambda Q_s \int_{T_\infty}^{T_m} w_s \mathrm{d}T}}{[\rho_\infty C_p(T_m - T_\infty)]} \qquad (4-1-2)$$

式中各量的物理含义及更多内容可参见文献［4］、［9］。

因为层流火焰传播速度是可燃气体混合物的一个重要特征参数，因此又称为气体的基本燃烧速度（Fundamental burning velocity）。常见气体与蒸气的基本燃烧速度值可见文献［10］的附表 D.1（a），其中，氢气为 312 cm/s，甲烷、丙烷、乙烯、乙炔分别为 40、46、80、166 cm/s。气体爆炸研究中，常以丙烷为典型代表。

可燃气体的最大爆炸压力也是气体爆炸的一个重要指标。一些气体的最大爆炸压力可见文献［10］的附表 D.2，其中，氢气为 6.8 bar（表压），甲烷、丙烷、乙炔分别为 7.1、7.9、10.6 bar（表压）（5 L 球形容器，点火能 10 J，标态）。注意，气体爆炸试验的标准最小点火能是 10 J（与粉尘爆炸不同）。

气体爆炸也有类似于粉尘爆炸的爆炸指数、泄爆等概念，见 4.1.3 节。

预混气体除稳态的层流火焰燃烧外，还有一种稳态的燃烧状态——爆轰（波）。爆轰波实际上是一个带有化学反应区的冲击波。气体中的爆轰波是研究炸药爆轰波的基础，有丰富的内容，如 ZND 模型、C-J 条件、胞格结构、螺旋爆轰等。爆轰波的传播速度为

$$U = \frac{\nu_1}{\nu_2}\sqrt{\gamma_2 p_2 \nu_2} \qquad (4-1-3)$$

式中，ν 是比容；γ 是绝热指数；p 是压力，下标 1 指波前，下标 2 指波后。室温、大气压力下 $2H_2 + O_2$、$CH_4 + 2O_2$、$C_3H_8 + 3O_2$、$C_2H_4 + 3O_2$、$C_2H_2 + 1.5O_2$ 的爆轰波速度分别为 2821 m/s、2146 m/s、2600 m/s、2209 m/s、2716 m/s；$2H_2 + O_2$ 的爆轰压力、温度分别为 1.81 MPa、3583 K。气体爆轰通常需要在纯氧环境中（粉尘爆轰也一样），限于篇幅，有关气体爆轰的更多内容这里就不介绍了，感兴趣的读者可参见文献［2］、［7］。

预混火焰的可燃气体和空气（或氧气）在着火前已经混合均匀，与此对应，扩散火焰

的可燃气体和空气（或氧气）在着火前处于分离状态，家用燃气灶就属于这种情况。在安全方面，前者重点要防止燃烧器回火，造成管道内可燃气体爆炸，后者重点要防止熄火后可燃气体泄漏与空气混合遇火源发生爆炸或人员窒息等。

2. 湍流模式与湍流燃烧

湍流是流体力学中最复杂的课题之一，几乎所有流体力学教材都会介绍湍流。鉴于湍流问题的复杂性，现在，涉及湍流流动的问题一般都会采用数值模拟软件进行求解计算，大型商用数值模拟软件 Fluent 是目前应用最广的 CFD（计算流体动力学）软件。

为了用好数值模拟软件，需要对湍流与湍流模式有所了解，包括黏性流体力学方程组、Reynolds 应力、湍流的 Kolmogoroff 尺度、Taylor 的微观与宏观尺度、能谱、湍流的代数方程模型（如混合长 l_m 模型）、单微分方程模型（如 k 方程模型）、双微分方程模型（如 k-ε 模型）、雷诺应力模型等。

为了解决湍流边界层问题，1925 年 Prandtl 提出的混合长度模型是最早、最简单的湍流模型

$$\tau_t = \rho l_m^2 \left| \frac{\partial u}{\partial y} \right| \frac{\partial u}{\partial y} \tag{4-1-4}$$

对于圆管内的流动，混合长度 l_m 可通过 Nikuradse 阻力公式确定

$$\frac{l_m}{R} = 0.14 - 0.08\left(1 - \frac{y}{R}\right)^2 - 0.06\left(1 - \frac{y}{R}\right)^4 \tag{4-1-5}$$

对于有回流的流动，数值模拟中应用较多的是 k-ε 模型

$$\rho \frac{dk}{dt} = \frac{\partial}{\partial x_i}\left(\frac{\mu_t}{\sigma_k} \frac{\partial k}{\partial x_i}\right) + \mu_t \left(\frac{\partial v_i}{\partial x_j} + \frac{\partial v_j}{\partial x_i}\right) \frac{\partial v_i}{\partial x_i} - \rho\varepsilon \tag{4-1-6}$$

$$\rho \frac{d\varepsilon}{dt} = \frac{\partial}{\partial x_i}\left(\frac{\mu_t}{\sigma_\varepsilon} \frac{\partial \varepsilon}{\partial x_i}\right) + \frac{\varepsilon}{k}\left[C_1 \mu_t \left(\frac{\partial v_i}{\partial x_j} + \frac{\partial v_j}{\partial x_i}\right) \frac{\partial v_i}{\partial x_i} - C_2 \varepsilon \right] \tag{4-1-7}$$

式中，$\mu_t = 0.09\rho k^2/\varepsilon$，$\sigma_k = 1.0$，$\sigma_\varepsilon = 1.3$，$C_1 = 1.45$，$C_2 = 1.92$。有了 κ-ε 方程等，就可以与宏观均匀流的控制方程组一起构成封闭方程组，只要给出合适的定解条件并运用一定的解法，就可得到整个湍流流场的均匀流状态下的数值解。对于更复杂的流动，例如，燃烧室内带有强旋流的情况，则可以采用雷诺应力模型，更多内容可见文献［11］、［12］等。

文献［11］、［12］对湍流燃烧模型也有详细介绍，包括湍流扩散火焰模型、湍流预混火焰模型［漩涡破碎模型（EBU）、拉切滑模型］、ESCIMO 湍流燃烧理论等。为了较好地理解这些模型，需要了解一些相对简单的湍流燃烧模型，包括湍流气流中火焰传播的表面燃烧模型（Domkohler-Щелкий 皱褶火焰模型）和本生灯湍流预混火焰的若干实验结果、湍流气流中火焰传播的容积燃烧模型（Summerfield-Щетинков 容积燃烧模型）、火焰自湍化理论等[3,5,7,9]。这些相对简单模型研究的主要是湍流火焰传播速度与层流火焰传播速度、湍流尺度、强度、湍流雷诺数等参数之间的关系，由于问题本身的复杂性，至今仍在发展中。从实用的角度出发（不涉及湍流尺度、强度），这里列出无湍流网格的本生灯上的实验结果[13]

$$S_T = 0.18 d^{0.26} Re^{0.24} S_L \tag{4-1-8}$$

式中，d 为管径；$Re = \dfrac{\rho u d}{\mu}$，即 Reynolds 数，$\rho$ 为密度，u 为流速，μ 为动力黏性系数；S_L

为层流火焰传播速度。

式（4-1-8）表明，湍流火焰传播速度与管径、Reynolds 数及其层流火焰传播速度等有关，管径、可燃气体性质一定则主要与 Reynolds 数有关，在管道内爆炸过程的分析中会用到这一点（流速以及管壁粗糙度的影响），见 4.1.3 节。

式（4-1-8）的不足是明显的，$\frac{S_{\mathrm{T}}}{S_{\mathrm{L}}} \sim d^{0.26}$ 不符合量纲原理。

4.1.3 爆炸过程

下面研究容器内与管道中的爆炸过程以及容器爆炸与无约束蒸气云操作问题。

1. 容器内的最大爆炸压力与最大爆炸压力上升速率

典型的容器内气体爆炸压力随时间的变化曲线如图 4-1 所示，理论上计算最大爆炸压力、最大爆炸压力上升速率的工作可参见文献 [5]、[7]、[14]，这里给出一种简单的处理方法[15]。

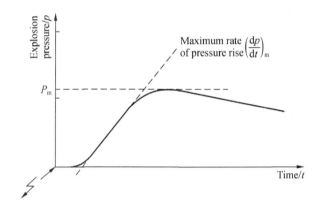

图 4-1　容器内气体（粉尘）爆炸压力随时间的变化关系

不管发生化学反应的是粉尘还是气体，燃烧产物通常都是气体，根据理想气体状态方程，爆炸过程中有

$$pV_0 = \left(\frac{m}{M}\right)RT = nRT \tag{4-1-9}$$

式中，V_0 是容器体积；p 是绝对压力；R 是通用气体常数；n 是气体摩尔数，等于气体质量 m 被平均分子量除。对于典型的事故爆炸，空气是氧化剂，燃料可以是气体、粉尘或液体燃料喷雾。因为空气中氮气占比很大，放热燃烧反应过程中 M 变化不大，因此，n 变化也不大。燃烧反应速度很快，大部分化学反应内能以热的形式储存在气体中，温度由 T_0 升为 T_{b}。根据式（4-1-9），有

$$\frac{p_{\max}}{p_0} \approx \frac{T_{\mathrm{b}}}{T_0} \tag{4-1-10}$$

燃烧温度 T_{b} 与容器的大小无关，因此，最大爆炸压力与容器的大小无关。

基于同样的考虑，可以得到 t 时刻的压力 $p(t)$ 满足下列比例关系：

$$\frac{p(t) - p_0}{p_{\max} - p_0} = \frac{kV(t)}{V_0} \tag{4-1-11}$$

式中，$V(t)$ 是 t 时刻燃烧产物部分所占的体积。k 是考虑燃烧产物与未燃烧气体混合物可压缩性差异而引进的修正系数，对于点源球面波

$$\frac{V(t)}{V_0} = \left[\frac{r(t)}{r_0}\right]^3 = \left[\frac{s_b t}{r_0}\right]^3 \tag{4-1-12}$$

式中，s_b 是火焰速度

$$s_b = \frac{dr(t)}{dt} = \frac{\rho_u}{\rho_b} s_u \tag{4-1-13}$$

式中，s_u 为燃烧速度；$\dfrac{\rho_u}{\rho_b}$ 为常压下未燃气体混合物与燃烧产物的密度比。$r(t) \to r_0$ 时 $p(t) \to p_{max}$，此时，$n=1$，式（4-1-11）对时间 t 微分，得

$$\frac{dp(t)}{dt} = 3(p_{max} - p_0)\left(\frac{\rho_u}{\rho_b}\right) s_u \frac{[r(t)]^2}{r_0^3} \tag{4-1-14}$$

式（4-1-14）表明，最大压力上升速率也应该在火球到达壁面时达到，令 $r(t) = r_0 = \left(\dfrac{3V_0}{4\pi}\right)^{1/3}$，$\dfrac{\rho_u}{\rho_b} \approx \dfrac{T_b}{T_0} \approx \dfrac{p_{max}}{p_0}$，得

$$\left[\frac{dp(t)}{dt}\right]_{max} V_0^{1/3} = K = 4.84\left(\frac{p_{max}}{p_0} - 1\right) p_{max} s_u \tag{4-1-15}$$

式（4-1-15）可看作是立方根定律的由来。对气体，K 写作 K_G，对粉尘 K 写作 K_{st}（st 是德语 staub，粉尘的意思），它反映了 $\left[\dfrac{dp(t)}{dt}\right]_{max}$ 与容器大小之间的关系（见 3.1.1 节）。

由式（4-1-15）可见，K 值主要受 s_u 影响，s_u 主要受点火延迟时间影响。20 L 试验装置的最佳点火延迟时间为 60 ms。

2. 管道内爆炸过程定性分析[16,17]

本条考察管道内可燃气体与空气的混合物燃烧、爆炸的一般过程，限于篇幅，仅做定性分析（关于气体爆炸的专业数值模拟软件，可见文献 [18]）。

假设管道水平放置（忽略自然对流的影响），一端密闭、一端开口，点火源位于密闭端，开口端无限远，点火前可燃气体与空气已经过充分搅拌混合（或长时间放置扩散混合）均匀，可燃气体的浓度（体积分数）为化学计量最优浓度。

点火后，火焰即从密闭端向开口端传播。在火焰传播的初期，火焰面前面未燃气体混合物的流速为零或较小，火焰处于层流状态，传统观点认为火焰传播的动力是燃烧区产生的热量向未燃区的传导，称为火焰传播的热传导机制（如前所述，还有一种扩散机制）。层流火焰传播速度可通过理论计算获得，与实测数据符合良好，特点是火焰传播速度很小（通常小于 1 m/s），是气体燃烧的一个特性参数。

燃烧产物的温度高于未燃气体混合物的温度导致燃烧产物的密度小于未燃气体混合物的密度。由于存在密闭端（没有稀疏波的影响），燃烧产物体积膨胀，推动火焰前面未燃气体混合物的流速增大，流速增大反过来又导致火焰燃烧速度增大，这种正反馈关系的直接结果是层流火焰很快发展为湍流火焰（管壁粗糙度、人工障碍物是另外一些影响因素），火焰速度不断增大，这一过程称为爆燃过程，简称爆燃。显然，爆燃过程是不定常的。这种由燃烧产物体积膨胀导致火焰加速的理论称为管道内火焰加速的谢尔金解释[5]。

爆燃的速度小于未燃气体混合物中的声速（常压状态下约为 340 m/s）。条件适当时，例如，可燃气体的层流火焰传播速度本身较大、将空气换成氧气等，当爆燃速度接近声速时，有可能突然出现爆轰波（火焰的作用类似于 1.5.3 节压缩波问题中的活塞）。爆轰波实质上是一个带有化学反应区的冲击波，其传播机制是化学反应区为冲击波的传播提供能量、冲击波绝热压缩（不是热传导、热扩散机制）其前面的未燃气体混合物直接发生化学反应，由爆燃突变到爆轰[19,20]。爆轰波以超声速传播（1500 m/s 以上），波阵面上的压力较大，很容易造成管道的破裂（爆燃也可能造成管道破裂），称为爆炸。有时候，人们把爆炸一词与火灾对应，有时候与燃烧对应，表示快速的化学反应过程，例如爆燃，甚至爆轰，并不强调管道或容器的破裂，含义较广。燃烧学是一门古老学科，上述各种波动过程都可以统一在燃烧波名下[1,2]。总之，管道内的爆炸过程比容器内的操作过程复杂。

一般说来，可燃气体、可燃粉尘云中发生的爆炸过程多为爆燃（纯氧环境中可能发生爆轰），炸药中发生的爆炸过程多为爆轰（爆速量级为每秒几千米），参见 1.5 节、2.1 节。

3. 压力容器爆炸[21]

压力容器爆炸的破坏作用主要有爆炸波、破片对人及物的杀伤、毁伤等。下面给出爆炸波超压的估算方法。

1）TNT 当量法

TNT 当量法原理简单，适用于各种事故爆炸类型。其核心思想是根据释放出的能量折算为 TNT 质量，然后，使用 TNT 的有关公式计算超压、比冲量等。显然，这种方法对于高能炸药、含能材料（民用炸药）比较准确，对于压缩气体爆炸、蒸气云爆炸等在近场可能存在较大误差。

TNT 炸药的爆热约为 4.6 MJ/kg。压力容器破裂时，很难事先估算用于破裂、形成爆炸波、破片的能量。对于只有压缩气体（不液化）的情况，40%～70%的能量形成爆炸波，具体份额与破片的形式有关。一般情况下可取为 50%。

TNT 当量=炸药（或燃料）质量×当量系数；

$$当量系数 = \frac{爆炸能量}{4.6 \text{ MJ/kg}} \times 利用系数。$$

2）只有压缩气体的情况

Kinney 提出的计算式为

$$E = NRT_2 \ln\left(\frac{P_2}{P_1}\right) \tag{4-1-16}$$

式中，N 为摩尔数；R 为气体常数；T_2 为破裂前气体的温度，K；P_2 为破裂前的气压；P_1 为破裂后的气压。

Brode 提出的计算式为

$$E = \frac{(P_1 - P_a)V_1}{(\gamma - 1)} \tag{4-1-17}$$

式中，P_1 为气体的初始压力；P_a 为大气压力；V_1 为气体的初始体积；γ 为气体的绝热指数。

Brinkley 提出的计算式为

$$E = \frac{P_1 V_1}{\gamma - 1}\left[1 - \left(\frac{P_a}{P_1}\right)^{\frac{(\gamma-1)}{\gamma}}\right] \tag{4-1-18}$$

式中，各参数意义同式（4-1-17）。

3 个公式中，常用式（4-1-18）。

Strehlow 和 Ricker 对该问题进行了系统研究，结果表述为一组曲线，采用式（4-1-17）计算 E，具体方法见文献［21］。

3）存在液化气体的情况

这时，液化气体迅速蒸发能提供部分能量，如 propane 和 chlorine，可使用下式计算形成爆炸波的能量

$$E = \frac{P_1 (V_1 + V_2)}{\gamma - 1}\left[1 - \left(\frac{P_a}{P_1}\right)^{\frac{(\gamma-1)}{\gamma}}\right] \tag{4-1-19}$$

$$V_2 = \frac{22.4F \times M}{MW}\left(\frac{P_1}{P_a}\right) \tag{4-1-20}$$

式中，M 为容器中液体的质量；F 为蒸发部分所占的比例，与温度有关；MW 为分子量。其他参数意义同式（4-1-18）。

荷兰的 TNO 对这种情况进行了更详细的研究，其研究成果见文献［21］。

4. 气体、无约束蒸气云爆炸

可燃气体泄漏与空气混合形成无约束可燃气体混合物等遇火源爆炸能够造成大面积毁伤。由于可燃气体混合物的形状、浓度、着火源的强度、障碍物的情况等未知，准确预测其爆炸波强度难度较大，目前主要采用 TNT 当量法进行估算；英国的 GAS VCE 法、荷兰 TNO 的 MULTI-ENERGY 法、壳牌公司的 SHELL 法等各自在不同假设的基础上提出了爆炸波的计算方法[21]，因而更适用于条件更加明确的情况，如二次引爆型燃料——空气炸药（FAE）等[22]，限于篇幅，此处从略。

可燃气体泄漏、燃烧、爆炸是化工企业比较多见的一种事故类型。关于化工企业的防火防爆工作，文献［23］值得参考（数值模拟工作见文献［18］）。关于化工企业的一些特殊爆炸事故类型的介绍，如不稳定物质分解爆炸（快速相变）、蒸汽爆炸、反应失控等，可见文献［24］。

4.2 采空区氧浓度分布规律及遗煤自燃理论

采空区遗煤自燃是井工煤矿比较常见的一种内因火灾，轻者造成生产中断、影响生产，重者导致封闭回采工作面，如果处置不当，还有可能造成人员窒息、引发重、特大瓦斯（煤尘）爆炸事故（近年来新疆地区已发生多起这类事故）。采空区遗煤自燃问题与回采工作面瓦斯浓度超限治理也有一定联系，详见 4.3 节。

有关采空区遗煤自燃、防灭火措施等方面的研究工作已有很多[25-28]，《煤矿安全规程》（2016）劈有专章对井下包括采空区的火灾防治、火区管理等做了具体要求，但采空区火灾事故仍时有发生，一个重要原因在于对遗煤自燃机理研究不透，基础工作不扎实，防灭火措施（如黄泥灌浆、注氮或二氧化碳、喷洒阻化剂等）不到位。

本节研究采空区遗煤自燃热力学。研究采空区热力学离不开氧浓度分布规律。4.2.1

节用解析方法研究采空区氧浓度分布规律；4.2.2 节介绍采空区瓦斯浓度分布规律（与氧浓度分布规律有关）的数值模拟方法，首先给出一些基础参数的确定方法，其次介绍采用 Fluent 软件进行数值模拟的过程，然后以二维简单 U 型通风为例（有解析解），说明数值模拟方法的正确性、可靠性，然后给出一些数值模拟结果（严格说来这部分工作只适用于采空区底层）；4.2.3 节研究采空区遗煤自燃理论，可作为采空区防灭火工作的理论基础。

4.2.1 采空区氧浓度分布规律理论分析[29]

大量的井下试验表明，采空区氧浓度 c（体积百分数）随坐标 x（距采空区起始面的距离）按指数规律衰减，即

$$c = c_0 \exp[-k(x - x_0)] \tag{4-2-1}$$

式中，c_0 为采面风流中的氧浓度，大致为 20%；x_0 为采空区起始面至煤岩混合物的距离。由于采空区直接顶的垮落一般需要滞后一段时间，在采空区起始面与煤岩混合物之间有时会有一段空场区，x_0 就是这段距离。空场区内氧浓度大致也是 20%。x_0 可用肉眼估测，作为近似，也可忽略这段距离而假设 $x_0 = 0$，式（4-2-1）随之简化为 $c = c_0 \exp[-kx]$。是否假设 $x_0 = 0$ 取决于所研究工作面的具体情况，因此，决定采空区氧浓度分布规律的唯一参数就是 k——氧浓度衰减系数。

采空区底部遗煤区域的氧浓度 c 满足下述偏微分方程：

$$\frac{\partial c}{\partial \tau} = D\nabla^2 c - \vec{v}_\phi \operatorname{grad} c - v_\Pi \frac{\partial c}{\partial x} - \frac{\rho_H(U + f)}{\Pi} \tag{4-2-2}$$

式中，c 为距采空区起始面 x 处的氧浓度，体积百分数，%；τ 为时间，s；D 为气体混合物中氧的扩散系数，可取氧在氮气中的扩散系数 2×10^{-5} m^2/s；$\vec{v}_\phi$ 为渗流速度矢量，m/s；v_Π 为回采面推进速度，m/s；ρ_Π 为煤的堆积密度，取 0.9 kg/m^3；U 为氧的吸附速度常数（即耗氧速度常数），$m^3/(kg \cdot s)$；f 为 1 kg 煤岩放出的瓦斯气体的比例；Π 为采空区破碎煤岩的空隙率，%，取 25%。需要注意的是，式（4-2-2）考虑了工作面推进速度的影响。

式（4-2-2）是一个二阶抛物型偏微分方程，由于涉及平面渗流场 $\vec{v}_\phi$，一般情况不易求解，但对于准定常 $\left(\frac{\partial c}{\partial \tau} \approx 0\right)$ 以及 U 型通风进、回风两侧附近的情况，式（4-2-2）可简化为一个常微分方程：

$$\frac{d^2 c}{dx^2} - \frac{v_\Pi \pm v_x}{D}\frac{dc}{dx} - \frac{\rho_H(U + f)}{\Pi D} = 0 \tag{4-2-3}$$

式中，+对应于进风侧；-对应于回风侧；v_x 为指向采空区内部方向的渗流速度分量的平均值，m/s。

假设方程式（4-2-3）一阶导数项的系数是常数，则其满足边界条件 $c|_{x=0} = c_0$ 的解是 $c = c_0 \exp(-kx)$，即与式（4-2-1）一致（假设 $x_0 = 0$）。而 k 值可按下式计算

$$k = \sqrt{\left(\frac{v_\Pi \pm v_x}{2D}\right)^2 + \frac{\rho_H(U + f)}{\Pi D}} - \frac{v_\Pi \pm v_x}{2D} \tag{4-2-4}$$

以下给出 v_x、U、f 的计算方法。根据文献［29］

$$v_x = \frac{4(P_1 - P_2)}{\pi r_0 L(1 + 0.25\beta L^2)}\exp(-0.25\beta L^2 - 0.5\pi) \tag{4-2-5}$$

其中，P_1 为下隅角静压，Pa；P_2 为上隅角静压，Pa；L 为工作面长度，m；r_0、β 为采空区阻力系数常数，详见 4.3.2 小节。

$$U = 0.25 U_0 \left(\frac{0.5L}{v_\Pi}\right)^{-\alpha} \frac{h_\Pi}{h_B} \qquad (4\text{-}2\text{-}6)$$

其中，U_0 为煤粉自采下后 1 h 时刻的氧的吸附速度常数，根据文献提供的试验结果，取 $(1.67\sim2.8)\times10^{-8}\,\mathrm{m^3/(kg \cdot s)}$；$\alpha$ 为经验常数，在 0.2~0.5 之间变化；h_Π 为遗煤厚度，m；h_B 为煤层厚度，m。

$$f = \psi g_0 \exp\left(-\frac{0.5nL}{v_\Pi}\right) \qquad (4\text{-}2\text{-}7)$$

式中，ψ 为采空区释放瓦斯的煤岩表面积与其质量的比值，$\mathrm{m^2/kg}$，文献［29］提供的结果是进风侧取 $1\times10^{-6}\,\mathrm{m^2/kg}$，回风侧取 $(1.5\sim2)\times10^{-6}\,\mathrm{m^2/kg}$；$n$ 为经验系数，文献［29］提供的数据为 $(2.7\sim2.9)\times10^{-7}\,\mathrm{s^{-1}}$；$g_0$ 为遗煤初始瓦斯释放率，$\mathrm{m^3/(m^2 s)}$，是煤的基础参数，可根据下式计算：

$$g_0 = 0.026X\left[0.0004(V_{\mathrm{daf}})^2 + 0.16\right] \qquad (4\text{-}2\text{-}8)$$

式中，X 为煤层瓦斯含量，$\mathrm{m^3/t}$；V_{daf} 为煤的挥发分，%。

式（4-2-8）已被大量实验证实，可用于采空区氧浓度衰减系数的计算及采空区自燃发火规律的预测等。

为了进一步简化式（4-2-4），下面估计其中根号下两项的大小。

v_Π 为 50 m/月的量级，即 $v_\Pi \sim 1.929\times10^{-5}\,\mathrm{m/s}$，$v_x$ 可按式（4-2-5）计算，也可根据数值模拟结果估算。根据河南义煤集团某煤矿采空区遗煤自燃问题数值模拟的结果，该值可取为 $v_x \sim 3\times10^{-2}\,\mathrm{m/s}$，$D \sim 2\times10^{-5}\,\mathrm{m^2/s}$，$\rho_H \sim 0.9\,\mathrm{kg/m^3}$，$U_0 \sim 2\times10^{-8}\,\mathrm{m^3/(kg \cdot s)}$，$L \sim 100\,\mathrm{m}$，$\alpha \sim 0.35$，$h_\Pi \sim 0.5\,\mathrm{m}$，$h_B \sim 2.5\,\mathrm{m}$，$\Pi \sim 0.25$，$\psi \sim 1.5\times10^{-6}\,\mathrm{m^2/kg}$，$n \sim 2.8\times10^{-7}\,\mathrm{s^{-1}}$，$X \sim 10\,\mathrm{m^3/t}$，$V_{\mathrm{daf}} \sim 25\%$，则 $g_0 \sim 0.0416\,\mathrm{m^3/(m^2 \cdot min)} = 7\times10^{-4}\,\mathrm{m^3/(m^2 \cdot s)}$，$f \sim 5\times10^{-10}\,\mathrm{m^3/(kg \cdot s)}$，$U \sim 5.69\times10^{-12}\,\mathrm{m^3/(kg \cdot s)}$，$\left(\frac{v_\Pi \pm v_x}{2D}\right)^2 \sim 5.625\times10^5\,\mathrm{m^{-2}}$，$\frac{\rho_H(U+f)}{\Pi D} \sim 9\times10^{-5}\,\mathrm{m^{-2}}$，可见，$\left(\frac{v_\Pi \pm v_x}{2D}\right)^2 \gg \frac{\rho_H(U+f)}{\Pi D}$，式（4-2-4）可近似为

$$k \approx \frac{\rho_H(U+f)}{\Pi(V_x \pm V_\Pi)} \qquad (4\text{-}2\text{-}9)$$

一般说来，U 比 f 小两个数量级，因此，式（4-2-9）又可简化为

$$k \approx \frac{\rho_H f}{\Pi(V_x \pm V_\Pi)} \qquad (4\text{-}2\text{-}10)$$

这说明，k 基本上不受 U 的影响，根据俄罗斯若干矿井的实测数据，k 值在 0.0015~0.0226 之间变化。

4.2.2 采空区流场、瓦斯浓度分布规律数值模拟

1. 一些基础参数的确定[29]

本节只研究水平及缓倾斜煤层开采采空区底部瓦斯浓度场的数值模拟问题。为了使数值模拟工作能够真正发挥其定量作用，必须使有关参数尽可能符合实际；否则，数值模拟

结果只能作为定性参考。

1）空间范围

总体上，可将模拟范围视为一个长方体。由于气体在重力作用下的自然扩散问题不易模拟，只考虑底板附近遗煤区域，忽略氧气等气体沿高度方向的自然对流扩散，研究二维问题，始有方程式（4-2-3）。将坐标原点取在采空区起始边界的进风侧，采空区沿倾向（y 向）可取为工作面的长度，沿走向（x 向）可取为采空区的实际长度（当采空区很长时可根据情况假定，其截断影响可通过边界条件反映）。

对于简单 U 型通风方式，工作面的中点即为采空区进、出风的分界点，边界条件容易设定（进风段给定线性压力分布，瓦斯浓度可设为 0；出风段也给定线性压力分布，瓦斯浓度不用设定），但考虑插管抽采影响时，工作面压力边界的分界点不易确定，边界设定遇到困难。处理方法是，扩大计算域，包括回采工作面及部分进、回风巷（通常，进风巷的压力、瓦斯浓度与回风巷的压力容易确定）。

2）采空区渗透率

采高与冒落带范围内的渗透率可认为是各向同性的。文献［29］通过理论分析给出了采空区渗流阻力 r 随采空区深度 x 变化的乌沙阔夫公式

$$r = r_0 \exp(\beta x^2) \tag{4-2-11}$$

式中，r_0 为采空区起始边界处的渗流阻力；β 为系数，二者均可通过井下试验测定。由式（4-2-11）可见，越往采空区内部渗流阻力越大；作为近似，可以忽略 r 随 x 的变化而取为常量。文献［29］给出了 r_0 和 β 的一些实验值，某矿 r_0 试验结果的平均值为 $r = 11.8$ Pa·s/m²（首分层）和 39.2 Pa·s/m²（二分层），换算为渗透率 $K\left(K = \dfrac{\mu}{r}\right.$，这里，$\mu$ 为空气的动力黏性系数，主要与温度有关，标准状态下约为 1.8×10^{-5} Pa·s$\Big)$ 分别为 1.525×10^{-6} m² 和 4.592×10^{-7} m²，可作数量级参考。

2. 数值模拟方法[30]

采用大型商用软件 Fluent 进行数值模拟。

模拟包括建模与计算两大部分。建模部分又包括建立几何模型、划分网格、设置边界条件、区域条件等。这里，由于流动区域属性不同，有的属于一般空间内的流动，有的属于多孔介质渗流等，需要分区处理；解决办法是先采用布尔运算将不同几何体连为一个整体再用实平面根据需要分割，并保留分割面（选中 retain 和 connected；在边界条件设置中设为 interior）。计算部分又包括网格检查、设置模型、定义材料、设置工作条件、边界条件、自定义标量、自定义标量翻译、求解、显示等。择要分述如下：

（1）网格检查必须圆满通过后才能进入下一步工作。

（2）设置模型时可以不用能量方程，因为流速较低，温度近似不变；湍流模型常采用 k-ε 模型。

（3）材料设为空气即可，并采用给出的默认参数。

（4）工作压力取模拟地点的大气压力。

（5）设置边界条件前需先设定自定义标量项。瓦斯浓度 c 是标量，为了模拟瓦斯浓度

场，需要知道 c 满足的输运方程，尤其是其中的源项 $\left(S_c = \rho\left[\dfrac{\rho_H(U+f)}{\Pi} - v_\Pi \dfrac{\partial c}{\partial x}\right]\right)$，尚需用 C 语言编写自定义标量源项的源程序等。

（6）设置边界条件，包括入口边界、出口边界、区域内设置（Fluent 将其归入边界条件）等。工作面的推进速度在区域设置中设定；孔隙介质的渗透率也在区域设置中设定且可以各向不同；源项在区域设置中调用。

（7）求解主要包括求解控制、初始化、监测设置、迭代计算等，需要提示的是有渗流的计算压力离散方式采用 PRESTO，而非 STANDARD，其他采用默认设置即可。

作为示例，图 4-2 为简单 U 型通风采空区流场、瓦斯浓度场二维数值模拟结果。有关参数取值如下：进、回风段宽 3 m，长 6 m；工作面宽 4 m，长 90 m；采空区宽、长均为 90 m。网格边长 0.5 m。进风巷入口处 $P_1 = 88555$ Pa，c 取为 0；回风巷出口处 $P_2 = 88525$ Pa，c 取为 0.004。两巷、回采工作面区域为一般的空气流动区；采空区为渗流区，渗透率取 $K = 1.525 \times 10^{-6}$ m²，孔隙率取 0.25，工作面推进速度取 0.000021 m/s（等于每月推进 36 m、每月工作 30 d、每天工作 16 h）等。

由图 4-2a、图 4-2b 可知，考虑工作面影响后，采空区内的压力场上、下不再严格反对称[29]。由图 4-2b 可知，工作面回风侧流速最大，最大值约为 3.6 m/s。由图 4-2c 可知，越往采空区内部、越往回风侧瓦斯浓度越大，上隅角处约为 5%，采空区内部距上隅角 9 m 处约为 8%，这些都与实际情况相当一致[30]。说明这里提供的数值模拟方法是正确的、可靠的。

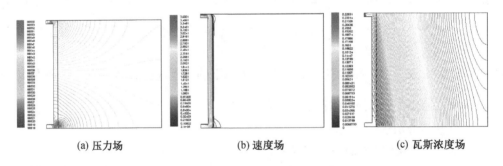

| (a) 压力场 | (b) 速度场 | (c) 瓦斯浓度场 |

图 4-2　简单 U 形通风采空区流场、瓦斯浓度场二维数值模拟结果

3. 上隅角封堵、插管抽采作用数值模拟[31]

1）上隅角封堵作用数值模拟

用细沙袋封堵上隅角若干米，例如 3 m，瓦斯传感器仍悬挂在距顶板 300 mm、距墙壁 200 mm 处，如果沙袋密闭效果好，上隅角处瓦斯浓度一般不再超限，但距上隅角较近的几排支架之间仍有可能超限，表明封堵作用是局部的。数值模拟如下：

方法同前，沙袋墙用孔隙介质跳跃（porous-jump）模拟，渗透率取 1×10^{-20} m²。结果如图 4-3 所示。

比较图 4-3 与图 4-2 可以发现，两者总体上变化不大，上隅角处的瓦斯浓度由于精度问题区别不明显。

2）上隅角封堵、插管抽采联合作用数值模拟

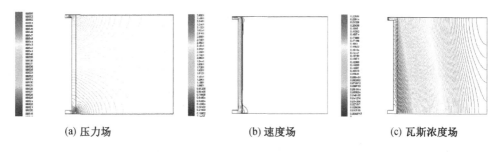

(a) 压力场   (b) 速度场   (c) 瓦斯浓度场

图 4-3　U 形通风上隅角封堵 3 m 采空区流场、瓦斯浓度场数值模拟结果

　　抽采管道为直径 0.3 m 的圆管，开口位于采空区内 9 m、距底板 3.5 m 的侧边上，抽采出口处压力设为 $P_3 = 88275$ Pa（比 $P_2 = 88525$ Pa 小 250 Pa），$c = 0.08$，网格边长 0.3 m，其余条件同前。为简化工作量，仍采用二维模拟，结果如图 4-4 所示，可认为是过抽采管道中面的情况。

　　由图 4-4a 可知，这种情况抽采管出口附近压力最低，采空区内压力分布明显不对称；由图 4-4b 可知，最大流速出现在抽采出口附近，为 12 m/s 左右，与实际情况一致相符。由图 4-4c 可知，瓦斯浓度场有了较大变化，最大瓦斯浓度减小约 20.5%，上隅角附近瓦斯浓度减小明显，在 1% 以下，说明采取上隅角插管抽采措施的确可以有效治理上隅角瓦斯浓度超限，与某矿 $A_5 04$ 回采工作面的实际情况符合较好。

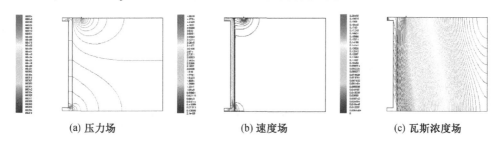

(a) 压力场   (b) 速度场   (c) 瓦斯浓度场

图 4-4　U 形通风上隅角封堵 3 m、插管抽采采空区流场、瓦斯浓度场数值模拟结果

4.2.3　采空区遗煤自燃理论分析[29]

　　取 $\tau = 0$（即初始时刻）坐标原点在采空区起始点，x 轴指向采空区内部，经过时间 τ，坐标原点 O' 与采空区新起始面移动到 $x = -v_\Pi \tau$ 处，这里，v_Π 为工作面推进速度。

　　为简化分析，考虑到采空区高度 h_B（近似等于煤层厚度）远小于工作面长度 L，可以认为采空区温度分布问题为一个两维问题，即温度只沿 x（走向方向）、z（高度方向）变化，不考虑倾向方向的变化。

　　采空区是否自燃的最佳判据是采空区遗煤与岩石的混合物（简称煤岩混合物）的温度，而采空区内的温度分布满足下述数学物理方程及其初始、边界条件

$$\frac{\partial \theta}{\partial \tau} = a\left(\frac{\partial^2 \theta}{\partial x^2} + \frac{\partial^2 \theta}{\partial z^2}\right) + b\exp[-k(x + v_\Pi \tau)] \quad (\tau > 0,\ x > -v_\Pi \tau,\ 0 < z < h_B)$$

$$(4\text{-}2\text{-}12)$$

边界条件为

$$\theta|_{x=-v_\Pi\tau}=0 \quad (\tau\geqslant 0); \quad \theta|_{z=0}=\theta|_{z=h_B}=0 \quad (x\geqslant -v_\Pi\tau,\ \tau\geqslant 0) \quad (4-2-13)$$

初始条件为

$$\theta|_{\tau=0}=\varphi(x,z) \quad (x\geqslant 0,\ 0\leqslant z\leqslant h_B) \quad (4-2-14)$$

这是这一问题的数学物理模型的合理提法。其中，数学物理方程反映物理过程的实质，而初始、边界条件将该问题与其他问题区别开。这里，$\theta=t-t_0$，$a=\lambda/\rho_H C$，$b=c_0Uq_0/C$，$U=U_0h_\Pi/h_B$。有关参数的物理意义如下：t 为待求温度，是 x、z、τ 的函数，C°；t_0 为初始温度，可取顶、底板岩石的温度，C°；τ 为时间，对于准定常问题，$\dfrac{\partial\theta}{\partial\tau}=0$，温度不随时间变化；$a$ 为采空区煤岩混合物的导温系数，根据文献［29］，可取（1.4～1.9）$\times10^{-7}$ m²/s；c_0 为回采面风流中氧的浓度；U_0 为煤的耗氧速度常数，根据文献［29］，可取（1.67～2.8）$\times10^{-8}$ m³/(kg·s)。当煤中含有阻燃添加剂时，其值可通过试验确定；h_Π 为遗煤厚度，m；h_B 为煤层厚度，m；q_0 为煤与氧反应放热量，J/m³，根据文献［29］，可取 12.6$\times10^6$ J/m³；C 为采空区煤岩混合物的比热，根据文献［29］，可取（1.13～1.26）$\times10^3$ J/(kg·K)；k 为采空区氧浓度衰减系数；v_Π 为工作面推进速度，m/s；$\varphi(x,y)$ 为初始温度分布函数；对于准定常的情况，其影响消失。

应用分离变量法，可以求解该数学物理方程定解问题。对于准定常的情况（省略求解过程），结果为沿 z 方向最大值出现在 $z=\dfrac{1}{2}h_B$ 处；沿 x 方向

$$t=t_0+\frac{4b}{\pi a}\exp(-kz)\sum_{n=1}^{\infty}\frac{A}{B} \quad (4-2-15)$$

$$A=\sin\left\{\frac{(2n-1)\pi y}{h_B}\left[1-\exp\left(-\left[\sqrt{\frac{(2n-1)^2\pi^2}{h_B^2}+\frac{v_\Pi^2}{(4a)^2}}-\left(k+\frac{0.5v_\Pi}{a}\right)\right]z\right)\right]\right\}$$

$$B=(2n-1)\left[\frac{(2n-1)^2\pi^2}{h_B^2}-k\left(k+\frac{0.5v_\Pi}{a}\right)\right]$$

其中，y 为距采空区瞬时起始面的距离，其他参数意义同上。

为便于研究，引入无量纲温度 $K=\dfrac{\vartheta a}{h_B^2 b}$，无量纲坐标 $\xi=\dfrac{y}{h_B}$，$\eta=\dfrac{z}{h_B}$，无量纲派克来数 $Pe=h_Bv_\Pi/a$，无量纲努森数 $K_n=kh_B$。借助于这些无量纲参数，式（4-2-15）变为

$$K\left(\xi,\frac{1}{2}\right)=\frac{4}{\pi}\exp(-K_n\xi)\sum_{n=1}^{\infty}(-1)^{n-1}\frac{1-\exp\left\{-\left[\sqrt{\pi^2(2n-1)^2+\left(\frac{Pe}{2}\right)^2}-\frac{Pe}{2}-K_n\right]\xi\right\}}{(2n-1)\left[\pi^2(2n-1)^2-PeK_n-K_n^2\right]}$$

$$(4-2-16)$$

式（4-2-16）表明，$y=\dfrac{1}{2}h_B$ 处的无量纲温度 K 仅是无量纲坐标 ξ、努森数 K_n、派克来数 Pe 的函数，其计算结果如图 4-5 所示。

由图 4-5 可知：

（1）随着距采面距离的增大，无量纲温度迅速达到最大值，然后衰减。从定性的角度看，最大值附近对应于自燃区，自燃区与采空区起始面之间为冷却区，自燃区以内为窒息

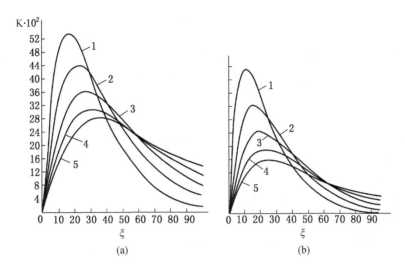

$K_n = 0.05(a)$、$0.1(b)$，$Pe = 100(1)$、$200(2)$、$300(3)$、$400(4)$、$500(5)$

图 4-5　采空区煤岩混合物自燃无量纲温度曲线

区，即传统的"三带"划分理论是有严格理论基础的。

（2）最大值的位置及大小与努森数 K_n、派克来数 Pe 有关。派克来数 Pe 越大，最大值越小，出现的位置越深入采空区的内部。根据派克来数 Pe 的定义 $Pe = h_B v_{\Pi}/a$，它与工作面的推进速度 v_{Π} 成正比，因此，总的说来，工作面的推进速度越大，越不容易自燃，这与生产实践中人们的经验是一致的。生产实践中，当发现采空区有遗煤自燃倾向时，常采用加快推进速度防治自燃的做法，道理就在于此。

（3）同样，努森数 K_n 越大，采空区煤岩混合物的温度越低，这一结论的正确性也是显然的。由努森数 K_n 的定义 $K_n = kh_B$ 可见，h_B 一定时，努森数 K_n 与采空区氧浓度衰减系数 k 成正比。努森数 K_n 越大，k 值越大，即采空区氧浓度随着距采空区起始面距离的增大衰减得越发厉害，因此，温度应越低。

（4）由 $K = \dfrac{\vartheta a}{h_B^2 b}$ 可见，当 K 一定时，ϑ 与 $h_B^2 b$ 成正比，而 $b = c_0 U q_0/C$，$U = U_0 h_{\Pi}/h_B$，因此，$h_B^2 b = h_B h_{\Pi} c_0 U_0 q_0/C$，增大 h_B、h_{Π}、U_0 会导致 ϑ 的增大，这是显然的。众所周知，煤层厚度越大，越容易发生自燃；遗煤厚度越大，也越容易发生自燃；而耗氧速度 U_0（或耗氧量）是评定煤自燃性的主要指标，其值越大，煤越容易自燃。

以上 4 点充分说明了理论模型的正确性。总之，为了降低采空区煤岩混合物的自燃温度，应尽可能减小遗煤厚度 h_{Π}，提高工作面的推进速度 v_{Π}（一定条件下），降低煤的耗氧速度常数 U_0，提高采空区氧浓度的衰减系数 k。

上述结论在俄罗斯的一些矿井得到了试验的检验。

这里，煤的耗氧速度常数 U_0 可通过在注入的水中添加阻燃剂的方法降低。但是，采空区氧浓度衰减系数 k 与煤的耗氧速度常数 U_0 有关，单纯降低 U_0 有可能造成 k 的减小，反而不利于防止采空区遗煤自燃。因此，有必要研究 k 与 U_0（及其他因素之间）的定量关系。

4.3　U形通风上隅角瓦斯浓度的估算

目前，井工煤矿回采作业普遍采用壁式采煤法，通风方法普遍采用U形后退式。这种通风方式比较简单，便于管理，是重点推广、普及的通风方式，但上隅角的瓦斯浓度（传感器距切顶线不大于1 m、距巷顶不大于0.3 m、距巷帮不小于0.2 m[32]；这里距巷帮的规定值得商榷）容易超限是其固有缺陷（Y形通风没有上隅角超限问题，但不适用于容易自燃、自燃煤层），特别是高瓦斯矿井，上隅角瓦斯浓度超限常常制约回采工作面的合理推进速度，容易造成采空区遗煤自燃，如果处置不当，有可能造成瓦斯（煤尘）爆炸事故，参见4.2节。

上隅角的瓦斯浓度是U形通风回采工作面沿切顶线方向瓦斯浓度最大的地方，具有指示器的作用，即如果上隅角的瓦斯浓度不超限，其余地点一般也不会超限；采用局部方案使上隅角的瓦斯浓度不超限不能保证其他地点的瓦斯浓度也不超限，例如，从减小漏风量的角度考虑封堵上隅角、用风障引导新鲜风流稀释、带走上隅角处的瓦斯、用小型液压风扇（轴流式）吹散上隅角的积聚瓦斯等[25]，这些方案在生产中发挥了一定作用，但总体看来并不可取。事实上，解决问题的根本出路在于预抽煤层瓦斯降低其含量进而减小采空区遗煤放出的瓦斯量等。在某种程度上，上隅角瓦斯浓度不超限也是煤与煤层气协调开采的一个指标（比抽采达标要求更高[33]）[34]。因此，对影响U形通风上隅角瓦斯浓度的有关因素进行分析、计算上隅角的瓦斯浓度对防治上隅角瓦斯浓度超限等具有重要的实际意义。

影响上隅角瓦斯浓度的因素很多，其中较复杂的是瓦斯在重力作用下的自然对流传质问题[35]。采空区遗煤、下邻近煤层放出的瓦斯一开始位于采空区底板附近，由于瓦斯的密度小于空气的密度，瓦斯上升，经过一定的时间，采空区内的瓦斯浓度会呈现越往上瓦斯浓度越大的趋势。由于这方面的基础研究工作（包括数值模拟）匮乏，实测研究工作也很少，人们对上隅角水平的瓦斯浓度分布情况知之甚少，因此，科学合理地计算上隅角的瓦斯浓度尚有困难，只能进行某种程度的估算。

本节试图在工程实践经验的基础上建立上隅角瓦斯浓度的估算方法。4.3.1节从总体上建立上隅角瓦斯浓度的估算方法；4.3.2节研究采空区内的漏风场以及漏风量的计算式；4.3.3节研究由于大气压力波动造成的采空区内部的高浓度瓦斯涌向回采工作面的涌出量；4.3.4节进行一些具体估算。为规避倾斜、急倾斜煤层在倾向上的自然对流传质问题，本节仅考虑近水平或缓倾斜煤层的情况（煤层倾角小于25°），这种情况在我国煤矿占大多数，因此是有意义的。

4.3.1　上隅角瓦斯浓度的估算方法

考虑上隅角高度所在的水平。流动近似为二维的（可取高度$h \sim 0.3$ m）。

上隅角瓦斯浓度主要受两方面因素的影响：一是上、下隅角静压差的影响，该压差产生工作面的配风、向采空区漏风；二是采空区内部的气压与回采工作面切顶线中点的气压之间的压差导致采空区内部的气体涌向回采工作面或回采工作面的空气涌入采空区内部。一般说来，采空区内部的气压是逐渐升高的，而回采工作面切顶线中点的气压随当地的气象条件变化，气压随时间的变化率这里用参数ε表示。一般说来，采空区内部的气体压力变化缓慢，ε的影响是主要的，$\varepsilon > 0$时回采工作面的空气涌入采空区内部，$\varepsilon < 0$时采空

区内部的气体涌向回采工作面。

　　用 Q 表示单位时间内向采空区的漏风量，具体计算见 4.3.2 节；用 I 表示单位时间内采空区内部的气体向回采工作面的涌出量（主要关心 $\varepsilon \le 0$ 的情况），具体计算见 4.3.3 节。假设切顶线中点的瓦斯浓度为 0，上隅角的瓦斯浓度为 c_{uc}，瓦斯浓度从中点到上隅角线性变化[31]，根据质量守恒定律有

$$\frac{c_{uc}}{2}\left[Q + (1 - c_m)\frac{I}{2}\right] = c_m \frac{I}{2}$$

由此得

$$c_{uc} = \frac{2c_m}{1 - c_m + \left(2\dfrac{Q}{I}\right)} \times 100\% \qquad (4\text{-}3\text{-}1)$$

式中，c_m 为采空区内部上隅角水平瓦斯的体积分数（浓度），估算方法见 4.3.4 节。由式（4-3-1）可知，c_m 越大、I 越大、Q 越小、c_{uc} 越大，均符合预期。

　　为了减小上隅角的瓦斯浓度，人们常采用上隅角插管和高抽巷抽采采空区内部瓦斯的措施。前者的实质是减小 I，因此，要求进气口高度尽可能与上隅角水平持平，进气口位于过上隅角的流线（参见 4.3.2 中的图 4-6）的内部某一范围内，且具有一定的抽放量，具体设计可参考文献 [36]；后者的实质也是减小 I，但层位很关键。层位太高，抽出的瓦斯浓度可能较高，但对防止上隅角瓦斯浓度超限帮助不大；层位太低，高抽巷内的瓦斯浓度有可能处于爆炸极限范围内，存在较大风险，因此，国内一些省份正在要求取消高抽巷（包括以孔代巷），而将防止上隅角瓦斯浓度超限的主要措施寄托在预抽煤层瓦斯降低其瓦斯含量上，这与近年来我国钻机行业取得的突出进步有关。目前，千米定向钻机的最好成

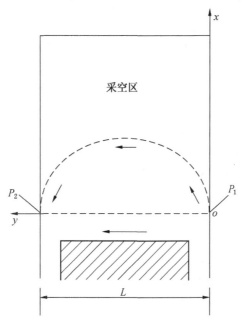

图 4-6　U 形通风采空区二维漏风场示意图

绩已突破 2000 m，松软破碎煤体中的钻孔深度也已突破 200 m（包括下筛管等）。

4.3.2　采空区漏风场及漏风量

图 4-6 所示为 U 型通风采空区二维漏风场示意图。记工作面长度为 L，采空区沿深度方向的长度为无穷大，坐标原点取在下隅角处，x 轴指向采空区内部，y 轴指向上隅角方向，下隅角处的气体静压为 P_1，上隅角处为 P_2。

根据无黏不可压缩无旋流理论，流场压力 p 满足拉普拉斯方程

$$\frac{\partial^2 p}{\partial x^2} + \frac{\partial^2 p}{\partial y^2} = 0 \tag{4-3-2}$$

边界条件为

$$\left.\frac{\partial p}{\partial y}\right|_{y=0} = \left.\frac{\partial p}{\partial y}\right|_{y=L} = \left.\frac{\partial p}{\partial x}\right|_{x=\infty} = 0 \quad (x>0) \tag{4-3-3}$$

$$p\big|_{x=0} = P_1 - \frac{P_1 - P_2}{L}y \quad (0<y<L) \tag{4-3-4}$$

拉普拉斯方程式（4-3-2）是线性椭圆型偏微分方程，边界条件式（4-3-3）、式（4-3-4）是混合边界条件，可采用傅里叶变换法求解。根据文献 [29]，压力场为

$$p(x, y) = \frac{P_1 + P_2}{2} + \frac{4(P_1 - P_2)}{\pi^2}\sum_{n=1}^{\infty}\frac{\cos\left[\dfrac{(2n-1)\pi y}{L}\right]}{(2n-1)^2}\exp\left[-\frac{(2n-1)\pi x}{L}\right] \tag{4-3-5}$$

根据达西定律，$v_x = -\dfrac{1}{r}\dfrac{\partial p}{\partial x}$，这里，$r$ 为采空区阻力系数（见后）。由此得

$$v_x = \frac{4(P_1 - P_2)}{\pi r L}\sum_{n=1}^{\infty}\frac{\cos\left[\dfrac{(2n-1)\pi y}{L}\right]}{2n-1}\exp\left[-\frac{(2n-1)\pi x}{L}\right] \tag{4-3-6}$$

在 $x=0$ 的边界上

$$v_x = \frac{4(P_1 - P_2)}{\pi r L}\sum_{n=1}^{\infty}\frac{\cos\left[\dfrac{(2n-1)\pi y}{L}\right]}{2n-1} \tag{4-3-7}$$

式（4-3-7）在 $y=0$ 和 $y=L$ 处发散，是由无黏流假设造成的，实际上，由于黏性作用，在 $y=0$ 和 $y=L$ 处 $v_x=0$；我们关心的是 $0<y<L$ 的情况，此时式（4-3-7）收敛。

定义 $\eta=y/L$，$K_x = v_x r L/(P_1 - P_2)$，则在 $x=0$ 的边界上

$$K_x = \frac{4}{\pi}\sum_{n=1}^{\infty}\frac{\cos[(2n-1)\pi\eta]}{2n-1} \tag{4-3-8}$$

$K_x \sim \eta$ 关系曲线如图 4-7 所示。由图 4-7 可知，在 $\eta=0$ 和 $\eta=1$ 处，$K_x=\pm\infty$（级数发散）；在 $\eta=0.5$ 处，$K_x=0$（沿回采工作面倾向采空区一半进风、一半出风）。

这样，给定 $\eta=y/L$，由式（4-3-8）和 $K_x = v_x r L/(P_1 - P_2)$ 即可计算 v_x，进而获得采空区漏风量的理论计算式（高度取为 h）

$$Q = h\int_0^{\frac{L}{2}}v_x(0, y)\mathrm{d}y = \frac{4(P_1 - P_2)h}{\pi r l}\sum_{n=1}^{\infty}\frac{1}{2n-1}\int_0^{\frac{L}{2}}\cos\left[\frac{(2n-1)\pi y}{L}\right]\mathrm{d}y =$$

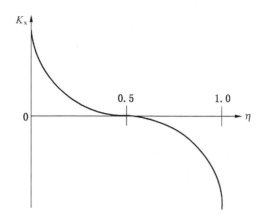

图 4-7 $K_x \sim \eta$ 关系曲线

$$\frac{4(P_1 - P_2)h}{\pi^2 r} \sum_{n=1}^{\infty} \left[\frac{1}{(2n-1)^2} \sin \frac{(2n-1)\pi y}{L} \Big|_0^{\frac{L}{2}} \right] = \frac{4(P_1 - P_2)h}{\pi^2 r} \sum_{n=1}^{\infty} \frac{(-1)^{n-1}}{(2n-1)^2}$$

无穷级数 $\sum_{n=1}^{\infty} \frac{(-1)^{n-1}}{(2n-1)^2} = 0.916$，故得到

$$Q = 3.664 \frac{h(P_1 - P_2)}{\pi^2 r} \tag{4-3-9}$$

关于 r，根据达西定律的常见形式 $v_x = -\frac{K}{\mu} \frac{\partial p}{\partial x}$ 可知，$r = \frac{\mu}{K}$，这里，μ 为空气的动力黏性系数，主要与温度有关，标准状态下约为 1.8×10^{-5} Pa·s；K 为采空区的渗透率，单位为 m^2，越往采空区内部 K 值越小，理论分析可采用乌沙阔夫公式，具体数值可通过试验获得，见 4.2.2 节。

关于 P_1、P_2，可通过井下实测获得，文献［29］给出的实测结果范围是 $(P_1 - P_2)/L = (0.45 \sim 0.65)$ Pa/m。

4.3.3 由采空区内外压差导致的混合气体的涌出量

假设采空区内混合气体向外涌出的过程是一维的，只与到切顶线的距离 x 有关。在采空区内取某一体积 $V = Sdx$，这里 $S = hL$，则该体积内的混合气体的体积为 $V\Pi$，这里 Π 为孔隙率，文献［29］给出的实测值为 $\Pi = 0.3 \sim 0.4$。

假设 $d\tau$ 时间内有 dV 体积的混合气体进入上述体积 V 内，则其压力由初始的 p 增加 dp，根据波义尔—马略特定律，有

$$(\Pi V + dV)p = \Pi V(p + dp) \tag{4-3-10}$$

即

$$p dV = \Pi V dp \tag{4-3-11}$$

dV 可以根据穿过前述体积边界的渗流速度差确定

$$dV = [-v(x) + v(x + dx)]Sd\tau \tag{4-3-12}$$

根据达西定律

$$v = -r^{-1} \frac{\partial p}{\partial x} \tag{4-3-13}$$

因此
$$dV = r^{-1} \frac{\partial^2 p}{\partial x^2} S dx d\tau = r^{-1} \frac{\partial^2 p}{\partial x^2} V d\tau \qquad (4-3-14)$$

代入式（4-3-11）得
$$\frac{\partial p}{\partial \tau} = (\Pi r)^{-1} p \frac{\partial^2 p}{\partial x^2} \qquad (4-3-15)$$

式（4-3-15）是一个拟线性抛物型偏微分方程，由于 x 方向无界，不能应用分离变量法。考虑小扰动的情况，即 $dp \ll p$，将式（4-3-15）右侧的 p 用 $p_0 = \dfrac{p_1 + p_2}{2}$ 代替（线性化处理），方程（4-3-15）简化为
$$\frac{\partial p}{\partial \tau} = (\Pi r)^{-1} p_0 \frac{\partial^2 p}{\partial x^2} \qquad (4-3-16)$$

其边界条件在 4.1.1 节中已经述及
$$\left. \frac{\partial p}{\partial \tau} \right|_{x=0} = \varepsilon \quad (\tau \geqslant 0) \qquad (4-3-17)$$

式中，ε 为大气压力变化率，Pa/s；初始条件为
$$p \mid_{\tau=0} \approx p_0 \qquad (4-3-18)$$

定解问题式（4-3-16）~式（4-3-18）可以采用拉普拉斯变换法求解。记 $p_L(z, x)$ 为函数 $p(\tau, x)$ 的拉普拉斯变换函数，即
$$p(\tau, x) \doteqdot p_L(z, x) \qquad (4-3-19)$$

这里，z 为复变量，则
$$\frac{\partial p}{\partial \tau} \doteqdot z p_L(z, x) - p_0 \qquad (4-3-20)$$

方程式（4-3-16）变换为
$$z p_L(z, x) - p_0 = A^2 \frac{\partial^2}{\partial x^2} p_L(z, x) \qquad (4-3-21)$$

式中，$A^2 = \dfrac{p_0}{\Pi r}$。

由式（4-3-17）得
$$\left. \frac{\partial p}{\partial \tau} \right|_{x=0} \doteqdot \frac{\varepsilon}{z} \qquad (4-3-22)$$

与式（4-3-20）比较得
$$z p_L(z, 0) - p_0 = \frac{\varepsilon}{z} \qquad (4-3-23)$$

由此得
$$p_L(z, 0) = \frac{p_0}{z} + \frac{\varepsilon}{z^2} \qquad (4-3-24)$$

方程式（4-3-21）满足条件式（4-3-24）的解为
$$p_L(z, x) = z^{-2} \varepsilon e^{-x\sqrt{z}/A} + \frac{p_0}{z} \qquad (4-3-25)$$

$$p(\tau, x) = p_0 + \varepsilon \left[\left(\tau + \frac{x^2}{2A^2} \right) erfc \frac{x}{2A\sqrt{\tau}} - \frac{x}{A} \sqrt{\frac{\tau}{\pi}} e^{-\frac{x^2}{4A^2\tau}} \right] \tag{4-3-26}$$

式中，$erfcx = \dfrac{2}{\sqrt{\pi}} \displaystyle\int_x^\infty e^{-x^2} dx$ 是误差函数。

根据达西定律，采空区边界上瓦斯空气混合物的渗流速度为

$$v_b = - r^{-1} \frac{\partial p}{\partial x} \bigg|_{x=0} \tag{4-3-27}$$

由式（4-3-26）得

$$\frac{\partial p}{\partial x} = \varepsilon \left[\left(\frac{x}{A^2} \right) erfc \frac{x}{2A\sqrt{\tau}} - \frac{1}{A\sqrt{\pi\tau}} \left(\tau + \frac{x^2}{2A^2} \right) e^{-\frac{x^2}{4A^2\tau}} - \frac{\sqrt{\tau}}{A\sqrt{\pi}} e^{-\frac{x^2}{4A^2\tau}} + \frac{x^2}{2A^3\sqrt{\pi\tau}} e^{-\frac{x^2}{4A^2\tau}} \right]$$

由此得

$$\frac{\partial p}{\partial x} \bigg|_{x=0} = \varepsilon \left[- \frac{\tau}{A\sqrt{\pi\tau}} - \frac{\sqrt{\tau}}{A\sqrt{\pi}} \right] = - \frac{2\varepsilon\sqrt{\tau}}{A\sqrt{\pi}} \tag{4-3-28}$$

将式（4-3-28）代入式（4-3-27）得

$$v_b = 2\varepsilon \sqrt{\frac{\Pi\tau}{(\pi r p_0)}} \tag{4-3-29}$$

由式（4-3-29）可知，$\varepsilon > 0$（大气压力增长），流速为正，流动从回采工作面进入采空区内部，反之亦然。从 0 到 τ 时间段内涌出的混合气体的体积 $\Delta(\tau)$ 为

$$\Delta(\tau) = 2\varepsilon h L \int_0^\tau \sqrt{\frac{K\Pi\tau}{(\pi\mu p_0)}} d\tau = (4/3)\varepsilon h L \sqrt{\frac{K\Pi}{(\pi\mu p_0)}} \tau^{3/2} \tag{4-3-30}$$

按式（4-3-29）计算的速度乘以 hL，可以获得由于大气压力下降导致的 τ 时刻单位时间的气体涌出量

$$I(\tau) = 2\varepsilon h L \sqrt{\frac{\Pi\tau}{(\pi r p_0)}} \tag{4-3-31}$$

应该注意到，式（4-3-31）中采空区中的参数 Π、r 等受多种因素影响，是不均匀的。此外，为应用式（4-3-31），ε 也必不可少，它与当地的气象变化情况有关，可向气象部门咨询。文献［29］给出的实测值 $\varepsilon = 1.94 \times 10^{-2}$ Pa/s，可供参考。

实际上，对于一些埋深较浅的煤层，采空区与地表沟通，采空区内部的瓦斯也容易向外涌出。此外，由于采空区内部的遗煤不断放出瓦斯，内部气体压力不断升高，也会造成采空区内部的混合气体外涌，其作用也可借助 ε 反映，即 ε 具有多重作用（甚至可包括周期来压的影响等）。

4.3.4 上隅角瓦斯浓度的估算

为了应用式（4-3-1），还需要估算采空区内部深处上隅角水平的瓦斯浓度 c_m。

如前所述，要准确确定 c_m 有一定困难，但可以做如下估算：

上邻近煤层的瓦斯进入采空区后首先积聚在采空区顶板弯曲下沉带与裂隙带之间交界的区域或裂缝带的上部。

由于瓦斯的密度小于空气的密度，由遗煤和下邻近煤层放出的瓦斯向上运动，假设空

气没有宏观运动，则裂缝带中下部的瓦斯浓度和遗煤与下邻近煤层单位时间放出瓦斯的质量等因素有关，它们本身又是时间的函数，因此，要估算裂缝带中下部的瓦斯浓度比较困难，但可以对该中间过程做一些讨论。

先考虑瓦斯向上渗流的情况。容易写出渗流速度的计算式为

$$v_z = \frac{K}{\mu}(\rho_a - \rho_{CH_4})g \tag{4-3-32}$$

式中，μ 为甲烷的动力黏性系数，取 1.08×10^{-5} Pa·s；ρ_a 为空气的密度，取 1.29 kg/m^3；ρ_{CH_4} 为甲烷的密度，取 0.716 kg/m^3；g 为重力加速度，取 9.8 m/s^2；K 为渗透率，这里取 1×10^{-6} m^2。代入式（4-3-32）得 $v_z = 0.52$ m/s。假设从底板到裂缝带上部的高度 $H = 100$ m 的量级，则需时约 192 s；再考虑瓦斯向上自由流动的情况。容易写出单位体积甲烷的运动方程及初始条件：

$$\rho_a g = \rho_{CH_4}\frac{d^2 z}{dt^2} \qquad t=0 \qquad z=0 \qquad \frac{dz}{dt}=0 \tag{4-3-33}$$

容易求出 $z = \frac{1}{2}\frac{\rho_a}{\rho_{CH_4}}gt^2$，则 $t = \sqrt{2\frac{z}{g}\frac{\rho_{CH_4}}{\rho_a}}$。仍取上述数据，得 $t = 3.4$ s，比渗流过程快多了。总之，瓦斯到达裂缝带上部的时间是较短的，因此可以忽略该过程。

随着时间的推移，高浓度瓦斯区的瓦斯向下部扩散，通过求解扩散方程可知，最终瓦斯浓度沿高度方向 z 线性分布。假设裂缝带高度的瓦斯浓度为 c_H，采空区底板处的瓦斯浓度近似为零，则

$$c_m = \frac{h}{H}c_H \tag{4-3-34}$$

式中，h 为上隅角的高度；H 为裂缝带的高度，见 4.4 节、5.2 节，c_H 可通过实测获得，见 4.4 节。

由式（4-3-9）、式（4-3-31）得

$$\frac{Q}{I} = 3.664\frac{h(P_1-P_2)\sqrt{\pi r p_0}}{\pi^2 r \times 2\varepsilon hL\sqrt{\Pi\tau}} = \frac{3.664\sqrt{\pi}}{2\pi^2}\frac{P_1-P_2}{L}\frac{\sqrt{p_0}}{\varepsilon\sqrt{\Pi r\tau}} = 0.329\frac{\dfrac{(P_1-P_2)}{L}}{\varepsilon\sqrt{\dfrac{\Pi r\tau}{p_0}}} \tag{4-3-35}$$

取 $\dfrac{P_1-P_2}{L} = 0.55$ Pa/m，$\varepsilon = 1.94 \times 10^{-2}$ Pa/s，$\Pi = 0.3$，$r = 11.8$ Pa·s/m^2，$p_0 = 1 \times 10^5$ Pa，代入式（4-3-35）得 $\dfrac{Q}{I} = \dfrac{1568}{\sqrt{\tau}}$，代入式（4-3-1）得

$$c_{uc} = \frac{2c_m}{1 - c_m + \dfrac{3136}{\sqrt{\tau}}} \times 100\% \tag{4-3-36}$$

c_m 的估算方法见式（4-3-34）。τ 是由于大气压力变化、采空区内部压力升高、周期来压等原因造成的回采工作面切顶线中点压力随时间持续下降的时长，变化范围很大，可

能是 1 小时、数小时，也可能是 1 天、数天等，是导致上隅角瓦斯浓度情况复杂的主要原因；c_m 变化范围也较大，估算如下：

取 $\tau = 1$ h $= 3600$ s，$c_m = 10\%$，代入式（4-3-33）得 $c_{uc} = 0.38\%$（不超限）；如果取 $\tau = 10$ h $= 36000$ s，$c_m = 10\%$，代入式（4-3-33）得 $c_{uc} = 1.15\%$（超限），从数量级上看均符合实际，间接说明了本节工作的合理性。

苏联曾在十月革命五十周年矿的一个回采工作面做过瓦斯涌出量与大气压强之间关系的一组实验，试验是在冬季两个月内实施的。实验结果表明，瓦斯涌出与大气压强变化具有明显的依赖关系，大气压强高则涌出量小，大气压强低则涌出量高，最大值与平均值的比值可以达到 2.5。这一实验结果表明，如果上隅角的平均瓦斯浓度为 0.4%，则受大气压力波动影响，上隅角瓦斯浓度就可能达到 1%。要防止上隅角瓦斯浓度超限，原则上，平均瓦斯浓度应控制在 0.4% 以下。

由于 τ 难以控制，解决上隅角瓦斯浓度超限的根本出路只剩下降低 c_m 一条路，对应的工程措施包括：①能采用一次采全高的尽量不采用放顶煤采煤工艺，以减少丢煤量（同时提高采出率）；②尽可能多地预抽本煤层及邻近煤层内的煤层气、降低吨煤瓦斯含量；③降低推进速度（减小产量）；④适当增大工作面供风量（因此，从防治瓦斯角度考虑封堵上下隅角并不合理）。

4.4　冒落带、裂缝带的气体流动特性及井下试验测定

采用高位钻孔抽采采空区上方冒落带、裂缝带内的高浓度瓦斯是解决上隅角瓦斯浓度超限的一种有效措施，也是煤与煤层气协调开采的一项重要技术。

广义的采动裂隙带包括回采工作面前方某一范围内的实体煤与上覆及下伏（煤）岩层中由于回采作业产生裂缝的区域，本节则专指采空区上方覆岩中冒落带与弯曲下沉带之间的区域。采动裂缝带通过冒落带与采空区连通。由于甲烷气体的密度远小于空气的密度，采空区内的瓦斯容易向上运动，在裂缝带内积聚，形成高浓度瓦斯积聚区。因此，采用高位钻孔（包括普通倾斜钻孔与定向水平长钻孔）、高抽巷等（以下统称"高位钻孔"）抽采裂缝带内的瓦斯，既有助于解决回采工作面（特别是上隅角）的瓦斯浓度超限问题，又可以获得洁净能源，同时减小温室气体效应，可谓一举三得。

高位钻孔抽采的瓦斯浓度、流量及其对回采工作面瓦斯浓度的影响涉及临近回采前的煤层瓦斯含量、采空区遗煤量、遗煤放出瓦斯的情况等众多参数；采空区、冒落带、裂缝带内的流动是三维的，流动方程是非线性的，故一般需采用数值计算或数值模拟的方法进行研究。事实上，这方面的研究工作已经较多[26-28]。关于采空区内的流动情况，苏联曾开展过系统的研究工作[29]，但关于冒落带、裂缝带内的气体流动特性尚缺乏分析，采用的渗透率数值缺乏试验支持。冒落带、裂缝带是非均质的（煤）岩层在重力作用下形成的，冒落带、裂缝带高度的离散性很大，目前关于水的冒落带、裂缝带高度的试验结果已总结在三下采煤规程中[37]，关于气体的实测结果还比较少，不难理解，冒落带、裂缝带内的气体流动特性也应以现场实测方法为主。

本节研究冒落带、裂缝带的气体流动特性及其试验测定。4.4.1 节对冒落带、裂缝带的空间范围进行了归纳性研究；4.4.2 节对冒落带、裂隙带内的气体流动特性进行了系统分析，提出了用渗透率张量描述裂隙场的方法以及通过井下试验确定渗透率张量的具体计

算公式；4.4.3 节介绍在晋煤集团寺河煤矿开展井下试验的情况，给出了试验结果并进行了初步分析。本节的研究成果可供高位钻孔瓦斯抽采优化设计参考。本节的工作曾在 34 届国际采矿岩层控制会议（中国 2015）上发表[38]，收入本书时做了删减。

4.4.1 冒落带、裂缝带的空间范围

1. 对冒落带、裂缝带相似试验的简单评价

鉴于井下实验观测冒落带、裂缝带高度的复杂性，人们试图在实验室通过相似实验研究确定井下的冒落带、裂缝带的高度，并发表了大量论文。

实际上，这种试验存在明显漏洞。众所周知，井下采空区的大小为百米量级，冒落带、裂缝带是重力作用造成的；而小尺度情况下，重力的作用常常可以忽略（参见 2.1 节，最小抵抗线大于 25 m 时，爆破漏斗的装药量需要考虑重力的影响）。实际上，这方面的例子还有很多，例如，人们在修建小型桥梁（如独木桥）时需要限制通过的载荷，桥梁本身的自重不是主要因素，而在建造大型桥梁（如武汉长江大桥、南京长江大桥等）时更重要的是要考虑桥梁自身的重量，当然，也需要考虑通过的载荷（但那种把桥梁垮塌归咎于三辆货车停靠在桥的一侧的说法显然是在推脱责任，是站不住脚的）。实验室相似实验的尺度一般为米的量级，重力作用很小，故试验"开挖"后试件不垮落，只好采用油压千斤顶施加边界面载荷或通过其他方法迫使其"冒落""垮落"。面载荷与重力性质不同，这种试验应称为演示试验，不宜称为相似实验，难以用其试验结果反推井下的实际情况。

除尺度问题外，另一个区别是，冒落带、裂缝带问题是一个三维空间问题，而实验室的做法是一个二维平面应力问题，差别是明显的。

2. 高度方向

首先，关于气体"竖三带"的定量计算方面，尚没有成熟的试验方法和标准。由于瓦斯气体或空气与水的密度、黏度、可压缩性等有较大差异，可以预期，气体的冒落带、裂缝带的高度远大于水的对应高度。对于瓦斯气体，寻求两带高度的目的在于确定煤层气抽采钻孔的终孔高度。为了延长钻孔的有效抽采时间，定向水平长钻孔正在获得广泛应用，冒落带高度更有意义（对于水体下安全采煤，裂缝带高度更有意义）。将定向水平长钻孔的终孔高度设定在冒落带与裂缝带交界的高度（偏向裂缝带一侧），既可以提高钻孔有效作用时间、抽采量，又可以减小钻孔工程量。

以下关于气体冒落带、裂缝带等的数据来源于瓦斯含量检测等综合分析方法[25]。在阳泉矿区缓倾斜煤层、中等硬度岩层的情况下，3 个分区的情况如下：

（1）冒落带高度一般不超过采高的 10 倍。

（2）裂缝带高度（这里不包括冒落带）一般为采高的 10~30 倍，松软易于冒落破坏的页岩、砂质页岩等可取 20~30 倍，坚硬的砂岩、石灰岩等可取 10~20 倍。

（3）弯曲下沉带位于破裂带上部直至地表。当开采煤层距地表较近、覆盖层厚度与开采层厚度之比小于 30~40 时，不出现缓慢下沉带，覆盖层直接陷落到地表。

由于缺乏适用于气体的冒落带、裂缝带高度的经验计算式，目前，人们常采用关于水的计算式[39]并结合经验确定。这里，经验是主要的，如晋煤集团寺河煤矿、山西天地王坡煤业公司在高位钻孔抽采设计中采用的冒落带的高度为采高的 6~8 倍。

3. 走向与倾向方向

沿走向方向，采动影响的范围可划分为 5 个区，即超前应力变化区、支架控顶区、冒落发展区、冒落岩块受压区和冒落岩块稳定区。超前应力区裂隙不发育；支架控顶区向上呈漏斗状，即从煤壁向上的岩层移动线指向工作面斜前方，该区上覆岩层裂隙以竖向裂隙为主，横向离层尚不发育，范围大致是自煤壁前方至工作面后方 20 m 左右；冒落发展区岩块不受压，范围为工作面后方 20~60 m；冒落岩块受压区和冒落岩块稳定区的高度有所减小，范围为工作面后方 60 m 以内。

倾向方向相对简单，对于常见的水平及缓倾斜煤层（0°~35°），当两侧存在永久性支持边界时，冒落带、裂缝带的形状均为马鞍形[39]；否则，为简单的矩形。从抽采煤层气的角度分析，钻孔布置只要不超出矩形边界就不会超出裂隙带的边界，因此，沿倾向方向裂隙带的边界可近似取为矩形边界（忽略周期来压、O 形圈的影响等）。

4.4.2 冒落带、裂缝带内的流动特性、渗透率张量及其计算

1. 流动控制方程

流体的自由流动一般采用 Navier-Stokes 方程，冒落区内的流动由于孔隙、流速较大，采用 Brinkman 流动方程较合理，两区求解的流动参数都是流速 $\vec{v}$ 和压力 p。假设两区边界处的 $\vec{v}$ 和 p 连续。这种边界处理方法意味着应力的不连续，其差值对应于刚性的孔隙介质吸收的应力值。

Brinkman 流动模型包括连续守恒方程和动量守恒方程

$$\frac{\partial}{\partial t}(\varepsilon_{\mathrm{p}}\rho) + \nabla \cdot (\rho\vec{v}) = Q_{\mathrm{br}} \tag{4-4-1}$$

$$\frac{\rho}{\varepsilon_{\mathrm{p}}}\left[\frac{\partial \vec{v}}{\partial t} + (\vec{v}\cdot\nabla)\frac{\vec{v}}{\varepsilon_{\mathrm{p}}}\right] = -\nabla p + \nabla\cdot\left\{\frac{1}{\varepsilon_{\mathrm{p}}}\left[\mu(\nabla\vec{v}+(\nabla\vec{v})^{\mathrm{T}}) - \frac{2}{3}\mu(\nabla\cdot\vec{v})I\right]\right\} - \left(\frac{\mu}{\kappa} + Q_{\mathrm{br}}\right)\vec{v} + \vec{F} \tag{4-4-2}$$

式中，ε_{p} 为孔隙率，%；κ 为渗透率，m²；Q_{br} 为质量源项，kg/（m³·s）；重力或其他体力项可通过 $\vec{F}$ 考虑。

对于可压缩流，上述两式必须连同气体的状态方程一起求解；对于冒落带（裂缝带）内的流动，流速一般较小，气体的可压缩性可忽略，即认为是不可压缩流，连续性方程简化为

$$\rho\nabla\cdot\vec{v} = Q_{\mathrm{br}} \tag{4-4-3}$$

为了简化计算，动量守恒方程可用达西定律代替，即

$$\vec{v} = -\frac{K}{\mu}\nabla p \tag{4-4-4}$$

式中，$\vec{v}$ 为渗流速度矢量；K 为各向同性的渗透率；μ 为动力黏度系数；∇ 为梯度；p 为压力标量场。

裂缝带内的裂隙以水平离层为主、竖向裂隙为辅，裂隙内的流动采用裂隙流模型更合适。所谓裂隙流模型，实质是达西定律的变体，它采用沿裂隙边界的切向导数定义流场

$$v_{\mathrm{f}} = \frac{q_{\mathrm{f}}}{d_{\mathrm{f}}} = -\frac{K_{\mathrm{f}}}{\mu}(\nabla_{\mathrm{T}}p + \rho g\nabla_{\mathrm{T}}D) \tag{4-4-5}$$

式中，v_f 为平均流速；q_f 为沿裂隙单位长度单位时间的流量；d_f 为裂隙区的厚度，K_f 为裂隙的渗透率；μ 为流体的动力黏性系数；∇_T 为限于断裂面的梯度算子；p 为压力；ρ 为密度；g 为重力加速度；D 为高程（令 $D=0$ 即可取消重力作用）。

上述方程与连续性方程、材料性质一起构成裂缝流渗流方程

$$d_f \frac{\partial}{\partial t}(\varepsilon_f \rho) + \nabla_T \cdot (\rho q_f) = d_f Q_m \qquad (4\text{-}4\text{-}6)$$

式中，ε_f 为裂隙孔隙率；Q_m 为质量源项。裂隙区厚度可变，因此，d_f 出现在式（4-4-6）两边。该式求解的变量也是压力 p。

可见，裂隙流的主要流动特性是其裂隙方向的渗透率，可用达西定律近似描述。已知裂隙方向的渗透率，裂隙渗流方程可采用计算机数值计算或数值模拟方法求解。

2. 渗透率张量

物理上，采动裂隙区由岩层、水平离层空间、竖向裂隙空间组成。为了描述其中的流动特征，可用渗透率张量表征其裂隙场特性。忽略重力的作用，对于各向异性材料，三维流动的达西定律为

$$v_x = -\frac{K_{xx}}{\mu}\frac{\partial p}{\partial x} - \frac{K_{xy}}{\mu}\frac{\partial p}{\partial y} - \frac{K_{xz}}{\mu}\frac{\partial p}{\partial z}$$

$$v_y = -\frac{K_{yx}}{\mu}\frac{\partial p}{\partial x} - \frac{K_{yy}}{\mu}\frac{\partial p}{\partial y} - \frac{K_{yz}}{\mu}\frac{\partial p}{\partial z} \qquad (4\text{-}4\text{-}7)$$

$$v_z = -\frac{K_{zx}}{\mu}\frac{\partial p}{\partial x} - \frac{K_{zy}}{\mu}\frac{\partial p}{\partial y} - \frac{K_{zz}}{\mu}\frac{\partial p}{\partial z}$$

其中的渗透率 K 是一个 2 阶张量，可用矩阵表示为

$$K = \begin{bmatrix} K_{xx} & K_{xy} & K_{xz} \\ K_{yx} & K_{yy} & K_{yz} \\ K_{zx} & K_{zy} & K_{zz} \end{bmatrix} \qquad (4\text{-}4\text{-}8)$$

通常 $K_{xy}=K_{yx}$，$K_{xz}=K_{zx}$，$K_{yz}=K_{zy}$（流动方向可逆），即 K 为对称张量。根据张量的性质，张量与坐标系无关，但具体描述时又必须借助于某一坐标系。已知某一方向的单位法向量 $\vec{n}$，则在该方向上的渗透率矢量 $\vec{K}=\vec{n} \cdot K$（矢量与张量的点积），或者 $K_\alpha = K_{\alpha\beta} n_\beta$，这里采用了爱因斯坦求和约定，展开为

$$\begin{bmatrix} K_1 \\ K_2 \\ K_3 \end{bmatrix} = \begin{bmatrix} K_{11} & K_{12} & K_{13} \\ K_{21} & K_{22} & K_{23} \\ K_{31} & K_{32} & K_{33} \end{bmatrix} \begin{bmatrix} n_1 \\ n_2 \\ n_3 \end{bmatrix} = \begin{bmatrix} K_{11}n_1 + K_{12}n_2 + K_{13}n_3 \\ K_{21}n_1 + K_{22}n_2 + K_{23}n_3 \\ K_{31}n_1 + K_{32}n_2 + K_{33}n_3 \end{bmatrix} \qquad (4\text{-}4\text{-}9)$$

将笛卡尔直角坐标系的坐标原点取在回采工作面煤壁与煤层顶板交界线的中点（倾向方向），x 轴指向采空区内部，y 轴指向回风巷方向，z 轴指向地表，考虑近水平煤层的情况，坐标方向即是渗透率张量的主轴方向，如图 4-8 所示，则渗透率张量可用矩阵表示为

$$K = \begin{bmatrix} K_x & 0 & 0 \\ 0 & K_y & 0 \\ 0 & 0 & K_z \end{bmatrix} \qquad (4\text{-}4\text{-}10)$$

式 (4-4-7) 简化为

$$v_x = -\frac{K_x}{\mu}\frac{\partial p}{\partial x} \qquad v_y = -\frac{K_y}{\mu}\frac{\partial p}{\partial y} \qquad v_z = -\frac{K_z}{\mu}\frac{\partial p}{\partial z} \tag{4-4-11}$$

根据前述, 在冒落带内, 可以假定

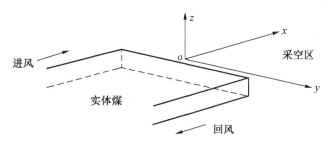

图 4-8　回采工作面笛卡尔直角坐标系

$$K_x = K_y = K_z = K_1 = \text{const.} \quad (x \geq 0, \ -L/2 \leq y \leq L/2, \ 0 \leq z \leq H_M) \tag{4-4-12}$$

在裂缝带内, 可以假设 $K_x = K_y$, 但一般不等于 K_z。作为近似处理, 我们假设 (只考虑沿高度方向的变化, 未能考虑水平方向的变化)

$$K_x = K_y = K_z = K_2(z) \quad (x \geq 0, \ -L/2 \leq y \leq L/2, \ H_M \leq z \leq H_L) \tag{4-4-13}$$

式中, L 为回采工作面的长度; H_M 为冒落带的高度; H_L 为裂缝带的高度。

　　生产上, 矿井一般将高位钻孔的层位选择在冒落带上方、裂缝带下部, 即冒落带、裂缝带交界的部位, 利用抽采试验获得该部位的渗透率既可以作为冒落带内的渗透率 K_1, 又可以作为裂缝带下部边界处的渗透率 $K_2(z = H_M)$。裂缝带上部边界处的渗透率可以近似假设为零。如果进一步假设裂缝带内 $K_2(z)$ 随 z 线性衰减, 则不难得出

$$K_2(z) = \frac{H_L - z}{H_L - H_M}K_1 \quad (H_M \leq z \leq H_L) \tag{4-4-14}$$

因此, 问题归结为如何通过试验确定 K_1。

3. 通过井下瓦斯抽采试验确定 K_1

考虑图 4-9 所示的高位钻孔抽采试验, 需要建立钻孔流量 Q 与 K_1 之间的定量关系,

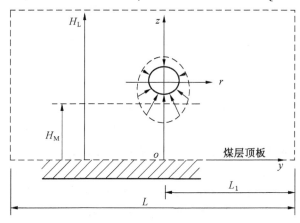

图 4-9　高位钻孔抽采二维流场示意图

151

根据 Q 反求 K_1。依据达西定律，有

$$Q = r_0 l \frac{K_1}{\mu} \int_0^{2\pi} \left(\frac{\partial p}{\partial r} \bigg|_{r=r_0} \right) \mathrm{d}\theta \qquad (4\text{-}4\text{-}15)$$

式中，r_0 为钻孔半径；l 为钻孔有效长度；μ 为空气的动力黏性系数。$p = p(r, \theta)$ 是压力场函数，它满足拉普拉斯方程（直角坐标形式）。

$$\frac{\partial^2 p}{\partial z^2} + \frac{\partial^2 p}{\partial y^2} = 0 \qquad (4\text{-}4\text{-}16)$$

边界条件为

$$y^2 + (z - H_M)^2 = r_0^2 \qquad p = p_1 \quad （孔内压力） \qquad (4\text{-}4\text{-}17)$$

$$z = 0 \qquad p = p_a \quad （采掘空间内压力） \qquad (4\text{-}4\text{-}18)$$

$$z = H_L \qquad \frac{\partial p}{\partial z} = 0 \qquad (4\text{-}4\text{-}19)$$

$$y = -(L - L_1) \qquad \frac{\partial p}{\partial y} = 0 \qquad (4\text{-}4\text{-}20)$$

$$y = L_1 \qquad \frac{\partial p}{\partial y} = 0 \qquad (4\text{-}4\text{-}21)$$

尽管拉普拉斯方程是线性的，但定解问题式（4-4-16）~式（4-4-21）难以求得解析解，主要困难有：①区域为复连通域，复变函数法失效；②边界形状复杂（部分圆形、部分矩形）；③边界条件复杂（部分 Dirichlet 条件、部分 Neumann 条件）。考虑到 $r_0 \ll H_M$，可将圆孔视为点汇，根据不可压缩无旋流位势理论，采用复变函数法，容易获得 Q 的近似计算式。限于篇幅，这里直接给出计算式。对于一个抽采孔的情况

$$Q = 2\pi l \frac{K_1}{\mu} \frac{p_a - p_1}{\ln\left(\dfrac{2H_M}{r_0} \right)} \qquad (4\text{-}4\text{-}22)$$

对于孔距为 s 的无限多个钻孔的情况，单孔流量为

$$Q = 2\pi l \frac{K_1}{\mu} \frac{p_a - p_1}{\dfrac{2\pi H_M}{s} - \ln \dfrac{2\pi r_0}{s}} \qquad (4\text{-}4\text{-}23)$$

考虑到高位钻孔的个数一般不超过 10 个，式（4-4-22）简单，采用它，则

$$K_1 = \frac{\mu Q \ln\left(\dfrac{2H_M}{r_0} \right)}{2\pi l |\Delta p|} \qquad (4\text{-}4\text{-}24)$$

式中，Q 为钻孔流量（全量）；$|\Delta p|$ 为钻孔抽采负压的绝对值。

4.4.3 晋煤集团寺河煤矿 W1305 回采工作面煤层气抽采试验

1. 试验概况

W1305 回采工作面高位钻孔共分 W13052 巷 9 号、6 号、3 号横川 3 个区域施工，钻孔布置在 W13052 巷与 53 巷横川西侧南帮上，3 个横川各布置 4 个钻孔，设计施工工程量为 4626 m，实际为 4278 m，钻孔平面布置如图 4-10 所示。

设计 1 号钻孔在 W13052、53 巷横川南帮，距 52 巷巷口 1 m 处开孔，2 号钻孔在 1 号

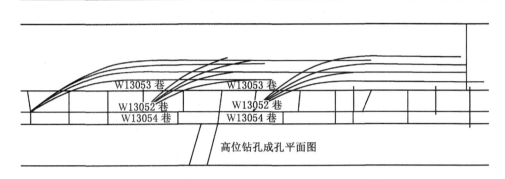

图 4-10　W13052 巷 12 个高位钻孔平面布置图

钻孔东侧 0.5 m 开孔，3 号钻孔在 2 号钻孔东侧 0.5 m 开孔，依次类推；3 个区域钻孔开孔位置相同。钻孔设计开孔高度均为 2.0 m，设计倾角均为 15°；1 号、2 号、3 号、4 号钻孔设计施工深度为 360~400 m 不等，1~4 号钻孔开孔设计方位角依次为 140°、135°、130°、125°。钻孔成孔参数见表 4-3。

钻孔使用 VLD-1000 型定向千米钻机进行施工，先使用 96 mm 合金钢钻头配合 CHD70 mm 钻杆进行施工，施工完毕后使用 159 mm 扩孔钻头配合 Φ73.5 的 K6 钻杆进行扩孔，钻孔施工完毕后，孔口接一个 Φ125 五通，五通上用两趟 4 寸铠装管接入 PE280 三通，再通过 PE280 三通接入巷道内的 426 预抽瓦斯管路，最后带入三水沟 1 m 预抽系统。封孔使用 Φ125 聚乙烯封孔管进行水泥注浆封孔，封孔深度要求把封孔管底部封进煤层顶板的矸层里。

表 4-3　钻 孔 成 孔 参 数

孔号	长度/m	设计高度/m	达到设计高度的长度/m	终孔高度/m	终孔高度距煤层顶板距离/m	注
9-1 号孔	375	46	177	46.26	26.8	解释距煤层顶板的高度与终孔高度的差别
9-2 号孔	354	46	189	46.2	27.2	
9-3 号孔	354	46	192	46.1	27.1	
9-4 号孔	348	46	180	51.3	32.3	
6-1 号孔	375	60	189	63.7	45.7	
6-2 号孔	378	60	177	78.3	59.1	
6-3 号孔	381	50	192	53.4	34.2	
6-4 号孔	142.5	50	—	43.1	29.6	顶板漏水
3-1 号孔	381	57	207	59.8	26.8	
3-2 号孔	381	52	210	52.6	20.6	
3-3 号孔	399	57	231	57.2	27.2	
3-4 号孔	399	57	216	56.6	26.6	

2. 结果分析

12个钻孔瓦斯浓度与纯量随距初开切眼距离的变化关系如图4-11所示。

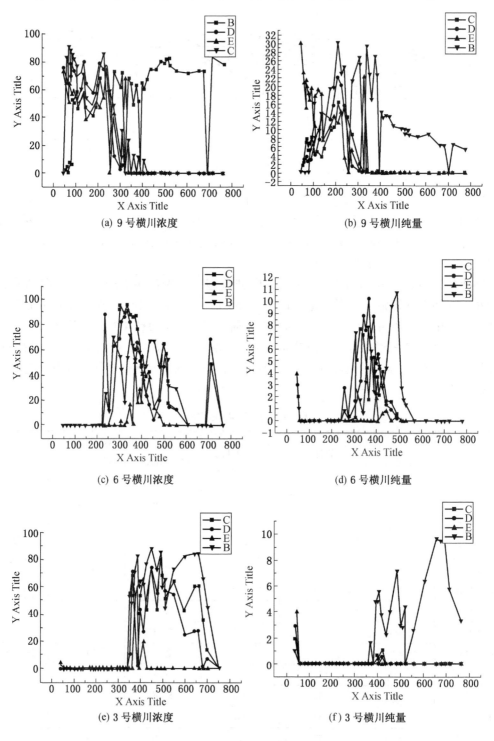

(a) 9号横川浓度

(b) 9号横川纯量

(c) 6号横川浓度

(d) 6号横川纯量

(e) 3号横川浓度

(f) 3号横川纯量

图4-11 12个钻孔瓦斯浓度、纯量随距初切眼距离变化图

从图 4-11 中可以得出以下结论：

（1）回采工作面到达孔底所在的立面之前已有煤层气抽出，但混合量不大。从工程应用的角度，可以认为孔底所在的立面为裂隙场前边界。

（2）同样，孔口所在的立面为高位钻孔抽采的后边界。

（3）抽采的总量取决于冒落带、裂缝带的渗透率等，而纯量（或浓度）取决于煤层的残余瓦斯含量、采空区遗煤量等。

（4）K_1 估算如下：2014 年 3 月 31 日 9 号横川 4 个钻孔煤层气抽采参数见表 4-4。

取 $\mu = 1 \times 10^{-5}$ Pa·s，$H_M = 36$ m，$Q = 27$ m³/min $= 0.45$ m³/s，$D = 0.159$ m，$l = 177-45 = 132$ m（机尾推进 45 m 时到达孔底），$|\Delta P| = 17.16$ kPa $= 17160$ Pa，代入 $K_1 = \dfrac{\mu Q \ln(4H_M/D)}{2\pi l |\Delta p|}$ 得 $K_1 = 2.15 \times 10^{-12}$ m²。在采空区内部，苏联某矿试验结果的平均值 $K = 1.525 \times 10^{-6}$ m²（首层开采）和 4.592×10^{-7} m²（第二分层开采）。可见，冒落带里的渗透率是较小的，裂缝带里的渗透率将随着高度的增加线性减小。

表 4-4　2014 年 3 月 31 日 9 号横川 4 个钻孔煤层气抽采参数

日期	孔号	负压/kPa	压差/kPa	浓度/%	温度/℃	混合量/(m³·min⁻¹)	纯量/(m³·min⁻¹)	机尾推进距离/m	横川号
	1	13	2187	40.3	18.8	42.8	19.8		
	2	16.93	504	48.7	18.7	20.2	9.84		
2014-03-31	3	17.99	553	57.1	17.9	21.58	12.32	177	9
	4	20.73	719	46.2	18	23.42	10.82		
	平均	17.16				27			

3. 小结

本节研究冒落带、裂缝带的气体流动特性及其井下试验测定，得到以下结论：

（1）气体的冒落带、裂缝带的高度大于水的相应值，在缺乏试验结果的情况下，可借用水的经验公式进行估算。

（2）冒落带、裂缝带的流动特性可用渗透率张量表征，给出了渗透率张量的简化表达式和通过井下煤层气抽采试验计算渗透率张量的具体公式。

（3）在晋煤集团寺河煤矿进行了井下煤层气抽采试验，获得了渗透率的具体数值，从数量级上看结果是合理的。

（4）本节所得结果可用于采动裂隙区煤层气抽采优化设计，防治回采工作面上隅角瓦斯浓度超限等问题。

4.5　煤矿自行复位式风井防爆门研究

回风井（包括立井、斜井或平硐）上的防爆门是井工煤矿（即地下煤矿）通风系统的一个重要组件。传统的防爆门（如立风井井口上的锅盖式防爆门）实际上是一种泄爆门，其主要作用是井下发生瓦斯/煤尘爆炸时开启、泄压，保护岔路风硐上的主通风机不被破坏。

《煤矿安全规程》[40] 涉及防爆门的条文有 2 条，分别为防爆门应每 6 个月检查维修 1 次；主要通风机停止运转期间，由 1 台主要通风机担负全矿通风的矿井，必须打开井口防爆门和有关风门，利用自然风压通风等。《煤矿安全规程专家解读》[41] 对防爆门的要求包括 6 条：①防爆门应布置在出风井同一轴线上，断面积不应小于出风井的断面积；②出风井与风硐的交叉点到防爆门的距离，比该点到主要通风机吸风口的距离至少要短 10 m；③防爆门应依据主要通风机的负压保持关闭状态；④防爆门的结构必须有足够的强度，并有防腐和防抛出的设施；⑤防爆门应封闭严密不漏风。采用液体密封时，冬季应选用不燃的防冻液；⑥装有摩擦轮提升设备井楼的立风井，防爆门可不设于出风井同一轴线上，于井楼合适的位置，在两侧设卸压防爆门。一旦发生爆炸事故时爆炸的冲击波可以冲开防爆门而卸压。

21 世纪初，我国煤炭行业迎来十年黄金发展期，但在此期间也发生了数十起重特大瓦斯煤尘爆炸事故，在社会上造成了严重的负面影响（每当矿井发生事故人们总会想起"矿难"一词）。大量的瓦斯煤尘爆炸事故表明，瓦斯煤尘爆炸产生的有毒有害气体是造成大范围人员伤亡的主因。通常，井下发生瓦斯煤尘爆炸时，传统的风井防爆门会飞离井口，主通风机受到保护并继续运转，但此时大部分风量不再从主、副井而是直接从回风井的出风口流入旋即从主通风机抽出（即风流短路），造成井下微风或风流紊乱，致使有毒有害气体四处弥漫，极易造成大范围人员中毒、窒息、死亡。因此，我们认为对防爆门的基本要求应包括：①平时密封可靠；②停风时能够自动开启实施自然通风、恢复供风时自行关闭；③发生爆炸时迅速开启泄压保护主通风机不被破坏、爆炸过后迅速自行复位、使通风系统恢复正常（给遇险人员自救和应急救援创造有利条件，最大限度地减小瓦斯煤尘爆炸造成的人员伤亡，消灭重特大瓦斯煤尘爆炸事故）等。

基于上述考虑，2010 年 6 月，煤炭科学技术研究院有限公司和山西创奇实业有限公司联合成立了"新型矿用防爆门关键技术研究"项目组，经过现场调研、专利检索、方案初设与优选、管道内瓦斯爆炸试验检验与完善、巷道内 1∶1 原型试验检验等，投入数百万资金，历时一年半，研发成功了煤矿自行复位式风井防爆门，包括立风井防爆门、斜风井（平硐）防爆门两个系列。在此过程中申请并获得国家专利局授权发明、实用新型专利三十余项。2012 年 3 月 12 日，"新型矿用防爆门关键技术研究"项目在北京通过了由中国煤炭工业协会主持的专家鉴定，专家组一致认为项目研究成果达到了国际领先水平。随后，产品即进入市场推广销售阶段，截至 2019 年底，已销售、投入运行近 30 套（现场实况如图 4-12 所示），销售额达三千余万元。"新型矿用防爆门关键技术研究"项目先后荣获 2013 年度中国煤炭工业科学技术奖三等奖、2014 年国家安监总局第六届安全生产科技成果奖二等奖、2015 年中国产学研促进会创新成果优秀奖等，可以预期，随着煤矿企业对瓦斯煤尘爆炸事故严重性认识的不断提高，将会有越来越多的煤矿（甚至国外煤矿）采用自行复位式风井防爆门。

本节简要总结煤矿自行复位式风井防爆门的工作原理与主要设计计算方法，4.5.1 节介绍其工作原理；4.5.2 节介绍爆炸冲击载荷的确定方法，特别强调了抗冲击与开启速度之间的矛盾（关键技术）；4.5.3 节介绍主要构件的设计计算；4.5.4 节介绍企业标准《煤矿自行复位式风井防爆门技术条件》。

本节的部分内容曾发表过[42]，本书又进行了重新整理、补充。

(a) 陕西铜川陈家山煤矿斜井防爆门　　　　(b) 山西河津吉宁煤矿立井防爆门

图 4-12　煤矿自行复位式风井防爆门

4.5.1　工作原理

传统的立风井防爆门类似一个锅盖，新型立风井防爆门为两扇半圆形门，横梁（门轴）过圆心，即门扇从两侧向中间旋转。横梁上方固定有带缓冲材料的缓冲板，利用同步机构确保两扇门同时与缓冲材料碰撞。横梁可沿导向柱向上运动，导向柱上装有缓冲弹簧，实物如图 4-13a 所示。平时在负压和自重的作用下，防爆门密封良好；停风时利用重力将门扇吊起实施自然通风。配重质量、落高等可根据风压情况进行调节、确定，确保恢复供风时防爆门自行关闭；防爆门的开启压力很小，发生爆炸时，防爆门迅速开启保护风机，爆炸过后在重力、弹簧力等的作用下自行复位，使通风系统迅速恢复正常，且可重复使用。

传统的斜风井防爆门类似于家庭、工厂用的大铁门，门轴在两侧。新型斜风井（平硐）防爆门与立风井防爆门类似，门轴在中间，采用从两侧向中间开的方案，主要区别在于门的形状为矩形（或圆拱形）。此外，自行复位主要靠扭簧的扭矩；缓冲作用主要靠安装在门扇上的缓冲材料、缓冲器，确保碰撞后板面变形较小、复位后密封性良好等，实物如图 4-13b 所示。

(a) 立风井防爆门　　　　　　(b) 斜井(平硐)防爆门

图 4-13　立风井防爆门和斜井（平硐）防爆门试验模型

传统的立风井防爆门采用油封防漏风，防爆门为锅盖式，门边深入油槽内，密封效果较好；研发的立风井防爆门采用抗老化橡胶作为密封件，密封件嵌入凹槽内，密封原理如图 4-14 所示。密封作用主要来自于风机负压，也能起到很好的密封作用且可重复使用。

传统的斜风井（平硐）防爆门采用橡胶条密封，效果较差；研发的斜风井（平硐）

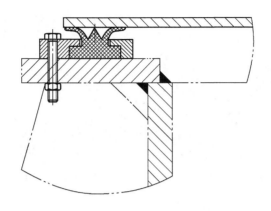

图 4-14　防爆门密封原理

防爆门采用 W 型抗老化橡胶密封件，密封件变形较大，能够适应爆炸后门扇变形的要求，密封效果较好。

研发的防爆门为全机械件，原理简单，结构新颖，强度富裕，作用可靠，已获得国家发明、实用新型专利三十余项。

4.5.2　爆炸冲击载荷的确定

如何确定防爆门受到的爆炸冲击载荷是研发过程中遇到的第一个难题。

目前，试验测定容器内、管道内瓦斯煤尘爆炸的最大压力、火焰传播速度等参数是比较容易的；对于单纯的各类气体爆炸，借助已有的数值模拟软件，也可获得令人满意的结果（适用于粉尘爆炸的数值模拟软件尚处在发展阶段，因此，关于粉尘爆炸，仍以试验研究为主，参见 3.1 节、3.2 节）。这是因为试验装置的形状、大小、可燃混合物的体积、浓度、点火源的位置、强度等都是人为设定的、已知的，而煤矿井下的实际情况要复杂得多，包括发生瓦斯煤尘爆炸的可燃混合物的位置、体积、浓度、点火源的位置、强度等都是不确定的。此外，巷道断面的形状、大小、长度、变化情况、拐弯情况、分叉情况、支护情况等也是不确定的，而这些因素都会影响传播，作用到防爆门上的爆炸冲击载荷，目前缺乏这方面的统计数据。直接采用瓦斯煤尘爆炸的最大压力（约 1 MPa）、动力系数按 2 考虑显然太大，因为，按照原国家安监总局、国家煤监局安监总煤装〔2011〕15 号文件，井下避难仓的抗爆强度规定为不低于 0.3 MPa。

实际上，如前所述，防爆门的主要作用在于保护岔路风硐里的主通风机不被破坏。因此，粗略说来，可令防爆门的强度近似等于主通风机的强度，以此确定防爆门受到的爆炸冲击载荷，绕开爆炸冲击载荷不确定这一难题。事实上，进一步增大防爆门的强度是没有意义的，因为此时主通风机可能已被破坏，即使防爆门自行复位，通风系统也已陷入停止工作状态。当然，减小防爆门的强度也是不可取的，因为有可能发生风机完好而防爆门破坏、通风系统仍然不能恢复正常工作的情况（风流短路）。

根据经验，井下发生瓦斯煤尘爆炸时，主通风机的主要破坏形式为风机叶片变形、断裂等。实际的风机叶片在冲击载荷作用下的破坏过程是比较复杂的，首先，叶片本身是一个三维结构，叶片安装角使得爆炸波的反射可能是斜反射而非正反射；其次，爆炸波作用到叶片的瞬间，叶片处于旋转状态。因此不得不做一些简化工作，即假设叶片为一个处于静止状态的悬臂梁，爆炸波在叶片上发生正反射等。鉴于爆炸波在主通风机叶片上、防爆门上都要发生正反射，因此，只要两者的静态强度相等即可，不必考虑反射问题，这可大大简化有关计算。

记叶片的长度为 L，宽度为 b，厚度为 h，易知其静态破坏载荷为

$$\Delta p_{y} = \frac{1}{3}\left(\frac{h}{L}\right)^2 \sigma_{sy} \tag{4-5-1}$$

式中，σ_{sy} 为叶片材料的屈服极限。

算例：假设 $h = 0.01\ m$，$L = 1\ m$，$\sigma_{sy} = 1000\ MPa$（高强度合金钢），代入式（4-5-1）得 $\Delta p_{y} = 0.13\ MPa$。

可见，矿用主通风机叶片的强度是比较小的，设计防爆门时，应根据主通风机的叶片参数计算其静态破坏载荷（可适当提高），但没有必要取得太大，否则，既增加制造成本，又可能影响自行开启、复位时间，以下用刚体受重力与爆炸载荷作用下的运动为例说明自重的影响（原理上也适用于转动的情况——位移改用角度，质量改用转动惯量等）。

设质量为 M 的钢球受到重力 Mg 和向上的爆炸力 $P(t) = P_0 e^{-t/T}$ 的作用，这里，g 为重力加速度，T 为载荷作用时间。由于配重的作用大致可以抵消风机负压和重力的作用，容易写出位移 x 满足的运动方程为

$$\frac{d^2 x}{dt^2} = \left(\frac{P_0}{M}\right) e^{-\frac{t}{T}} \tag{4-5-2}$$

初始条件为

$$t = 0: \quad x = 0 \qquad \frac{dx}{dt} = 0 \tag{4-5-3}$$

其解为

$$x = T^2 \frac{P_0}{M}(e^{-\frac{t}{T}} - 1) + T\frac{P_0}{M}t \tag{4-5-4}$$

由式（4-5-4）可见，在爆炸载荷的 T、P_0 一定的情况下，如果希望在某一段时间 t_0 内钢球运动一定距离 x_0（类似于门扇转过一定的角度），质量 M 不能超过 M_0，M_0 满足的条件为

$$M_0 \leqslant \frac{TP_0}{x_0}[T(e^{-t_0/T} - 1) + t_0] \tag{4-5-5}$$

即是说，防爆门质量越大越有利于抗冲击，但有可能由于质量过大导致不能迅速开启而起不到保护风机的作用。因此，在主要结构构件设计中，一定要兼顾抗冲击与开启速度之间的平衡（由风机叶片强度反求爆炸载荷是关键技术），不是质量越大越好，配重不能解决动态开启速度问题。

4.5.3 主要结构构件设计计算

1. 梁（轴）的设计计算

防爆门梁（轴）的两端一般是固定的，爆炸过程中发生弯曲变形，需要按上述静载荷 Δp_y 进行设计计算。

首先考虑一般的矩形截面梁，即跨度为 $2R$（R 为井筒半径）、宽度为 b、厚度为 h 的固支梁，承受静载荷 Δp_y 作用，梁中的最大应力在梁两端表面处，利用式（4-5-1）得

$$\sigma_{sd} = 12\left(\frac{R}{h}\right)^2 \Delta p_y \tag{4-5-6}$$

取 $R = 5$ m，$h = 0.1$ m，$\Delta p_y = 0.15$ MPa，代入式（4-5-6）得 $\sigma_{sd} = 4500$ MPa，远大于普通合金钢的屈服极限。这里 h 取 0.1 m，梁自身的质量已较大。因此，一般情况下，矩形截面梁有可能不能满足要求。因此，研发了箱型结构楔形梁，断面如图4-15所示。

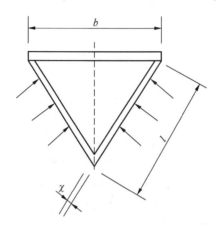

图4-15　箱型结构楔形梁断面

记侧板宽为 l，厚度为 χ，易知侧板受到的正压力为

$$\Delta p_s = \frac{b}{2l}\Delta p_y \tag{4-5-7}$$

将式（4-5-6）中的 R 用 l 代替，h 用 χ 代替，Δp_y 用这里的 Δp_s 代替，得

$$\sigma_{sb} = 6\frac{bl}{\chi^2}\Delta p_y \tag{4-5-8}$$

取 $b = 0.1$ m，$l = 0.2$ m，$\chi = 0.01$ m，$\Delta p_y = 0.15$ MPa，则 $\sigma_{sb} = 180$ MPa，小于普通碳素钢的屈服极限。可见，采用箱型楔形梁一般能够满足要求，这是解决的第二个问题。

式（4-5-8）与 R 无关，主板（即宽度为 b 的板）的厚度可根据式（4-5-6）计算。

当采用箱型楔形梁不能满足要求时，可考虑采用弹簧缓冲技术。关于缓冲弹簧的高度与刚度等，可通过经验类比法确定。高度过小，起不到缓冲作用，且容易将限位装置破坏，影响防爆门正常复位；高度过大，导向杆稳定性差，容易变形，也影响复位。

楔形梁组件要焊牢，否则有可能开裂。

2. 门扇的设计计算

门扇的设计计算主要涉及合页强度和板厚度的确定等问题。

门扇为半圆形，其边界条件为直边简支、半圆边近似自由，爆炸冲击载荷作用下的破坏模式主要是合页处剪破坏。假设合页连接部位受剪的截面面积为 A（长度乘以厚度），则应有

$$A > \pi R^2 \frac{\Delta p_y}{2\,\tau_s} \tag{4-5-9}$$

式中，τ_s 为合页材料的剪切强度，$\tau_s \approx \sigma_s/\sqrt{3}$，$\sigma_s$ 为拉伸屈服极限。该式对合页强度提出

了要求。

利用式（4-5-9），也可估算门扇面板的厚度。记面板的厚度为 δ，令 $A = 2\delta R$，代入式（4-5-9）得

$$\delta > \pi R \frac{\Delta p_y}{4\tau_s} \qquad (4\text{-}5\text{-}10)$$

假设 $R = 5$ m，$\Delta p_y = 0.15$ MPa，$\tau_s \approx \sigma_s / \sqrt{3} = 400 / \sqrt{3} = 230$ MPa，代入式（4-5-10）得 $\delta > 0.003$ m，这一要求是合理的。

通常，矿井的负压的绝对值一般不超过 5000 Pa，满足式（4-5-10）要求时也能满足负压的要求。

对于斜风井（平硐）防爆门，式（4-5-9）、式（4-5-10）也适用。

这里还有一个问题需要考虑，即面板的刚度问题（传统的防爆门采用锅盖式也是为了提高其刚度），即要求碰撞过程中门板的变形不能过大，否则，即使强度满足要求，复位后的密封性也会大打折扣。主要对策措施有：

（1）采用加筋板结构，这是解决的第三个问题。

（2）碰撞、缓冲面应为平面。采用带缓冲板结构时，缓冲材料应布满缓冲板；采用两扇门直接碰撞方案时，应采用同步机构，确保面接触。

（3）缓冲材料、缓冲器等应固定牢固；焊接件应焊牢；密封管（垫）应固定在凹槽内，以防碰撞过程中破碎、开裂、掉下、飞出等。

3. 地脚螺栓的设计计算

梁（轴）的两端应采用地脚螺栓等方式固定。假设地脚螺栓的横截面积之和为 B（一端），则 B 也可用式（4-5-9）计算

$$B > \pi R^2 \frac{\Delta p_y}{2\tau_s} \qquad (4\text{-}5\text{-}11)$$

仍取 $R = 5$ m，$\Delta p_y = 0.15$ MPa，$\tau_s \approx 230$ MPa，代入式（4-5-11）得 $B > 0.0256$ m²。假设一根螺栓的横截面直径为 0.03 m，面积为 7.07×10^{-4} m²，则需螺栓约 36 根。因此，应重视梁（轴）两端地脚螺栓的预埋工作，确保井下发生瓦斯煤尘爆炸时防爆门不会被整体抛出。

4.5.4 企业标准《煤矿自行复位式风井防爆门技术条件》介绍

为了更好地发挥煤矿自行复位式风井防爆门的作用，我们编写了企业标准《煤矿自行复位式风井防爆门技术条件》，内容包括范围、规范性引用文件、术语和定义、产品型号、技术要求（一般要求、适应条件、抗冲击性能与自行复位时间、密封与漏风率、反风与自然通风）、检验方法（抗冲击性能与自行复位时间检验、密封与漏风率检验、反风与自然通风检验）、检验规则（出厂检验、型式检验、抽样、判定规则）、标志、包装、运输、安装、维护和资料性附录——两种风井防爆门结构性原理图等。

1. 术语和定义

（1）自行复位式风井防爆门（auto-reset venting door on return air shaft）平时密闭，主通风机停止运行时能够自行开启实施自然通风，发生爆炸时迅速开启、泄爆、保护主通风机，爆炸过后能够迅速自行复位，为通风系统恢复正常提供必要保障的泄爆门。

（2）风井防爆门的开启压力（starting pressure of the venting door on return air shaft）风井防爆门开启所需的最小冲击压力。

（3）主通风机所能承受的最大冲击载荷（tolerable over-pressure of a ventilator）按弹性极限计算的风机叶片抗弯强度的1/3。

（4）瓦斯爆炸原型试验检验（prototype tests with gas explosion experiments）在试验管（巷）道内进行的瓦斯爆炸相似试验检验。

2. 产品型号

1）产品型号与命名

产品的型号参考《煤矿用机电产品型号编制方法 第2部分：电器产品型号编制方法》（MT/T 154.2—2019）要求进行，例如，立井井筒直径为5 m的矿用自行复位式风井防爆门：KFM-L5；斜井断面积为21 m² 的矿用自行复位式风井防爆门：KFM-X21；平硐断面积为24 m² 的矿用自行复位式风井防爆门：KFM-P24。

2）技术参数

依据现场实测的立井、斜井或平硐的几何参数或设计图纸、说明书等经计算确定。

3. 技术要求

1）一般要求

（1）风井防爆门应符合本文件的有关规定，有特殊要求时应经过专家论证。

（2）风井防爆门设计、制造企业应进行现场踏勘，确定安装方案及相关设计参数，严格按照设计图纸、技术条件进行加工、制造、运输、安装。

（3）所采用的自行复位的原理、结构应可靠。

（4）制造风井防爆门外购的零部件应有出厂合格证。

（5）风井防爆门监测部分（可选）应有产品合格证；其中置于风井内的元件应满足《爆炸性环境 第1部分：设备通用要求》（GB 3836.1—2010）的有关要求，还应有防爆合格证和矿用产品安全标志证书。

2）适应条件

（1）机械部分 环境温度：-40~50 ℃；平均相对湿度：≤100% RH（+25 ℃）；大气压力：80~110 kPa；风井风压：-6~+6 kPa；风吹、日晒、雨淋等恶略条件。

（2）监测部分（可选）环境温度：-30~50 ℃；平均相对湿度：≤95% RH（+25 ℃）；大气压力：80 ~110 kPa。

3）抗冲击性能与自行复位时间

（1）风井防爆门的开启压力应小于等于主通风机所能承受的最大冲击载荷。风井防爆门的开启压力应由设计确定，主通风机所能承受的最大冲击载荷应通过计算确定。

（2）风井防爆门开启后应能在5 s内自行复位。

（3）风井防爆门的连续抗冲击自行复位次数应不小于2次。

4）密封与漏风率

（1）密封结构应具有正、反风双向密封功能。

（2）密封材料在上述2）款规定的环境条件下，使用寿命应不小于3年。

（3）正常工作状态下，风井防爆门漏风率应不大于5%。

（4）第一次爆炸复位后，风井防爆门漏风率应不大于10%；连续爆炸情况下，第二次爆炸复位后漏风率应不大于 15%。

5）反风与自然通风

（1）防爆门应具有反风锁紧装置，反风时在风机风压作用下风井防爆门应能保持密闭。

（2）主通风机停风时，风井防爆门应能自行开启，对矿井进行自然通风；主通风机正常通风后，风井防爆门应能在 60 s 内自行关闭。

4. 检验方法

1）抗冲击性能与自行复位时间检验

（1）风井防爆门新产品的样机应经过瓦斯爆炸原型试验检验，其抗冲击性能与自行复位时间应符合上述 3. 中 3）款的要求。

（2）瓦斯爆炸原型试验检验应由从事气体爆炸预防与防护技术研究工作的专业性研究机构承担，承担单位负责计算确定所需的瓦斯体积、浓度、点火源、目标距点火源的距离等，试验测试系统参见后面 7. 中的内容。

（3）风井防爆门应取得由国家授权的检测检验机构出具的检验报告。检验报告应包括风井防爆门抗爆炸冲击性能、自行复位时间等。

2）密封与漏风率检验

（1）应查看风井防爆门产品样机，确认具有正、反向双向密封功能。

（2）密封材料的密封性能应按照《硫化橡胶或热塑性橡胶耐候性》（GB/T 3511—2018）规定的试验方法进行检验。

（3）正常工作状态下风井防爆门的漏风率应在产品投入运行后一个月内按照矿井通行的方法进行实际测定，漏风率高于上述 3. 中 4）款的规定值时应及时更换密封件、密封材料。

（4）爆炸复位后的漏风率应根据风井防爆门样机瓦斯爆炸原型试验结果评定。漏风率等于漏风面积与防爆门面积的百分比。

3）反风与自然通风检验

（1）应在投入运行后第一次反风演习时实地考察其是否能够经受住反风时的风压作用保持密闭。

（2）应在投入运行后一个月内实地考察主通风机停风、供风时风井防爆门是否能够自行开启和关闭，关闭时间应满足上述 3. 中 5）款的要求。

5. 安装、运行与维护

（1）应由风井防爆门制造厂技术人员现场指导安装或直接由风井防爆门制造厂安装。

（2）风井防爆门基础的施工应满足发生爆炸时防爆门基础不被破坏的要求。

（3）风井防爆门安装完毕应由矿方、监理单位、施工单位、设计单位、制造单位按《煤矿设备安装工程质量验收规范》（GB/T 50946—2013）的有关要求进行验收，验收合格后方可投入试运行。

（4）风井防爆门制造厂应对矿方风井防爆门运行管理人员进行技术培训。

（5）风井防爆门运行管理人员应做好日常维护、记录工作，发现异常及时处理。

（6）当环境温度低于 0 ℃时应经常检查门扇与门框之间是否有结冰或积雪，如果有结冰或积雪，应及时处理。

（7）密封件或密封材料达到使用寿命时应及时更换。

6. 风井防爆门结构原理

1）立井用风井防爆门

立井用风井防爆门结构原理如图4-16所示。立井自行复位式风井防爆门安装于回风井井口。正常通风时，边扇叶和中扇叶被风机负压吸合，密闭不漏风；井下发生爆炸时，边扇叶和中扇叶被爆炸产生的冲击波和高压气流冲开，进行泄爆，保护风机，同时，缓冲座和边扇叶及中扇叶一起上升，通过复合缓冲器、上升缓冲器、质量缓冲器将缓冲座和边扇叶、中扇叶的动能分级吸收，保护缓冲座和边扇叶、中扇叶等不受破坏，泄爆后自行复位；停风时，边扇叶和中扇叶在配重装置的作用下，自行打开一定角度，进行自然通风；恢复通风时，边扇叶和中扇叶在负压作用下自行吸合；反风时，先将反风锁紧装置锁紧，再进行反风，反风结束通风正常后，再将反风锁紧装置打开。

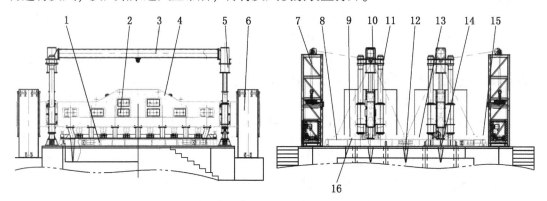

1—门座；2—复合缓冲器；3—上横梁；4—缓冲座；5—上升缓冲器；6—质量缓冲器；
7—配重装置；8—多重密封装置；9—边扇叶；10—同步齿轮；11—导向柱；12—楔形梁A；
13—中扇叶；14—楔形梁B；15—反风锁紧装置；16—吸能装置

图4-16 立井用风井防爆门结构原理图

2）斜井（平硐）用风井防爆门

斜井（平硐）用风井防爆门结构原理如图4-17所示。斜井（平硐）自行复位式风井防爆门安装于回风井井口。正常通风时，左门扇和右门扇被风机负压吸合，密闭不漏风；井下发生爆炸时，左门扇和右门扇被爆炸冲击波和高压气流冲开，进行泄爆，保护风机，通过缓冲机构分级将左门扇和右门扇的动能吸收，保护左门扇和右门扇不受破坏，泄爆后自行复位；停风时，左门扇和右门扇在配重装置的作用下，自行打开一定角度，进行自然通风；恢复通风时，左门扇和右门扇在负压作用下自行吸合；反风时，先将反风锁紧装置锁紧，再进行反风，反风结束通风正常后，再将反风锁紧装置打开。

7. 瓦斯爆炸试验测试系统

1）管道内瓦斯爆炸试验测试系统

试验测试工作是在重庆沙坪坝清水溪重庆煤科院国家瓦斯、煤尘爆炸试验研究基地完成的。试验测试系统包括管道内瓦斯爆炸试验测试系统和瓦斯爆炸原型试验巷道两种。

（1）试验系统。试验系统如图4-18、图4-19所示。

（2）试验条件。试验条件如下：

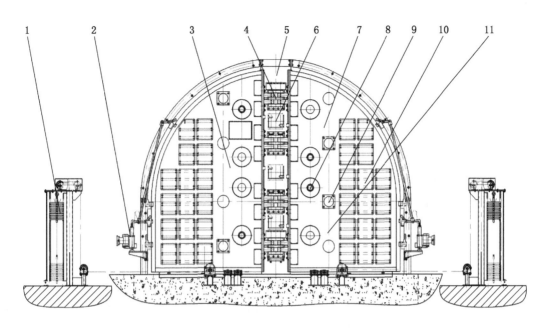

1—配重装置；2—反风锁紧装置；3—左门扇装配；4—同步铰接装置；5—楔形梁与门框装配；
6—复位装置；7—右门扇装配；8、9、10—缓冲机构；11—吸能装置（迎波面）

图 4-17　斜井（平硐）用风井防爆门结构原理图

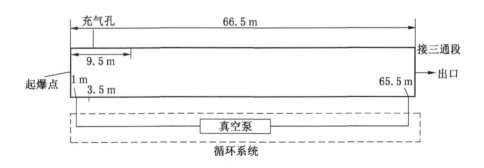

图 4-18　ϕ500 管道内瓦斯爆炸试验装置示意图

①试验管道：管道直径≥500 mm，设计压力≥2.5 MPa，长度≥40 m。

②试验数据采集系统：采用动态信号综合测试系统，可采集 32 路数字信号，最高采样频率 50 Msps/CH，可实现爆炸压力、火焰速度等爆炸参量的动态测试、数据处理等。

③传感器：压力传感器采用固态压阻压力传感器，精度等级（包括线性、迟滞、重复性）为 0.5，过载能力 150%；火焰传感器采用可见光原理，12 V 稳压直流电源供电，所测波形为矩形，火焰到达该点时间以波形跳跃时间为准。

④高速摄影系统：像素 1280×800，拍摄速度不小于 2000 幅/s。

⑤点火源：3 只 8 号工业电雷管用引火药头。

（3）试验要点。试验要点如下：

①每次试验在管道出口处用薄膜封闭，全管道充体积百分比浓度为 8.0%～10% 的 CH_4

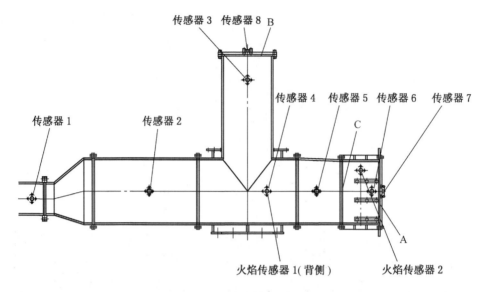

A、B、C——火焰出口位置

图 4-19　三通段及传感器布置图

与空气混合气体，形成封闭性爆炸气体混合物。并用真空泵搅拌均匀。

②在管道出口接三通段，三通段安装火焰和压力传感器，并安装被测试件。

③引爆管道内的爆炸性混合气体，测试三通段的压力和火焰数据，并用高速摄影系统拍摄风井防爆门受爆炸冲击载荷作用的开启过程。

2）瓦斯爆炸原型试验巷道

（1）试验巷道。试验巷道示意图如图 4-20 所示。

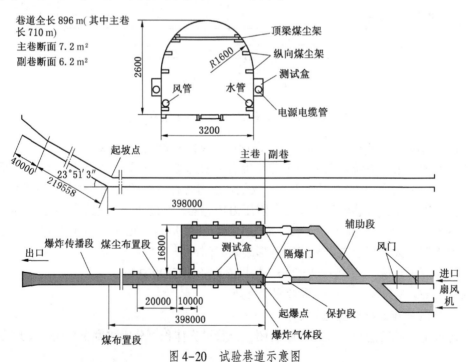

图 4-20　试验巷道示意图

（2）试验条件。试验条件如下：

①爆炸试验巷道：主平巷长不小于 398 m，净断面积不小于 7.2 m^2；巷道断面呈半圆拱形，圆拱半径 1.6 m；可分别形成 30 m^3、50 m^3、100 m^3 和 200 m^3 4 个容量等级的瓦斯起爆室。

②试验数据采集系统等同上。

（3）试验要点。试验要点如下：

①试验巷道示意图如图 4-21 所示，在试验巷道两帮安装测试用火焰传感器和压力传感器。距起爆室防爆门 40~140 m 内每隔 20 m 安装 1 个压力传感器，100~140 m 内每隔 20 m 安装 1 个火焰传感器；通过数据线与地面测试系统相连。

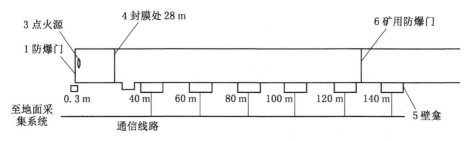

图 4-21　瓦斯、煤尘爆炸原型试验巷道示意图

②点火源采用 3 只 8 号工业电雷管引火药头，安装在距巷道防爆门 2 m、高 1.9 m 处。

③风井防爆门安装于距巷道防爆门 125 m 处。用锚杆将底板固定于地面，支撑框架与底板焊为一体，左右门框的斜撑分别与支撑框架和门框焊接连接，如图 4-22 所示。

图 4-22　防爆门在试验巷道内的安装固定（迎爆面）

④依据风井防爆门的开启压力，封闭不同体积量的瓦斯起爆室，进行瓦斯爆炸或瓦斯煤尘爆炸。向起爆室充入甲烷含量为 8.5%~10% 的空气混合气体。

⑤引爆瓦斯空气混合气体，测试压力和火焰数据，试验后观察防爆门的开启、变形情况，用卷尺测量漏风面积等。

参 考 文 献

[1] K. K. Kuo 编，陈义良等编译. 燃烧原理 [M]. 北京：航空工业出版社，1992.

［2］ R. A. Strehlow. Combustion fundamentals ［M］. McGraw-Hill Book Company, 1984.

［3］ 岑可法, 姚强, 骆仲泱, 等. 燃烧理论与污染控制 ［M］. 北京: 机械工业出版社, 2004.

［4］ 傅维标, 卫景彬. 燃烧物理学基础 ［M］. 北京: 机械工业出版社, 1984.

［5］ Я. Б. Зельдович, Г. И. Баренблатт, В. Б. Либрович, Г. М. Махвиладзе. Математическая теория ГОРЕНЕЯ И ВЗРЫВА ［M］. Москва: Издательство《Наука》, 1980.

［6］ Б. А. Петрнко. Научные основы электровзрывобезопасности в горнодобывающей и нефтехимической промышленности ［M］. Москва: Издательство《Наука》, 1980.

［7］ В. 刘易斯等著, 王方译. 燃气燃烧与瓦斯爆炸 ［M］. 北京: 中国建筑工业出版社, 2007.

［8］ NFPA 69-2014 Standard on Explosion Prevention Systems ［S］. American National Standard Institute, 2014.

［9］ Toong, T. Y. The Dynamics of Chemically Reacting Fluids ［M］. McGraw-Hill Book Company, 1983.

［10］ NFPA 68-2018 Standard on Explosion Protection by Deflagration Venting ［S］. American National Standard Institute, 2018.

［11］ 王应时, 范维澄, 周力行, 等. 燃烧过程数值计算 ［M］. 北京: 科学出版社, 1986.

［12］ 岑可法, 樊建人. 工程气固多相流动的理论与计算 ［M］. 杭州: 浙江大学出版社, 1992.

［13］ 周力行. 燃烧理论和化学流体力学 ［M］. 北京: 科学出版社, 1986.

［14］ D. Bradley, A. Mitcheson. Mathematical solutions for explosions in spherical vessels ［J］. Combustion and Flame 26, 201-217 （1976）.

［15］ Hertzberg, M. and Cashdollar, K. L., "Introduction to dust explosions", Industrial Dust Explosions, ASTM STP 958, Kenneth L. Cashdollar and Martin Hertzberg, Eds., American Society for Testing and Materials, Philadelphia, 1987, pp. 5-32.

［16］ 范喜生. 管道内可燃物爆炸问题现状与研究方向 ［J］. 工业安全与防尘, 1998, （6）: 10-14.

［17］ 范喜生. 管道内火焰加速的模型及其应用 ［J］. 工业安全与防尘, 1998 （7）: 32-34.

［18］ T-Solution. FLACS 说明书.

［19］ A. K. Oppenheim. Introduction to gasdynamics of explosions ［M］. Springer-Verlag, Wine, New York, 1970.

［20］ John H. Lee. On the Transition from Deflagration to Detonation ［C］. 10th ICDERS, Berkeley, California, August 4-9, 1985.

［21］ A report of the institute of chemical engineers. Explosions in the Process Industries, Second Edition ［M］. UK, 1994.

［22］ 范喜生. 一次引爆型 FAE 战斗部威力研究 ［D］. 北京: 北京理工大学, 2006.

［23］ A AIChE technical manual. DOW'S FIRE & EXPLOSIONS INDEX HAZARD CLASSIFICATION GUIDE, Seventh Edition ［R］. USA, 1994.

[24] ［日本］安全工学協会编. 爆発 ［M］. 海文堂出版株式会社, 1983.

[25] 于不凡等. 煤矿瓦斯灾害防治及利用技术手册（修订版）［M］. 北京：煤炭工业出版社, 2005.

[26] 李宗翔, 王继仁, 周西华. 采空区开区移动瓦斯抽放的数值模拟 ［J］. 中国矿业大学学报, 2004, 33（1）：74-78.

[27] 兰泽金, 张国枢. 多源多汇采空区瓦斯浓度场数值模拟 ［M］. 煤炭学报, 2007, 32（4）：396-401.

[28] 车强. 采空区气体多场耦合理论及应用 ［M］. 北京：化学工业出版社, 2012.

[29] Е. И. ГЛУЗБЕРГ. Комплексная профилактика газовой и пожарной опасности в угольных шахтах ［M］. МОСКВА：НЕДРА, 1988.

[30] 范喜生, 蔡昌宣, 张浪, 刘震. 采空区瓦斯浓度场数值模拟方法研究 ［C］.//2013煤矿开采与安全国际会议论文集, St. Plum-Blossom Press, Melbourne Australia, Oct. 2013, 226-231.

[31] 张浪, 范喜生, 蔡昌宣, 等. U型通风上隅角瓦斯浓度超限治理理论与模拟 ［J］. 煤炭科学技术, 2013, 41（8）：129-132.

[32] AQ 1029—2019 煤矿安全监控系统及检测仪器使用管理规范 ［S］. 北京：中国标准出版社, 2019.

[33] 国家发改委等四部委文件. 煤矿瓦斯抽采达标暂行规定, 2016.

[34] 范喜生, 张浪, 汪东. 煤与煤层气协调开采的含义及关键问题定量分析 ［J］. 安全与环境学报, 2016, 16（2）：123-127.

[35] 王补宣. 工程传热传质学（下册）［M］. 北京：科学出版社, 2015.

[36] GB 50471-2019 煤矿瓦斯抽采工程设计标准 ［S］. 北京：中国标准出版社, 2019.

[37] 建筑物、水体、铁路及主要井巷煤柱留设与压煤开采规程 ［S］. 北京：煤炭工业出版社, 2000.

[38] 李国富, 范喜生, 张浪, 等. 冒落带、裂隙带的气体流动特性及井下试验测定 ［C］.//34届国际采矿岩层控制会议（中国2015）论文集, 284-291.

[39] 煤炭科学研究院北京开采研究所. 煤矿地表移动与覆岩破坏规律研究 ［M］. 北京：煤炭工业出版社, 1981.

[40] 国家安全生产监督管理总局, 国家煤矿安全监察局. 煤矿安全规程 ［S］. 北京：煤炭工业出版社, 2016.

[41] 煤矿安全规程专家解读编委会. 煤矿安全规程专家解读（2版）［M］. 徐州：中国矿业大学出版社, 2011.

[42] 范喜生. 矿用自动复位式风井防爆门研究 ［J］. 煤炭科学技术, 2012, 40（6）：58-61.

5 煤与瓦斯突出防治

5.1 煤层瓦斯抽采半径的计算方法及其应用

4.3 节提到,预抽煤层瓦斯是治理上隅角瓦斯浓度超限的重要手段之一,也是煤与煤层气协调开采的重要技术措施[1]。此外,预抽煤层瓦斯使其含量降到 8 m³/t 或 6 m³/t 以下是区域预抽煤层瓦斯防突措施有效(或达标)的暂用指标[2]。

为做好预抽煤层瓦斯设计工作,需要解决两个问题:一是如何定量评价煤层的透气性或渗透性,以此对煤层的透气性进行分级,指导抽采方法的选择[3];二是如何具体确定抽采钻孔孔距等参数,满足抽采达标等文件[4]、规范的要求。关于前者,已在 1.4 节做了较全面的分析;关于抽采钻孔孔距等参数的确定方法,目前主要是凭借经验或采用工程类比方法确定,难以满足抽采达标设计工作的需要;计算机数值模拟方法[5-7] 与数值计算方法[8-10] 因需要一定的计算技术尚没有获得普遍应用,广大工程技术人员急需一种既满足精度要求又便于使用的简单算法。出现这种状况的根本原因在于瓦斯渗流方程的非线性。该方程是一个齐次方程,形式上并不复杂,但却是拟线性的,有无精确解析解尚不得而知[11]。

本节试图解决煤层瓦斯抽采半径的计算方法问题。5.1.1 节给出了煤层瓦斯渗流方程的详细推导;5.1.2 节在煤层瓦斯自然排放与负压抽采工程经验的基础上,假设钻孔内瓦斯压力为零,通过变量变换、利用分离变量法求解煤层瓦斯抽采半径的定解问题,获得了瓦斯压力随空间、时间变化的精确解析解,给出了抽采半径的计算数表,精度满足要求,可供广大煤矿工程技术人员使用;5.1.3 节给出了钻孔内瓦斯压力不为零的数值解法;5.1.4 节是有关煤层瓦斯抽采半径的几点看法。

顺便指出,尽管书中以本煤层顺层平行钻孔为模型,实际上也适用于穿层钻孔等抽采、排放煤层内瓦斯的情形,只需做适当补充假定即可。

书中物理量的单位如无特别说明均采用国际单位。

5.1.1 煤层瓦斯渗流方程

为定量研究煤层瓦斯抽采半径问题,首先需要建立符合煤层内瓦斯流动规律的渗流方程。

在煤层内任取一个空间上不变的控制体,根据煤层瓦斯赋存的基本规律,采用流体力学的分析方法,容易写出描述瓦斯渗流的连续性方程为

$$\frac{\partial M}{\partial t} + \nabla \cdot (\rho \vec{V}) = 0 \tag{5-1-1}$$

式中,M 为单位体积的煤体中瓦斯气体的质量;ρ 为气体的密度;$\vec{V}$ 为渗流速度矢量。

已知单位体积煤中的瓦斯含量为 X,单位为 m³/m³(标准状态下;可由吨煤瓦斯含量获得),其中包括游离瓦斯和吸附瓦斯两部分,则

$$M = \rho_{\mathrm{CH_4}} X \approx \rho_{\mathrm{CH_4}} \alpha \sqrt{p} \qquad (5-1-2)$$

式中，$\rho_{\mathrm{CH_4}}$ 为标准状态下瓦斯气体的密度；α 为煤层瓦斯含量系数，单位为 $\mathrm{m^3/}$（$\mathrm{m^3 Pa^{1/2}}$）；p 为瓦斯压力。

假设煤层内的瓦斯流动符合达西定律，即

$$\vec{V} = -\frac{K}{\mu} \nabla p \qquad (5-1-3)$$

式中，K 为渗透率，$\mathrm{m^2}$；μ 为瓦斯气体的动力粘性系数，$1.08 \times 10^{-5}\ \mathrm{Pa \cdot s}$。

气体的状态方程为（参见 1.5.1 节）

$$p = \rho R T \qquad (5-1-4)$$

式中，R 为瓦斯的气体常数；T 为温度。

渗流过程速度较慢，可假设为等温的。将式（5-1-2）~式（5-1-4）代入式（5-1-1）得

$$\frac{\partial p}{\partial t} = \frac{2K}{\mu \alpha \rho_{\mathrm{CH_4}} R T} p^{1/2} \nabla \cdot (p \nabla p) = \frac{2K}{\mu \alpha p_{\mathrm{a}}} p^{1/2} \nabla \cdot (p \nabla p) = \gamma p^{1/2} \nabla \cdot (p \nabla p) \quad (5-1-5)$$

式中，$\gamma = \dfrac{2K}{\alpha \mu p_{\mathrm{a}}}$，$p_{\mathrm{a}}$ 为标准大气压，$0.1013\ \mathrm{MPa}$。

式（5-1-5）就是矢量形式的煤层瓦斯渗流方程。对于一维平面流，$\nabla \cdot (p \nabla p) = p \dfrac{\partial^2 p}{\partial x^2} + \left(\dfrac{\partial p}{\partial x}\right)^2 \approx p \dfrac{\partial^2 p}{\partial x^2}$，式（5-1-5）简化为

$$\frac{\partial p}{\partial t} = \gamma p^{3/2} \frac{\partial^2 p}{\partial x^2} \qquad (5-1-6)$$

文献 [12] 给出的一维平面瓦斯渗流方程为

$$\frac{\partial P}{\partial t} = \frac{4\lambda}{\alpha} p^{3/2} \frac{\partial^2 P}{\partial x^2} \qquad (5-1-7)$$

式中，$P = p^2$，$\lambda = \dfrac{K}{2\mu p_{\mathrm{a}}}$，为煤层透气性系数，$\mathrm{m^2/(MPa^2 \cdot d)}$。式（5-1-7）经化简可得式（5-1-6），间接说明上述推导过程是正确的。

关于式（5-1-6）、式（5-1-7）可作如下说明：

（1）在渗流问题中，描述渗流难易程度的传统指标是渗透率 K，定义 λ 实无必要，因两者之间有简单的代数关系 $\left(\lambda = \dfrac{K}{2\mu p_{\mathrm{a}}}\right)$，故 5.1.2 节主要采用 K，以便与国外的文献相对应；式（5-1-7）引入大 P 亦无必要；这里定义了 $\gamma\left(\gamma = \dfrac{2K}{\alpha \mu p_{\mathrm{a}}}\right)$，严格说来，决定煤层瓦斯渗流难易程度的是 γ、不是 K 或 λ。

（2）λ 与 K 之间的关系为 $K = 2\mu p_{\mathrm{a}} \lambda$，因此，$1\ \mathrm{m^2/(MPa^2 \cdot d)}$ 相当于 $2 \times 1.08 \times 10^{-5}$ $\mathrm{Pa \cdot s} \times 1.013 \times 10^5\ \mathrm{Pa} \times \dfrac{1\ \mathrm{m^2}}{10^{12}\mathrm{Pa^2 \cdot 24 \times 3600\ s}} \approx 0.025 \times 10^{-15}\ \mathrm{m^2} = 0.025\ \mathrm{mD}$（注意瓦斯的动力黏性系数不是 $1.08 \times 10^{-4}\ \mathrm{Pa \cdot s}$），D 为达西。

5.1.2 煤层瓦斯抽采半径的定解问题及其分离变量解法

1. 定解问题

煤层瓦斯抽采半径问题属于一维平面径向流。对于一维平面径向流，$\nabla \cdot (p \nabla p) \approx p\left(\dfrac{\partial^2 p}{\partial r^2} + \dfrac{1}{r}\dfrac{\partial p}{\partial r}\right)$，代入式（5-1-5）得

$$\frac{\partial p}{\partial t} = \gamma p^{3/2}\left(\frac{\partial^2 p}{\partial r^2} + \frac{1}{r}\frac{\partial p}{\partial r}\right) \tag{5-1-8}$$

顺层平行钻孔抽采半径 R 示意如图 5-1 所示，初始条件以及边界条件分别为

$$t = 0 \qquad p = p_0 \tag{5-1-9}$$

$$r = r_0 \qquad p = p_h \tag{5-1-10}$$

$$r = R \qquad \frac{\partial p}{\partial r} = 0 \tag{5-1-11}$$

式中，p_0 为煤层初始瓦斯压力；r_0 为钻孔半径；p_h 为钻孔内的绝对压力；R 为抽采半径。记单孔影响的煤层高度为 h，孔间距为 $2R_0$，则按面积等效折算的单孔的影响半径为 $R = \sqrt{2R_0 h/\pi}$。以下研究中以 R 为变量，实际应用时需按 $R_0 = \pi R^2/(2h)$ 折算。请注意这里式（5-1-11）的提法，其他提法是错误的。

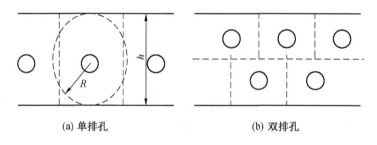

(a) 单排孔   (b) 双排孔

图 5-1　顺层平行钻孔抽采半径 R 示意图

2. 分离变量解法

方程式（5-1-8）和边界条件式（5-1-11）是齐次的。如果将 p_h 近似为零（适用于封孔效果较好抽采负压较大、p_0 较大的情况），则边界条件式（5-1-10）成为齐次的。

首先做变量替换，令 $p = y^n$（理由见后），则

$$\frac{\partial p}{\partial t} = \frac{\partial p}{\partial y}\frac{\partial y}{\partial t} = ny^{n-1}\frac{\partial y}{\partial t}, \quad \frac{\partial p}{\partial r} = \frac{\partial p}{\partial y}\frac{\partial y}{\partial r} = ny^{n-1}\frac{\partial y}{\partial r}, \quad \frac{1}{r}\frac{\partial p}{\partial r} = \frac{1}{r}\frac{\partial p}{\partial y}\frac{\partial y}{\partial r} = ny^{n-1}\frac{1}{r}\frac{\partial y}{\partial r},$$

$$\frac{\partial^2 p}{\partial r^2} = \frac{\partial}{\partial r}\left(\frac{\partial p}{\partial r}\right) = \frac{\partial}{\partial r}\left(ny^{n-1}\frac{\partial y}{\partial r}\right) = n(n-1)y^{n-2}\left(\frac{\partial y}{\partial r}\right)^2 + ny^{n-1}\frac{\partial^2 y}{\partial r^2} =$$

$$ny^{n-1}\left[\frac{n-1}{y}\left(\frac{\partial y}{\partial r}\right)^2 + \frac{\partial^2 y}{\partial r^2}\right] \approx ny^{n-1}\frac{\partial^2 y}{\partial r^2}$$

代入式（5-1-8）得

$$\frac{\partial y}{\partial t} = \gamma y^{3n/2}\left(\frac{\partial^2 y}{\partial r^2} + \frac{1}{r}\frac{\partial y}{\partial r}\right) \tag{5-1-12}$$

再令

$$y(r,\ t)=y_1(r)y_2(t) \tag{5-1-13}$$

代入式（5-1-12）得

$$\frac{1}{\gamma}y_2^{-(\frac{3n}{2}+1)}\frac{\partial y_2}{\partial t}=y_1^{\frac{3n}{2}-1}\left(\frac{\partial^2 y_1}{\partial r^2}+\frac{1}{r}\frac{\partial y_1}{\partial r}\right) \tag{5-1-14}$$

该式左端为 t 的函数，右端为 r 的函数，故只能等于某一常数，记为 $-\beta$，由此得到两个常微分方程

$$\frac{\mathrm{d}^2 y_1}{\mathrm{d}r^2}+\frac{1}{r}\frac{\mathrm{d}y_1}{\mathrm{d}r}+\beta y_1^{1-\frac{3n}{2}}=0 \tag{5-1-15}$$

$$\frac{\mathrm{d}y_2}{\mathrm{d}t}+\beta\gamma y_2^{\frac{3n}{2}+1}=0 \tag{5-1-16}$$

显然，如果取 $n=0$，相当于做线性化处理，误差有可能较大；取 $n=1$，相当于未做因变量变换，式（5-1-15）是一个非线性的本征值问题，难于求得解析解甚至近似解析解（见1.3.3节）。但是，如果取 $n=2/3$，则方程式（5-1-15）蜕化为一个二阶变系数线性常微分方程

$$\frac{\mathrm{d}^2 y_1}{\mathrm{d}r^2}+\frac{1}{r}\frac{\mathrm{d}y_1}{\mathrm{d}r}+\beta=0 \tag{5-1-17}$$

式（5-1-10）、式（5-1-11）变为

$$r=r_0 \qquad y_1=0 \tag{5-1-18}$$

$$r=R \qquad \frac{\partial y_1}{\partial r}=0 \tag{5-1-19}$$

式（5-1-17）~式（5-1-19）组成的本征值问题具有解析解（这就是做因变量变换 $p=y^n$ 的根本原因，它是在1.3.3节研究无果的情况下受 Lie 群变换思想的启发提出的）。

方程式（5-1-17）的解为

$$y_1=-\frac{\beta r^2}{4}+C_1\ln r+C_2$$

其中，C_1、C_2 为积分常数，可由条件式（5-1-18）、式（5-1-19）确定，最终得

$$y_1=\frac{\beta}{4}\left(2R^2\ln\frac{r}{r_0}-r^2+r_0^2\right) \tag{5-1-20}$$

初值问题式（5-1-16）的解（$n=2/3$）为

$$y_2=\frac{1}{\beta\gamma t+C} \tag{5-1-21}$$

式中，C 为积分常数。

由式（5-1-20）、式（5-1-21）得

$$p=(y_1 y_2)^{2/3}=\left[\frac{2R^2\ln\dfrac{r}{r_0}-r^2+r_0^2}{4\left(\dfrac{C}{\beta}+\gamma t\right)}\right]^{2/3} \tag{5-1-22}$$

利用条件式（5-1-9），得（如果不假设 p_h 等于零则无此结果）

173

$$\frac{C}{\beta} = \frac{1}{4}\left(2R^2\ln\frac{r}{r_0} - r^2 + r_0^2\right)p_0^{-3/2} \qquad (5-1-23)$$

代回式（5-1-22），得最终结果为

$$\frac{p}{p_0} = \left\{1 + \frac{4\gamma r_0^{-2}p_0^{3/2}t}{\left(\dfrac{R}{r_0}\right)^2\left[2\ln\dfrac{r}{r_0} - \left(\dfrac{r}{R}\right)^2 + \left(\dfrac{r_0}{R}\right)^2\right]}\right\}^{-2/3} \qquad (5-1-24)$$

式（5-1-24）即为定解问题式（5-1-8）~式（5-1-11）的最终解。以下考察式（5-1-24）的合理性。假设 $\dfrac{4\gamma r_0^{-2}p_0^{3/2}}{\left(\dfrac{R}{r_0}\right)^2\left[2\ln\dfrac{r}{r_0} - \left(\dfrac{r}{R}\right)^2 + \left(\dfrac{r_0}{R}\right)^2\right]} = 1$，则 $p/p_0 = [1 + t]^{-2/3}$，

$p/p_0 \sim t$ 如图 5-2a 所示，可见压力随时间衰减开始快，之后变慢；假设 $4\gamma r_0^{-2}p_0^{3/2}t = 10000$，$R/r_0 = 20$，则 $p/p_0 = \left\{1 + \dfrac{10000}{400\left[2\ln\left(20\dfrac{r}{R}\right) - \left(\dfrac{r}{R}\right)^2 + 0.0025\right]}\right\}^{-2/3}$，$p/p_0 \sim \dfrac{r}{R}$ 如

图 5-2b 所示，可见孔壁附近压力迅速降为孔内压力，在两孔之间的对称边界上，压力呈水平线，以上两种情况定性上均符合实际，说明了解的正确性。

应当指出，式（5-1-24）是煤层瓦斯抽采半径问题的精确解析解 $p(r, t)$（假设 $p_h = 0$），给定 r、t，可由它直接计算 p，但如果已知 p、t，反求 R，还需进一步研究。

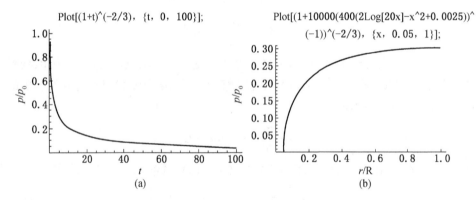

图 5-2　式（5-1-24）的数值检验

3. 计算数表

假设希望 $r = R$ 处的压力经抽采时间 t_0 由 p_0 减小为 p_R，则由式（5-1-24）得

$$p_R/p_0 = \left\{1 + \frac{4\gamma r_0^{-2}p_0^{3/2}t_0}{\left(\dfrac{R}{r_0}\right)^2\left[2\ln\dfrac{R}{r_0} - 1 + \left(\dfrac{R}{r_0}\right)^{-2}\right]}\right\}^{-2/3}$$

化简得

$$X^2(2\ln X - 1 + X^{-2}) = Y \qquad (5-1-25)$$

式中，$X = R/r_0$，$Y = \dfrac{4\gamma r_0^{-2}p_0^{3/2}t_0}{(p_0/p_R)^{3/2} - 1}$。

式（5-1-25）是一个超越方程，即使忽略左侧的 X^{-2} 项（该项可忽略）也得不到显式解，只能采用试算或计算机软件求数值解或采用同伦分析方法求级数解。这里采用计算机软件求解，结果见表 5-1。应用时，先算出 Y，再查表找到 X，进行插值计算，再根据 r_0 计算 R、R_0 等。

表 5-1 煤层瓦斯抽采半径计算数表（$p_h = 0$）

X	Y	X	Y	X	Y	X	Y
5	56.47	15	994.62	25	3399.59	35	7486.60
5.5	73.89	15.5	1077.72	25.5	3562.65	35.5	7737.76
6	94.01	16	1164.57	26	3729.95	36	7993.48
6.5	116.92	16.5	1255.18	26.5	3901.50	36.5	8253.79
7	140.66	17	1349.60	27	4077.33	37	8518.69
7.5	171.43	17.5	1447.85	27.5	4257.46	37.5	8788.21
8	203.19	18	1549.96	28	4441.90	38	9062.35
8.5	238.08	18.5	1655.96	28.5	4630.67	38.5	9341.13
9	275.95	19	1765.88	29	4823.79	39	9624.55
9.5	317.11	19.5	1879.75	29.5	5021.28	39.5	9912.65
10	361.52	20	1997.59	30	5223.16	40	10205.4
10.5	409.23	20.5	2119.42	30.5	5429.43	40.5	10502.9
11	460.29	21	2245.27	31	5640.12	41	10805.0
11.5	514.75	21.5	2375.16	31.5	5864.25	41.5	11111.9
12	572.65	22	2509.13	32	6074.83	42	11423.5
12.5	634.04	22.5	2647.18	32.5	6298.87	42.5	11739.8
13	698.95	23	2789.35	33	6527.39	43	12060.9
13.5	767.43	23.5	2935.66	33.5	6760.41	43.5	12386.8
14	839.51	24	3086.12	34	6997.95	44	12717.4
14.5	915.23	24.5	3240.76	34.5	7240.00	44.5	13052.9

算例：假设 $r_0 = 0.05$ m，$\gamma = \dfrac{2K}{\mu \alpha p_a} = \dfrac{2 \times 1 \times 10^{-19}}{1 \times 10^{-5} \times 0.01 \times 10^5} = 2 \times 10^{-17}$，$p_0 = 1 \times 10^6$ Pa，$t_0 = 6 \times 30 \times 24 \times 3600 = 1.5552 \times 10^7$ s，$p_R = 5 \times 10^5$ Pa，容易算得 $Y = \dfrac{4 \times 2 \times 10^{-17} \times 10^9 \times 1.5552 \times 10^7}{0.05^2 \times (2^{3/2} - 1)} = \dfrac{12.44 \times 10^{-1}}{0.0025 \times 1.828} = 272$；利用计算机软件算得 $X = 8.96$（查表得 $X \approx 9$），则 $R = 0.448$ m；如果渗透率增大 10 倍，$Y = 2720$，则 $X = 22.76$（查表得 $X \approx 22.75$），$R = 1.14$ m，均与现场的实际情况相符，说明这里的计算方法精度满足要求（该例也说明了 1.4 节研究煤层透气性系数正确算法的重要性——不仅决定煤层抽采的难易程度，而且与抽采半径直接有关）。

式（5-1-25）也适用于根据允许的最大瓦斯含量 X_R 确定抽采半径，方法是先按 $p_R = (X_R / \alpha)^2$ 计算 p_R，再按式（5-1-25）进行计算或查数表。同样，还可以很容易地建立抽采率的计算公式。抽采率可以根据最大或平均瓦斯含量的减小值定义，视需要而定。

是否可能将上表拟合成显式近似计算公式呢？答案是肯定的，但需要分段拟合，有可能带来较大误差。从应用的角度看，与采用数表或曲线的形式道理上是一样的。实际上，求得了超越方程式（5-1-25）问题即已解决。

5.1.3　数值解法

为了考虑 p_h 的影响，需要采用数值计算方法。

通常，$0 < p_h < p_a - p_d$，这里，p_d 为抽采负压的绝对值（规定钻孔内不小于 13 kPa）。定解方程式（5-1-8）~式（5-1-11）的无量纲形式为［前 3 个即 1.4.4 节的式（1-4-31）~式（1-4-33）］

$$\frac{\partial z}{\partial y} = a(1-x)^3 z^{3/2}\left[(1-x)\frac{\partial^2 z}{\partial x^2} - \frac{\partial z}{\partial x}\right] \tag{5-1-26}$$

$$y = 0 \qquad z = 1 \tag{5-1-27}$$

$$x = 0 \qquad z = b \tag{5-1-28}$$

$$x = \frac{1 - r_0}{R} \qquad \frac{\partial z}{\partial x} = 0 \tag{5-1-29}$$

式中，$a = \dfrac{\gamma p_0^{3/2} T}{r_0^2}$，$b = \dfrac{p_h}{p_0}$。

具体方法是：假设一个 R_1，利用软件求解方程得一个 R_1^1，如果 $R_1^1 = R_1$，则 R_1 即为所求，但通常不会这么巧；再假设一个 R_2，利用软件求解方程得一个 R_2^2，则 R 可由插值获得

$$R = \frac{(R_2 - R_1)R_2^2 - (R_2^2 - R_1^1)R_2}{(R_2 - R_1) - (R_2^2 - R_1^1)} \tag{5-1-30}$$

注意式中 R_1^1、R_2^2 的含义。

计算表明，与煤层透气性问题类似（见表 1-1），p_h 的影响较小，作为工程应用，可以忽略其影响，采用表 5-1。

5.1.4　有关煤层瓦斯抽采半径的几点看法

（1）目前，关于煤矿井下煤层瓦斯抽采半径的实测方法——流量法的国家标准正在制定中，流量法的流量取自一组而不是一个钻孔。由于煤层内的瓦斯压力、含量等参数实测结果的离散性往往较大，传统的压降法已被排除在外。书中所用的数据应采用试验结果的平均值（当然，为了安全，也可采用最大值），所得抽采半径应是统计意义上的。

（2）抽采煤层瓦斯的主要目的有两个：一是着眼于煤层气的经济价值、环保价值，为了降低钻井（孔）成本，孔距可能很大，封孔效果越好煤层气浓度越高；二是着眼于安全，为了降低煤层中的瓦斯含量，孔径越大越好，孔距是主要影响因素（与投入有直接关系），抽采时间、抽采负压的作用是有限的。封孔效果与瓦斯浓度有关，但对总的抽采纯量、降低煤层中的瓦斯含量影响不大。如果两种抽采目的兼而有之，涉及煤与煤层气协调开采问题，应进行优化设计，参见 7.4 节。关于煤层增透（渗）技术见 7.5 节。

（3）松软、破碎煤层中施工顺层平行钻孔（包括下筛管）需要注意空白带问题。这

是生产上的一个实际问题，孔深较大时孔与孔之间的距离容易偏离设计值（即"预抽煤层瓦斯空白带问题"），必要时可采用定向钻进技术，尽可能避免出现空白带。

5.2 采空区围岩应力场的近似计算方法及其应用

按照《防治煤与瓦斯突出细则》，我国突出煤层开采必须采取区域综合预防措施和局部综合预防措施的两个"四位一体"的预防措施。区域综合预防措施包括区域突出危险性预测、区域防突措施、区域防突措施效果检验和区域验证等四个环节。区域突出危险性预测指标主要是煤层瓦斯压力和煤层瓦斯含量，暂用的临界值分别为 0.74 MPa（相对压力）和 8 m³/t（构造带为 6 m³/t）；区域防突措施主要包括开采保护层、预抽煤层瓦斯等两种。关于预抽煤层瓦斯防突设计的理论基础在 5.1 节研究过了。

关于开采保护层，文献［2］中有计算公式、表格、曲线等，包括沿煤层垂直方向、走向和倾向保护范围的确定方法等，并提出了效果检验方法，即以被保护煤层的膨胀率是否达到 3‰为效果检验指标等。生产实践已经表明，开采保护层效果可靠，条件允许时应优先采用。因此，俄罗斯防突指南中规定按规范设计、实施的开采保护层的效果无需检验[13]（参见附录 B）。

实际上，《防治煤与瓦斯突出细则》提供的开采保护层沿煤层垂直方向、走向和倾向的保护范围覆盖或超过了通常需要的范围，因此，这里的效果检验并无必要。这个问题涉及第一个"四位一体"的必要性问题，意义较大。为更好地说明该观点，本节对开采保护层的有关问题进行理论研究，5.2.1 节研究采空区围岩应力场的近似计算方法；5.2.2 节探讨上、下保护层保护高度的理论计算以及下保护层开采的最大保护距离与导水裂隙带高度的差别问题等；5.2.3 节研究保护层开采的最小有效厚度 M_0 的近似计算问题。关于开采保护层产生的负面作用——应力集中区的确定方法，见附录 C 的附加 5。

开采保护层是增大被保护煤层透气性的主要方法，也是防治矿井冲击地压的重要方法，参见 6.4 节、附录 C。

5.2.1 采空区围岩应力场的近似计算

采空区围岩应力场近似计算模型如图 5-3a 所示。考虑地表面以下深度为 H 水平的一个高为 h、宽为 $2b$、垂直纸面方向无限长的矩形孔硐外的岩体中在重力 $\rho_r gy$ 作用下产生的应力场（近似为平面应变问题）。这里，ρ_r 为上覆岩层的平均密度，g 为重力加速度，y 为竖向坐标，正向朝下，坐标原点在地表面上，x 坐标轴平行于纸面方向，正向朝右（z 坐标轴垂直于纸面方向，正向朝里）。通常，H、$2b \gg h$。

考虑到岩石之类的脆性材料发生破坏时的变形一般仍然较小，可认为属于线弹性变形，则该问题属于弹性力学边值问题中的平面应变问题，重力（地面上建筑物等产生的面力的作用相对较小，可不考虑）以非齐次项（随深度线性增大）的形式出现在平衡方程中，不易求解，故利用叠加原理对问题进行简化处理。

容易想到，图 5-3a 中的问题等价于图 5-3b 的自重应力场叠加上图 5-3c 中一个由对应面力的反力产生的应力场（该应力场中没有重力作用）。这里 $p_1 = \rho_r gH$，$p_2 = \rho_r gy \approx \rho_r gH$，$p_3 = \rho_r g(H + h) \approx \rho_r gH$，即 $p_2 \approx p_3 \approx p_1 = \rho_r gH$。图 5-3b 中问题的解众所周知

$$\sigma_y = \rho_r gy \qquad (5-2-1)$$

$$\sigma_x = k\sigma_y \qquad (5-2-2)$$

式中，$k = \dfrac{\mu}{1-\mu}$，μ 为泊松比。

图 5-3c 的问题即矩形孔硐周围的应力场问题，理论上可利用复变函数法求解，但比较复杂。如果不着重考虑 4 个角上的应力集中情况，也可采用椭圆孔硐近似，但难度较大。鉴于 $p_2 \approx p_3 \approx p_1$，根据圣维南原理，该应力场是局部的。通常 H、$2b \gg h$，我们主要关心采空区上方、下方岩体中的应力场，而对于采空区两侧岩体中的应力场不甚关心，因此，可将图 5-3c 的问题分两种情况处理：一种情况是考虑采空区顶板所在的平面以上的部分岩体受宽度为 $2b$ 的垂直面载荷 p_1 的作用（假设坐标原点竖向位移为零）产生的应力场、位移场，参见图 5-3d；另一种是以采空区底板所在的平面以下岩体受宽度为 $2b$ 的垂直面载荷 p_3 作用（假设坐标原点以下 $y=2H$ 处的竖向位移为零）产生的应力场、位移场，参见图 5-3e。考虑到应力场的局部性，两种情况均可用图 5-3f 近似。图 5-3f 即半无限平面体表面上宽度 $2b$ 受垂直面载荷 p 作用，它所产生的应力场为[14]

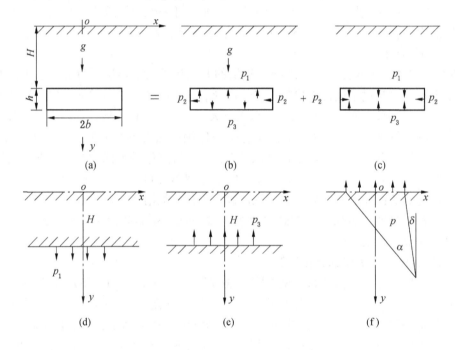

图 5-3　采空区围岩应力场近似计算模型

$$\sigma_x = -\frac{\rho_r gH}{\pi}\left[\alpha - \sin\alpha\cos(\alpha + 2\delta)\right] \tag{5-2-3}$$

$$\sigma_y = -\frac{\rho_r gH}{\pi}\left[\alpha + \sin\alpha\cos(\alpha + 2\delta)\right] \tag{5-2-4}$$

$$\tau_{xy} = -\frac{\rho_r gH}{\pi}\sin\alpha\sin(\alpha + 2\delta) \tag{5-2-5}$$

$$\sigma_1 = \frac{\rho_r gH}{\pi}(\alpha + \sin\alpha) \tag{5-2-6}$$

$$\sigma_3 = \frac{\rho_r g H}{\pi}(\alpha - \sin\alpha) \tag{5-2-7}$$

$$u_y(x,\ 0) = -\frac{2(1-\mu^2)\rho_r g H}{\pi E}[2b + (x-b)\ln|x-b| - (x+b)\ln(x+b)]$$

$$\tag{5-2-8}$$

式中，σ_x 等以压应力为正，夹角 α、δ 的意义如图中所示。

式（5-2-8）实际上应加上一个常数 C，一般可由条件

$$u_y(0,\ H) = 0 \tag{5-2-9}$$

确定（否则量纲有问题），为此，需要补充推导 $u_y(x,\ y)$ 的计算式（文献 [14] 未提供；其他文献中未能查到），该项工作比较复杂，改用条件

$$u_y(H,\ 0) = 0 \tag{5-2-10}$$

确定常数 C。将条件式（5-2-10）代入式（5-2-9）得

$$C = \frac{2(1-\mu^2)\rho_r g H}{\pi E}[2b + (H-b)\ln|H-b| - (H+b)\ln(H+b)] \tag{5-2-11}$$

代回式（5-2-8）得

$$u_y(x,\ 0) = -\frac{2(1-\mu^2)\rho_r g H}{\pi E}\left[\ln\frac{|x-b|^{x-b}}{|H-b|^{H-b}} + \ln\frac{(H+b)^{H+b}}{(x+b)^{x+b}}\right] \tag{5-2-12}$$

式中的负号表示与 y 方向相反。

利用式（5-2-1）~式（5-2-4）、式（5-2-12）即可计算采空区上方、下方的应力场：对于采空区上方的岩体（$0 \leqslant y \leqslant H$）

$$\sigma_x = \rho_r g\left\{\frac{\mu}{1-\mu}y - \frac{H}{\pi}[\alpha - \sin\alpha\cos(\alpha + 2\delta)]\right\} \tag{5-2-13}$$

$$\sigma_y = \rho_r g\left\{y + \frac{H}{\pi}[\alpha + \sin\alpha\cos(\alpha + 2\delta)]\right\} \tag{5-2-14}$$

$$u_y(x,\ H) = \frac{2(1-\mu^2)\rho_r g H}{\pi E}\left[\ln\frac{|x-b|^{x-b}}{|H-b|^{H-b}} + \ln\frac{(H+b)^{H+b}}{(x+b)^{x+b}}\right] \tag{5-2-15}$$

式中，α、δ 与 x、y 的关系为

$$\delta = \arctan\frac{x-b}{H-y} \tag{5-2-16}$$

$$\alpha = \arctan\frac{x+b}{H-y} - \delta = \arctan\frac{x+b}{H-y} - \arctan\frac{x-b}{H-y} \tag{5-2-17}$$

对于采空区下方的岩体（$y \geqslant H$），式（5-2-13）不变，式（5-2-14）变为

$$\sigma_y = \rho_r g\left\{y - \frac{H}{\pi}[\alpha + \sin\alpha\cos(\alpha + 2\delta)]\right\} \tag{5-2-18}$$

式中，α、δ 与 x、y 的关系为

$$\delta = \arctan\frac{x-b}{y-H} \tag{5-2-19}$$

$$\alpha = \arctan\frac{x+b}{y-H} - \delta = \arctan\frac{x+b}{y-H} - \arctan\frac{x-b}{y-H} \tag{5-2-20}$$

式（5-2-15）加一个负号（仅改变方向，大小不变），不再列出。

5.2.2　保护层开采最大保护距离的近似计算与应用

1. 下保护层最大保护距离的计算

为计算最大保护距离，首先需要研究最大保护距离处需要满足的条件。

处在原始压缩状态的天然岩体中的裂隙是微小的，可认为不透气。岩体一般由不同性质、不同厚度的岩层组成，开采保护层时，岩层之间容易分离（即离层），但最大保护距离主要受竖向裂隙控制。考虑到岩石的抗压强度远大于抗拉强度，综合性的岩石强度理论比较复杂[15]，为了简化问题，这里以 σ_x 达到抗拉强度 σ_{1max} 作为最大保护距离满足的条件。

以 $x=b$（为方便计算，见下）、$\sigma_x=-\sigma_{1max}$ 为最大保护高度的计算条件，则由式（5-2-16）、式（5-2-17）得 $\delta=0$，$\alpha=\arctan\dfrac{2b}{H-y}$，代入式（5-2-13）得

$$\rho_r g\left\{\frac{\mu}{1-\mu}y-\frac{H}{\pi}\left[\arctan\frac{2b}{H-y}-\frac{2b(H-y)}{(2b)^2+(H-y)^2}\right]\right\}=-\sigma_{1max} \qquad (5-2-21)$$

这样，给定 H、$2b$、σ_{1max} 等，利用计算机软件由式（5-2-21）可以计算出 y，$H-y$ 即为最大保护距离，以下用典型参数检验式（5-2-21）的合理性。

假设 $\rho_r=2600\ \text{kg/m}^3$，$g=9.8\ \text{m/s}^2$，$\mu=0.2$，$H=600\ \text{m}$，$2b=200\ \text{m}$，$\sigma_{1max}=5\times10^5\ \text{Pa}$，利用数学软件画出

$$\rho_r g\left\{\frac{\mu}{1-\mu}y-\frac{H}{\pi}\left[\arctan\frac{2b}{H-y}-\frac{2b(H-y)}{(2b)^2+(H-y)^2}\right]\right\}+\sigma_{1max}\ \text{随}\ y\ \text{在}\ 0\sim600\ \text{的变化曲}$$

线，结果如图 5-4 所示。

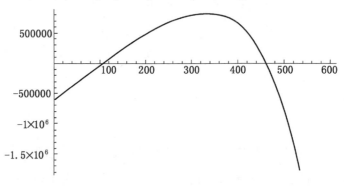

图 5-4　下保护层最大保护距离计算示例

由图 5-4 可知，$y=460\ \text{m}$，裂隙带高度为 600-460=140 m；查《防治煤与瓦斯突出细则》中的表格得到的结果为 146 m，两者比较接近。

这里，σ_{1max} 取为 0.5 MPa，具体情况应通过试验测定。《防治煤与瓦斯突出细则》中规定以岩层中硬岩（砂岩、石灰岩）所占的百分比 α 对最大保护距离进行修正，$\alpha\geqslant50\%$ 时，乘以系数 $1-0.4\alpha$；$\alpha<50\%$ 时不修正（即硬岩所占比例越大最大保护距离越小，不同

于利用水测得的导水裂缝带的高度的变化规律。

上述计算结果表明，本节获得的理论研究成果与《防治煤与瓦斯突出细则》中有关开采保护层的信息是相符的，但与采用水的漏失量测定的裂缝带的高度[16,17]有较大差别，导水裂缝带的高度主要受采高影响，硬岩所占比例越大导水裂缝带高度越大。有关裂缝带高度的情况大致如下：

对于采高小于 3 m 的情况，对于缓倾斜（0°~35°）、中倾斜（36°~54°）煤层，导水裂缝带高度可按表 5-2 计算[17]。

表 5-2　厚煤层分层开采导水裂缝带高度 H_L 计算公式　　　　　　　　　m

岩性	公式一	公式二
坚硬	$\dfrac{100\Sigma M}{1.2\Sigma M + 2.0} \pm 8.9$	$30\sqrt{\Sigma M} + 10$
中硬	$\dfrac{100\Sigma M}{1.6\Sigma M + 3.6} \pm 5.6$	$20\sqrt{\Sigma M} + 10$
软弱	$\dfrac{100\Sigma M}{3.1\Sigma M + 5.0} \pm 4.0$	$10\sqrt{\Sigma M} + 5$
极软弱	$\dfrac{100\Sigma M}{5.0\Sigma M + 8.0} \pm 3.0$	

注：ΣM 为累计采厚。适用范围：单层采厚 1~3 m；累计采厚不超过 15 m。

对于采高大于 3 m 的情况，目前，关于厚煤层分层开采覆岩破坏规律研究较多，其普遍规律是覆岩破坏高度一般随采厚增大而增大，但覆岩破坏高度与采厚的比值随着累计采厚的增加幅度而逐渐减小。中硬覆岩裂高采厚比一般为 5.0~6.0，软弱覆岩为 4.0~5.0，具体见表 5-3。

表 5-3　分层开采裂高采厚比

覆岩类型	一分层	二分层	三分层	四分层
中硬	12~16	8~11	6~8	5~6
软弱	9~12	6~9	5~6	4~5

目前，对于厚煤层综放开采覆岩破坏规律的研究成果比较少，兖矿集团兴隆庄矿通过系统研究，取得了第四系厚松散含水层下综放开采覆岩破坏规律的试验结果，杨村矿取得了部分实测数据；鹤岗矿业集团振兴三矿取得了河下类似下沟矿泾河下综放开采覆岩破坏"两带"高度的有关资料，下沟矿一采区一水平黄土塬下宜君砾岩水体下开采了 5 个综放面，实现了宜君组砾岩水体下安全开采，开采后所推论出的裂高采厚比只是个范围值，离散性很大。目前，综采放顶煤导水裂缝带高度的几个计算公式见表 5-4。

表 5-4　综放开采覆岩导水裂缝带高度 H_L 的经验公式　　　　　　　　　m

公式来源	公　式	备注
兖州矿区	$\dfrac{100\Sigma M}{0.94\Sigma M + 4.31} \pm 4.22$	软弱
淮南矿区	$11.29M + 0.98$	软弱

表 5-4（续）   m

公式来源	公　式	备注
刘天泉	$\dfrac{100\Sigma M}{1.5\Sigma M + 1.0} + 2.0$	中硬
许延春	$\dfrac{100\Sigma M}{0.26\Sigma M + 6.88} \pm 11.49$	中硬

顺便指出，本段所用方法还可用于研究裂缝带上部边界的形状（马鞍型）、地表沉降规律等。

2. 上保护层最大保护距离的计算

以 $x=0$、$\sigma_x = \sigma_{1max}$ 为上保护层最大保护距离的计算条件，则由式（5-2-19）、式（5-2-20）得 $\delta = -\arctan\dfrac{b}{y-H}$，$\alpha = \arctan\dfrac{b}{y-H} - \delta = 2\arctan\dfrac{b}{y-H}$，代入式（5-2-13）得

$$\rho_r g\left\{\frac{\mu}{1-\mu}y - \frac{H}{\pi}\left[2\arctan\frac{b}{y-H} - 2\frac{b(y-H)}{b^2 + (y-H)^2}\right]\right\} = -\sigma_{1max} \qquad (5\text{-}2\text{-}22)$$

这样，给定 H、b、σ_{1max} 等，利用计算机软件可由式（5-2-22）计算出 y，$y-H$ 为上保护层最大保护距离，以下用典型参数检验其合理性。

假设 $\rho_r = 2600\ \text{kg/m}^3$，$g = 9.8\ \text{m/s}^2$，$\mu = 0.2$，$H = 600\ \text{m}$，$b = 100\ \text{m}$，$\sigma_{1max} = 5\times10^5\ \text{Pa}$，利用数学软件画出

$$\rho_r g\left[0.25y - \frac{H}{\pi}\left(2\arctan\frac{b}{y-H} - 2\frac{b(y-H)}{b^2 + (y-H)^2}\right)\right] + \sigma_{1max}\ \text{随 } y \text{ 在 } 600\sim1000 \text{ 的变化曲}$$

线，结果如图 5-5 所示。

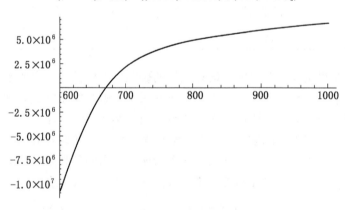

图 5-5　上保护层最大保护距离计算示例

由图 5-5 可知，$y = 670\ \text{m}$，上保护层的最大保护距离为 $670-600 = 70\ \text{m}$；查《防治煤与瓦斯突出细则》中的表格得到的结果为 59 m，两者相差 11 m，也在合理范围内。

这里，σ_{1max} 取为 0.5 MPa，有关讨论同下保护层最大保护距离的计算。

理论上，煤层底板突水与上保护层的最大保护距离有关。煤层底板突水是一个复杂问题，《煤矿防治水细则》（2018）采用的突水系数就是压力梯度的概念，就全国实际资料看，底板受构造破坏的地段突水系数一般不得大于 0.06 MPa/m，隔水层完整无断裂构造破坏的地段不得大于 0.1 MPa/m[18]。

5.2.3 保护层开采最小有效厚度 M_0 的近似计算

最小有效厚度 M_0 与 H、$2b$ 有关，可由《防治煤与瓦斯突出细则》中提供的曲线图获得，一般在 1.0 m 以下。当保护层的开采厚度 h 小于 M_0 时，保护层的最大保护距离与 h 有关；当 h 大于 M_0 时，保护层的最大保护距离与 h 无关。

根据式（5-2-15）得

$$u_y(0,\ H) = \frac{2(1-\mu^2)\rho_r gH}{\pi E}\left[\ln\frac{b^{-b}}{|H-b|^{H-b}} + \ln\frac{(H+b)^{H+b}}{b^b}\right] \tag{5-2-23}$$

显然，当

$$u_y(0,\ H) < \frac{M_0}{2} \tag{5-2-24}$$

时，图 5-3d 作用到顶板 $2b$ 宽度上的垂直面载荷 $p_1 = \rho_r gH$，下保护层的最大保护距离与 M_0 无关；但是，当

$$u_y(0,\ H) > \frac{M_0}{2} \tag{5-2-25}$$

时，由于受到支撑作用（上下对称），作用到顶板 $2b$ 宽度上的垂直面载荷 $p_1 < \rho_r gH$（最大保护距离要受到影响，需要修正），因此

$$M_0 = \frac{4(1-\mu^2)\rho_r gH}{\pi E}\left[\ln\frac{b^{-b}}{|H-b|^{H-b}} + \ln\frac{(H+b)^{H+b}}{b^b}\right] \tag{5-2-26}$$

由式（5-2-26）可见，M_0 主要与 H、b 有关。《防治煤与瓦斯突出细则》中规定，当 $h < M_0$ 时，可用系数 $\frac{h}{M_0}$ 对最大保护距离进行线性修正（$h=0$ 对应没有开采保护层，最大保护距离自然为零）。

考虑到保护层的厚度通常大于 1 m，这里就不利用式（5-2-26）进行具体计算了，这种情况下的最大保护距离与 h 无关，无须修正。

5.3 煤与瓦斯突出的预测方法

煤与瓦斯突出的机理比较复杂，假说很多，目前公认的是综合作用假说，即煤与瓦斯突出是瓦斯压力、地应力和煤的物理力学性质综合作用的结果[19]。

广义的煤与瓦斯突出包括以瓦斯作用为主的狭义的突出、以地应力作用为主的压出（容易与片帮混淆）和以重力作用为主的倾出（容易与漏顶混淆）三种类型，其中，狭义的突出危害最大，是本节研究的对象，以下如无说明，均指狭义的突出，简称突出。

按照《防治煤与瓦斯突出细则》（2019），煤巷掘进工作面突出预测方法包括钻屑解吸指标法、复合指标法、R 指标法和其他经试验证实有效的方法，揭煤工作面、回采工作面也有类似要求（揭煤工作面取消了 D、K 法），还要求煤矿企业针对各煤层发生突出的特点和条件试验确定工作面突出预测的敏感指标和临界值，且试验应由有煤与瓦斯突出危

险性鉴定资质的单位（2020年5月已改为煤矿瓦斯等级鉴定信息公示制度，不再要求鉴定资质）进行，使用前经煤矿总工程师批准等。但由于《防治煤与瓦斯突出细则》没有给出具体的试验考察方法，不少煤矿的试验考察工作漏洞很多，经不起推敲，或者干脆不进行试验考察工作，直接采用且一直采用速度较快的钻屑解吸指标法及其暂用临界值等，显然，不满足有关要求，具体见5.4.4节。

本节从理论上研究工作面煤与瓦斯突出危险性的预测方法。5.3.1节根据突出发生的一般规律和大量的突出事故案例归纳、总结突出预测的物理模型；5.3.2节研究地应力的作用；5.3.3节建立突出预测的简化力学模型，建立了突出启动的临界条件（包括指标及其临界值）的理论计算式，实际上是q法的理论基础；5.3.4节介绍了q法的优缺点，提出了一种具有q法的优点但速度更快的Q法及其临界值的实验确定方法；5.3.5节对煤与瓦斯突出预警系统做了初步探讨。

因回采工作面发生突出的情况较少，研究范围限于煤巷掘进工作面和揭煤工作面。

5.3.1 煤与瓦斯突出预测的物理模型

1. 煤巷掘进工作面

煤巷掘进过程中发生的突出现象多种多样，有从迎头正前方突出的，有从迎头底部或顶部突出的，也有从侧帮突出的，突出地点与煤层中瓦斯压力（或含量）较高、煤质较松软、易破碎的区域（以下简称"瓦斯/煤体异常区"）及巷道的走向、与迎头（巷帮）的相对位置、与迎头（巷帮）之间是否存在软分层沟通等因素有关。

煤层中存在瓦斯/煤体异常区是发生突出的必要条件。瓦斯/煤体异常区往往与断层、褶曲等地质构造有较大关系，因此，突出多发生在断层、褶曲等地质构造附近（当然，断层、褶曲等地质构造附近也不一定发生突出，它不一定属于这里所指的瓦斯/煤体异常区；发生突出还需要其他条件），能够及时探测到前方的瓦斯/煤体异常区（包括采用各种钻探、物探手段等）是准确预测煤与瓦斯突出的有力保障（一般说来，准确探测瓦斯/煤体异常区比探测富含水体区域困难得多）。

瓦斯/煤体异常区可能位于巷道轴线的前进方向上，也可能位于巷道轮廓边界之外。对于前者，如果未能及时提前发现并采取释放瓦斯等有力措施，掘进工作面迟早要穿过该区域，当迎头与瓦斯/煤体异常区的距离小于某一临界值时煤与瓦斯就有可能从迎头前方突出；对于后者，如果巷道轮廓边界与瓦斯/煤体异常区的距离小于某一临界值时煤与瓦斯有可能从侧帮突出（离开迎头较远、完成支护时则无此虞）。目前，生产上这两个临界距离L均规定为2 m（如预测深度8 m、允许掘进6 m，两帮外控制距离2~4 m等）。

上述临界距离的观点实际上就是压力梯度的概念（即作者提出的"掩护罩"理论[20]）。当煤体完整性较好、煤质较硬时，一般不会发生突出。但是，煤层中往往存在着软分层（或直接顶、直接底），如果瓦斯/煤体异常区通过软分层（或顶、底板软岩层）与迎头或巷道轮廓边界等临空面沟通，则煤与瓦斯有可能从软分层中突出，物理模型如图5-6所示，形成典型的口小、腔大的突出孔洞等，图5-6中h为软分层的厚度。

对于没有明显软分层的情况，可将整个工作面的高度或宽度（取两者中的小者）W取为这里软分层的厚度。因此，可以将煤巷掘进工作面煤与瓦斯突出的物理模型归结为以下3个因素的结果：

（1）在矿井的某一煤层、某一盘（采）区、某一区段存在煤层瓦斯压力（或含量）

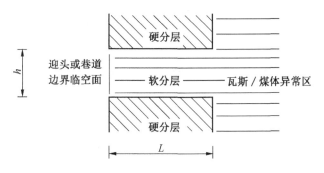

图 5-6　掘进工作面煤与瓦斯突出预测的物理模型

较高、煤质较软（煤的坚固性系数 f 较小）的异常区域，如断层、褶曲、构造（包括小构造）区域等。煤层赋存情况越不稳定，出现上述区域的可能性越大。

（2）掘进工作面穿过或擦边经过上述异常区域，但物探、钻探等地测工作没有及时发现该区域，或局部突出危险性预测钻孔的布置、深度没有进入该区域。

（3）工作面突出危险性预测的原理、方法有误。

2. 揭煤工作面

上述 3 条也适用于揭煤工作面，即揭煤地点存在瓦斯/煤体异常区，物探、钻探等地测手段没有发现该区域或局部突出危险性预测钻孔布置、深度没有进入该区域（误揭煤层），揭煤突出危险性预测方法有误等。不同之处在于，揭煤作业的地点是具体的，一般采用爆破方式全断面一次揭开，h 可取为 W（较大），临界距离 L 不存在或很小，因此，更容易发生突出。

5.3.2　地应力的作用

狭义的突出以瓦斯压力作用为主，但地应力的作用也是存在的，需要专门研究。

参见 5.2 节。容易写出远离孔洞的地方，竖向应力为

$$\sigma_y = \rho_r g y \tag{5-3-1}$$

式中，ρ_r 为上浮岩层的平均容重，一般取 2500 kg/m³；g 为重力加速度，等于 9.8 m/s²。这里应力以压应力为正，水平应力为 $\sigma_x = \sigma_z = \dfrac{\mu}{1-\mu}\sigma_y$，$\mu$ 为泊松比。由于 μ 通常小于 0.5，按式（5-3-1）应有 $\sigma_x = \sigma_z < \sigma_y$。实际上，地应力场远非式（5-3-1）那么简单，$\sigma_x = \sigma_z > \sigma_y$ 的地方也很多。地应力实测工作比较耗时、复杂。为简化问题，暂取

$$\sigma_x = \sigma_y = \sigma_z = \rho_r g y \tag{5-3-2}$$

即在深度 y 处的应力场为各向同性的静水压力场（$\mu = 0.5$）。

以下研究巷道围岩中的应力场。将坐标原点移至巷道圆心处并采用极坐标，围岩中的应力场近似等于原始应力场与圆柱形空腔内壁受大小为 $\rho_r g H$ 的拉力作用产生的应力场的和（参见 1.2、5.2 节）。原始应力场可用式（5-3-2）近似描述，其极坐标形式为 $\sigma_r = \sigma_\theta = \sigma_z = \rho_r g H$。圆柱形空腔内壁受拉力作用产生的应力场可利用厚壁圆筒的解答获得，厚壁圆筒内壁受压力 p_a、外壁受压力 p_b 作用产生的应力场为

$$\sigma_r = \frac{a^2}{b^2 - a^2}\left(1 - \frac{b^2}{r^2}\right)p_a - \frac{b^2}{b^2 - a^2}\left(1 - \frac{a^2}{r^2}\right)p_b \tag{5-3-3}$$

185

$$\sigma_\theta = \frac{a^2}{b^2 - a^2}\left(1 + \frac{b^2}{r^2}\right)p_a - \frac{b^2}{b^2 - a^2}\left(1 + \frac{a^2}{r^2}\right)p_b \tag{5-3-4}$$

$$\sigma_z = \mu(\sigma_r + \sigma_\theta) = 2\mu\left(\frac{a^2}{b^2 - a^2}p_a - \frac{b^2}{b^2 - a^2}p_b\right) \tag{5-3-5}$$

令 $p_b = 0$、$b \to \infty$，得

$$\sigma_r = -\left(\frac{a}{r}\right)^2 p_a \tag{5-3-6}$$

$$\sigma_\theta = \left(\frac{a}{r}\right)^2 p_a \tag{5-3-7}$$

$$\sigma_z = 0 \tag{5-3-8}$$

用 $a = r_0$、$p_a = \rho_r g H$ 代入式（5-3-6）、式（5-3-7）得

$$\sigma_r = -\left(\frac{r_0}{r}\right)^2 \rho_r g H \tag{5-3-9}$$

$$\sigma_\theta = \left(\frac{r_0}{r}\right)^2 \rho_r g H \tag{5-3-10}$$

式（5-3-8）不变。则在巷道围岩不太大的范围内，应力场可用下式近似

$$\sigma_r = \rho_r g H\left[1 - \left(\frac{r_0}{r}\right)^2\right] \tag{5-3-11}$$

$$\sigma_\theta = \rho_r g H\left[1 + \left(\frac{r_0}{r}\right)^2\right] \tag{5-3-12}$$

$$\sigma_z = \rho_r g H \tag{5-3-13}$$

可见，三向均为受压状态，环向 σ_θ 最大，$\sigma_1 = \sigma_\theta$；径向 σ_r 最小，$\sigma_3 = \sigma_r$；轴向 σ_z 为中间主应力。在 $r = R$ 处，$\sigma_1 = 2\rho_r g H$，$\sigma_3 = 0$，$\sigma_2 = \rho_r g H$ 不变。

以上是弹性理论计算的结果，3 个主应力与 H 有关。

实际上，突出煤层煤的强度总体来说是较小的，在巷道周围往往存在着松动圈（或塑性区），浅部煤层由于赋存情况特殊也可能出现这种情况。松动圈的半径为（参见 6.3 节）

$$R_1 = r_0\left[\left(1 + \frac{\rho_r g H}{c \cot\varphi}\right)(1 - \sin\varphi)\right]^{\frac{1 - \sin\varphi}{2\sin\varphi}} \tag{5-3-14}$$

取 $c \sim 0.5$ MPa，$\varphi \sim 10°$，$\rho_r = 2500$ kg/m^3，$g = 9.8$ m/s^2，$H \sim 100$ m，由式（5-3-14）得 $R_1 \sim 2.8 r_0$；取 $r_0 = (1.2 \sim 5)$ m，则 $R_1 \sim (3.35 \sim 14.0)$ m，说明临界距离 2 m 处在松动圈内的可能性较大，$r = r_0 + 2$ m 等处的应力分别为（参见 6.3 节）

$$\sigma_{r(r_0+2)} = c \cdot \cot\varphi\left[\left(1 + \frac{2}{r_0}\right)^{\frac{2\sin\varphi}{1 - \sin\varphi}} - 1\right] \tag{5-3-15}$$

$$\sigma_{\theta(r_0+1)} = c \cdot \cot\varphi\left[\frac{1 + \sin\varphi}{1 - \sin\varphi}\left(1 + \frac{1}{r_0}\right)^{\frac{2\sin\varphi}{1 - \sin\varphi}} - 1\right] \tag{5-3-16}$$

$$\sigma_{z(r_0+1)} = c \cdot \cot\varphi\left[\frac{1}{1 - \sin\varphi}\left(1 + \frac{1}{r_0}\right)^{\frac{2\sin\varphi}{1 - \sin\varphi}} - 1\right] \tag{5-3-17}$$

注意，三者与 c、φ、r_0 有关。不再与 H 有关。这里 c、φ 分别为煤体的内聚力、内摩

擦角。容易看出，c 越大，三者均越大；数值计算表明，φ 越大，三者也均越大。

应当指出，迎头内的应力分布是三维的，一般需要采用数值模拟方法研究。

5.3.3　煤与瓦斯突出预测的力学模型

1. 掘进工作面

实际上，煤巷掘进过程中，迎头前方（或侧帮）煤体中的瓦斯一直在以渗流的方式向外流动。如果掘进面的推进速度无限慢，不难设想，当迎头接近瓦斯/煤体异常区时，瓦斯压力已经释放，瓦斯/煤体异常区已不复存在，自然就不会发生煤与瓦斯突出，说明煤与瓦斯突出现象与煤巷掘进速度有直接关系，这是公认的，这里考虑正常掘进速度的情况。

为应用式（5-3-15）~式（5-3-17），考虑巷帮突出的情况。记软分层厚度为 h，软分层段的长度为 L。记暴露的时刻为时间 t 的起点，此时 L 深度处的瓦斯压力为 $p(t) = p_0$（表压）。瓦斯/煤体异常区的瓦斯以渗流的方式流向自由空间，理论上 $p(t)$ 可按渗流理论计算。将上述高为 h、宽为 W、长为 L 的软分层煤体（密度为 ρ_c）视为一个整体，其运动方程为（忽略重力的作用）

$$hWL\rho_c \frac{\mathrm{d}^2 x}{\mathrm{d}t^2} = \left[\sigma_{r(r_0+2)} + p(t)\right]hW - 2\left[c_0 + \left(\sigma_{\theta(r_0+1)} + \frac{p(t)}{2}\right)\tan\varphi_0\right]WL -$$
$$2\left\{c_0 + \left[\sigma_{z(r_0+1)} + \frac{p(t)}{2}\right]\tan\varphi_0\right\}hL \tag{5-3-18}$$

初始条件为，$t = 0$，$x = 0$，$\dfrac{\mathrm{d}x}{\mathrm{d}t} = 0$。

一般说来，$p(t)$ 与瓦斯/煤体异常区的具体情况有关，很难确定，我们不得不将问题简化成一个静力学问题，即假定 $p(t) = p_0$ 不变，容易写出发生突出的临界条件为

$$p_0 \geqslant \frac{2\left(1 + \dfrac{h}{W}\right)c_0 + 2\left[\sigma_{\theta(r_0+1)} + \dfrac{h}{W}\sigma_{z(r_0+1)}\right]\tan\varphi_0 - \dfrac{h}{L}\sigma_{r(r_0+2)}}{\dfrac{h}{L} - \left(1 + \dfrac{h}{W}\right)\tan\varphi_0} \tag{5-3-19}$$

式中，c_0、φ_0 分别为软分层的内聚力、内摩擦角。突出孔洞的大小常常与 h 相当，这里取 $W \sim h$，并将式（5-3-15）~式（5-3-17）代入式（5-3-19）得

$$p_0 \geqslant \frac{4c_0 + 2\left\{\left[\dfrac{2 + \sin\varphi}{1 - \sin\varphi}\left(1 + \dfrac{1}{r_0}\right)^{\frac{2\sin\varphi}{1 - \sin\varphi}} - 2\right]\tan\varphi_0 - \dfrac{1}{2}\dfrac{h}{L}\left[\left(1 + \dfrac{2}{r_0}\right)^{\frac{2\sin\varphi}{1 - \sin\varphi}} - 1\right]\right\}\dfrac{c}{\tan\varphi}}{\dfrac{h}{L} - 2\tan\varphi_0}$$

$$\tag{5-3-20}$$

式中，c、φ 分别为硬分层的内聚力、内摩擦角。

式（5-3-20）适用于详细计算，但不便于分析各个参数的影响。为此，做简化处理。

通常，$\dfrac{2}{r_0} < 1$，$\left(1 + \dfrac{1}{r_0}\right)^{\frac{2\sin\varphi}{1 - \sin\varphi}} \approx 1 + \dfrac{1}{r_0}\dfrac{2\sin\varphi}{1 - \sin\varphi}$，$\left(1 + \dfrac{2}{r_0}\right)^{\frac{2\sin\varphi}{1 - \sin\varphi}} \approx 1 + \dfrac{2}{r_0}\dfrac{2\sin\varphi}{1 - \sin\varphi}$，$\varphi$ 总体来说较小，故

$$p_{0\min} \approx \frac{4c_0 + 2\left[\left(\frac{3\sin\varphi}{1 - \sin\varphi} + \frac{1}{r_0}\frac{2 + \sin\varphi}{1 - \sin\varphi}\frac{2\sin\varphi}{1 - \sin\varphi}\right)\tan\varphi_0 - \frac{h}{L}\frac{1}{r_0}\frac{2\sin\varphi}{1 - \sin\varphi}\right]\frac{c}{\tan\varphi}}{\frac{h}{L} - 2\tan\varphi_0}$$

$$\approx 4\frac{c_0 + \left[\left(\frac{3}{2} + \frac{2}{r_0}\right)\tan\varphi_0 - \frac{h}{L}\frac{1}{r_0}\right]c}{\frac{h}{L} - 2\tan\varphi_0} \qquad (5-3-21)$$

这里，由于近似处理已不出现 φ。

容易想到，c 越大，$p_{0\min}$ 越大。一般情况下 $c > c_0$，为获得较小的 $p_{0\min}$，可取 $c = c_0$；通常，$\frac{h}{L}\frac{1}{r_0} \ll 1$，式（5-3-21）进一步简化为

$$p_{0\min} \approx 4\frac{1 + \left(\frac{3}{2} + \frac{2}{r_0}\right)\tan\varphi_0}{\frac{h}{L} - 2\tan\varphi_0}c_0 \qquad (5-3-22)$$

这里只剩下参数 r_0、c_0、φ_0、$\frac{h}{L}$ 了。4 个参数中，显然，r_0、$\frac{h}{L}$ 越大，$p_{0\min}$ 均越小；c_0、φ_0 越大，$p_{0\min}$ 均越大，都符合预期。

为简单计算，以下省略 c_0、φ_0 的下标 0。

文献 [19] 提供了 c、φ 与 f 之间的一组经验关系（其可靠性待经过"易破碎煤体剪切强度试验测试系统"验证，这里暂用之）

$$c = \frac{0.9}{1 + \exp[-7.72(f - 0.75)]} \qquad \varphi = 7.5 + \frac{30}{1 + \exp[-8(f - 0.5)]} \qquad (5-3-23)$$

一般认为 $f \leqslant 0.5$ 时才会发生突出，由式（5-3-23）得 $\varphi \leqslant 22.5°$；式（5-3-22）要求

$$\tan\varphi < \frac{1}{2}\frac{h}{L}(L = 2 \text{ m}) \qquad (5-3-24)$$

根据突出事故案例，h 通常小于 1 m，故要求 $\tan\varphi < 0.25$，$\varphi < 14°$，与 $f \leqslant 0.5$ 一致，即发生突出的煤是比较"软"的（用手捻不割手）。

式（5-3-22）就是发生突出瓦斯压力的最小值 $p_{0\min}$ 的近似计算式。它表明，$p_{0\min}$ 与 H 之间没有必然联系（贵州六盘水、毕节地区煤层埋深较浅却容易突出印证了这一点）。

为了计算发生突出所需的最小瓦斯压力，取 $r_0 = 3$ m，$\frac{h}{L} = 0.5$，$f = 0.1$，利用式（5-3-23）算得 $c = 0.006$ MPa，$\varphi = 8.7°$，代入式（5-3-22）得 $p_{0\min} = 4 \times \dfrac{1 + \left(\frac{3}{2} + \frac{2}{3}\right)\tan 8.7°}{0.5 - \tan 8.7°} \times 0.006 = 0.09$ MPa。注意这里是迎头内或巷帮外 2 m 深度的瓦斯压力，不是煤体深部的（如统计值 0.74 MPa 等）。

在迎头附近，根据达西定律，可以采用软分层煤体的瓦斯渗流速度 v_0 作为预测指标，

式（5-3-22）变为

$$v_0 \geqslant 4 \frac{K}{\mu} \frac{1 + \left(\dfrac{3}{2} + \dfrac{2}{r_0}\right)\tan\varphi}{\dfrac{h}{L} - 2\tan\varphi} c \qquad (5\text{-}3\text{-}25)$$

式中，K 为软分层煤体的渗透率，m^2；μ 为甲烷气体的动力黏性系数，1×10^{-5} Pa·s。可见，K 越小，越容易突出，即低透气性煤层更容易突出，与经验一致。在煤矿井下快速获得软煤的 K 值的方法也在研究中。采用式（5-3-25）预测突出的临界值暂时可根据 q 法的临界值反求（因暂缺 K 值的快速确定方法）。

式（5-3-25）可以作为掘进工作面煤与瓦斯突出预测的理论模型。为了获得所需的 c、φ、K 值，需要研发专门的井下取样设备、实验室试验装置等。由于涉及井下获取软煤样、实验室切割加工等，该项工作难度较大，目前仍在进行中。

式（5-3-25）与实际情况存在一定距离。实际上，由于软分层中存在细小的颗粒，在压力梯度达到一定值时，小的颗粒在渗透力的作用下首先流出，较大的颗粒随后流出，最后发生突出，形成管形的通道、空腔等（类似于土力学中的"管涌"现象），因此，突出通常为延时突出，延时时间有可能相差很大，所需的临界瓦斯渗流速度可能小于式（5-3-25）的计算值。目前，尚不能建立延时突出临界瓦斯渗流速度的理论计算式（它与粒径的级配、颗粒的硬度等众多因素有关[21]）。可以预期，解决问题还需依靠能够正确反映煤巷掘进工作面突出现象物理实质的试验研究和求解煤体颗粒从静止到启动的运动方程（微分方程）两方面的工作。

如果瓦斯/煤体异常区域比较小，瓦斯的驱动力很快衰竭，也可能不发生突出，所有这些都取决于瓦斯/煤体异常区的状况（包括大小、范围）等，它是煤与瓦斯突出现象复杂的重要原因。

2. 揭煤工作面

石门揭煤在力学上相当于临空面与瓦斯/煤体异常区瞬间处于图5-6所示的状态。应当指出，揭煤突出既有瞬时突出也有延时突出[22]。道理同样在于，新的临空面改变了周围煤岩体内部的应力状态与瓦斯流动状态，由于存在惯性，煤体从静止状态开始运动到从煤体中突出需要时间，特别是酝酿、启动阶段可能需要较长时间。为了弄清楚揭煤突出的机理，希望也应该首先寄托在能够正确反映揭煤工作面突出现象物理实质的试验研究上。这里，几何相似是前提，例如，国内外都有人利用激波管（参见1.5.3节）之类的装置研究煤与瓦斯突出就存在较大问题。由于试验装置的体积有限，破膜（相当于爆破揭开煤层）后在稀疏波的作用下试验系统内的瓦斯压力迅速下降，很难模拟井下的延时突出过程，得到比较小的突出瓦斯压力（这类试验得到的是膜片的破膜压力），因此，对解决实际问题意义不大，很难得到煤矿企业的认可。煤矿企业最关心的是突出条件（例如最小瓦斯压力）与预防措施，突出过程（这类试验的着眼点）与突出强度是第二位的。实际上，在目前的物探水平下，预测突出强度（包括突出煤量、瓦斯涌出量等）是不可能的（与瓦斯/煤体异常区的大小等诸多因素有关）。

5.3.4 工作面突出危险性的预测方法

1. 掘进工作面

1）间接测定瓦斯压力法

根据式（5-3-22），如果能够开发一种井下快速测定软煤坚固性系数 f 的方法与装置，结合瓦斯压力快速测定结果及式（5-3-23）等，就可以预测突出（井下快速测定软煤坚固性系数 f 的方法与装置的作用类似于俄罗斯的强度仪，参见附录 B 中相关内容，$f > 0.5$ 时可以直接掘进若干米）。

可以利用人体自重在井下快速测定软煤的坚固性系数 f，方法是，用不锈钢材质做一内径为 d 的量筒，放入高度为 H 的粒径 1~3 mm 的煤样，将压头放在煤样上，质量为 m 的人轻轻站在压头上，测量压下高度 h，则根据量纲分析可知，无量纲量 $\dfrac{mg}{d^2 f}$ 必是 $\dfrac{h}{H}$ 的函数，假如这种函数在某一范围内可用线性关系近似，则有 $\dfrac{mg}{d^2 f} = \text{const.}\ \dfrac{h}{H}$，理论上通过一次试验即可确定其中的常数（具体标定时可取为几次试验的平均值），则 $f = \dfrac{mg}{d^2 \text{const.}}\ \dfrac{H}{h}$，这里，$m$、$H$ 可变，$g = 9.8\ \text{m/s}^2$。

为了利用间接法获得孔底的瓦斯压力，提出了一种能够取得孔底钻屑的方法与装置，原理是，螺旋钻杆到达预定位置时立即停钻（不空转、不反复往外拖拽钻屑），退出钻杆，将头节（即带合金钢钻头的一节）换成一外径 42 mm、长 120 mm 左右的圆柱形钢制取样器。取样器前端有一探杆，探杆顶住正前方孔底煤壁、取样器前进时探杆可以缩进取样器内，同时带动取样器侧向封堵取样窗口的薄片滑动、打开取样窗口。转动钻杆、使钻屑进入取样器内。拔出钻杆，探杆在弹簧恢复力的作用下伸出取样器同时带动薄片关闭取样窗口。在此过程中记录有关时间等。此外，利用钻杆的空芯（内径 16 mm）作为取样室的直接取样方法也在研究中。

2）q 法和 Q 法

根据上述研究，我们认为 q 法作为工作面突出危险性预测的方法更有依据。q 法测得的参数来自煤体内部指定深度处，反映了吸附瓦斯、游离瓦斯、渗透率等因素的影响，临界值来源于大量的事故统计资料分析。

《防治煤与瓦斯突出细则》（2019）中规定的复合指标法以钻屑量和钻孔瓦斯涌出初速度 q 作为突出预测指标。具体方法：在近水平、缓倾斜煤层工作面向前方煤体至少施工 3 个、在倾斜或急倾斜煤层至少施工 2 个直径 42 mm、孔深 8~10 m 的钻孔，测定钻孔瓦斯涌出初速度和钻屑量指标。钻孔应当尽量布置在软分层中，一个钻孔位于掘进巷道断面中部，平行于掘进方法，其他钻孔开口靠近巷道两帮 0.5 m 处，终孔点应位于巷道断面两侧轮廓线外 2~4 m 处。钻孔每掘进 1 m 测定该 1 m 段的全部钻屑量 S，并在暂停掘进后 2 min 内测定钻孔瓦斯涌出初速度 q。测定钻孔瓦斯涌出初速度时，气室长度为 1 m。试验考察前暂用的临界值分别为 6 kg/m、5 L/min。

与钻屑解吸指标法相比，q 法的不足主要是速度较慢（特别是孔深 8~10 m 时）。

俄罗斯现行的防突指南中规定的煤巷掘进工作面突出危险性预测方法是根据煤体的硬度（不是钻屑量；与本节的基本观点一致）和钻孔瓦斯涌出初速度 q。煤体硬度使用一种专用的硬度计（专用设备，需定期到专门机构校订）测定，当煤体硬度小于一定值时才需要测定 q（该法认为煤体硬度大于一定值时不会突出、可以直接掘进 4 m，有利于提高预测、掘进速度)[13]。俄罗斯规定的钻孔直径同为 42 mm，气室长度为 0.5 m，临界值为 4 L/min 等，不需要委托有煤与瓦斯突出危险性鉴定资质的单位通过试验考察确定。

无论国内的复合指标法（测钻屑量和 q）还是俄罗斯的 q 法（先测定煤体硬度再根据硬度决定是否需要测定 q），与 K_1 值、Δh_2 等方法（关于其不足，见 5.4.6 节）相比，预测速度较慢，因此，近年来 K_1 值等方法获得了较多应用。

为充分利用 q 法依据较充分的优点、克服其较复杂的不足，作者提出了基于先进智能终端技术的测定钻孔孔口瓦斯流量反求钻孔底部瓦斯渗流速度预测突出危险性的方法，称之为 Q 法，其临界值可根据 q 的临界值反求或根据式（5-3-25）估算。目前，研发工作正在进行中。核心原理如下：

$$Q(t) = \frac{\pi}{4}(d^2 - d_0^2)V(t) = \int_0^{L(t)} \pi du(x, t)dx \qquad (5-3-26)$$

式中，d 为钻孔直径；d_0 为钻杆直径，均已知；$V(t)$ 为 t 时刻孔口流速，可测得；t 为时间，自开始钻进算起；x 为钻孔深度方向坐标，原点在孔口；$L(t)$ 为 t 时刻钻孔深度，已知；$u(x, t)$ 为 t 时刻孔深 x 处孔壁瓦斯的渗出速度，假设 $u(x, t) = v(x)w(t)$，$v(x)$ 为深度 x 处渗流速度最大值，待求，$w(t)$ 为渗流速度随时间的衰减规律，可假设 $w(t) = e^{-\alpha t}$，α 待求。代入式（5-3-26）得

$$V(t) = \frac{4d}{d^2 - d_0^2} e^{-\alpha t} \int_0^{L(t)} v(x)dx \qquad (5-3-27)$$

将 L 分为若干段之和（可以是 1 m、2 m 或其他），即 $L = (x_1 - 0) + (x_2 - x_1) + (x_3 - x_2) + \cdots$，与 x_1、x_2、x_3 等点对应的 t 分别记为 t_1、t_2、t_3 等，v 分别记为 v_1、v_2、v_3 等，v_1 与 v_2 之间、v_2 与 v_3 之间等按线性规律变化，则

$$V(t) = \frac{2de^{-\alpha t}}{d^2 - d_0^2}[x_1 v_1 + (x_2 - x_1)(v_2 + v_1) + (x_3 - x_2)(v_3 + v_2) + \cdots] \quad (5-3-28)$$

通过实测数据回归分析可以获得 α、v_1、v_2、v_3 等，据此算得的 x_L-x_{L-1} 段的钻孔瓦斯涌出初速度为

$$q = \frac{\pi d(x_L - x_{L-1})(v_L + v_{L-1})}{2} \qquad (5-3-29)$$

原理上，Q 法也适用于煤与 CO_2 突出预测。

2. 揭煤工作面

揭煤工作面有足够的时间测定揭煤地点煤层的瓦斯压力和煤的坚固性系数。俄罗斯库兹巴斯矿区以瓦斯压力作为揭煤工作面突出危险性预测的指标，临界值取为（其余地区取为 1 MPa）[13]

$$P < 1.4f^2 \qquad (5-3-30)$$

该式有大量的统计数据作为支撑[23]，因此，可以作为一个辅助指标。

5.3.5 煤与瓦斯突出预警系统

瓦斯涌出初速度法（q）等属于间断接触式预测方法。除间断接触式预测方法外，尚有一些连续非接触式预测方法，如利用掘进工作面甲烷浓度传感器数据进行预测（分炮掘、综掘两种情况）、声发射预测方法等。这些方法尚处于发展中，但炮掘工作面甲烷浓度法在俄罗斯已经实行多年。2019 年颁布实施的《防治煤与瓦斯突出细则》也增加了关于突

出预警系统方面的要求。考虑到突出预警系统尚不十分完善，《防治煤与瓦斯突出细则》鼓励煤矿企业逐步实现突出预兆、瓦斯和地质异常、采掘影响等多元信息的综合预警、快速响应和有效处理。突出预警系统是防止发生煤与瓦斯突出的一条重要技术途径。相信随着《防治煤与瓦斯突出细则》的发布施行、研发费用、人员的大量投入，在不久的将来，突出预警系统必将日臻成熟，为煤矿的安全生产保驾护航。

根据式（5-3-25），突出预警系统研发的难点在于实时预测迎头附近软分层部分表面的瓦斯涌出速度等。为了做到实时预测，人们自然想到了利用掘进工作面甲烷浓度传感器提供的实时数据，但该数据包括煤壁涌出瓦斯与落煤放出瓦斯两部分的信息，与综掘机的工作状态有直接关系，需要分解出煤壁涌出部分。此外，在煤壁涌出部分中，软分层部分所占比例较小，软分层部分表面的瓦斯涌出速度既可能大于也可能小于平均瓦斯涌出速度，从安全的角度考虑，可取平均涌出速度乘以某一大于1的系数，具体取值可根据现场的具体情况调整、确定。

平均瓦斯涌出速度由供风量、断面大小、甲烷传感器实时数据等确定。根据在综掘工作面跟班观测结果，甲烷传感器数据分解模型如图5-7所示。

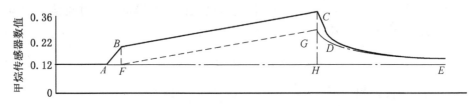

图5-7 综掘工作面甲烷传感器数据分解模型

图中，0表示浓度基线，0.12表示开始掘进前传感器显示值，A时刻开始掘进，传感器数值迅速上升到0.22（B点），以后缓慢上升至0.36（C点，对应半幅或全断面掘进完毕、停机），然后迅速下降至0.25左右（D点），以后按指数规律DE衰减。AB段浓度增大主要是由落煤造成的，B点为拐点，此阶段新壁面很小，壁面涌出部分几近不变，可仍取AF值；从B点至C点落煤（由综掘机上的刮板输送机、带式输送机及时向后运出）涌出部分几乎不变，高度为BF或CG，G点为假想点（停机后不再有落煤），FG与FH之差为煤壁涌出部分，随时间线性增大（因为新壁面不断增大）；GE与HE之差可认为全部是煤壁涌出的。

煤矿综掘工作面甲烷传感器数据受多种因素影响，比较复杂，上述模型需要根据具体情况修改、完善，拐点A~D点可通过算法（平滑、求导）判断等。

5.4 《防治煤与瓦斯突出细则》（2019）若干问题探讨

我国的《防治煤与瓦斯突出细则》（2019）首版诞生于1988年，1995年修订过一次，2009年修订为《防治煤与瓦斯突出规定》（以下简称《防突规定》），2019年10月又修订为《防治煤与瓦斯突出细则》。《防突规定》或《防突细则》（2019）作为《煤矿安全规程》防突部分的执行说明和细化补充，其意义与作用毋庸置疑。

从《防突细则》（1988）到《防突规定》，两个"四位一体"的综合防突措施不断完善，理论上，应该能够有效防止煤与瓦斯突出事故的发生。但是，近年来的煤矿安全生产状况表明，煤与瓦斯突出事故仍时有发生。

（1）2017年1月4日，河南登封市兴裕煤矿石门揭煤工作面发生突出事故，死亡12人（安委办〔2017〕1号文件）。该矿经鉴定为低瓦斯矿井。

（2）贵州毕节金沙县沙土镇某煤矿经鉴定C5煤层一采区开采标高+672.4 m以上区域不足以评价为具有煤与瓦斯突出危险性，但2017年12月18日20时50分1500回风巷掘进工作面（位于+672.4 m以上）爆破诱发煤与瓦斯突出，突出煤量约150 t，涌出瓦斯约3.3万 m^3。该次事故的调查处理报告载明，事故前测得的残余瓦斯含量为6.0493 m^3/t，残余瓦斯压力为0.47 MPa，$K_1 = 0.41$。

（3）贵州毕节金沙县高坪乡某煤矿经鉴定M8煤层在11采区+1074 m标高以浅范围内不具有煤与瓦斯突出危险性，但2018年3月20日11083回采工作面发生了压出。

（4）2018年8月6日，贵州六盘水市盘州市梓木戛煤矿110102开切眼掘进工作面作业过程中扰动煤体，诱发了煤与瓦斯突出，造成13人死亡、7人受伤（安委办〔2018〕23号文件）。

（5）2019年11月25日，贵州毕节市织金县三甲煤矿发生煤与瓦斯突出事故，造成7人遇难。三甲煤矿曾被鉴定为低瓦斯矿井。

（6）2019年12月17日1时30分，贵州六盘水安龙县广隆煤矿发生一起煤与瓦斯突出事故，造成14人死亡。该矿曾被鉴定为非突出矿井。

（7）2020年6月10日12时29分，陕西韩城燎原煤业有限公司掘进工作面发生一起煤与瓦斯突出事故，造成7人遇难。该矿是煤与瓦斯突出矿井。

（8）2020年11月4日13时15分，陕西铜川印台区乔子梁煤矿发生煤与瓦斯突出事故，最终8人全部遇难。该矿系低瓦斯矿井。

这些事故促使人们思考：在监管部门目前如此严格的监管之下仍然接连发生突出事故（平均每年二起）的原因到底是什么？从事故预防科学的角度分析，原因不外乎四个方面：①《防突规定》本身存在不完善的地方；②煤与瓦斯突出危险性鉴定机构把关不严；③煤矿企业没有严格执行《防突规定》的有关要求；④以上3个环节中多个环节出了问题。

本节中作者结合自身开展煤与瓦斯突出危险性鉴定、煤矿瓦斯问题会诊、体检工作的体会等，谈谈对《防突细则》若干问题（大致按照出现的先后顺序）的看法。必须强调指出：①这些看法仅是个人的，不代表任何单位和机构的观点，仅供学术探讨与交流；②毫无疑问，工作中必须严格执行《防突细则》，不能根据个人的观点随意打折扣，但可以根据需要参考国外的一些做法适当增加一些辅助措施，确保不发生突出事故。

5.4.1　第十一条　四参数法鉴定煤层的突出危险性

（四参数法）以实际测定的原始煤层瓦斯压力（相对压力）P、煤的坚固性系数f、煤的破坏类型、煤的瓦斯放散初速度ΔP作为鉴定依据。全部指标均符合表5-5所列条件的或打钻过程中发生喷孔、顶钻等突出预兆的，鉴定为突出煤层。否则，煤层的突出危险性可由鉴定机构结合直接法测定的原始瓦斯含量等实际情况综合分析确定。但当$f \leq 0.3$、$P \geq 0.74$ MPa，或$0.3 < f \leq 0.5$、$P \geq 1.0$ MPa，或$0.5 < f \leq 0.8$、$P \geq 1.50$ MPa，或$P \geq 2.0$ MPa的，一般鉴定为突出煤层。

表 5-5　煤层突出危险性鉴定指标及其临界值

判定指标	煤的破坏类型	瓦斯放散初速度 ΔP	煤的坚固性系数 f	煤层原始瓦斯压力（相对） P/MPa
有突出危险的临界值及范围	Ⅲ、Ⅳ、Ⅴ	≥10	≤0.5	≥0.74

上述内容同文献［24］的第三十七条。文献［24］的第三十八条是对第三十七条的补充，主要包括：

（1）煤层瓦斯压力测定地点应当位于未受采动及抽采影响的区域。

（2）具备施工穿层钻孔测定瓦斯压力条件的，应当优先选择穿层钻孔；测点布置应当能有效代表待鉴定范围的突出危险性，且应当按照不同的地质单元分别布置，测点分布和数量根据煤层范围大小、地质构造复杂程度等确定，但同一地质单元内沿煤层走向测点不应少于2个、沿倾向不应少于3个，并应当在埋深最大及标高最低的开拓工程部位布置有测点。

（3）用于瓦斯放散初速度和煤的坚固性系数测定的煤样，应当具有代表性，取样地点应当不少于3个。当有软分层时，应当采取软分层煤样。

（4）各指标值取鉴定煤层各测点的最高煤层破坏类型、煤的最小坚固性系数、最大瓦斯放散初速度和最大瓦斯压力值。

作者认为，采用四参数法鉴定煤层的突出危险性并不可靠，理由主要有：

（1）据统计[25]，发生突出的面积不超过突出煤层面积的 5%~7%。尽管第三十八条对煤层瓦斯压力的测定地点、测点数等做了明确规定，毕竟，测点数是非常有限的，对于煤层与瓦斯赋存情况比较复杂的煤层，难以保证覆盖鉴定范围内所有可能的小断层、小褶曲等小构造区域，而测定的煤层瓦斯压力的局部性很强，同一地点两个钻孔测得的煤层瓦斯压力值可能相差很大。因此，测点数据不一定能够反映鉴定范围内的最危险的情况。

（2）煤的破坏类型、用于瓦斯放散初速度和煤的坚固性系数测定的煤样取自煤体表面，不能反映煤体内部的情况等。

（3）四参数对地应力、重力的作用反映不明显，因此，不适用于压出、倾出类型的突出。

（4）已有不少反例，例如，前面列举的前3个事故案例所在的位置事先均经鉴定为不具有煤与瓦斯突出危险性、鉴定单位均具有煤与瓦斯突出危险性鉴定资质。

因此，应用四参数法时一定要慎重，建议以开采同一煤层相邻矿井的突出情况作为重要参考依据，相邻矿井同一煤层为突出煤层的应定为突出煤层。这里，相邻甚至邻近生产矿井的突出危险性情况具有重要参考价值，因为一个矿区的同一煤层在赋存方面往往具有相同性（要井下考察煤体赋存的稳定情况、煤的硬度等），这种相同性要高于几个测点的可靠性。当存在疑虑时，应坚持以人为本的原则，以为单位、为国家负责任的态度，鉴定为突出煤层（准确率要求大于等于80%），以防万一（鉴定为非突出煤层的准确率要求100%）。

上述理由也令我们对地勘时期（第十五条）、可研阶段（第十六条）、建井期间（第十七条）等对煤层的煤与瓦斯突出危险性所做的评估、鉴定结论的可靠性产生怀疑。实际上，俄罗斯规定地勘时期以煤层的埋深作为主要依据（一般说来，埋深越大，瓦斯含量越大），给出了不同矿区的始突深度（实际上就是相邻或邻近矿井的参考作用），低于始突深度的即为突出威胁煤层（经工作面突出危险性预测具有突出危险性的方为突出危险煤层）等[13]，简单明了，可靠性可能更高，参见附录 B。

5.4.2　第十八条　突出矿井必须建立地面永久瓦斯抽采系统

近年来煤质较软的低瓦斯矿井发生突出事故的案例已不鲜见，因此，将矿井瓦斯等级从现在的低瓦斯矿井、高瓦斯矿井、突出矿井等三级改为低瓦斯矿井、高瓦斯矿井、低瓦斯突出矿井、高瓦斯突出矿井四种类型更为合理。

低瓦斯矿井、高瓦斯矿井的划分主要与煤层瓦斯含量等因素有关，详细划分标准见《煤矿安全规程》等；突出、非突出矿井（煤层）除了与煤层的瓦斯含量等因素有关外，还与煤的软硬程度有很大关系。这里的新划分建议有利于煤矿企业采取更为有效、合理的防突措施，避免无谓的投资和浪费。

实际上，高瓦斯矿井也不是必须建立地面永久瓦斯抽采系统，只有当采用通风方法、井下移动抽采泵站不能解决瓦斯超限等问题时才需要建立地面永久抽采泵站。低瓦斯突出矿井更有可能没有必要修建地面瓦斯抽采泵站，国内一些突出矿井因抽不出瓦斯导致地面瓦斯抽采泵站长期闲置不用的情况并不少见，给企业造成了巨大的浪费。要求高瓦斯突出矿井必须建立地面永久瓦斯抽采系统或许是合理的，但也应根据情况科学决策，不宜通过行政命令武断决定（将《防突规定》改回《防突细则》、将突出危险性鉴定资质改为公示制度即是这方面进步的体现）。

5.4.3　第五十一条　突出煤层划分为突出危险区和无突出危险区

目前，区域突出危险性预测的指标以及区域措施效果检验的指标主要是煤层瓦斯含量和煤层瓦斯压力等。当瓦斯压力大于等于临界值或瓦斯含量大于等于临界值时均为突出危险区，两者均小于临界值时为无突出危险区。

实际上，由于临界值的复杂性，两者均小于临界值的区域发生突出事故的案例也不在少数，因此，称这种区域为无突出危险区并不妥当，容易产生误解（例如，既然是无突出危险区就不需要后续的区域验证、局部综合防突措施了；实际上，突出煤层的每一个地点都有可能发生突出，只是不同地点发生突出的可能性不同罢了；区域预测测点和措施效果检验测点的数目是有限的；开采保护层、预抽煤层瓦斯能够在很大程度上降低发生煤与瓦斯突出的可能性，但不能保证不发生煤与瓦斯突出，因为开采保护层有可能产生局部应力集中区，预抽煤层瓦斯有可能产生空白带，这方面的事故案例已有不少），因此，作者建议将突出煤层分为突出危险区和次（或亚）突出危险区（不建议使用突出威胁区；它与突出危险区的区别不够明确，需要解释，而次或亚的含义在中文中一目了然、容易理解），区域防突措施效果检验有效或达标的区域也应称为次（或亚）突出危险区，这样，次（或亚）突出危险区尚需进行区域验证等就顺理成章了，而将无突出危险区用于工作面突出危险性预测指标不超标或工作面防突措施效果检验有效或达标的区域。

顺便指出，俄罗斯防突指南中将煤层含水率大于 6% 作为第三种区域防突措施，值得借鉴，见附录 B。

5.4.4　第五十七条　根据煤层瓦斯压力和瓦斯含量进行区域预测的临界值应当由具有煤与瓦斯突出鉴定资质的机构进行试验考察。试验方案和考察结果应用前由煤矿企业技术负

责人批准；第八十五条 突出矿井应当针对各煤层的特点和条件试验确定工作面预测的敏感指标和临界值，并作为判定工作面突出危险性的主要依据。试验应当由具有煤与瓦斯突出鉴定资质的机构进行，在试验前和应用前应当由煤矿企业技术负责人批准；第八十八条 各煤层井巷揭煤工作面钻屑瓦斯解吸指标的临界值应当根据试验考察确定，在确定前可暂按表 3（见文献［2］）中所列的指标临界值预测突出危险性；第九十条 各煤层采用钻屑指标法预测煤巷掘进工作面突出危险性的指标临界值应当根据试验考察确定，在确定前可暂按表 4（见文献［2］）的临界值确定工作面的突出危险性；第九十一条 各煤层采用复合指标法预测煤巷掘进工作面突出危险性的指标临界值应当根据试验考察确定，在确定前可暂按表 5（见文献［2］）的临界值进行预测；第九十二条 判定各煤层煤巷掘进工作面突出危险性的临界值应当根据试验考察确定，在确定前可暂按以下指标进行预测：所有钻孔的 R 值小于 6 且未发现其他异常情况时，该工作面可预测为无突出危险工作面；否则，判定为突出危险工作面。

上述 6 条涉及区域或工作面突出危险性预测指标和临界值，区域预测规定了预测指标，临界值需要经过试验考察确定；工作面的预测指标需要通过试验考察确定，临界值也需要通过试验考察确定，并给出了确定前临界值的暂用值，试验考察应由具有煤与瓦斯突出鉴定资质的机构进行，应用前由煤矿企业技术负责人批准等。上述规定看似科学、合理，实则存在不少问题：

（1）《防突规定》《防突细则》（2019）及其解读[26]都没有给出试验考察确定敏感指标及临界值的具体方法；从一些煤矿开展的突出预测敏感指标、临界值试验考察的情况看，漏洞明显。这类工作中看似比较合理的一种的做法包括两部分：一是通过试验室试验测定预测指标与煤样瓦斯压力之间的关系；二是临界瓦斯压力与被考察矿井的煤的坚固性系数之间的关系采用某一经验公式（有的为区域预测指标与局部预测指标采用两种不同的经验公式）。众所周知，经验公式有其适用条件，如果不能证明所采用的经验公式适用于被考察的矿井，则整个考察工作是有漏洞、不完善的，而要证明所采用的经验公式适用于被考察的矿井绝非易事。

（2）一个煤矿某一煤层的揭煤次数可能非常有限或只有一次，对于第一次揭开煤层，如何通过试验考察确定其钻屑瓦斯解吸指标的临界值可能存在困难。

（3）没有限定暂用值的使用期限，导致一些煤矿一直使用暂用值，暂用值成了事实上的临界值，导致发生了引言中列出的第二例事故（$K_1 = 0.41$）。

国际标准化组织（ISO）和国际电工委员会（IEC）给标准的定义是：标准是指"为了在一定的范围内获得最佳秩序，经协商一致制定并由公认机构批准，共同使用的和重复使用的一种规范性文件"。它表明，标准是一种规范性文件。所谓规范性文件，是指为各种活动或其结果提供规则、导则或规定特性的文件。

标准有下述 5 个特征[27]：

（1）标准必须具备"共同使用和重复使用"的特点。共同使用是指你用、我用、他也用，大家都要用；重复使用是指今天用、明天用、后天还要用，经常要用。这里"共同使用"和"重复使用"两个条件必须同时必备，标准这种文件才有存在的必要。

（2）制定标准的目的是获得最佳秩序，以便促进共同的效益。这种最佳秩序的获得是有一定范围的。"一定范围"是指适用的人群和相应的事物。"适用的人群"可以是全球范围的、某个区域的、某个国家的、某个行业的等;"相应的事物"是指条款涉及的内容可以是有形的、无形的、硬件的、软件的等。

(3)制定标准的原则是协商一致。"协商一致"是指普遍同意,即对于实质性问题,有关重要方面没有坚持反对意见,并且按照程序对有关各方的观点均进行了研究,且对所有争议进行了协调。协商一致并不意味着没有异议,一旦需要表决,协商一致是有具体指标的,通常以3/4或2/3同意为协商一致通过的指标。

(4)制定标准需要有一定的规范化的程序,并且最终要由公认机构批准发布。这里"公认"一般是指标准机构。"标准机构"是在国家、区域或国际的层面上承认的,以制定、通过或批准、公开发布标准为主要职能的机构。

(5)标准产生的基础是科学、技术和经验的综合成果。标准是一种技术类文件,是在充分考虑最新技术水平后制定的,随着技术的发展,标准也会不断修订。即标准涉及的对象通常是比较复杂的,它是一定阶段上科学、技术和经验的总结,标准不属于自然科学,是多方(需方、供方、监管方等)妥协的产物。

可见,《防突细则》具有上述标准的特征,因此,突出预测的敏感指标及其临界值应当在《防突细则》中给予明确的规定。如果在执行过程中发现有不合适的地方可以及时修订;或者给出试验确定的具体方法或标准,以便由煤矿企业、煤与瓦斯突出鉴定机构通过试验考察确定等。否则,《防突细则》本身不完善,所涉及的各方责、权、利不明,不利于防止突出事故。

5.4.5 第八十七条 井巷揭煤工作面的突出危险性预测应当选用钻屑瓦斯解吸指标法或其他经试验证实有效的方法进行

这种规定实际上是推荐采用钻屑瓦斯解吸指标法,解读部分给出的理由是近十年来钻屑瓦斯解吸指标法应用较广。

但是,应该看到,钻屑瓦斯解吸指标法具有不可克服的不足,即不能确定煤样的深度。煤样深度的重要性是不言而喻的,例如,《防突细则》(2019)第五十九条已经要求用直接法测定瓦斯含量(参见7.3.1节)时应当定点取样。

实际上,揭煤工作面有足够的时间测定揭煤地点煤层中的瓦斯压力和煤的坚固性系数,俄罗斯防突指南提供的库兹巴斯煤田揭煤作业突出危险性的预测指标是瓦斯压力,即

$$P < 1.4f^2 \tag{5-4-1}$$

时不会发生突出。式中,瓦斯压力为相对压力,单位为MPa;f为煤的坚固性系数。国内一些实验室煤与瓦斯突出物理模拟试验的结果也证实了这一点(实际上,这类物理模拟试验与揭煤作业的实际情况有较大差别,既然已有大量的统计数据作为支撑,这类物理模拟试验的意义已经不大)。因此,不妨将式(5-4-1)作为揭煤作业(包括立井、斜井、平硐揭煤)的突出危险性预测的辅助方法。当然,如果统计结果表明瓦斯压力的临界值不同于式(5-4-1),也可采用其他的统计值。例如,俄罗斯对于库兹巴斯以外的地区揭煤作业瓦斯压力的临界值规定为1 MPa也是合理的。式(5-4-1)的重要意义在于,它表明,揭煤作业的临界瓦斯压力不是固定的0.74 MPa,与f有关(f越小,临界瓦斯压力越小),但与地应力、重力关系不明显(符合5.3节的分析)。

5.4.6 第九十条 各煤层采用钻屑指标法预测煤巷掘进工作面突出危险性时,每钻进 2 m 至少测定一次钻屑瓦斯解吸指标 K_1 或者 Δh_2 值;第九十一条 采用复合指标法预测

煤巷掘进工作面突出危险性时，预测钻孔从第 2 m 深度开始，每钻进 1 m 测定该 1 m 段的全部钻屑量，并在暂停钻进后 2 min 内则定钻孔瓦斯涌出初速度 q。测定钻孔瓦斯涌出初速度时，测量室的长度为 1.0 m；第九十二条　采用 R 值指标法预测煤巷掘进工作面突出危险性时，预测钻孔从第 2 m 深度开始，每钻进 1 m 测定该 1 m 段的全部钻屑量，并在暂停钻进后 2 min 内则定钻孔瓦斯涌出初速度 q。测定钻孔瓦斯涌出初速度时，测量室的长度为 1.0 m。

这里涉及两个问题：

（1）用钻屑瓦斯解吸指标 K_1 或者 Δh_2 值预测煤巷掘进工作面突出危险性的缺陷。

①需要获得指定深度处的煤粉。钻屑瓦斯解吸指标法在钻孔孔口接煤粉，难以获得指定深度处的煤样。AQ 1065—2008 中推荐的方法是，当钻头距取样点 0.2~0.3 m 时开始接煤粉等。但煤粉在向外运动的过程中，难免与孔壁产生的新煤粉混淆。此外，对于连续均匀推进的情况，只有钻屑向外移动的（绝对）速度等于钻头向里的推进速度，才能保持孔口均匀的连续不断的出流，孔口的粉来自于 $S/2$ 处（这里 S 为孔深）；若要获得 S 处的粉，钻孔深度需达到 $2S$ 处。这在实践中有难度，因为预测时间受限、工作量较大等。实际情况往往是认为钻屑来自钻杆深度处。

②K_1 值法测定原理有缺陷。K_1 值法假设气体解吸量 Q_t 与时间 t 的 1/2 次方成正比。显然，t 趋于无穷大，Q_t 也趋于无穷大，与事实不符（Q_t 应趋于某一有限值）。这种关系只近似适用于解吸过程的早期，当煤样瓦斯含量较小、解吸时间较长时，例如，从取样钻孔孔口到解吸仪之间的距离较大时有可能产生较大误差。

③难以确定临界值[28]。K_1、Δh_2 值反映的均是粒径 1~3 mm 煤粒吸附瓦斯的解吸量，没有反映煤体渗透率、游离瓦斯的影响；不同煤种的密度不同，同样体积的煤样，质量可能相差很多（有一种规格的煤样杯装平一种煤样的煤样质量为 10 g，而装平另一种煤样的煤样质量仅为 6.5 g）；10 g 煤样太少、误差影响大等，或许这也是难以确定临界值进而提出了 5.4.4 节中的有关要求的原因。众所周知，煤矿企业采用《防突细则》中的暂用值，的确存在"低指标突出"现象，说明钻屑指标法更像是一种寻找瓦斯异常区（见 5.3 节）的钻探手段，与实现预测突出的目标有相当的距离。

（2）关于 q 法。

①优点。q 法与钻屑瓦斯解吸指标法的主要区别是在钻孔内测定煤体瓦斯的渗流速度，测定地点属于指定的深度；能够反映煤体渗透率、游离瓦斯、吸附瓦斯等的影响；历史较长，其临界值已经过大量的实践检验（俄罗斯只有 q 法），参见附录 B。

②缺点。q 法的主要缺点是比较复杂，加之《防突规定》（2009）、《防突细则》（2019）均将其规定为每钻进 1 m 测定一次 q（文献［26］第九十一条正文与解读部分内容不一致，解读部分示例不符合正文的要求），而 K_1 值等规定为每钻进 2 m 至少测定一次，人为降低了 q 法的预测速度。

基于以上原因，作者提出了 Q 指标及其测定方法，见 5.3 节。

5.4.7　其他

《防突细则》（2019）还存在一些小的值得探讨的地方：

（1）建议参考《标准化工作导则　第 1 部分：标准化文件的结构和起草规则 》（GB/T 1.1—2020）进行编写。

这种编写方法在标准编写中早已普遍采用，逻辑性强，条理清楚，增加或删除条目不影响其他部分等。此外，正文与条文解释中的用词也可参考 NFPA652—2016 中的做法，即正文中只规定"应"，条文解释中只规定"宜"。

（2）第五章防治岩石与二氧化碳（瓦斯）突出措施的规定达不到第 1 条的目的。

（3）"瓦斯动力现象""突出预兆"等名词、概念使用混乱。附录应增加一个"术语"，系统地给出有关术语的定义。

（4）第 62 条没有给出确定煤柱影响范围的具体方法（可参见附录 C）。

（5）第 68 条、第 69 条需要测定"残余瓦斯压力或者残余瓦斯含量"应为"残余瓦斯压力和残余瓦斯含量"。

参 考 文 献

[1] 范喜生，张浪，汪东. 煤与煤层气协调开采的含义及关键问题定量分析 [J]. 安全与环境学报，2016，16（2）：123-127.

[2] 国家煤监局. 防治煤与瓦斯突出细则 [S]. 北京：煤炭工业出版社，2019.

[3] GB 50471—2019 煤矿瓦斯抽采工程设计标准 [S]. 北京：中国标准出版社，2019.

[4] 国家发改委等四部委文件. 煤矿瓦斯抽采达标暂行规定，2016.

[5] 周红星，程远平，谢占良. 计算机模拟确定瓦斯抽放有效半径的方法研究 [J]. 能源技术与管理，2005，（4）：81-82.

[6] 林海燕，袁修干，彭根明. 抽放钻孔瓦斯流动及解算软件设计 [J]. 煤炭技术，1999，18（2）：26-28.

[7] 王伟有，汪虎. 基于 COMSOL Multiphysics 的瓦斯抽采有效半径数值模拟 [J]. 矿业工程研究，2012，27（2）：40-42.

[8] 卢平，李平，周德永，等. 石门揭煤防突抽放瓦斯钻孔合理布置参数的研究 [J]. 煤炭学报，2002，27（3）：242-248.

[9] 张力，郭勇义，吴世跃，等. 煤层气渗流方程数值分析 [J]. 煤炭科学技术，2001，29（10）：40-42.

[10] Fan Xisheng. Theory of gas extraction from coal seams and its use [J]. J. of Coal Science and Engineering，2012，18（3）：276-279.

[11] D. J. Arrigo. Symmetry Analysis of Partial Differential Equations [M]. Wiley，2015.

[12] 周世宁，林柏泉. 煤层瓦斯赋存与流动理论 [M]. 北京：煤炭工业出版社，1998.

[13] РД 05‐350‐00. Инструкция по безопасному ведению горнюх работ на пластах，опаснюх внезапным выбросам угля（породы）и газа [S]. МОСКВА：ЗАО НТЦ ПБ，2015.

[14] 沈珠江. 理论土力学 [M]. 北京：中国水利水电出版社，2000（p. 89）.

[15] 俞茂宏等. 岩石强度理论及其应用 [M]. 北京：科学出版社，2017.

[16] 煤炭科学研究院北京开采研究所. 煤矿地表移动与覆岩破坏规律研究 [M]. 北京：煤炭工业出版社，1981.

[17] 建筑物、水体、铁路及主要井巷煤柱留设与压煤开采规程 [S]. 北京：煤炭工业出

版社，2000.

[18] 国家煤监局.《煤矿防治水细则》［S］. 北京：煤炭工业出版社，2018.

[19] А. Э. Петросян, Б. М. Иванов, В. Г. Крупеня. Теория Внезапных Выбросов ［M］. Моска：Издательство Наука，1983.

[20] 范喜生，张浪，汪东，等. 煤巷掘进工作面煤与瓦斯突出预测的"掩护罩"理论［J］. 安全与环境学报，2016，(6)：10-13.

[21] 陈忠颐，王洪瑾，周景星. 土力学［M］. 北京：清华大学出版社，1994.

[22] 范喜生，张浪，汪东，等. 石门揭煤工作面煤与瓦斯突出预测的理论分析［J］. 安全与环境学报，2017，(4)：1281-1284.

[23] О. И. Чернов, В. Н. Пузырев. Внезапных Выбросов Угля и Газа ［M］. Моска：НЕДРА，1979.

[24] 国家煤监局.《煤矿瓦斯等级鉴定办法》(煤安监技装［2018］9 号)，2018.

[25] Ю. Н. МАЛЫШЕВ, А. Т. АЙРУНИ, Ю. Л. ХУДИН, М. И. БОЛЬШИНСКИЙ. МЕТОДЫ ПРОГНОЗА и СПОСОБЫ ПРЕДОТВРАЩЕНИЯ ВЫБРОСОВ ГАЗА, УГЛЯ И ПОРОД ［M］. М.：Наука，1995.

[26] 孙东玲.《防治煤与瓦斯突出细则》解读［M］. 北京：煤炭工业出版社，2019.

[27] 白殿一等. 标准的编写［M］. 北京：中国标准出版社，2009.

[27] 宁宇. 煤矿安全技术［M］. 北京：科学出版社，2018.

6 稳定性与冲击地压问题分析

6.1 固体力学稳定性问题的分析方法

在工矿安全领域，除了前面研究过的滑坡问题、炸药爆炸与冲击作用评价、粉尘与气体爆炸预防与防护、煤与瓦斯突出防治等问题之外，矿井冲击地压事故也常造成重大人员伤亡。滑坡与冲击地压问题在力学上属于固体力学稳定性分析研究的范围（流体力学也有稳定性分析问题），为分析该类问题，需要掌握固体力学稳定性分析的有关知识，本节介绍固体力学稳定性分析的正规方法，材料主要取自文献［1］。

固体力学中的稳定性问题包括弹性系统平衡稳定性问题和连续介质力学稳定性问题两大类。弹性体系内的应力不超过弹性极限，但变形较大时会出现几何非线性，从而产生稳定性问题，包括分叉型稳定性问题和极值型稳定性问题两种，它们既具有独立的使用价值（6.3 节将再次提到它们），也是研究连续介质力学稳定性问题的基础，6.1.1 节将以带有弹性支承的刚性杆的平衡稳定性问题为例予以介绍，详细介绍见文献［2］。

连续介质力学稳定性问题的分析方法主要是基于弹性—理想塑性分析基础之上的弹性—塑性软化模型的分析方法。传统弹塑性力学主要研究金属材料弹性—理想塑性、塑性硬化模型，也涉及塑性软化模型等，但对岩石、混凝土之类的材料，长期以来人们将其看作脆性材料，因为在峰值应力后材料突然破裂且无明显的塑性变形。后来人们发现这是由于试验机刚度不够造成的。20 世纪 60 年代以来，人们通过各种途径提高试验机的刚度，随后又研制出了电液伺服控制的刚性试验机，并在这种试验机上对岩石和混凝土试件的应力—应变全过程曲线进行了研究。根据单轴压缩试验的结果，岩石和混凝土的强度在峰值后随损伤（微裂缝）的扩展而降低，其过程是一个稳态过程，而材料最终破坏时残余（塑性）变形可以很大，简单将它们看作脆性材料并不合适，并建立了岩石和混凝土材料的弹塑性本构关系，即弹性—塑性软化模型。利用弹性—塑性软化模型所做的稳定性分析也包括分叉型和极值型，6.1.2 节将分别以受压岩石试件的剪破坏和自由端受力矩作用的混凝土悬臂梁为例予以介绍。

传统的基于库仑—摩尔破坏准则的强度分析方法不被认为是力学意义上的稳定性分析方法[3]，但在岩土工程领域，人们一直这么做，6.3 节也将这么做。至于其理由，见 6.1.3 节。

6.1.1 弹性体系平衡稳定性问题的分析方法

1. 转动弹簧支撑的刚性杆

长为 l 的刚性直杆下端以铰接方式固定在地面上，同时用一个刚度为 k 的转动弹簧支持杆在竖直位置平衡，杆的上端作用以垂直的力 P，如图 6-1a 所示。下面研究该系统的平衡稳定性。

当杆相对竖直方向偏转一个角度 θ 时，下端的转动弹簧给杆一个正比于偏转角的回复

力矩 $M = k\theta$，关于铰点的力矩平衡方程为

$$k\theta - Pl\sin\theta = 0 \qquad\qquad (6-1-1)$$

平衡路径方程（P 随 θ 变化的关系）为

$$P = \frac{k}{l}\frac{\theta}{\sin\theta} \qquad\qquad (6-1-2)$$

注意到 $\dfrac{\theta}{\sin\theta} \geqslant 1$，并且仅当 $\theta = 0$ 时取等号，因此，仅当 $P > P_A = k/l$ 时才有可能达到偏离竖直方向杆的平衡位置，图 6-1b 画出了 P 随 θ 变化的曲线 AB，它是系统的一支平衡路径。由于初始状态结构在几何上的对称性，$\theta = 0\,(0 \leqslant P < \infty)$ 是另一支平衡路径，两支平衡路径在点 A［坐标（0，P_A）］相交。

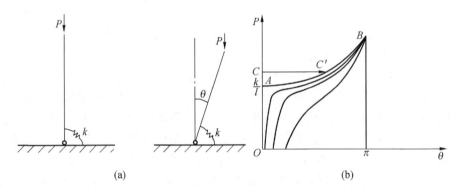

图 6-1　转动弹簧支撑的刚性杆与平衡路径曲线

这个系统是保守系统，可用能量方法研究它的平衡稳定性。系统的总势能 Π 为

$$\Pi = U(\text{内能}) + W(\text{外力的功}) = \frac{1}{2}k\theta^2 - Pl(1 - \cos\theta) \qquad (6-1-3)$$

由一次变分 $\delta\Pi = \dfrac{\partial\Pi}{\partial\theta}\delta\theta = 0$ 可得式（6-1-2），显然，$\theta = 0$ 也是一个平衡路径。由二次变分

$$\delta^2\Pi = \frac{\delta^2\Pi}{\partial\theta^2}(\delta\theta)^2 = (k - Pl\cos\theta)(\delta\theta)^2 \qquad (6-1-4)$$

的正负号可判断各分支路径的稳定性。不难看出，在 $\theta = 0$，平衡路径为 OP 轴，A 点是临界点，相应的载荷为临界载荷 $P_{cr} = P_A = k/l$。平衡路径有两个分支：在 OA 分支，$P < P_A = k/l$，$\delta^2\Pi = (k - Pl)(\delta\theta)^2 > 0$，平衡是稳定的；在 A 点以上部分，$\delta^2\Pi < 0$，平衡是不稳定的。因此，A 点是从稳定分支过渡到不稳定分支的临界点。第三个分支是 AB 部分，$P = k\theta/(l\sin\theta)$，且 $P > k/l$，因为 $\theta < \tan\theta$，总有 $\delta^2\Pi = k\left(1 - \dfrac{\theta}{\tan\theta}\right)(\delta\theta)^2 > 0$，因而 AB 分支的平衡总是稳定的。图中 A 是平衡路径 3 个分支的汇交点或分岔点，这种在分岔点上发生失稳的现象称为分岔点（型）失稳。由于在分岔点以上的 $\theta = 0$ 分支路径是不稳定的，例如在 C 点，在扰动下可突跳到稳定分支 AB 上的 C' 点。

在分岔点 A，$\delta^2\Pi = 0$，它的稳定性要用更高次变分检验。由于 $\delta^3\Pi = 0$，$\delta^4\Pi > 0$，因而

在分岔点 A 处系统的平衡是稳定的。这里的分叉是向上的，称为正分岔。一般来说，正分岔情形分岔点处的平衡是稳定的。

2. 滑动弹性支承的刚性杆

同样考虑刚性杆，杆的上端有一个正比于杆端水平位移 u 的水平反力 $R=ku$，杆的上端可视为受一个可垂直滑动的弹性支承作用，如图6-2a所示。现在研究该系统的稳定性。

因为 $u = l\sin\theta$，容易写出相对于下端铰点的力矩平衡条件为

$$P = kl\cos\theta \tag{6-1-5}$$

P 随 θ 变化的路径为图6-2b中的曲线 AB。

式（6-1-5）代表平衡路径的一个分支，显然在纵轴上 OA 和 AP 是另外两个分支，这3个分支交汇于点 A，点 A（0，kl）为临界点或分岔点。为了应用能量法检验三个分支的稳定性，写出系统的总势能

$$\Pi = \frac{1}{2}k(l\sin\theta)^2 - Pl(1-\cos\theta) \tag{6-1-6}$$

其二次变分为

$$\delta^2\Pi = \frac{\delta^2\Pi}{\partial\theta^2}(\delta\theta)^2 = (kl^2\cos2\theta - Pl\cos\theta)(\delta\theta)^2 \tag{6-1-7}$$

沿 $\theta=0$ 的路径上，沿 OA 分支，$P<kl$，$\delta^2\Pi>0$，平衡是稳定的。沿 AP 分支，$P>kl$，$\delta^2\Pi<0$，平衡是不稳定的。在 AB 分支上，$\delta^2\Pi = -kl^2\sin^2\theta(\delta\theta)^2<0$，系统是不稳定的。本例中3个分支中仅有一支是稳定的，在达到临界点后，随 θ 增大，为保持杆的平衡，每一瞬时力必须减小；如果力保持常数，那么将发生突跳，杆瞬时地转过180°达到新位置，显然新位置是稳定的。

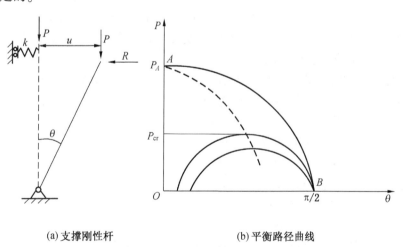

(a) 支撑刚性杆　　　　　　　　(b) 平衡路径曲线

图6-2　滑动弹性支撑的刚性杆与平衡路径曲线

在临界点 A，容易验证，$\delta^2\Pi = 0$，$\delta^4\Pi<0$，因而在分岔点的平衡是不稳定的。这里，平衡路径在 A 点所显示的分岔现象称为倒分岔。对于具有倒分岔行为的系统一旦达到临界载荷，结构将丧失承载能力，因而在工程设计中需要小心地区分正分岔和倒分岔。

现在考察在未加载荷状态、杆与竖直方向有一倾角 θ_0（初缺陷）的情况。这时杆的上

端反力 $R = kl(\sin\theta - \sin\theta_0)$，相对于下端铰点的力矩平衡条件为

$$Pl\sin\theta = kl^2(\sin\theta - \sin\theta_0)\cos\theta \tag{6-1-8}$$

则平衡路径曲线为

$$P = kl\left(1 - \frac{\sin\theta_0}{\sin\theta}\right)\cos\theta \tag{6-1-9}$$

式（6-1-9）右端是 θ 的函数，$\sin\theta = (\sin\theta_0)^{1/3}$ 时有极大值，因此，对应于给定的初始倾角，不难得出压力的极大值或临界值由下式给出

$$P_{cr} = kl(1 - \sin^{2/3}\theta_0)(1 - \sin^{2/3}\theta_0)^{3/2} \tag{6-1-10}$$

对于有初始倾角 θ_0 的杆的情况，系统的失稳不再是分岔型而是极值点型。在临界点处，如果不减小载荷，会发生突跳，位移会立刻变化到最终值。

3. 小结

上述简单力学模型揭示了弹性系统平衡稳定性分析的基本概念和常用的分析方法：

（1）弹性系统平衡的稳定性是指系统在外界扰动下保持构形（形态）的能力。对系统的某个平衡状态，受到扰动后，如果系统能恢复到它原来的平衡状态，则称系统的平衡状态是稳定的；如果趋向于离开它原来的平衡状态，则称系统的平衡状态是不稳定的。

（2）考察一个平衡状态的稳定性，通常使用能量法（另一种常用方法是摄动法。摄动法比较复杂，本节没有介绍，需要时可参考文献［1］、［2］）。能量法比较简单，但仅适用于保守系统，用 Π 表示系统的总势能，其两阶变分 $\delta^2\Pi > 0$，系统的平衡是稳定的，否则是不稳定的，$\delta^2\Pi = 0$ 对应的平衡状态，其稳定性要根据总势能的三阶变分或更高阶变分来识别。

（3）在稳定性分析中，通常使用平衡路径形象地表示平衡状态的演化过程，平衡路径上的每一个点代表一个平衡状态。整个平衡路径可由几个分支组成。如果用 P 和 u 分别表示系统的广义力和广义位移，并设 P 是控制变量，u 是状态变量，那么在稳定分支上有 $\delta P\delta u > 0$，在不稳定分支上有 $\delta P\delta u < 0$。

（4）稳定分支和不稳定分支的交汇点是临界点，在该点 $\delta P\delta u = 0$，该点处的广义力 P_{cr} 称为临界力，它确定了一个结构的承载能力和保持整体性的能力。在临界点 (u_{cr}, P_{cr})，结构在扰动下失去稳定性，简称失稳。临界点有两种基本类型，分别为极值点和分岔点，它们分别对应于极值点型失稳和分岔点型失稳。

（5）弹性系统的平衡稳定性分析主要讨论杆系和板壳一类固体结构，结构材料的本构关系通常是线性的，但需要在变形之后建立平衡条件，因此是几何非线性问题。

6.1.2 岩石工程稳定性问题的分析方法

1. 单轴压缩岩石试件的剪破坏

单轴压缩岩石试件的剪破坏是岩石破坏失稳的一个简单例子。图 6-3a 给出了试件破坏前后的几何形态，设在试件顶面上作用有均匀分布的压应力 σ，实际上，它是试件的载荷。试件底面固定不动，试件顶面的轴向位移用 u 表示，破裂面倾角记为 α，破裂面上、下盘的切向相对位移记为 V，试件高为 L，截面积为 A。

试件和载荷构成一个力学系统，外力势能为

$$W = -u\sigma A \tag{6-1-11}$$

试件受压缩的应变能为

$$U_c = \frac{1}{2} \frac{EA}{L} (u - v\sin\alpha)^2 \qquad (6-1-12)$$

破裂面的剪切耗散能为

$$U_s = \frac{\tau_n v A}{\cos\alpha} \qquad (6-1-13)$$

采用如下形式的库仑破裂准则

$$\tau_n = c_0 + H'v + \mu\sigma_n \qquad (6-1-14)$$

式中，τ_n 和 σ_n 分别为破裂面上的剪应力、法向应力；μ 是内摩擦因数；c_0 是初始（$v=0$）内聚力；H' 是强化或弱化模量，$H'>0$ 对应变形强化，$H'<0$ 对应变形弱化，$H'=0$ 对应理想塑性。这里对破裂面采用线性强化或弱化的刚塑性模型，即 $H' = \frac{\partial c}{\partial v}$。由材料力学可知，破裂面法向正应力为

$$\sigma_n = \frac{1}{2}\sigma\cos2\alpha \qquad (6-1-15)$$

因此，破裂面的耗散能为

$$U_s = \left(\frac{1}{2}\mu v\sigma\cos2\alpha + c_0 v + H'v^2 \right) \frac{A}{\cos\alpha} \qquad (6-1-16)$$

系统的总势能为

$$\Pi = W + U_c + U_s \qquad (6-1-17)$$

根据总势能极值原理，有

$$\frac{\partial \Pi}{\partial u} = 0 \qquad \frac{\partial \Pi}{\partial v} = 0 \qquad (6-1-18)$$

故有

$$\frac{\partial \Pi}{\partial u} = -A\sigma + \frac{AE}{L}(u - v\sin\alpha) = 0 \qquad (6-1-19)$$

$$\frac{\partial \Pi}{\partial v} = -\frac{AE}{L}(u - v\sin\alpha)\sin\alpha + \left(\frac{1}{2}\mu\sigma\cos2\alpha + c_0 + 2H'v \right)\frac{A}{\cos\alpha} = 0 \quad (6-1-20)$$

从式（6-1-19）得 $\frac{AE}{L}(u - v\sin\alpha) = A\sigma$，代入式（6-1-20）得

$$\sigma = \frac{2(c_0 + 2H'v)}{(1 - \mu\mathrm{ctan}2\alpha)\sin2\alpha} \qquad (6-1-21)$$

为确定破裂面角度 α，在上式中令 $v=0$，求 σ 的最小值对应的 α，也即求分母（$1-\mu\cot2\alpha$）$\sin2\alpha$ 为最大时的 α 角，不难求得为

$$\cot2\alpha = -\mu \qquad (6-1-22)$$

由上式计算出 $\sin2\alpha = \dfrac{1}{(1 + \mu^2)^{1/2}}$，代入式（6-1-21）并利用式（6-1-22）得破裂时的临界压力为

$$\sigma_{cr} = \frac{2c_0}{(1 + \mu^2)^{1/2}} \qquad (6-1-23)$$

如果引入内摩擦角 $\varphi(\tan\varphi = \mu)$，由式（6-1-22）得

$$\alpha = \frac{\pi}{4} + \frac{\varphi}{2} \tag{6-1-24}$$

将上式代入式（6-1-21）得平衡路径曲线为

$$\sigma = \frac{2(c_0 + 2H'\upsilon)}{(1 + \mu^2)^{1/2}} = \sigma_{\text{cr}} + \frac{4H'\upsilon}{(1 + \mu^2)^{1/2}} \tag{6-1-25}$$

如果破裂准则采用 Tresca 准则（最大剪应力准则），只需在式（6-1-14）中令 $\mu = 0$ 即可，这时的破裂角和临界压力分别是

$$\alpha = \frac{\pi}{4} \tag{6-1-26}$$

$$\sigma_{\text{cr}} = 2c_0 \tag{6-1-27}$$

平衡路径曲线为

$$\sigma = \sigma_{\text{cr}} + 4H'\upsilon \tag{6-1-28}$$

由于试件的几何形状和载荷的对称性质，简单压缩状态，即

$$\upsilon = 0 \qquad 0 \leqslant \sigma < \infty \tag{6-1-29}$$

也是一个平衡路径。这种平衡路径曲线就是坐标系的纵轴，如图6-3b 所示。

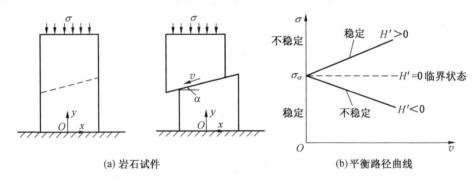

(a) 岩石试件   (b) 平衡路径曲线

图6-3　单轴压缩岩石试件与平衡路径曲线

在施加端部载荷的初期（$\sigma < \sigma_{\text{cr}}$）这种简单压缩平衡状态是稳定的平衡状态，在端部压力 σ 达到 σ_{cr} 时，是一个临界状态，此时，平衡路径有两支，一支是简单压缩分支，另一支是剪切破坏分支。图中坐标为（0，σ_{cr}）的点 A，称为临界点或分岔点。在分岔点之后，简单压缩分支上的点对应于不稳定平衡状态，而剪切破坏分支上的点对应于稳定平衡状态（$H' > 0$，强化情况）或不稳定状态（$H' < 0$，软化情况）。

这样，受轴向压缩的岩石试件的破裂可以看作是一种分岔点型的稳定性问题，试件发生剪破坏的载荷为破裂失稳的临界载荷 σ_{cr}，不难看出，$H' > 0$ 为正分岔，临界点是稳定的，$H' < 0$ 为倒分岔，临界点是不稳定的。

2. 自由端受力矩作用的混凝土悬臂梁

本段采用三线性模型研究自由端受力矩作用的混凝土悬臂梁的破坏问题，目的在于说明强度破坏与失稳破坏的区别。需要说明的是，不论是强度破坏分析还是失稳破坏分析，过程都比较复杂，限于篇幅，这里省去了一些推导过程，需要时可参见文献［1］。

1）本构模型

混凝土悬臂梁的几何形状如图6-4a所示，混凝土材料特性如图6-4b所示，其中第一种为完全弹性，本构方程为

$$\sigma = E\varepsilon \tag{6-1-30}$$

式中，E 为弹性模量。第二种是弹性—理想塑性模型，本构方程为

$$\sigma = E\varepsilon,\ \varepsilon \leqslant \varepsilon_s \qquad \sigma = \sigma_s,\ \varepsilon > \varepsilon_s \tag{6-1-31}$$

式中，ε_s 是初始屈服时的拉伸应变，$\varepsilon_s = \sigma_s/E$，$\sigma_s$ 是拉伸强度或拉伸屈服应力。第三种是弹性—软化塑性模型，本构方程为

$$\sigma = E\varepsilon,\ \varepsilon \leqslant \varepsilon_s \qquad \sigma = \sigma_s - E_t(\varepsilon - \varepsilon_s),\ \varepsilon_s < \varepsilon \leqslant \varepsilon_r \qquad \sigma = 0,\ \varepsilon > \varepsilon_r \tag{6-1-32}$$

式中，ε_r 是强度刚刚达到零时的应变，即零残余强度的起点。E_t 是下降段的坡度，这里取正值。$E_t \to \infty$ 退化成完全弹性。ε_s 和 ε_r 是两个材料参数，为方便应用，采用一个参数 $\alpha^2 = \varepsilon_r/\varepsilon_s \geqslant 1$。

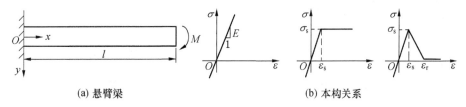

(a) 悬臂梁 　　　　　　　　　　 (b) 本构关系

图 6-4　混凝土悬臂梁与三种类型的本构关系

2）弹性阶段（截面顶部应变 $\varepsilon \leqslant \varepsilon_s$）。考虑纯弯曲的情况。由平截面假设

$$\varepsilon(y) = \kappa y \tag{6-1-33}$$

式中，κ 为中性轴变形后的曲率；y 为中性轴算起的坐标。自由端转角为

$$\varphi = \kappa l \tag{6-1-34}$$

外力矩为

$$M = \int \sigma y \, \mathrm{d}A \tag{6-1-35}$$

将式（6-1-33）、式（6-1-34）代入式（6-1-35）得

$$M = \frac{EI}{l}\varphi \tag{6-1-36}$$

式中，I 为惯性矩，$I = \int y^2 \mathrm{d}A = \dfrac{bh^3}{12}$。

截面顶部应变等于 ε_s 时，有

$$\kappa = \kappa_e = \frac{2\varepsilon_s}{h} \qquad \varphi = \varphi_e = \frac{2\varepsilon_s l}{h} \qquad M = M_e = \frac{bh^2}{6}\varepsilon_s \tag{6-1-37}$$

式中，带下标 e 的量表示弹性阶段的极限值。引入无量纲变量

$$\overline{M} = \frac{M}{M_e} \qquad \overline{\varphi} = \frac{\varphi}{\varphi_e} \tag{6-1-38}$$

则弹性阶段的结果为

$$\overline{M} = \overline{\varphi},\ \overline{\varphi} < 1 \qquad \overline{M} = 1,\ \overline{\varphi} = 1 \tag{6-1-39}$$

3）理想塑性变形阶段（截面顶部应变 $\varepsilon > \varepsilon_s$）。进入塑性变形阶段后，塑性区仅发生

在截面的受拉伸部分，中性轴离开形心轴向下移动。设中性轴到截面顶部的距离为nh，塑性区高度为ζh，如图6-5a所示，参数ζ表征塑性区的大小，随外力矩的增大，塑性区总是扩展的，因而ζ单调增加（可以将它看作一种内变量）。经推导可得

$$\overline{M}(\zeta) = \frac{M}{M_e} = 1 + \frac{1}{2}\zeta + \frac{3}{2}(1-\zeta)\zeta^2 \tag{6-1-40}$$

$$\overline{\varphi}(\zeta) = \frac{\varphi}{\varphi_e} = \frac{1}{(1-\zeta)^2} \tag{6-1-41}$$

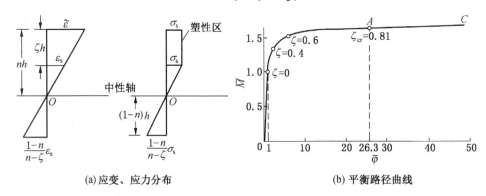

(a)应变、应力分布   (b)平衡路径曲线

图6-5　随塑性区扩展截面应变、应力分布与弹性—理想塑性材料梁的平衡路径曲线

从方程式（6-1-40）、式（6-1-41）中消去参量ζ可得$\overline{M}$-$\overline{\varphi}$曲线，如图6-5b所示，这条曲线叫作平衡路径曲线，上面的每一个点代表一个平衡状态。由图6-5b可以看出，随ζ不断增加，$\overline{M}$不断增大，$\zeta = \zeta_{cr} = 0.81$时，$\overline{M} = \overline{M}_{cr} = 1.59$，随后$\overline{M}$下降，$\zeta \to 1$时，$\overline{M} \to 1.5$，此时为最终的断裂破坏。点$A$是平衡曲线从稳定分支$OA$到不稳定分支$AC$的临界点，是极值点。$\overline{M}_{cr}$称为临界载荷，也称梁的承载能力。

4）弹性—软化塑性模型

软化阶段（塑性变形第一阶段）（$\varepsilon_s < \varepsilon \leqslant \varepsilon_r$）：

采用弹性—软化塑性模型时，弹性阶段的分析前，软化塑性阶段的结果为

$$\overline{M}(\zeta) = \frac{1 - \frac{\alpha^2}{\alpha^2-1}(3-2\zeta)\zeta^2}{1 - 2\zeta + \frac{\alpha^2}{\alpha^2-1}\zeta^2} \quad 0 < \zeta \leqslant \zeta_r \tag{6-1-42}$$

$$\overline{\varphi}(\zeta) = \frac{1}{1 - 2\zeta + \frac{\alpha^2}{\alpha^2-1}\zeta^2} \quad 0 < \zeta \leqslant \zeta_r \tag{6-1-43}$$

塑性变形第二阶段（$\varepsilon > \varepsilon_r$）：

$$\overline{M}(\zeta) = \alpha^2(1-\zeta)^2 \quad \zeta_r \leqslant \zeta < 1 \tag{6-1-44}$$

$$\overline{\varphi}(\zeta) = \frac{\alpha+1}{2(1-\zeta)} \tag{6-1-45}$$

弹性—塑性软化模型悬臂梁的平衡路径曲线如图6-6所示。

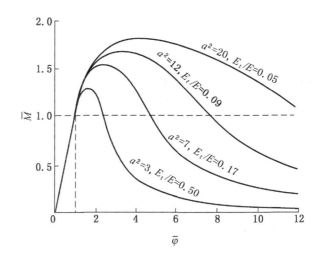

图 6-6　采用弹性—塑性软化模型悬臂梁的平衡路径曲线

总之，采用脆性材料模型算得的临界载荷最小；采用弹性—理想塑性模型算得的临界载荷—失稳载荷（$\overline{M}_{\mathrm{cr}} = 1.59$）稍大于（与研究对象有关）按强度理论算得的破坏载荷（$\overline{M}_{\mathrm{cr}} = 1.5$）；采用弹性—软化塑性模型算得的失稳载荷与 $\alpha^2 = 1 + \dfrac{E}{E_{\mathrm{t}}}$ 有关，可能大于或小于按弹性—理想塑性模型算得的失稳载荷。

3. 小结

（1）岩石工程稳定性分析的问题一般是三维的块体结构，岩石混凝土材料的应力应变曲线在峰值后下降，强度的部分丧失或完全丧失导致结构失稳，而且通常用小变形方法分析，属于材料非线性问题。

（2）岩石力学的平衡稳定性问题，特别是极值型，主要原因是材料本构曲线具有峰值和下降段，这种下降段也可以看成弹塑性材料塑性软化型，一维应力情况下，材料不稳定性和塑性软化特性是一致的，但在三向应力状态下，不稳定和软化可能不是一回事。岩石力学不稳定问题是一种比一般的弹塑性应力分析更强的材料非线性问题，所得结果更全面、更符合实际情况。

6.1.3　采用库仑—摩尔破坏条件研究稳定性问题的意义

上节介绍了连续介质力学稳定性问题的正规分析方法——弹性—塑性软化模型。可以看到，这种方法是比较复杂的，所得结果比采用库仑—摩尔破坏条件偏危险（给出的承载力更大），因此，从安全角度考虑，采用库仑—摩尔破坏条件更安全。库仑—摩尔破坏条件是统一破坏准则中最安全的（没有考虑中间主应力的影响）[4]。

库仑—摩尔破坏条件由 c、φ 两个参数确定，岩体一旦稍有运动 c 值即变为零，但 φ 值不为零，在重力 $\rho_{\mathrm{r}}gh$ 和 φ 的联合作用下岩体仍能保持稳定（"先动了一下后又稳定住了"；"滑坡发生前，可能出现山坡被推挤出大量横向、纵向放射状裂缝、山坡上房屋的地板及墙壁发生歪斜、山坡上的大量树木歪斜、山区发生小型崩塌和坡体松弛等前兆"），这或许就是人们采用库仑—摩尔破坏条件研究这类现象称之为稳定性问题分析的原因。

6.2 竖井开挖计算和井壁稳定性分析

文献［1］对竖井开挖计算和井壁稳定性进行了系统分析，实际上所用方法和结果也适用于水平裸巷的掘进计算与稳定性分析以及钻孔稳定性（塌孔）分析。本节将其转录于此，目的与 6.1 节一样，供需要了解和掌握稳定性问题正规分析方法的读者参考。6.2.1 节研究理想弹性模型；6.2.2 节研究弹性–理想塑性模型；6.2.3 节研究弹性–塑性软化模型；6.2.4 节将研究成果用于油气井钻井过程的稳定性分析。

6.2.1 竖井开挖计算——理想弹性模型

一般情况下的竖井开挖计算是一个三维问题，但在离地表较深的位置，考虑到问题的局部性，其轴向方向的变形受到限制，如果不考虑地应力随纵深的变化（这种变化与地应力本身相比是个小量），问题可简化为平面应变问题。这里只考虑圆柱形状的竖井，原场水平地应力为等向应力，上述简化条件下，位移场只有径向位移 u 非零，场的非零变量还有径向应变 ε_r、环向应变 ε_θ 和 3 个应力分量 σ_r、σ_θ、σ_z。

采用初应力提法。事前存在一个初应力场 σ_r^0 等（带上标"0"），开挖时需要计算开挖附加应力场 σ'_r 等（带上标"'"），开挖过程中或开挖过程完成后总的场变量为两者之和。显然，位移、应变的场变量即附加场变量，因为初始场变量是在漫长的地质历史期间发生的，现存已经看不到了，可假设为 0，而初始应力场变量不为 0，是已知的，可按通常的重力场处理。

在开挖竖井边界线上，开挖前作用以应力 $q = -\sigma_H$ 代替。这里，σ_H 表示深度 H 原场地应力的绝对值，负号表示受压。开挖后竖井边界线处为临空面，$q = 0$。为描述开挖的中间过程，引入一个载荷参数 λ，使开挖井壁边界处附加力场为

$$q' = \lambda \sigma_H \tag{6-2-1}$$

这样，λ 从 0 变化到 1 代表整个开挖过程的附加场（从 0 变化到 σ_H），从而可以看到井壁应力被逐步解除的全过程。

在载荷参数为 λ 的情况，利用弹性力学厚壁圆筒的现成解并令外壁半径趋于无穷可得附加应力场的解为（详细推导见文献［1］的 2.2 节）

$$\sigma'_r = \left(\frac{a}{r}\right)^2 \lambda \sigma_H \tag{6-2-2}$$

$$\sigma'_\theta = -\left(\frac{a}{r}\right)^2 \lambda \sigma_H \tag{6-2-3}$$

$$u' = -\frac{1+v}{E}\alpha^2 \frac{\lambda \sigma_H}{r} \tag{6-2-4}$$

式中，a 为竖井内半径；E 为弹性模量；v 为泊松比。开挖过程中总的解为

$$\sigma_r = \left[\left(\frac{a}{r}\right)^2 \lambda - 1\right]\sigma_H < 0 \tag{6-2-5}$$

$$\sigma'_\theta = -\left[\left(\frac{a}{r}\right)^2 \lambda + 1\right]\sigma_H < 0 \tag{6-2-6}$$

$$u = -\frac{1+v}{E}a^2 \frac{\lambda \sigma_H}{r} \tag{6-2-7}$$

由上式可见，$r \to \infty$ 时，$\sigma_r \to -\sigma_H$、$u \to 0$ 等，表明竖井开挖不改变远场应力，也不产生远场位移，也就是说，开挖产生的扰动是局部的。

采用最大剪应力屈服准则（Tresca 准则）

$$\sigma_r - \sigma_\theta = \sigma_s = 2\tau_s \tag{6-2-8}$$

判断岩石介质是否破坏（σ_s 和 τ_s 分别是单轴压缩和剪切屈服应力），这时有

$$2\left(\frac{a}{r}\right)^2 \lambda \sigma_H = \sigma_s = 2\tau_s \tag{6-2-9}$$

最先在井壁处（$r=a$）屈服破坏，此时

$$\lambda = \lambda_e = \frac{\sigma_s}{2\sigma_H} = \frac{\tau_s}{\sigma_H} \tag{6-2-10}$$

由上式定义的 λ_e 称为弹性极限载荷系数。开挖过程中，一旦 $\lambda = \lambda_e$，井壁开始屈服。如果 $\lambda_e > 1$，井壁永远处于弹性状态，不发生破坏，因而在地层浅部不存在井壁破坏问题（$\tau_s > \sigma_H$）。

当然，这里也可采用库伦屈服准则等进行讨论。

6.2.2 弹性—理想塑性模型

将地层材料简化为弹性—理想塑性模型时，弹性阶段的分析同 6.2.1 节。以下分析理想塑性阶段的表现。

$\lambda > \lambda_e$ 之后，在井壁附近出现塑性区，塑性区的外面是弹性区。设塑性、弹性区之间的交界线为 $r=c$，利用厚壁筒的有关结果（详细推导见文献［1］的 2.2 节）可得塑性区（$a \leqslant r \leqslant c$）的应力和位移场为

$$\sigma'_r = \lambda \sigma_H - \sigma_s \ln \frac{r}{a} \tag{6-2-11}$$

$$\sigma'_\theta = \lambda \sigma_H - \sigma_s \left(1 + \ln \frac{r}{a}\right) \tag{6-2-12}$$

$$u = -\frac{(1-2v)(1+v)\sigma_s}{E}\left(r\ln\frac{r}{a} - \frac{\lambda\sigma_H r}{\sigma_s}\right) - \frac{(1-v^2)\sigma_s c^2}{Er} \tag{6-2-13}$$

而载荷参数与 u 的关系为（详见文献［1］的 2.2 节）

$$\lambda \sigma_H = \left(\frac{\sigma_s}{2}\right)\left(1 + 2\ln\frac{c}{a}\right) \tag{6-2-14}$$

由上式不难得到 $c = a\exp\left[\left(\frac{\lambda}{\lambda_e} - 1\right) \Big/ 2\right]$，随 λ 增大，c 不断增大。$\lambda = 1$ 时（相当于开挖完毕），得到最大值 $c_M = a\exp\left(\frac{\sigma_H}{\sigma_s} - \frac{1}{2}\right)$（此处原文有误）。而弹性区的附加应力和位移的表达式为

$$\sigma'_r = \frac{\sigma_s c^2}{2r^2} \tag{6-2-15}$$

$$\sigma'_\theta = -\frac{\sigma_s c^2}{2r^2} \tag{6-2-16}$$

$$u = -\frac{(1+v)\sigma_s}{2E}\frac{c^2}{r} \tag{6-2-17}$$

总应力场为

$$\sigma_r = (\lambda-1)\sigma_H - \sigma_s\ln\frac{r}{a} \quad (a \le u \le c) \qquad \sigma_r = \frac{\sigma_s c^2}{2r^2} - \sigma_H \quad (c \le u < \infty)$$

$$\tag{6-2-18}$$

$$\sigma_\theta = (\lambda-1)\sigma_H - \sigma_s\left(1+\ln\frac{r}{a}\right) \quad (a \le u \le c) \qquad \sigma_\theta = -\frac{\sigma_s c^2}{2r^2} - \sigma_H \quad (c \le u < \infty)$$

$$\tag{6-2-19}$$

开挖附加场的位移就是总位移

$$u = -\frac{(1-2v)(1+v)\sigma_s}{E}\left(r\ln\frac{r}{a} - \frac{\lambda\sigma_H r}{\sigma_s}\right) - \frac{(1-v^2)\sigma_s c^2}{Er} \quad (a \le u \le c)$$

$$u = -\frac{(1-v^2)\sigma_s c^2}{Er} \quad (c \le u < \infty) \tag{6-2-20}$$

式 (6-2-18)、式 (6-2-20) 保证了径向应力分量和位移在 $r=c$ 的连续性要求，周向应力分量在 $r=c$ 处可以间断。参数 c 可通过 λ 表示，因而这些公式完全描述了在载荷参数 λ 下理想弹塑性材料竖井开挖过程的应力场和位移场。

下面讨论竖井开挖过程的稳定性。即讨论井壁位移 $u(a)$ 与井壁载荷参数 λ 或井壁上作用的总应力 $q = (\lambda-1)\sigma_H$ 之间的关系。请注意，q 是负值，表示压力。

首先，在弹性变形阶段，λ 的取值范围为 $0 \le \lambda \le \lambda_e$，$q$ 的取值范围是 $-\sigma_H \le q \le (\lambda_e-1)\sigma_H$，在式 (6-2-7) 中令 $r=a$ 得井壁位移公式

$$u(a) = -\frac{1+v}{E}a\lambda\sigma_H = -\frac{1+v}{2E}a\sigma_s\frac{\lambda}{\lambda_e} \tag{6-2-21}$$

引用无量纲变量

$$\bar{u} = -\frac{2Eu(a)}{(1+v)a\sigma_s} \qquad \bar{q} = \frac{q}{\sigma_s\lambda_e} = \frac{\lambda-1}{\lambda_e} \tag{6-2-22}$$

式 (6-2-21) 可表示为

$$\bar{u} = \frac{\lambda}{\lambda_e} = \frac{1}{\lambda_e} + \bar{q} \tag{6-2-23}$$

上式表示一条斜率为正的直线平衡路径，因此在弹性变形阶段，竖井开挖总是稳定的。

其次，考虑塑性变形阶段，这时 $\lambda > \lambda_e$，p 的取值范围是 $(\lambda_e-1)\sigma_H \le p \le 0$，由式 (6-2-14) 可得

$$\lambda = \lambda_e\left(1 + 2\ln\frac{c}{a}\right) \tag{6-2-24}$$

在式 (6-2-20) 中令 $r=a$ 得

$$u(a) = \frac{(1+v)a\sigma_s}{2E}\left[(1-2v)\frac{\lambda}{\lambda_e} - 2(1-v)\frac{c^2}{a^2}\right] \tag{6-2-25}$$

引用无量纲量 $\bar{u}$，将塑性区半径 c 用塑性区径向无量纲宽度 $\zeta = \frac{c-a}{a}$ 代替，得

$$\overline{u} = 2(1-v)(1+\zeta)^2 - (1-2v)\frac{\lambda}{\lambda_e} \tag{6-2-26}$$

$$\lambda = \lambda_e[1 + 2\ln(1+\zeta)] \tag{6-2-27}$$

$$\overline{q} = 1 + 2\ln(1+\zeta) - \frac{1}{\lambda_e} \tag{6-2-28}$$

在上面三式中消去 λ 和 ζ 即得竖井开挖过程中塑性变形阶段（$\lambda > \lambda_e$，$\zeta > 0$）的平衡路径曲线（图6-7）。

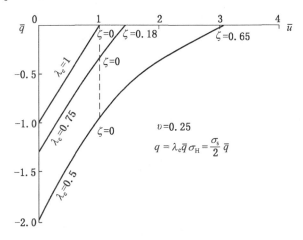

图6-7　理想弹塑性材料开挖过程的平衡路径曲线

图6-7给出了整个开挖阶段的平衡路径曲线（包括弹性和弹塑性阶段）。图中，λ_e 分别取值1、0.75、0.5。当 $\overline{u} \leqslant 1$ 时，曲线为弹性阶段曲线，当 $\overline{u} > 1$ 时，曲线为弹塑性阶段曲线，所有曲线都是斜率为正的单调上升曲线，因而对理想弹塑性材料的岩体，虽然井壁有塑性变形，但整个开挖过程都是稳定的。对于 λ_e 分别取值1、0.75、0.5，塑性区的径向尺度参数 ζ 分别为0、0.18、0.65。

6.2.3　弹性—塑性软化模型

这时的开挖过程共分为三个阶段，弹性变形阶段上节所述，以下分析塑性变形阶段，包括第一阶段和第二阶段。

弹性阶段的应力场和位移场容易给出，只需在式（6-2-2）~式（6-2-4）右端加上初始应力就可得到（$\lambda < \lambda_e$）

$$\sigma_r = \left(\frac{\lambda}{r^2} - 1\right)\sigma_H \tag{6-2-29}$$

$$\sigma_\theta = -\left(\frac{\lambda}{r^2} + 1\right)\sigma_H \tag{6-2-30}$$

$$u = -\frac{1+v}{E}\frac{\lambda\sigma_H}{r}a^2 \tag{6-2-31}$$

现在仅考虑平衡稳定性问题。弹性阶段（$\lambda < \lambda_e$，$\zeta = 0$）的平衡路径为式（6-2-23），关于塑性变形阶段，省去推导过程，直接给出有关结果：

第一阶段（$\zeta_{cr} > \zeta > 0$）：

$$\lambda = \lambda_e [n + 2n\ln(1 + \zeta) - (n - 1)(1 + \zeta)^2] \qquad (6\text{-}2\text{-}32)$$

$$\overline{u} = 2(1 - v)(1 + \zeta)^2 - (1 - 2v)\frac{\lambda}{\lambda_e} \qquad (6\text{-}2\text{-}33)$$

$$\overline{q} = \frac{\lambda - 1}{\lambda_e} \qquad (6\text{-}2\text{-}34)$$

第二阶段（$\zeta > \zeta_{cr}$）：

$$\lambda = \lambda_e \left\{ 1 + 2m_0\ln(1 + \zeta - \zeta_{cr}) + 2n\ln\frac{1 + \zeta}{1 + \zeta - \zeta_{cr}} \right.$$
$$\left. + 2(n - m_0)\left[\frac{-\zeta_{cr}}{(\zeta - \zeta_{cr})(1 + \zeta_{cr})} + \frac{1}{(\zeta - \zeta_{cr})^2}\ln\frac{(1 + \zeta_{cr})(1 + \zeta - \zeta_{cr})}{1 + \zeta} \right] \right\} \quad (6\text{-}2\text{-}35)$$

$$\overline{u} = 2(1 - v)(1 + \zeta)^2 - (1 - 2v)\frac{\lambda}{\lambda_e} \qquad (6\text{-}2\text{-}36)$$

$$\overline{q} = \frac{\lambda - 1}{\lambda_e} \qquad (6\text{-}2\text{-}37)$$

如果 $m_0 = 0$，那么由文献 [1] 的 2.2 节可知

$$\zeta_{cr} = \sqrt{\frac{n}{n - 1}} - 1 \qquad (6\text{-}2\text{-}38)$$

也就是说，临界点发生在塑性第一阶段末尾或第二阶段开始。取泊松比 $v = 0.25$，$n = 1.5$，对应不同 λ_e 的平衡路径曲线如图 6-8 所示。当 $\lambda_e = 0.5$ 时，整个曲线都在横轴之下，临界值 $\overline{q}_{cr} = -0.456$，表明在掘进完成之前（$\lambda < 1$）的某个时刻，竖井已经失稳。因此，这种条件下竖井开挖过程中应该施加支护（如喷锚等），才能完成开挖作业。当 $\lambda_e = 0.607$ 时，平衡路径曲线的临界点恰在 $\overline{q}$ 的零线上，也即对应于 $\lambda = 1$，这表明施工过程中竖井都是稳定的。当 $\lambda_e = 0.75$ 时，在施工过程中（$\lambda < 1$）竖井都是稳定的，虽然有塑性变形发生（$\zeta > 0$），竖井依然保持稳定。$\lambda_e = 1$ 时，整个开挖过程竖井都处于弹性阶段（$\zeta = 0$），竖井是稳定的。从上述分析可知，$(\lambda_e)_{cr} = 0.607$ 是一个临界状态，当 $\lambda_e \geqslant (\lambda_e)_{cr}$

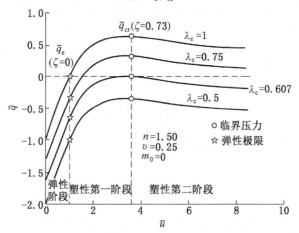

图 6-8 弹性软化塑性材料开挖过程中平衡路径曲线

或 $\dfrac{\sigma_s}{2\sigma_H} \geqslant 0.607$ 时，开挖过程竖井都是稳定的。如果地应力 σ_H 足够小或岩石强度 σ_s 足够大，那么竖井开挖无疑是稳定的。

下面讨论 n 的影响（图 6-9）。

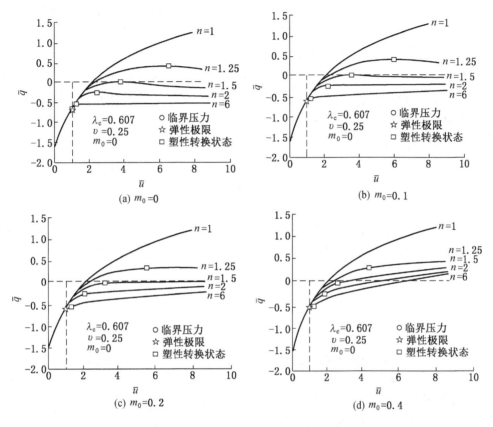

图 6-9　参数 m_0 和 n 的影响

首先取 $m_0 = 0$，此时泊松比 $\upsilon = 0.25$，$\lambda_e = 0.607$，对于不同的 n，竖井开挖过程平衡路径曲线如图 6-9a 所示。其中，$n = 1$ 对应的是理想弹塑性的平衡路径曲线，该曲线单调上升，表示在开挖过程中竖井一直是稳定的，而其他 $n > 1$ 对应的是应变软化时的平衡路径曲线，每条曲线都存在一个极值点，如果该极值点在坐标横轴的下方，说明竖井开挖过程中井壁已经失稳，开挖过程中需要及时支护。一般来说，n 很大的地方需要支护。

当 $m_0 \neq 0$ 时，情况有所不同，图 6-9b~图 6-9d 分别给出了 $m_0 = 0.1$、$m_0 = 0.2$ 和 $m_0 = 0.4$ 情况下的平衡路径曲线，仅在 m_0 较小的情况存在临界点，而大多数情况平衡路径曲线单调上升，不存在临界载荷，也就是说，m_0 较大时，开挖过程中井壁不会坍塌。$m_0 = 1$ 时，退化到理想塑性状态，即和 $n = 1$ 曲线一致。

6.2.4　油气井钻井过程的井壁稳定性

上述关于竖井问题的处理方法和结果可用于油气井钻井过程的井壁稳定性问题分析。

当前关于油气井井壁稳定性分析都是使用弹性力学方法在原场应力和井壁压力共同作用下得到井壁附近应力分量的表达式，利用井壁处出现屈服破坏来确定井壁压力的大小，

以设计泥浆密度，用泥浆压力对井壁支撑保证井壁稳定，这显然是一种强度分析方法，这种方法计算的结果偏于保守。按本节稳定性分析的方法，以失稳的临界载荷 q_{cr} 作为泥浆压力来确定泥浆密度更经济合理。按弹性力学的强度计算方法计算的井壁压力就是 q_e，相当于平衡路径曲线上 $\zeta = 0$ 的点的值，而由临界载荷计算的井壁压力为 q_{cr}，相当于 $\zeta = \zeta_{cr}$ 的点的值，显然，$|q_{cr}| < |q_e|$，因此，用稳定性理论改进设计方案无疑是必要的。

当前在石油工程中已采用气体钻井技术，井壁没有泥浆支撑也不坍塌，一些工程师不堪理解，稳定性分析方法可以给出合理解释及其适用条件。

气体钻井的高速气流会造成井壁的负压（吸力），因而使用前面公式时参数 λ 的适用范围不再是 $[0, 1]$，而是 λ 可以大于 1。图 6-8 所示的平衡路径曲线，其临界载荷 $\bar{q}_{cr} > 0$，表示负压。这就是说，对 $\lambda_e \geqslant 0.607$，$m_0 = 0$，$n = 1.5$ 的地层条件可以进行气体钻井，不会出现井壁失稳坍塌。

当地层岩石的残余强度为零（$m_0 = 0$）时，不难求出钻井过程临界力的解析表达式

$$\bar{q}_{cr} = n\ln\left(\frac{n}{n-1}\right) - \frac{1}{\lambda_e} \tag{6-2-39}$$

临界力 $\bar{q}_{cr}$ 的大小不仅与 λ_e（即 σ_H，σ_s）有关，也和 n（即岩石全应力-应变曲线下降段的坡度 G_t/G）有关。用强度理论计算时只能考虑 σ_H、σ_s 的作用，不能考虑 n 的影响。气体钻井得以实现的条件是

$$\bar{q}_{cr} \geqslant 0 \tag{6-2-40}$$

$n\ln\left(\frac{n}{n-1}\right)$ 是 n 的一个单调下降函数，在式（6-2-39）中取等号，可得保持井壁稳定的临界 n_{cr}。因为是一个非线性方程，只能求数值解。这样，气体钻井的临界条件是

$$1 < n \leqslant n_{cr} \tag{6-2-41}$$

即岩石的 n 足够小，而在 $n > n_{cr}$ 的情况，只能采用泥浆护壁。

以上讨论是在 $m_0 = 0$ 的情况下进行的，实际上对于任何确定的 m_0（$0 < m_0 < 1$）均可做类似的讨论，因为前面给出的理论公式对任何 m_0 值都是成立的。对于 $m_0 \neq 0$ 的情况，问题稍复杂一些，仅在 m_0 较小的情况存在临界点，这时气体钻井的条件可参考式（6-2-39）。m_0 较大时，平衡路径曲线单调上升。处于地下深处的地层，岩石韧性较大，井壁坍塌较少，井壁缩颈较多。

6.3 巷道冲击地压分析

不论金属矿井还是井工煤矿，都有冲击地压问题。金属矿井以岩巷（裸巷）发生岩爆为主要形式，井工煤矿则以煤巷支架失稳破坏为主要形式。

近年来，随着采深的不断增大，我国井工煤矿的冲击地压事故呈高发态势。例如，2018 年 10 月 20 日 23 时左右，山东龙郓煤业有限公司发生冲击地压事故，共造成 21 人死亡；2019 年 6 月 9 日 20 时 01 分，吉林龙家堡矿业有限责任公司发生冲击地压事故，造成 9 人死亡、12 人受伤；2019 年 8 月 2 日，开滦集团唐山矿业分公司井下发生一起较大冲击地压事故，造成 7 人遇难。三起事故在国内冲击地压防治领域造成了不小影响，国家煤监局不得不开始明令限制开采深度。

6.2节借用文献［1］提出的竖井开挖力学模型研究了竖井开挖过程中的稳定性理论，主要目的在于展示连续介质力学稳定性问题的正规分析方法，这部分内容实际上也适用于裸巷掘进过程中的稳定性分析；本节采用强度理论对煤矿支护巷道的冲击地压问题进行简化分析，也适用于裸巷的情况（支护强度等于零）。采用规范的稳定性分析方法研究煤矿支架的失稳问题的研究工作不多，值得大力开展。

井工煤矿有大量的煤巷、半煤岩巷，壁式采煤工作面也可以看作是一段特殊的巷道。由于煤系地层的岩石强度普遍较低，一些岩巷也可能需要支护；埋深较浅或煤质较硬时，煤巷也可能不需要支护。因此，是否需要支护、支护方式、支护强度等取决于煤岩的强度、地应力的大小等因素。

此外，煤岩较软时，巷道一般不会发生冲击地压，但埋深较大时可能会遇到快速变形问题。快速变形可能使巷道断面迅速缩小，影响通风、运输、行人等，需要不断进行巷修，工程量很大，是煤矿企业（煤矿）的一个棘手问题（即软岩支护问题）。实际上，通过改变支护方式问题即可迎刃而解，其原理可以与支护巷道发生或防止冲击地压的条件统一在一起。

本节中，6.3.1节归纳总结壁式回采工作面、上下支护巷道冲击地压的物理模型，包括相邻老采空区和回采工作面采空区的影响；6.3.2节研究支护巷道冲击地压的力学模型，包括单个圆形巷道的简单情形、采空区的影响等；6.3.3节简要介绍所得结果在局部防冲（或解危）措施、支护设计中的应用，是否符合煤矿的实际情况尚应经过实践的检验。

6.3.1 支护巷道冲击地压物理模型

根据释放能量的主体不同，冲击地压可分为煤体压缩型、顶板断裂型和断层错动型3种基本类型[5]。煤体压缩型包括重力引起和水平构造应力引起的两种，多发生在厚煤层开采的采煤工作面和回采巷道中。顶板断裂型多发生在工作面顶板为坚硬、致密、完整且厚，煤层开采后形成采空区大面积空顶的条件下。断层错动型多发生在采掘活动接近断层时，受采动活动影响而使断层突然破裂错动。本节只研究较简单且较常见的由重力引起的煤体压缩型。

生产实践表明，煤体压缩型冲击地压多发生在回采工作面和回采巷道中。回采工作面冲击地压与压出型煤与瓦斯突出有些相似，区别主要在于煤的软硬不同（冲出或压出的煤都会造成矿井瓦斯涌出量增大，因此，煤矿冲击地压也属于瓦斯动力现象。如果遇到火源，都可能造成瓦斯/煤尘爆炸）。这里主要研究回采巷道中发生冲击地压的情况（图6-10），在地表以下深 H 处有一层近水平或缓倾斜厚煤层（厚度≥3.5 m，倾角≤25°）。采用长壁采煤法回采工艺，区段与区段之间从左向右顺序开采（避免跳采），下巷（又称运输巷、进风巷）左侧为护巷小煤柱，宽度为 a，小煤柱左侧为上区段采空区（假设已形成冒落带、裂隙带、弯曲下沉带）；上巷（又称回风巷）右侧为实体煤。上、下巷宽度均为 b，高度均为 d，上、下巷均沿煤层底板掘进，包括小煤柱在内的工作面倾向长度为 L。沿走向（垂直纸面方向）为半无限长（不考虑停采线一侧的影响），起始面为回采工作面支架所在的立面。

图6-10实际上也适用于回采工作面煤壁一侧发生冲击地压的情况。这时，液压支架相当于小煤柱的作用，厚度 $a \approx 0$；回采工作面（开切眼）相当于下巷。

在重力的作用下，下巷顶、底板、实体煤一侧发生冲击地压的可能性较大，下面重点

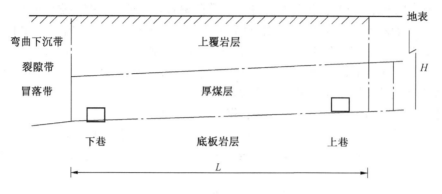

图 6-10　回采巷道冲击地压示意图

研究它。

　　经验表明，回采巷道冲击地压多发生在距回采工作面 10～300 m 范围内。推测这里的 10 m 是液压支架的强力支撑作用的结果，破坏范围从 10～300 m 既有重力 $p = \rho_r gH$ 的作用，也有两侧采空区造成的应力集中的作用。

6.3.2　巷道冲击地压力学分析

　　1. 圆形巷道

　　1）裸巷周边应力场

　　有关圆形巷道周边应力场的研究方法参见 5.3.2 节，结果为

$$\sigma_r = \left[1 - \left(\frac{r_0}{r} \right)^2 \right] \rho_r gH \tag{6-3-1}$$

$$\sigma_\theta = \left[1 + \left(\frac{r_0}{r} \right)^2 \right] \rho_r gH \tag{6-3-2}$$

$$\sigma_z = \rho_r gH \tag{6-3-3}$$

式中，r_0 为巷道初始半径。

　　根据极限平衡理论[6]，极限平衡区内的静力平衡方程为

$$r \frac{\mathrm{d}\sigma_r}{\mathrm{d}r} + \sigma_r - \sigma_\theta = 0 \tag{6-3-4}$$

　　极限平衡条件为

$$\sigma_\theta = \frac{1 + \sin\varphi}{1 - \sin\varphi} \sigma_r + \frac{2c\cos\varphi}{1 - \sin\varphi} \tag{6-3-5}$$

　　将式（6-3-5）代入式（6-3-4），积分后得

$$\sigma_r + c \cdot \cot\varphi = Cr^{\frac{2\sin\varphi}{1-\sin\varphi}} \tag{6-3-6}$$

式中，C 为积分常数，可由 $r = r_0$ 处的边界条件确定。对于裸巷的情况，$\sigma_r = 0$，$C = c \cdot \cot\varphi r_0^{-\frac{2\sin\varphi}{1-\sin\varphi}}$，因此，可得

$$\sigma_r = c \cdot \cot\varphi \left[\left(\frac{r}{r_0} \right)^{\frac{2\sin\varphi}{1-\sin\varphi}} - 1 \right] \tag{6-3-7}$$

　　利用式（6-3-5）可得

218

$$\sigma_\theta = c \cdot \cot\varphi \left[\frac{1 + \sin\varphi}{1 - \sin\varphi} \left(\frac{r}{r_0} \right)^{\frac{2\sin\varphi}{1-\sin\varphi}} - 1 \right] \qquad (6\text{-}3\text{-}8)$$

式中，c、φ 为岩石材料的内聚力、内摩擦角。这里，为了简化推导，用 r_0 代替了变形后的巷道半径，因为两者之差即位移较小（详细完整的推导可见文献［7］）。在极限平衡区（与岩土工程上的松动圈对应）的外边界上，$\sigma_r + \sigma_\theta = 2\rho_r gH$，由此可得极限平衡区的半径 R_1 为

$$R_1 = r_0 \left[\left(1 + \frac{\rho_r gH}{c \cdot \cot\varphi} \right) (1 - \sin\varphi) \right]^{\frac{1-\sin\varphi}{2\sin\varphi}} \qquad (6\text{-}3\text{-}9)$$

在 $r = R_1$ 处，$\sigma_r = c \cdot \cot\varphi \left[\left(\dfrac{R_1}{r_0} \right)^{\frac{2\sin\varphi}{1-\sin\varphi}} - 1 \right]$；

令 $c \cdot \cot\varphi \left[\left(\dfrac{R_1}{r_0} \right)^{\frac{2\sin\varphi}{1-\sin\varphi}} - 1 \right] = \left[1 - \left(\dfrac{r_0}{r_1} \right)^2 \right] \rho_r gH$，可解出 r_1

$$r_1 = r_0 \left\{ 1 - \left[\left(\frac{R_1}{r_0} \right)^{\frac{2\sin\varphi}{1-\sin\varphi}} - 1 \right] \frac{c \cdot \cot\varphi}{\rho_r gH} \right\}^{-1/2} \qquad (6\text{-}3\text{-}10)$$

$r > R_1$ 时

$$\sigma_r = \left[1 - \left(\frac{r_0}{r + r_1 - R_1} \right)^2 \right] \rho_r gH \qquad (6\text{-}3\text{-}11)$$

在 $r = R_1$ 处，$\sigma_\theta = c \cdot \cot\varphi \left[\dfrac{1 + \sin\varphi}{1 - \sin\varphi} \left(\dfrac{R_1}{r_0} \right)^{\frac{2\sin\varphi}{1-\sin\varphi}} - 1 \right]$；

令 $c \cdot \cot\varphi \left[\dfrac{1 + \sin\varphi}{1 - \sin\varphi} \left(\dfrac{R_1}{r_0} \right)^{\frac{2\sin\varphi}{1-\sin\varphi}} - 1 \right] = \left[1 + \left(\dfrac{r_0}{r_2} \right)^2 \right] \rho_r gH$，可解出 r_2

$$r_2 = r_0 \left\{ \left[\frac{1 + \sin\varphi}{1 - \sin\varphi} \left(\frac{R_1}{r_0} \right)^{\frac{2\sin\varphi}{1-\sin\varphi}} - 1 \right] \frac{c \cdot \cot\varphi}{\rho_r gH} - 1 \right\}^{-1/2} \qquad (6\text{-}3\text{-}12)$$

$r > R_1$ 时

$$\sigma_\theta = \left[1 + \left(\frac{r_0}{r + r_2 - R_1} \right)^2 \right] \rho_r gH \qquad (6\text{-}3\text{-}13)$$

式（6-3-12）、式（6-3-13）即为考虑极限平衡区（或松动圈）后的弹性区及原始应力区的 σ_r、σ_θ 的计算式。

2）支护压力 p_s 的影响

考虑支护压力 p_s 的圆形巷道周边应力场为

$$\sigma_r = \left[1 - \left(1 - \frac{p_s}{\rho_r gH} \right) \left(\frac{r_0}{r} \right)^2 \right] \rho_r gH \qquad (6\text{-}3\text{-}14)$$

$$\sigma_\theta = \left[1 + \left(1 - \frac{p_s}{\rho_r gH} \right) \left(\frac{r_0}{r} \right)^2 \right] \rho_r gH \qquad (6\text{-}3\text{-}15)$$

$$\sigma_z = \rho_r gH \qquad (6\text{-}3\text{-}16)$$

可见，p_s 使 σ_r 增大、σ_θ 减小。

方法同上，可得极限平衡区的应力为

$$\sigma_r = c \cdot \cot\varphi \left[\left(1 + \frac{p_s}{c \cdot \cot\varphi} \right) \left(\frac{r}{r_0} \right)^{\frac{2\sin\varphi}{1-\sin\varphi}} - 1 \right] \quad (6-3-17)$$

$$\sigma_\theta = c \cdot \cot\varphi \left[\left(1 + \frac{p_s}{c \cdot \cot\varphi} \right) \frac{1+\sin\varphi}{1-\sin\varphi} \left(\frac{r}{r_0} \right)^{\frac{2\sin\varphi}{1-\sin\varphi}} - 1 \right] \quad (6-3-18)$$

极限平衡区或松动圈的半径为

$$R_2 = r_0 \left[\frac{c \cdot \cot\varphi + \rho_r g H}{c \cdot \cot\varphi + p_s} (1 - \sin\varphi) \right]^{\frac{1-\sin\varphi}{2\sin\varphi}} \quad (6-3-19)$$

在 $r = R_2$ 处，$\sigma_r = c \cdot \cot\varphi \left[\left(1 + \dfrac{p_s}{c \cdot \cot\varphi} \right) \left(\dfrac{R_2}{r_0} \right)^{\frac{2\sin\varphi}{1-\sin\varphi}} - 1 \right]$；

令 $c \cdot \cot\varphi \left[\left(1 + \dfrac{p_s}{c \cdot \cot\varphi} \right) \left(\dfrac{R_2}{r_0} \right)^{\frac{2\sin\varphi}{1-\sin\varphi}} - 1 \right] = \left[1 - \left(1 - \dfrac{p_s}{\rho_r g H} \right) \left(\dfrac{r_0}{r_3} \right)^2 \right] \rho_r g H$，可解出 r_3

$$r_3 = r_0 \left\{ \frac{1 - \dfrac{c \cdot \cot\varphi}{\rho_r g H} \left[\left(1 + \dfrac{p_s}{c \cdot \cot\varphi} \right) \left(\dfrac{R_2}{r_0} \right)^{\frac{2\sin\varphi}{1-\sin\varphi}} - 1 \right]}{1 - \dfrac{p_s}{\rho_r g H}} \right\}^{-1/2} \quad (6-3-20)$$

则 $r > R_2$ 时

$$\sigma_r = \left[1 - \left(1 - \frac{p_s}{\rho_r g H} \right) \left(\frac{r_0}{r + r_3 - R_2} \right)^2 \right] \rho_r g H \quad (6-3-21)$$

在 $r = R_2$ 处，$\sigma_\theta = c \cdot \cot\varphi \left[\left(1 + \dfrac{p_s}{c \cdot \cot\varphi} \right) \dfrac{1+\sin\varphi}{1-\sin\varphi} \left(\dfrac{R_2}{r_0} \right)^{\frac{2\sin\varphi}{1-\sin\varphi}} - 1 \right]$；

令 $c \cdot \cot\varphi \left[\left(1 + \dfrac{p_s}{c \cdot \cot\varphi} \right) \dfrac{1+\sin\varphi}{1-\sin\varphi} \left(\dfrac{R_2}{r_0} \right)^{\frac{2\sin\varphi}{1-\sin\varphi}} - 1 \right] = \left[1 + \left(1 - \dfrac{p_s}{\rho_r g H} \right) \left(\dfrac{r_0}{r_4} \right)^2 \right] \rho_r g H$，可解出 r_4

$$r_4 = r_0 \left\{ \frac{\dfrac{c \cdot \cot\varphi}{\rho_r g H} \left[\left(1 + \dfrac{p_s}{c \cdot \cot\varphi} \right) \dfrac{1+\sin\varphi}{1-\sin\varphi} \left(\dfrac{R_2}{r_0} \right)^{\frac{2\sin\varphi}{1-\sin\varphi}} - 1 \right] - 1}{\left(1 - \dfrac{p_s}{\rho_r g H} \right)} \right\}^{-1/2} \quad (6-3-22)$$

则 $r > R_2$ 时

$$\sigma_\theta = \left[1 + \left(1 - \frac{p_s}{\rho_r g H} \right) \left(\frac{r_0}{r + r_4 - R_2} \right)^2 \right] \rho_r g H \quad (6-3-23)$$

式（6-3-21）、式（6-3-23）给出了有支护情况下极限平衡区（或松动圈）外的弹性区及原始应力区的 σ_r、σ_θ 的计算式。

容易检验，$p_s = 0$ 时，有支护的相关公式即退化为裸巷的对应公式。因此，以下论述仅考虑有支护的情况，实际上也包括裸巷的情况。

3）发生或防止冲击地压的条件

式（6-3-21）、式（6-3-23）表明，在弹性区，σ_r 随 r 的增大而增大，σ_θ 随 r 的增大而减小；σ_θ 为最大主应力，σ_r 为最小主应力。在弹性区内积聚有一定量的弹性势能，如果由于某种原因（如各种参数的扰动），使得 $R_2 \leqslant r \leqslant R_3$ 区域内岩体的应力状态满足了极限平衡条件式（6-3-5），对于脆性的岩石类材料，就会发生突然的剪切破坏，轻者如响煤炮、重者部分煤体的高度瞬间降低、加之煤岩类材料的剪涨性势必导致这部分煤体将松动圈内的煤体瞬间挤向巷道内，造成支架破坏、碎煤堵塞巷道、人员伤亡等，即冲击地压现象。这里的 R_3（即卸压钻孔深度）可根据经验确定，参见 6.5 节。

因此，冲击地压发生的条件就是 $R_2 \leqslant r \leqslant R_3$ 内的 σ_θ 与 σ_r 差别仍然较大（松动圈减弱了巷道周边的应力集中程度，但弹性区内仍然存在应力集中现象）、各种扰动使弹性区内部分煤体的应力状态满足了极限平衡条件发生破坏、材料是脆性的。由此可见，防止发生冲击地压的技术途径应该是防治 $R_2 \leqslant r \leqslant R_3$ 区内的应力状态满足极限平衡条件，包括减小应力集中程度（如施工大直径钻孔卸压、药壶爆破），提高煤体的 c、φ 值（如注浆加固、锚网喷支护；注浆加固、锚网喷支护的作用机理很多，但我们认为都可用提高 c、φ 值予以概括），增大 p_s 或联合使用上述措施等四条技术途径。

4）软岩（煤）的情况

软岩的 c、φ 值较小，一般不会发生冲击地压，但 $\rho_r gH$ 较大时会发生塑性流变，上述分析原则上也适用于软岩的情况，防治的措施主要包括提高岩体的 c、φ 值，增大 p_s（采用金属支架）或联合使用这些措施等。如果采用一种措施，常采用 U 钢支护；与此相对应，对于 c、φ、$\rho_r gH$ 中等的情况，常采用锚网喷支护，这也是近年来锚网喷支护在我国煤矿获得广泛应用的主要原因。

2. 采空区的影响

煤矿井下采掘空间的分布情况是异常复杂的。即使只考虑由重力造成的应力（即不考虑构造应力）分布情况，即使是一个小型的矿井，也需要借助计算机软件计算很长时间。此外，采掘空间每天都在变化。因此，许多力学问题的解决尚处于经验积累阶段。例如，关于保护层开采的许多数据都是经验性的，参见附录 C 的附加 5。这里以下巷为例，研究右侧采空区对下巷发生或防止冲击地压条件的影响。

仔细分析式（6-3-21）、式（6-3-23）可以发现，如果我们将采空区视作一个直径等于 h 的圆形巷道，其作用可用系数反映，式（6-3-21）、式（6-3-23）变成

$$\sigma_r = \left[1 - \left(\dfrac{\dfrac{h}{2}}{\dfrac{h}{2} + a + \dfrac{b}{2} + r} \right)^2 \right] \left[1 - \left(1 - \dfrac{p_s}{\rho_r gH} \right) \left(\dfrac{r_0}{r} \right)^2 \right] \rho_r gH \qquad (6\text{-}3\text{-}24)$$

$$\sigma_\theta = \left[1 + \left(\dfrac{\dfrac{h}{2}}{\dfrac{h}{2} + a + \dfrac{b}{2} + r} \right)^2 \right] \left[1 + \left(1 - \dfrac{p_s}{\rho_r gH} \right) \left(\dfrac{r_0}{r} \right)^2 \right] \rho_r gH \qquad (6\text{-}3\text{-}25)$$

式中，h 为冒落带的高度，可按表 6-1 给出的经验公式计算[8]。

表6-1　采空区冒落带高度 h 的经验计算式　　　　　　　　　　　　　m

隔水性	公式	备注
不好	$\dfrac{100M}{2.16M+16}\pm2.5$	坚硬
较好	$\dfrac{100M}{4.7M+19}\pm2.2$	中硬
好	$\dfrac{100M}{6.2M+32}\pm1.5$	软弱
很好	$\dfrac{100M}{7.0M+63}\pm1.2$	风化软弱

比较式（6-3-21）和式（6-3-24）、式（6-3-23）及式（6-3-25）可以看到，采空区 h 的存在减小了 σ_r、增大了 σ_θ，导致弹性区的应力集中程度更大，因此，更容易发生冲击地压事故。

后续推导从略。

3. 巷道形状的影响

实际工程中，圆形巷道是很少的，常见的是矩形，少量为梯形，因为施工简单，有时也用拱形等。因为角边具有奇性，精确计算一般需要采用数值计算（矩形巷道也可以采用复变函数方法，比较复杂）。作为工程计算，可以采用面积等效的方法，将其等效成一个圆形，或取长边的一半作为圆形的半径等。

生产上人们往往比较重视高度方向的支护，采用专用重型端头支架。实际上，在深部冲击地压问题中，水平方向同样重要，冲击地压严重巷道、软岩巷道常采用全断面圆形封闭式支护，道理就在于此。

4. 失稳概念的影响

作为近似，失稳概念的影响可通过 c、φ 值乘以因子 $\left(1+\dfrac{E}{\lambda}\right)$[5] 反映，这里，$E$ 为弹性模量；λ 为煤岩（取样）单轴压缩应力-应变曲线峰后段的斜率。因此，不考虑失稳概念、按传统的强度理论算得的结果偏安全。关于这一点，6.1.3 节已经介绍过了。

6.3.3　在局部防冲措施与支护设计方面的应用

1. 在局部防冲（解危）措施方面的应用

6.3.2 节解释了施工大直径卸压钻孔、药壶爆破等防冲（解危）措施的原理，即人为降低弹性区应力集中的程度。这些措施的具体参数见文献 [9] 的附录9或附录C。

2. 在支护设计方面的应用

求得了支架所需承受的支护强度 p_s，就可以进行支护设计了。

理想的支护形式是采用钢制薄壁圆筒。例如，地下引水工程所用管道就常用薄壁钢管焊接连成。根据弹性系统的稳定性理论，薄壁圆筒受外载荷作用的失稳载荷计算式为[2]

$$p_s = \frac{E\delta^3}{4(1-\mu^2)R^3} \tag{6-3-26}$$

由此可得厚度的计算式为

$$\delta = \left[4(1 - \mu^2) \frac{p_s}{E} \right]^{1/3} R \qquad (6\text{-}3\text{-}27)$$

可见，壁厚与 R 成正比，与 p_s 的 $1/3$ 次方成正比。对于钢材，$\mu = 0.25$，$E = 2 \times 10^{11}$ Pa，假设 $R = 3$ m，$p_s = 0.01 \rho_r gH = 0.01 \times 2500 \times 9.8 \times 20 = 4900$ Pa，则 $\delta = 3.73$ mm。即对于一条深 20 m、直径 6 m 的管道，采用钢筒支护，即使支护压力只是地应力的 1%，厚度也需 4 mm 以上。

对于煤矿，假设 $H = 1000$ m，其他参数不变，容易算得 $\delta = 49.87$ mm，这在材料运输等方面会遇到困难，成本上也会出现问题。因此，可采用注浆加固、锚网喷支护、U 型钢或工字钢联合支护等综合性的方案[10,11]。各类支护设计都有专著可供参考，建议进行计算机辅助优化设计。例如，一些大型商用数值模拟软件（如 ANSYS 等）就有关于结构大变形（几何非线性，参见 A2.2 小节）的计算功能，不仅能够计算强度、刚度问题，也能够计算稳定性问题。作者认为，这方面有许多工作值得去做（优化支护设计，找到费用与深度之间的平衡点等）。

出于安全与经济方面的考虑，目前我国将冲击地压矿井的开采深度限定在 1200 m（山东）或 1000 m（其他省份）以浅是十分必要的。

6.4 《防治煤矿冲击地压细则》（2018）部分章节解析

冲击地压是世界范围内金属矿床地下开采、井工煤矿开采中遇到的严重动力灾害，我国是煤矿冲击地压最严重的国家之一。我国于 1987 年颁布的《冲击地压煤层安全开采暂行规定》和《冲击地压预测和防治试行规范》，已不能满足煤矿防治冲击地压工作的需要。2017 年 2 月国家煤监局开始组织制定《防治煤矿冲击地压细则》（简称《细则》），2018 年 5 月 2 日国家煤监局发布关于印发《防治煤矿冲击地压细则》的通知（煤安监技装〔2018〕8 号），《细则》自 2018 年 8 月 1 日起施行。

为便于与附录 C 对比，吸收其有益成分，本节侧重从技术层面对《细则》做简要介绍，专家解读部分的核心内容以"注"的形式标出，增加了标题，一些条目的前后顺序有调整。当然，执行过程中应以《细则》正文为准。

6.4.1 第二章一般规定

1. 冲击地压、冲击地压煤层、冲击地压矿井的定义

第八条 冲击地压是指煤矿井巷或工作面周围煤（岩）体由于弹性变形能的瞬时释放而产生的突然、剧烈破坏的动力现象，常伴有煤（岩）体瞬间位移、抛出、巨响及气浪等。

冲击地压可按照煤（岩）体弹性能释放的主体、载荷类型等进行分类，对不同的冲击地压类型采取针对性的防治措施，实现分类防治。

注：根据释放能量的主体冲击地压可分为煤体压缩型、顶板断裂型和断层错动型 3 种基本类型。煤体压缩型包括重力引起和水平构造应力引起的两种，多发生在厚煤层开采的采煤工作面和回采巷道中。顶板断裂型多发生在工作面顶板为坚硬、致密、完整且厚，煤层开采后形成采空区大面积空顶的条件下。断层错动型多发生在采掘活动接近断层时，受采动活动影响而使断层突然破裂错动。

第九条 在矿井井田范围内发生过冲击地压现象的煤层，或者经鉴定煤层（或者其顶

底板岩层）具有冲击倾向性且评价具有冲击危险性的煤层为冲击地压煤层。有冲击地压煤层的矿井为冲击地压矿井。

2. 冲击倾向性鉴定、冲击危险性评价

第十条 有下列情况之一的，应当进行煤层（岩层）冲击倾向性鉴定：

（一）有强烈震动、瞬间底（帮）鼓、煤岩弹射等动力现象的。

（二）埋深超过 400 m 的煤层，且煤层上方 100 m 范围内存在单层厚度超过 10 m、单轴抗压强度大于 60 MPa 的坚硬岩层。

（三）相邻矿井开采的同一煤层发生过冲击地压或经鉴定为冲击地压煤层的。

（四）冲击地压矿井开采新水平、新煤层。

第十一条 煤层冲击倾向性鉴定按照《冲击地压测定、监测与防治方法第 2 部分：煤的冲击倾向性分类及指数的测定方法》（GB/T 25217.2—2010）进行。

第十二条 顶板、底板岩层冲击倾向性鉴定按照《冲击地压测定、监测与防治方法第 1 部分：顶板岩层冲击倾向性分类及指数的测定方法》（GB/T 25217.1—2010）进行。

第十四条 开采具有冲击倾向性的煤层，必须进行冲击危险性评价。

开采冲击地压煤层必须进行采区、采掘工作面冲击危险性评价。

第十五条 冲击危险性评价可采用综合指数法或其他经实践证实有效的方法。评价结果分为四级：无冲击地压危险、弱冲击地压危险、中等冲击地压危险、强冲击地压危险。

煤层（或者其顶底板岩层）具有强冲击倾向性且评价具有强冲击地压危险的，为严重冲击地压煤层。开采严重冲击地压煤层的矿井为严重冲击地压矿井。

经冲击危险性评价后划分出冲击地压危险区域，不同的冲击地压危险区域可按冲击危险等级采取一种或多种的综合防治措施，实现分区管理。

注：冲击危险性评价可采用综合指数法等。综合指数法的具体评价方法见第四十五条解读。

3. 不同时期的冲击地压防治工作

1）新建矿井可研阶段

第十六条 新建矿井在可行性研究阶段应当根据地质条件、开采方式和周边矿井等情况，参照冲击倾向性鉴定规定对可采煤层及其顶底板岩层冲击倾向性进行评估，当评估有冲击倾向性时，应当进行冲击危险性评价，评价结果作为矿井立项、初步设计和指导建井施工的依据，并在建井期间完成煤层（岩层）冲击倾向性鉴定。

2）生产矿井

第二十二条 开采冲击地压煤层时，必须采取冲击地压危险性预测、监测预警、防范治理、效果检验、安全防护等综合性防治措施。

注：该条给出了综合性防治措施的内涵。

第二十六条 矿井具有冲击地压危险的区域，采取综合防冲措施仍不能消除冲击地压危险的，不得进行采掘作业。

第二十七条 开采冲击地压煤层时，在应力集中区内不得布置 2 个工作面同时进行采掘作业。2 个掘进工作面之间的距离小于 150 m 时，采煤工作面与掘进工作面之间的距离小于 350 m 时，2 个采煤工作面之间的距离小于 500 m 时，必须停止其中一个工作面，确保两个回采工作面之间、回采工作面与掘进工作面之间、两个掘进工作面之间留有足够的间距，以避免应力叠加导致冲击地压的发生。相邻矿井、相邻采区之间应当避免开采相互影响。

第二十八条　开拓巷道不得布置在严重冲击地压煤层中，永久硐室不得布置在冲击地压煤层中。开拓巷道、永久硐室布置达不到以上要求且不具备重新布置条件时，需进行安全性论证。在采取加强防冲综合措施，确认冲击危险监测指标小于临界值后方可继续使用，且必须加强监测。

第二十九条　冲击地压煤层巷道与硐室布置不应留底煤，如果留有底煤必须采取底板预卸压等专项治理措施。

第三十条　严重冲击地压厚煤层中的巷道应当布置在应力集中区外。冲击地压煤层双巷掘进时，2条平行巷道在时间、空间上应当避免相互影响。

第三十一条　冲击地压煤层应当严格按顺序开采，不得留孤岛煤柱。采空区内不得留有煤柱，如果特殊情况必须在采空区留有煤柱时，应当进行安全性论证，报企业技术负责人审批，并将煤柱的位置、尺寸以及影响范围标在采掘工程平面图上。煤层群下行开采时，应当分析上一煤层煤柱的影响。

注：未给出煤柱影响范围的计算方法。

第三十二条　冲击地压煤层开采孤岛煤柱前，煤矿企业应当组织专家进行防冲安全开采论证，论证结果为不能保障安全开采的，不得进行采掘作业。

严重冲击地压矿井不得开采孤岛煤柱。

第三十三条　对冲击地压煤层，应当根据顶底板岩性适当加大掘进巷道宽度。应当优先选择无煤柱护巷工艺，采用大煤柱护巷时应当避开应力集中区，严禁留大煤柱影响邻近层开采。

第三十四条　采用垮落法管理顶板时，支架（柱）应当具有足够的支护强度，采空区中所有支柱必须回净。

第三十五条　冲击地压煤层采掘工作面临近大型地质构造（幅度在 30 m 以上、长度在 1 km 以上的褶曲，落差大于 20 m 的断层）、采空区、煤柱及其他应力集中区附近时，必须制定防冲专项措施。

第三十七条　在无冲击地压煤层中的三面或者四面被采空区所包围的区域开采或回收煤柱时，必须进行冲击危险性评价、制定防冲专项措施，并组织专家论证通过后方可开采。

有冲击地压潜在风险的无冲击地压煤层的矿井，在煤层、工作面采掘顺序，巷道布置、支护和煤柱留设，采煤工作面布置、支护、推进速度和停采线位置等设计时，应当避免应力集中，防止不合理开采导致冲击地压发生。

第三十八条　冲击地压煤层内掘进巷道贯通或错层交叉时，应当在距离贯通或交叉点 50 m 之前开始采取防冲专项措施。

3）新建矿井和冲击地压矿井的新水平、新采区、新煤层

第二十四条　新建矿井和冲击地压矿井的新水平、新采区、新煤层有冲击地压危险的，必须编制防冲设计。防冲设计应当包括开拓方式、保护层的选择、巷道布置、工作面开采顺序、采煤方法、生产能力、支护形式、冲击危险性预测方法、冲击地压监测预警方法、防冲措施及效果检验方法、安全防护措施等内容。

新建矿井防冲设计还应当包括防冲必须具备的装备、防冲机构和管理制度、冲击地压防治培训制度和应急预案等。

新水平防冲设计还应当包括：多水平之间相互影响、多水平开采顺序、水平内煤层群的开采顺序、保护层设计等。

新采区防冲设计还应当包括：采区内工作面采掘顺序设计、冲击地压危险区域与等级划分、基于防冲的回采巷道布置、上下山巷道位置、停采线位置等。

4. 一些特殊情况

第三十九条　具有冲击地压危险的高瓦斯、煤与瓦斯突出矿井，应当根据本矿井条件，综合考虑制定防治冲击地压、煤与瓦斯突出、瓦斯异常涌出等复合灾害的综合技术措施，强化瓦斯抽采和卸压措施。

具有冲击地压危险的高瓦斯矿井，采煤工作面进风巷（距工作面不大于 10 m 处）应当设置甲烷传感器，其报警、断电、复电浓度和断电范围同突出矿井采煤工作面进风巷甲烷传感器。

第四十条　具有冲击地压危险的复杂水文地质、容易自燃煤层的矿井，应当根据本矿井条件，在防治水、煤层自然发火时综合考虑防治冲击地压。

第四十一条　冲击地压矿井必须制定避免因冲击地压产生火花造成煤尘、瓦斯燃烧或爆炸等事故的专项措施。

第四十二条　开采具有冲击地压危险的急倾斜煤层、特厚煤层时，在确定合理采煤方法和工作面参数的基础上，应当制定防冲专项措施，并由企业技术负责人审批。

第四十三条　具有冲击地压危险的急倾斜煤层，顶板具有难垮落特征时，应当对顶板活动进行监测预警，制定强制放顶或顶板预裂等措施，实施措施后必须进行顶板处理效果检验。

6.4.2　第三章冲击危险性预测、监测、效果检验

1. 冲击危险性预测

第四十四条　冲击地压矿井必须进行区域危险性预测（以下简称区域预测）和局部危险性预测（以下简称局部预测）。区域预测即对矿井、水平、煤层、采（盘）区进行冲击危险性评价，划分冲击地压危险区域和确定危险等级；局部预测即对采掘工作面和巷道、硐室进行冲击危险性评价，划分冲击地压危险区域和确定危险等级。

注：明确了区域、局部的范围。

第四十五条　区域预测与局部预测可根据地质与开采技术条件等，优先采用综合指数法确定冲击危险性，还可采用其他经实践证明有效的方法。预测结果分为四类：无冲击地压危险区、弱冲击地压危险区、中等冲击地压危险区、强冲击地压危险区。根据不同的预测结果制定相应的防治措施。

注：明确了区域、局部预测方法都是优先采用综合指标法，有一个综合案例。

2. 冲击危险性监测与预警

第四十六条　冲击地压矿井必须建立区域与局部相结合的冲击危险性监测制度，区域监测应当覆盖矿井采掘区域，局部监测应当覆盖冲击地压危险区，区域监测可采用微震监测法等，局部监测可采用钻屑法、应力监测法、电磁辐射法等。

第四十七条　采用微震监测法进行区域监测时，微震监测系统的监测与布置应当覆盖

矿井采掘区域，对微震信号进行远距离、实时、动态监测，并确定微震发生的时间、能量（震级）及三维空间坐标等参数。

注：监测指标及临界值由矿井专门从事冲击地压监测工作的技术与管理人员研究确定。

第四十八条　采用钻屑法进行局部监测时，钻孔参数应当根据实际条件确定。记录每米钻进时的煤粉量，达到或超过临界指标时，判定为有冲击地压危险；记录钻进时的动力效应，如声响、卡钻、吸钻、钻孔冲击等现象，作为判断冲击地压危险的参考指标。

注：解读部分有钻屑法的详细介绍，与附录C不同。

第四十九条　采用应力监测法进行局部监测时，应当根据冲击危险性评价结果，确定应力传感器埋设深度、测点间距、埋设时间、监测范围、冲击地压危险判别指标等参数，实现远距离、实时、动态监测。

可采用矿压监测法进行局部补充性监测，掘进工作面每掘进一定距离设置顶底板动态仪和顶板离层仪，对顶底板移近量和顶板离层情况进行定期观测；回采工作面通过对液压支架工作阻力进行监测，分析采场来压程度、来压步距、来压征兆等，对采场大面积来压进行预测预报。

注：解读部分有应力监测点危险等级分类指标。

第五十条　冲击地压矿井应当根据矿井的实际情况和冲击地压发生类型，选择区域和局部监测方法。可以用实验室试验或类比法先设定预警临界指标初值，再根据现场实际考察资料和积累的数据进一步修订初值，确定冲击危险性预警临界指标。

注：解读部分有一个综合案例。

第五十三条　当监测区域或作业地点监测数据超过冲击地压危险预警临界指标，或采掘作业地点出现强烈震动、巨响、瞬间底（帮）鼓、煤岩弹射等动力现象，判定具有冲击地压危险时，必须立即停止作业，按照冲击地压避灾路线迅速撤出人员，切断电源，并报告矿调度室。

3. 解危措施效果检验

第五十四条　冲击地压危险区域实施解危措施时，必须撤出冲击地压危险区域所有与防冲施工无关的人员，停止运转一切与防冲施工无关的设备。实施解危措施后，必须对解危效果进行检验，检验结果小于临界值，确认危险解除后方可恢复正常作业。

第五十五条　停采3天及以上的冲击地压危险采掘工作面恢复生产前，防冲专业人员应当根据钻屑法、应力监测法或微震监测法等检测监测情况对工作面冲击地压危险程度进行评价，并采取相应的安全措施。

6.4.3　第四章区域与局部防冲措施

第五十六条　冲击地压矿井必须采取区域和局部相结合的防冲措施。在矿井设计、采（盘）区设计阶段应当先行采取区域防冲措施；对已形成的采掘工作面应当在实施区域防冲措施的基础上及时跟进局部防冲措施。

1. 区域防冲措施

第五十七条　冲击地压矿井应当选择合理的开拓方式、采掘部署、开采顺序、煤柱留设、采煤方法、采煤工艺及开采保护层等区域防冲措施。

注：明确了区域防冲措施的内涵（不限于保护层开采，与《防突细则》写法不同）。

第五十八条　冲击地压矿井进行开拓方式选择时，应当参考地应力等因素合理确定开拓巷道层位与间距，尽可能地避免局部应力集中。

第五十九条　冲击地压矿井进行采掘部署时，应当将巷道布置在低应力区，优先选择无煤柱护巷或小煤柱护巷，降低巷道的冲击危险性。

注：解读部分给出了护巷煤柱尺寸的计算方法。

第六十条　冲击地压矿井同一煤层开采，应当优化确定采区间和采区内的开采顺序，避免出现孤岛工作面等高应力集中区域。

第六十一条　冲击地压矿井进行采区设计时，应当避免开切眼和停采线外错布置形成应力集中，否则应当制定防冲专项措施。

第六十二条　应当根据煤层层间距、煤层厚度、煤层及顶底板的冲击倾向性等情况综合考虑保护层开采的可行性，具备条件的，必须开采保护层。优先开采无冲击地压危险或弱冲击地压危险的煤层，有效减弱被保护煤层的冲击危险性。

注：解读部分有关于保护层开采的主要内容。

第六十三条　保护层的有效保护范围应当根据保护层和被保护层的煤层赋存情况、保护层采煤方法和回采工艺等矿井实际条件确定；保护层回采超前被保护层采掘工作面的距离应当符合本细则第二十七条的规定；保护层的卸压滞后时间和对被保护层卸压的有效时间应当根据理论分析、现场观测或工程类比综合确定。

第六十四条　开采保护层后，仍存在冲击地压危险的区域，必须采取防冲措施。

第六十五条　冲击地压煤层应当采用长壁综合机械化采煤方法。

第六十六条　缓倾斜、倾斜厚及特厚煤层采用综采放顶煤工艺开采时，直接顶不能随采随冒的，应当预先对顶板进行弱化处理。

2. 局部防冲措施

第六十七条　冲击地压矿井应当在采取区域措施基础上，选择煤层钻孔卸压、煤层爆破卸压、煤层注水、顶板爆破预裂、顶板水力致裂、底板钻孔或爆破卸压等至少一种有针对性、有效的局部防冲措施。

采用爆破卸压时，必须编制专项安全措施，起爆点及警戒点到爆破地点的直线距离不得小于 300 m，躲炮时间不得小于 30 min。

注：本条明确了局部防冲措施的内涵。以下数条对具体做法、效果检验方法有介绍。

第六十八条　采用煤层钻孔卸压防治冲击地压时，应当依据冲击危险性评价结果、煤岩物理力学性质、开采布置等具体条件综合确定钻孔参数。必须制定防止打钻诱发冲击伤人的安全防护措施。

第六十九条　采用煤层爆破卸压防治冲击地压时，应当依据冲击危险性评价结果、煤岩物理力学性质、开采布置等具体条件确定合理的爆破参数，包括孔深、孔径、孔距、装药量、封孔长度、起爆间隔时间、起爆方法、一次爆破的孔数。

第七十条　采用煤层注水防治冲击地压时，应当根据煤层条件及煤的浸水试验结果等综合考虑确定注水孔布置、注水压力、注水量、注水时间等参数，并检验注水效果。

第七十一条　采用顶板爆破预裂防治冲击地压时，应当根据邻近钻孔顶板岩层柱状图、顶板岩层物理力学性质和工作面来压情况等，确定岩层爆破层位，依据爆破岩层层位确定爆破钻孔方位、倾角、长度、装药量、封孔长度等爆破参数。

第七十二条　采用顶板水力致裂防治冲击地压时，应当根据邻近钻孔顶板岩层柱状图、顶板岩层物理力学性质和工作面来压情况等，确定压裂孔布置（孔深、孔径、孔距）、高压泵压力、致裂时间等参数。

第七十三条　采用底板爆破卸压防治冲击地压时，应当根据邻近钻孔柱状图和煤层及底板岩层物理力学性质等煤岩层条件等，确定煤岩层爆破深度、钻孔倾角与方位角、装药量、封孔长度等参数。

第七十四条　采用底板钻孔卸压防治冲击地压时，应当依据冲击危险性评价结果、底板煤岩层物理力学性质、开采布置等实际具体条件综合确定卸压钻孔参数。

3. 防冲措施效果检验

第七十五条　冲击地压危险工作面实施解危措施后，必须进行效果检验，确认检验结果小于临界值后，方可进行采掘作业。

防冲效果检验可采用钻屑法、应力监测法或微震监测法等，防冲效果检验的指标参考监测预警的指标执行。

6.4.4　第五章冲击地压安全防护措施

第八十条　冲击地压危险区域的巷道必须采取加强支护措施，采煤工作面必须加大上下出口和巷道的超前支护范围与强度，并在作业规程或专项措施中规定。加强支护可采用单体液压支柱、门式支架、垛式支架、自移式支架等。采用单体液压支柱加强支护时，必须采取防倒措施。

注：本条明确了加强支护的内涵，解读部分给出了巷道发生冲击地压的临界应力的计算式。

第八十一条　严重（强）冲击地压危险区域，必须采取防底鼓措施。防底鼓措施应当定期清理底鼓，并可根据巷道底板岩性采取底板卸压、底板加固等措施。底板卸压可采取底板爆破、底板钻孔卸压等；底板加固可采用U型钢底板封闭支架、带有底梁的液压支架、打设锚杆（锚索）、底板注浆等。

第八十二条　冲击地压危险区域巷道扩修时，必须制定专门的防冲措施，严禁多点作业，采动影响区域内严禁巷道扩修与回采平行作业。

第八十三条　冲击地压巷道严禁采用刚性支护，要根据冲击地压危险性进行支护设计，可采用抗冲击的锚杆（锚索）、可缩支架及高强度、抗冲击巷道液压支架等，提高巷道抗冲击能力。

参 考 文 献

［1］殷有泉．岩石力学与岩石工程的稳定性［M］．北京：北京大学出版社，2011.

［2］武际可，苏先樾．弹性系统的稳定性［M］．北京：科学出版社，1994.

［3］沈珠江．理论土力学［M］．北京：中国水利水电出版社，2000.

［4］俞茂宏．岩石强度理论及其应用［M］．北京：科学出版社，2017.

［5］潘一山．防治煤矿冲击地压细则解读［M］．北京：煤炭工业出版社，2018.

［6］钱鸣高，石平五．矿山压力与岩层控制［M］．徐州：中国矿业大学出版社，2003.

［7］俞茂宏．岩石强度理论及其应用［M］．北京：科学出版社，2017.

[8] 建筑物、水体、铁路及主要井巷煤柱留设与压煤开采规程 [S]. 北京：煤炭工业出版社，2000.

[9] РД 05 – 328 – 99 Инструкция по безопасному видению горных работ на шахтах, разрабатывающих угольных пласты, склонные к горным ударам [S]. МОСКВА: ЗАО НТЦ ПБ, 2015.

[10] 张寅. 强冲击危险矿井冲击地压灾害防治 [M]. 北京：煤炭工业出版社，2011.

[11] [乌克兰] М. П. 兹博尔希克等著，佟恩瑞，李宝柱译，芮素生，张生涛审校. 井工采煤地质力学 [M]. 北京：煤炭工业出版社，2010.

7 杂 项

7.1 一次引爆型燃料空气炸药（FAE）的爆炸超压场

这个问题看似不属于工矿安全研究的范围，但与工矿安全问题有一定联系。

4.1.3 节末曾提到二次引爆型 FAE，其爆炸超压场的计算方法原则上可借用无约束蒸气云爆炸的研究成果，爆炸威力可按 TNT 当量法或其他方法进行估计。

对于一次引爆型 FAE，其爆炸超压场与 TNT 炸药的爆炸超压场类似（随时间大致按指数规律衰减），超压峰值与正压相持续时间可通过试验方法测定（与配方有关）。这部分工作是作者博士学位论文的一部分[1-4]；另一部分关于一次引爆型 FAE 爆炸超压作用的评价方法见 2.3.1 节、2.3.2 节，文献［5］也曾做过探索。总的看来，增大战斗部的装药量仍是提高其威力的重要方向。

FAE 的主要成分是铝粉。众所周知，铝、镁等金属粉是高能材料，与氧反应可产生大量的热（因此可用作铝热剂、火箭发动机的燃料等）。铝粉与水反应产生氢气，或许是近年来氢能汽车（加水就能够行走）"走红"的根源。铝、镁粉处于堆积状态，当含水率处在某一范围内时是非常危险的（干燥或完全浸泡在水中不危险）。2018 年 12 月 26 日北京某大学发生一起爆炸事故，3 名学生不幸遇难，就与镁粉有关；2007 年 7 月 1 日北京另外一所大学也发生过一起由于铝粉受潮引发的爆炸，原因与 2014 年 8 月 2 日的昆山特大铝粉尘爆炸事故类似。因此，研究 FAE 一定要重视铝粉本身的安全问题，具体参见 NF-PA484—2015《Standard for Combustible Metals》。

关于炸药抛散药剂形成云雾的过程，文献［6］提供了一组试验与理论研究方法，可供参考。

7.2 深圳市玉龙坑垃圾填埋场封场工程安全措施

深圳市玉龙坑垃圾填埋场位于深圳经济特区二线外侧、罗湖—福田两区交界的北缘山地——泥岗村北。玉龙坑三面环山，东南部开口，在填埋场西南侧边界外，沿填埋场边界有一条宽约 5 m 的马路，在马路的另一侧建成了玉龙新村（包括下村和上村），建筑物约400 幢，居民过万。

玉龙坑垃圾填埋场自 1983 年初启用，1997 年底停用，先后经过 2 次扩容，堆存垃圾约 320 万 t，总容积约 360 万 m³，最大埋深约 80 m，未按照《城市生活垃圾卫生填埋技术规范》（CJJ 17—2001）的要求进行设计、施工与使用，需要对玉龙坑垃圾填埋场进行封场，以控制其安全与污染问题（安全方面主要包括填埋气体通过裂隙渗流进入下村建筑物地下室内遇火源有可能发生燃爆事故；污染方面主要是渗滤液污染地下水等）。

安全方面的问题主要是划定需要拆除的下村建筑物的范围、依据以及封场工程施工过程中应采取的安全措施（包括采用泥浆护壁施工防渗墙[7]）等。因此，深圳市环境卫生管理处委托作者单位编制了《深圳市玉龙坑垃圾填埋场封场工程施工安全方案》和《深圳市玉龙坑垃圾填埋场封场工程施工安全宣传手册》，施工过程中专门设立了安全监理，确保了封场工程的顺利进行与圆满完成。

7.3　对煤层瓦斯压力、含量测定方法的一些认识

煤层瓦斯压力是煤层瓦斯基础参数中最重要的参数，主要用于煤层突出危险性鉴定、区域突出危险性预测等。目前，执行的测定标准是《煤矿井下煤层瓦斯压力的直接测定方法》（AQ/T 1047—2007）。实际测定过程中可能会遇到一些特殊情况需要处理，如表压为零或异常大、拆表后有水流出等。

表压为零多发生在顺层钻孔且钻孔深度过浅或近水平封孔段水泥砂浆凝固后与孔壁之间出现缝隙（漏气）等情况，防治措施是增大钻孔深度、尽可能增大钻孔倾角（开口可位于岩层中）、两端封堵、带压封孔使水泥砂浆尽可能多地渗入到钻孔周边的缝隙里等；表压异常大除了可能受承压水的影响外还可能是由于气室收缩变形所致。煤质较软、地应力较大时，测压气室发生蠕变收缩，气室体积逐渐变小，气压缓慢升高，主要特点是气压升高持续时间长，解决思路是采用刚性气室。如东北某矿曾测得瓦斯压力 5 MPa 多（测点埋深 500 多米），江西某矿曾测得瓦斯压力 9 MPa 多（测点埋深 900 多米），或许属于这种机理（自重应力）。

目前，多数煤矿只允许使用湿式钻孔，封孔完成后，可能会有少量水流出，需要在水流完之后（一般第二天）安装压力表。如果第二天甚至第三天仍有水流出，说明气室附近煤层含水较大或与裂隙水、承压水沟通等，根据《煤矿井下煤层瓦斯压力的直接测定方法》（AQ 1047—2007），这种情况的测点没有代表性，宜放弃安装压力表，另行补孔。有时候安装压力表时孔内无水流出，但拆表时有水流出，这时首先需要留意压力表指针是否回零，以决定压力表是否完好、数据是否有效；其次可能需要考虑（如表压在 0.74 MPa 左右）气压与水压的分离问题。对于下向钻孔，《煤矿井下煤层瓦斯压力的直接测定方法》（AQ/T 1047—2007）要求不修正；对于上向钻孔，《煤矿井下煤层瓦斯压力的直接测定方法》（AQ/T 1047—2007）给出了水量有限（分为三种）情况的修正公式（第一种情况用于放出的水的体积大于等于测压管内的体积与气室的体积之和，低估了水压、高估了气压）；对于水流不止或流速衰减很慢的情况，根据伯努利公式，我们认为，水压（头）h 可按 $h=\dfrac{v^2}{2g}$ 近似计算，式中，h 的单位为 m，1 m＝0.01 MPa；v 为流速，可用便携式甲烷仪上的时钟、5 L 或 10 L 的塑料水壶测定流量然后根据测压管内径计算，单位为 m/s；g 为重力加速度，取 9.8 m/s^2。表压减去水压加上大气压即为气压。由于拆表前不知道是否有水流出以及水量是否有限等，因此应根据表压等确定是否需要修正、是否按有水情况准备。由于瓦斯可通过进水通道散失，有水钻孔的瓦斯压力（表压减去水压加上大气压）往往较小。如果表压本身较小也可不修正或另行补孔等。

煤层瓦斯含量是另一个煤层瓦斯基础参数，目前执行的测定标准是《煤层瓦斯含量井下直接测定方法》（AQ/T 1066—2008），包括脱气法和常压自然解吸法两种。两种方法都涉及取样过程损失量计算、实验室解吸部分测定等，都不是真正意义上的井下直接测定方法。理想的方法应该是测定不同块度的煤芯破碎解吸的瓦斯量。煤芯块度越大，此表面积

越小，损失量影响越小，通过实测数据拟合、外推可获得煤体中的瓦斯含量（取煤芯）。

实际上，煤层内的瓦斯以吸附和游离两种状态存在，只要准确测得了煤层的瓦斯压力和煤的 a、b 值及工业分析值等，利用朗格缪尔公式等，就可以算得煤层的瓦斯含量，其可靠性或许不比脱气法和常压自然解吸法差。此外，煤层瓦斯含量与瓦斯压力之间存在某种近似关系。吨煤的平均孔隙体积在 $0.045 \sim 0.088$ m³ 之间变化（平均 0.061 m³），游离瓦斯占比为 $5\% \sim 12\%$，标态下甲烷气体的压缩系数为 1.08[8]。记吨煤瓦斯含量为 M，单位为 m³/t，根据气体状态方程有，$P = 0.101325 \times 1.08 \times 0.05 M/0.061 = 0.09 M$，单位 MPa。

在煤与瓦斯突出领域瓦斯压力的临界值为 0.74 MPa，则瓦斯含量的临界值为 $\dfrac{0.74}{0.09} =$ 8.2 m³/t，这或许就是瓦斯含量临界值 8 m³/t 的由来。近似关系 $M = P/0.09$ 可用来根据实测的煤层瓦斯压力估算煤层瓦斯含量。实践中有时会出现实测的瓦斯压力与含量不符合上述规律的情况，如瓦斯压力较大、瓦斯含量较低，可能与前面提到的气室收缩变形有关。需要提醒的是，这里的 0.74 MPa 为相对压力（表压），《煤矿井下煤层瓦斯压力的直接测定方法》（AQ/T 1047—2007）规定的煤层瓦斯压力为绝对压力（表压+0.1 MPa）。

煤层瓦斯含量在矿井瓦斯涌出量预测中起重要作用。

《矿井瓦斯涌出量预测方法》（AQ 1018—2006）附录中的公式（B.2）、（C.1）分别为 $q_0 = 0.026 \left[0.0004 \left(V^r \right)^2 + 0.16 \right]/W_0$、$W_c = \dfrac{10.385 e^{-7.207}}{W_0}$ 是有误的，应分别为 $q_0 = 0.026$ $\left[0.0004 \left(V^r \right)^2 + 0.16 \right] W_0$、$W_c = 10.385 e^{-7.207/W_0}$。此外，相对瓦斯涌出量随开采深度的变

化梯度的加权平均值 α 也宜由 $\alpha = \dfrac{n \sum\limits_{i=1}^{n} q_i H_i - n \sum\limits_{i=1}^{n} H_i \sum\limits_{i=1}^{n} q_i}{n \sum\limits_{i=1}^{n} q_i^2 - \left(\sum q_i \right)^2}$ 改为 $\alpha =$

$\dfrac{\left(\sum\limits_{i=1}^{n} H_i \right)^2 - n \sum\limits_{i=1}^{n} H_i^2}{\sum\limits_{i=1}^{n} H_i \cdot \sum\limits_{i=1}^{n} q_i - n \sum\limits_{i=1}^{n} H_i q}$。

7.4 关于煤与煤层气协调开发模式

"十一五"至"十三五"期间，国家投入巨资开展了"油气重大专项"研究工作，其中包括"煤与煤层气协调开发模式"课题，作者在文献［9］中对其含义等做了探讨，但未涉及具体做法。

应当指出，设置"煤与煤层气协调开发模式"课题是非常有意义的。该课题是一个软课题，涉及采煤与采气两个方面。协调开发或协调开采实际上属于井工煤矿系统工程研究的对象[10]。矿山系统工程最先是在 20 世纪 80 年代在露天矿山开采方面发展起来的。露天开采通常包括钻眼爆破、铲装、运输、排土等四个主要环节，最优计算涉及的是线性代数方程组，在当时计算机数值计算方法不普及的情况下具有一定难度，属于运筹学中线性规划研究的对象，利用单纯形法取得了成功。现在，采用数学软件求解各类方程（组）已非常方便，但井工煤矿生产系统比露天开采复杂得多，到目前为止井工煤矿系统工程也只在

局部环节上取得了成功，远不能满足"煤与煤层气协调开发模式"课题的需要，试图按照井工煤矿系统工程的思路开展工作难度很大。

基于多年科研工作的经验，作者认为课题组应吸收从事煤矿设计的同志参加，到典型矿区调研，以一个采（盘）区或一个矿井（当然也可以是一个矿区，与工作量有关）为研究对象，研究方法类似于进行矿井建设可行性研究或初步设计，研究成果以施工图为主，这样，技术经济分析等都可以借鉴《煤矿设计手册》、各类施工《定额》中的数据（避免研究人员坐在办公室里冥思苦想评价指标等），可以将课题做实，研究成果可供煤矿企业（煤矿）直接使用。由于不同矿区的煤层赋存情况、采煤方法、采气方法不同，研究成果自然会形成不同的开发（采）模式，推广应用也将水到渠成。

7.5 对煤层增透（渗）技术的看法

关于煤层透气性系数的计算问题，见1.4节；关于煤层瓦斯抽采半径的计算方法，见5.1节。

煤层透气性系数或渗透率是煤层本身的一个物性参数。多年的工程实践经验告诉我们，比较有效且可行的增透措施主要是卸压增透，包括开采保护层卸压、水力化措施（冲孔、割缝、造穴、压裂等）卸压两大类。具备开采保护层条件时，应优先选择开采保护层；水力化措施存在"水锁"现象，需要"反水锁"——"气润湿"。为了提高水力化措施的效果，人们还提出了多种附加方案，如增加支撑颗粒、添加酸溶剂溶解煤体中的方解石等。总之，采取水力化措施需要一定的费用，是否采用水力化措施要看使用场合或与增大钻孔直径、减小孔距之间进行技术经济比较后再决定。

除此之外，人们还提出了许多其他增透方案，但可行性多数存疑。如中深孔爆破技术因有效作用持续时间短、费用高、审批程序复杂等而未能大面积推广；液态二氧化碳爆破增透技术因涉及高能燃烧剂——铝热剂等未能在井下推广应用（安标问题）；向煤体内注氮驱替甲烷的可行性也不大，一是因为氮气的压力有限制，原则上不应超过0.74MPa（煤与瓦斯突出的临界压力），是否能够通过钻孔将氮气注入煤体内部本身也是一个问题，二是费用问题，一台中型的制氮机运行一天的电费约需1万元，如果采用注氮驱替措施迟迟见不到效果（即需要长时间注氮），煤矿企业是不会采用的；提高煤体温度的设想在实验室内可行，但在煤矿井下可行性就不大，因为煤体的体积太大了，即使将煤体的温度提高一度所需的热量也是巨大的，将热水或蒸汽送入煤体内部本身也需要施工大量的钻孔，而在松软、低渗煤层内施工长钻孔（例如，超过100 m）并非易事；近来又有人提出了采用微波辐射处理煤体增大透气性的技术方案，其可行性如何，人们拭目以待。

7.6 用水压致裂代替断顶爆破

壁式回采工作面全部垮落法管理坚硬顶板需要强制放顶。传统方法是采取断顶爆破，即在进风、回风巷内提前向上（斜）方需要断裂的地方施工钻孔，进行预裂爆破，在顶板段的钻孔与钻孔之间形成裂缝。关于预裂爆破的参数设计，可见第二章的参考文献[4]、[5]；关于爆破安全技术见2.1.3节。

在爆破工程中，向上钻孔装药工艺比较复杂，加之爆破作业本身危险性较大（如处理拒爆等），人们开始采用水压致裂技术代替断顶爆破。假设岩石的抗压强度为100 MPa，则抗拉强度约为 10 MPa，孔壁边界处环向拉应力达到 10 MPa 需要的钻孔内水压小于等于 10 MPa，这一数值并不大，容易实现，但由于水的不可压缩性，顶板段钻孔的封孔效果至关重要（另一项关键技术是同步对若干钻孔实施水压致裂）。

参 考 文 献

[1] 范喜生. 一次引爆型 FAE 战斗部威力研究 [D]. 北京：北京理工大学，2006.

[2] FAN XISHENG, et al. Over-pressure Effect of Thermo-baric Warheads, 2005IASPEP [C]. 766-770.

[3] 白春华，范喜生，李建平，等. 一次引爆型燃料-空气炸药的爆炸超压场与 TNT 比当量 [J]. 弹箭与制导学报，2006，(2)：210-212.

[4] BAI CHUNHUA, GUO ZHAOPING, FAN XISHENG. Charge Safety Analysis of a New Projectile during Launch, Progress in Safety Science and Technology, VOL. VI, Part A, Proceedings of the 2006ISSST, Oct. 24-27, 2006, Changsha, Hu'nan, China, 1167-1170.

[5] 郭昭平，白春华，范喜生. 评价爆炸超压作用的一个新指标及其在一次型 FAE 中的应用 [J]. 安全与环境学报，2006，(6)：100-102.

[6] A. E. УМНОВ. ПРЕДУПРЕЖДЕНИЕ И ЛОКАЛИЗАЦИЯ ВЗРЫВОВ В ПОДЗЕМНЫХ УСЛОВИЯХ [M]. МОСКВА：НЕДРА，1990.

[7] 龚有成，范喜生. 防渗墙与帷幕墙防渗效果评价 [J]. 工业安全与环保，2006，(3)：41-43.

[8] 俞启香. 矿井瓦斯防治 [M]. 徐州：中国矿业大学出版社，1992.

[9] 范喜生，张浪，汪东. 煤与煤层气协调开采的含义及关键问题定量分析 [J]. 安全与环境学报，2016，16 (2)：123-127.

[10] 张幼蒂，王玉浚. 采矿系统工程 [M]. 徐州：中国矿业大学出版社，2000.

8 结 束 语

8.1 主线

本书收录了作者曾经研究过的部分工矿安全动力学问题，这些问题的工程应用性较强。书中注重探求问题的物理实质，采用数学力学方法分析问题，其中有些确定性问题能够借助线性或非线性微分方程理论进行定量研究，做了一些研究、探索工作，取得了一些定量或半定量的研究成果，在一些问题的研究上有所创新。重点研究的线性或非线性微分方程（组）见表 8-1。

表 8-1　本书重点研究的线性、非线性微分方程（组）

编号	方　　程	性质
式（1-2-21）	$y'' - A(y' - \tan\phi)^3 = 0$	非线性常微分方程
式（1-3-12） 式（5-1-15）	$\dfrac{\mathrm{d}^2 y}{\mathrm{d}x^2} + \dfrac{1}{x}\dfrac{\mathrm{d}y}{\mathrm{d}x} + \lambda y^{-1/2} = 0$	非线性本征值问题
式（1-4-1）	$\dfrac{\partial p}{\partial t} = \gamma p^{3/2}\left(\dfrac{\partial^2 p}{\partial r^2} + \dfrac{1}{r}\dfrac{\partial p}{\partial r}\right)$	非线性抛物型偏微分方程（无界域）
式（1-5-1）～式（1-5-4）	$\dfrac{\partial \rho}{\partial t} + \dfrac{\partial(\rho u)}{\partial x} = 0;$ $\dfrac{\partial u}{\partial t} + u\dfrac{\partial u}{\partial x} = -\dfrac{1}{\rho}\dfrac{\partial p}{\partial x};$ $\dfrac{\partial e}{\partial t} + u\dfrac{\partial e}{\partial x} = \dfrac{p}{\rho^2}\left(\dfrac{\partial \rho}{\partial t} + u\dfrac{\partial \rho}{\partial x}\right);$ $p = \rho R T$	一阶拟线性偏微分方程组（双曲型）
式（2-1-1）	$m\dfrac{\partial^2 u(x,\ t)}{\partial t^2} + EI\dfrac{\partial^2 u(x,\ t)}{\partial x^4} = P(x,\ t)$	线性偏微分方程（振动方程）
式（2-2-51）、式（2-3-3）	$u(t) = \dfrac{1}{m\omega_n}\displaystyle\int_0^t P(\tau)\sin[\omega_n(t-\tau)]\mathrm{d}\tau$ $\dfrac{\cos\omega t_{\max}}{\omega T} + \sin\omega t_{\max} - \dfrac{e^{-\frac{\omega t_{\max}}{\omega T}}}{\omega T} = 0$	单自由度体系对动载荷（零初始条件）的动力响应（Duhamel 积分）、超越方程的数值分析
式（2-5-46）	$\dfrac{\mathrm{d}\Delta^2}{\mathrm{d}t^2} = -1.05\dfrac{E}{1-v^2}(M^5\rho_0)^{-1/6}\Delta^{3/2}$	非线性常微分方程
式（4-2-2）	$\dfrac{\partial c}{\partial \tau} = D\nabla^2 c - \overrightarrow{\mathrm{v}_\phi}\mathrm{grad}c - \mathrm{v}_\Pi\dfrac{\partial c}{\partial x} - \dfrac{\rho_H(U+f)}{\Pi}$	非线性抛物型偏微分方程

表 8-1（续）

编号	方　　程	性质
式（4-2-12）	$\dfrac{\partial \theta}{\partial \tau} = a\left(\dfrac{\partial^2 \theta}{\partial x^2} + \dfrac{\partial^2 \theta}{\partial z^2}\right) + b\exp[-k(x + v_{\Pi}\tau)]$	线性抛物型偏微分方程
式（4-3-2）、式（4-4-16）	$\dfrac{\partial^2 p}{\partial x^2} + \dfrac{\partial^2 p}{\partial y^2} = 0$	Laplace 方程（线性、椭圆型）
式（4-3-15）	$\dfrac{\partial p}{\partial \tau} = (\Pi r)^{-1} p\dfrac{\partial^2 p}{\partial x^2}$	非线性抛物型偏微分方程
式（4-5-2）	$\dfrac{\mathrm{d}^2 x}{\mathrm{d}t^2} = \left(\dfrac{P_0}{M}\right) e^{-\frac{t}{T}}$	线性常微分方程
式（5-1-8）	$\dfrac{\partial p}{\partial t} = \gamma p^{3/2}\left(\dfrac{\partial^2 p}{\partial r^2} + \dfrac{1}{r}\dfrac{\partial p}{\partial r}\right)$	非线性抛物型偏微分方程（有界域）
式（6-3-4）	$r\dfrac{\mathrm{d}\sigma_r}{\mathrm{d}r} + \sigma_r - \sigma_\theta = 0$	静力平衡方程（一维轴对称）

应用微分方程理论进行定量研究最重要、最首要的是抓住问题的物理实质建立正确的物理模型，然后建立问题的数学力学模型——定解方程组。一旦建立了问题的定解方程组，就可以运用线性微分方程的有关理论以及第 1 章介绍的非线性微分方程（组）的求解方法进行求解。在求解方法方面，应优先寻求问题的解析解（或近似解析解），因为解析解（或近似解析解）更便于分析因变量与自变量之间的依赖关系。

采用数学软件可以求解各类微分方程以及超越方程等，一般需要（先）进行无量纲化处理，以减少独立自变量的个数。无量纲自变量个数较少时（如不超过 3 个）数值计算的结果可用表格表示，具体应用时可使用（线性）插值法（参见 1.4 节、5.1 节）。为便于应用，也可将数值计算结果拟合、回归成公式，但需要检验回归公式的计算结果与数值解的差别是否在允许的范围内（参见 1.4 节、2.3 节、5.1 节；对于精度要求较高的情况，不能仅考察相关系数）。

对于非确定性问题，可能存在统计型的数学模型，也可能不存在。对于不存在的情况，可以采用量纲分析与回归分析相结合的方法进行试验设计（如正交设计、旋转设计）、试验研究等定量研究，限于篇幅，本书没有介绍。

此外，本书各章内容也是互有联系的，例如，1.2 节与 6.1.3 小节有关，1.3 节在 5.1 节遇到过，1.4 节是 5.1 节的基础，1.5 节是 2~4 章的理论基础；2.3 节、3.3 节关于动力系数的处理方法是一致的；4.1.3 小节推得的"立方根定律"也适用于 3.1 节；4.5 节研究的瓦斯/煤尘爆炸和 5.3 节研究的煤与瓦斯突出是煤矿瓦斯灾害的两种主要形式，突出的瓦斯和煤尘遇火源有可能发生瓦斯/煤尘爆炸；煤体较软（类似土）、瓦斯压力较大时容易发生突出（5.3 节），煤体较硬（类似岩石）、地应力较大时容易发生 6.3 节研究的煤矿冲击地压，并往往伴随涌出大量瓦斯、煤尘，遇火源也有可能发生瓦斯/煤尘爆炸（4.5 节）等。

8.2　创新

本书系统研究了下列核心应用问题：

（1）在炸药爆炸方面，简要介绍了炸药爆轰的流体动力学理论（1.5.3节），研究了炸药在岩土中（2.1节）、空中和水中（2.3节）爆炸的应用及其主要副作用（2.4节）。

（2）在工厂粉尘、气体爆炸防治方面，介绍了容器内爆炸特性参数的意义、试验测定方法、数据源等（3.1节、4.1.1节、4.1.2节），导出了"立方根定律"（4.1.3节），定性分析了管道内爆炸火焰加速的过程（4.1.3节），介绍了管道内粉尘爆炸试验的情况（3.2节）和管道（巷道）内气体/粉尘爆炸试验的情况（4.5.4节），介绍了工厂通风除尘系统设计（附录A3.1节）和爆炸预防与防护措施（3.3节、3.4节）等。

（3）在煤矿瓦斯灾害防治方面，重点研究了U型通风回采工作面上隅角瓦斯浓度超限与治理问题（4.3节、4.4节、附录A3.2节）和自行复位式风井防爆门的有关情况（4.5节），重点研究了掘进工作面煤与瓦斯突出的预测方法（5.3节）以及煤层瓦斯压力与含量的测定方法（7.3节）、煤层透气性系数的计算方法（1.4节）、煤层瓦斯抽采半径的理论计算（5.1节）、煤矿瓦斯抽采工程设计（附录A3.2节）、煤与煤层气协调开采（7.4节）等。

（4）在冲击地压分析方面，提出了基于应力集中的统一的支护理论（6.3节）。

本书在下列20个方面有所创新：

（1）1.2节应用变分问题的间接解法求得了平面滑坡滑面曲线形状的解析解，可用于露天矿山边坡、堤坝、山体等滑坡预测、滑坡预测数值模拟结果精度检验、滑坡防治工程坡底桩位置、深度计算等，尚未见到同类研究方法与结果（系首次发表）。

（2）1.4节给出了利用数学软件计算煤层透气性系数（与抽采半径有直接关系）的方法和数表，可以消除现在的煤层透气性系数计算方法存在的搭接问题并发现现在的煤层透气性系数计算方法误差偏大（比数值计算方法小1~2个数量级）（系首次发表）。

（3）2.3节给出了炸药爆炸载荷（随时间按指数规律衰减）作用下结构动力响应在一般动载荷区的动力响应系数（动力系数）数值解的高精度拟合公式，与冲量载荷、准静态载荷一起可将动力学问题转化为静力学问题处理（动力系数法）并进行了成功应用（系首次发表）。

（4）2.5节给出了落锤撞击地表撞击力的估算方法，利用半无界空间受单位脉冲作用的Pekris解给出了落锤撞击作用下地表垂直位移的解析解，并与实测结果进行了比较，展示了弹性波理论的完美。

（5）3.2节介绍了我们开展过的一项大型气力输送管道内粉尘爆炸压力与火焰传播速度试验研究的情况（与容器内的粉爆试验相对应），获得了许多重要结论，可用于指导工厂粉尘防爆设计（系首次发表）。

（6）3.3节基于塑性失稳理论给出了加筋薄板强度的计算方法，可用于容器泄爆、抗爆设计；应用于管道抗爆设计，提出了通过采取加筋措施提高斗式提升机等的抗爆能力、从而避开采取泄爆、安装无焰泄爆装置的新技术路线（否则，需要安装多个无焰泄爆装置，费用较大），工程开发应用价值明显（系首次发表）。

（7）4.1节借助湍流燃烧理论对管道内的爆炸过程进行了定性分析，有助于对管道内爆炸试验结果的分析、理解和抑爆（隔爆）措施的研发、应用等（与 3.2 节对应）；介绍了容器内爆炸威力的 TNT 当量法以及二次引爆型燃料空气炸药（FAE）与无约束蒸气云爆炸之间的关系。

（8）4.2 节介绍了采用 Fluent 软件模拟采空区瓦斯浓度分布规律的一些做法，特别强调了模拟方法的正确性与基础参数来源的可靠性的重要性，以便使数值模拟结果真正发挥定量作用。

（9）4.3 节建立了 U 型通风上隅角瓦斯浓度的估算方法，核心观点是，受多种因素影响（遗煤放出瓦斯、邻近层瓦斯涌出、回采工作面推进速度、大气压力变化、采空区与地表沟通等）采空区内部上隅角水平高浓度瓦斯涌向回采工作面是造成上隅角瓦斯浓度超限的主要原因，据此提出了防治对策（上隅角插管、本煤层、邻近层抽采瓦斯）（系首次发表）。

（10）4.4 节建立了冒落带、裂缝带的流动特性的描述方法（渗透率张量）并进行了井下试验测定，所得结果可用于采动裂隙区煤层气抽采优化设计、防治回采工作面上隅角瓦斯浓度超限。

（11）4.5 节介绍了我们研发煤矿自行复位式风井防爆门的有关情况，强调了抗冲击与迅速开启之间的矛盾（关键技术）等。至今投入运行的自行复位式风井防爆门已达三十余台（套），产生了可观的经济效益。

（12）5.1 节首先在工程实践经验的基础上假设钻孔内的瓦斯压力为零，提出了一种求解非线性本征值问题解析解的数学方法，获得了平行钻孔瓦斯抽采半径的解析解，给出了计算数表；为了考虑抽采负压的影响，给出了计算机数值解法。所得结果可用于钻孔瓦斯抽采优化设计（系首次发表）。

（13）5.2 节应用叠加原理建立了采空区周边应力场的简化力学模型，利用该简化模型计算了保护层开采的垂直保护范围，所得结果与《防治煤与瓦斯突出细则》《防治煤矿冲击地压细则》提供的经验结果一致，可加深人们对保护层开采机理的认识（系首次发表）。

（14）5.3 节首先建立了煤巷掘进工作面和揭煤工作面煤与瓦斯突出预测的物理模型；其次研究了地应力的作用；然后建立了煤巷掘进工作面煤与瓦斯突出预测的简化力学模型，该简化模型给出了突出所需的最小瓦斯压力（或渗流速度）与煤体内聚力 c、内摩擦角 φ（以及渗透率 K）之间的定量关系，能够解释煤巷掘进工作面（和揭煤工作面）的多种突出现象，包括延时突出等，可用于指导工程实践，对突出模拟实验装置的设计也有参考意义；然后分析了 q 法的优缺点，提出了新的突出预测指标 Q 及其试验测定方法；最后探讨了煤与瓦斯突出预警系统问题，系首次发表。

（15）5.4 节从学术探讨与交流的目的出发对《防突细则》（2019）中的一些要求提出了自己的看法（不代表任何单位和机构的观点），核心观点是，在严格执行《煤矿安全规程》（2016）、《防突细则》（2019）的前提下，可以根据情况，参考国外的一些做法，适当增加一些辅助措施，确保不发生突出事故。

（16）6.1 节介绍了固体力学稳定性问题的正规分析方法，以便于非力学专业的读者了解、掌握这部分内容；解释了岩土工程领域采用库仑-摩尔破坏准则等（强度准则）研究稳定性问题的原因。

（17）6.3 节建立了裸巷与支护巷道统一的冲击地压力学模型，利用该模型，可以解释大直径钻孔卸压、药壶爆破等防冲（或解危）措施以及软岩巷道流变破坏的机理，进行防冲与软岩支护设计等（系首次发表）。

（18）7.1 节提出了一次引爆型 FAE 与 TNT 炸药的爆炸超压场类似（随时间大致按指数规律衰减）的观点，从防止工厂粉尘爆炸的经验出发，强调了在研发 FAE 的过程中防止铝粉受潮的重要性。

（19）7.3 节针对目前煤层瓦斯压力测定过程中容易出现的一些现象（如表压为零或异常大、拆表后有水流出等）提出了自己的看法，指出了《矿井瓦斯涌出量预测方法》（AQ 1018—2006）中存在的一些错误。

（20）7.4 节强调了"煤与煤层气协调开发模式"课题的重要性，基于多年从事科研工作的经验，提出了课题的研究方法，即应吸收从事煤矿设计的同志参加，到典型矿区调研，以一个采（盘）区或一个矿井等为研究对象，研究方法类似于进行矿井建设可行性研究或初步设计，研究成果以施工图为主，这样，可以将课题做实，研究成果可供煤矿企业直接使用等，推广应用也将水到渠成。

8.3 不足

本书在以下方面存在不足：

（1）目前，在可燃粉尘（可燃气体）泄爆、抗爆设计中（参见 3.3 节），P_{red} 的计算尚无规范可依。按照炸药爆炸载荷作用下结构动力响应的计算方法（参见 2.2、2.3 节），P_{red} 的计算也可采用动力系数法，目前常将动力系数统一取为 1.5 并不科学，正确的处理方法应该是推导有限上升速率的三角形载荷（涉及最大上升速率、最大值、持续时间）的动力系数，因此，在粉尘（气体）爆炸特性参数方面应增加关于载荷持续时间的研究（参见 3.3.4 小节）。

（2）5.2 节计算的下保护层的保护高度与《防突细则》《防冲细则》基本一致，但与采用水作为渗漏介质实测的裂隙带高度（见《三下采煤规程》）定性上却不一致（后者岩石硬度越小、裂隙带高度也越小），尚未找到个中原因。

（3）5.3 节关于突出预测仅限于理论、方法探索，未能介绍在产品研发与应用方面的最新进展。

（4）德国等国家关于煤层瓦斯含量的测定方法、工作面煤与瓦斯突出的预测方法等本书也未述及。

关于不足（1），可仿炸药爆炸载荷作用的动力系数的推导方法获得；关于不足（2），我们诚邀感兴趣的读者一起思考；关于不足（3），我们将在适当时机另书介绍。

附录 A 预 备 知 识

A1 非线性常微分方程的求解方法

本书强调采用数学力学方法分析工矿安全动力学问题,第 1 章介绍非线性偏微分方程的求解方法与应用,而设法将偏微分方程转化为常微分方程是求解偏微分方程的重要方法之一,因此,学习、掌握常微分方程的求解方法是阅读第 1 章的前提。

在高等数学教材中通常只介绍线性常微分方程的求解方法,系统介绍非线性常微分方程求解方法的教材不多,这里对非线性常微分方程的求解方法做简要介绍(其结果常常是超越方程,可采用数学软件求数值解或采用试算+插值法求解等)。

A1.1 一阶非线性常微分方程

1. $f(x, y, y') = 0$ 的 3 种特殊类型

一阶常微分方程的一般形式是 $f(x, y, y') = 0$,有三种特殊类型有可能获得通解。

(1) $y' = f(x, y)$。若 $f(x, y, y') = 0$ 可分解为 k 个一次因子的乘积

$$[y' - \varphi_1(x, y)][y' - \varphi_2(x, y)] \cdots [y' - \varphi_k(x, y)] = 0 \tag{A1-1}$$

则有

$$y' - \varphi_1(x, y) = 0, \ y' - \varphi_2(x, y) = 0, \ \cdots, \ y' - \varphi_k(x, y) = 0 \tag{A1-2}$$

设 k 个方程(A1-2)的通解为

$$\phi_1(x, y, c_1) = 0, \ \phi_2(x, y, c_2) = 0, \ \cdots, \ \phi_k(x, y, c_k) = 0 \tag{A1-3}$$

则方程(A1-1)的通解为

$$\phi_1(x, y, c_1)\phi_2(x, y, c_2) \cdots \phi_k(x, y, c_k) = 0 \tag{A1-4}$$

这里,方程

$$y' = f(x, y) \tag{A1-5}$$

或

$$P(x, y)dx + Q(x, y)dy = 0 \tag{A1-6}$$

是一阶常微分方程的常见形式,没有通用解法。对于可分离变量的(包括能化为可分离变量的)、齐次的(包括能化为齐次的)、一阶线性的、Bernoulli、全微分等 5 种类型的微分方程,能够获得通解,详见数学手册。

(2) $y = g(x, y')$。记 $p = \dfrac{dy}{dx}$,方程 $y = g(x, y')$ 化为 $y = g(x, p)$,则 $p = \dfrac{dy}{dx} = \dfrac{\partial g}{\partial x} +$

$\dfrac{\partial g}{\partial p}\dfrac{dp}{dx}$,当 $\dfrac{\partial g}{\partial p} \neq 0$ 时,$\dfrac{dp}{dx} = \dfrac{p \dfrac{\partial g}{\partial x}}{\dfrac{\partial g}{\partial p}} = G(x, p)$,即方程(A1-5);当 $\dfrac{\partial g}{\partial p} = 0$ 时,$y = g(x)$,无

须求解。

(3) $x = g(y, y')$。此时可认为 y 是自变量,x 和 y' 是未知函数,依照(2)中的方法即可求解。

2. 广义 Bernoulli 方程

为求解广义的 Bernoulli 方程

$$y' + p(x)G(y) + q(x)H(y) = 0 \tag{A1-7}$$

设一阶线性方程

$$u' + p(x)u + q(x) = 0 \tag{A1-8}$$

的解 $u(x)$ 与方程（A1-7）的解 $y(x)$ 之间存在下列关系

$$u(x) = F[y(x)] \tag{A1-9}$$

因此，只要能够求得方程（A1-8）的解，由方程（A1-9）即可求得方程（A1-7）的解，故称方程（A1-8）为方程（A1-7）的基础方程。

由式（A1-9）得

$$u' = y'\frac{\mathrm{d}F}{\mathrm{d}y} \tag{A1-10}$$

将式（A1-9）、式（A1-10）代入式（A1-8）得

$$y' + p(x)\frac{F}{\dfrac{\mathrm{d}F}{\mathrm{d}y}} + q(x)\frac{1}{\dfrac{\mathrm{d}F}{\mathrm{d}y}} = 0 \tag{A1-11}$$

比较方程式（A1-7）、式（A1-11）得

$$G(y) = \frac{F}{\dfrac{\mathrm{d}F}{\mathrm{d}y}} \qquad H(y) = \frac{1}{\dfrac{\mathrm{d}F}{\mathrm{d}y}} \tag{A1-12}$$

于是

$$u(x) = F(y) = \frac{G(y)}{H(y)} \tag{A1-13}$$

式（A1-13）称为 u 与 y 之间的转换关系，两边对 y 求导并利用式（A1-12）得

$$\frac{\mathrm{d}u}{\mathrm{d}y} = \frac{\mathrm{d}}{\mathrm{d}y}\left(\frac{G}{H}\right) = \frac{1}{H} \tag{A1-14}$$

即

$$H\frac{\mathrm{d}}{\mathrm{d}y}\left(\frac{G}{H}\right) = 1 \tag{A1-15}$$

称为转换关系式（A1-13）的存在条件或连接条件。

因此，求解广义 Beinoulli 方程转化为求解其基础方程等。

3. Riccati 方程

对于 Riccati 方程

$$y' + p(x)y + q(x)y^2 + r(x) = 0 \tag{A1-16}$$

一般做如下形式的变换

$$y = \frac{1}{q(x)}\frac{z'}{z} \tag{A1-17}$$

可以将方程式（A1-16）化为关于 z 的二阶线性齐次方程。这是因为

$$y' = \frac{1}{zq(x)}\left[\left(z'' - \frac{z'^2}{z}\right) - \frac{q'(x)}{q(x)}z\right] \tag{A1-18}$$

代入式（A1-16）得

$$z'' + \left(p - \frac{q'}{q}\right)z' + qrz = 0 \qquad (A1-19)$$

设方程（A1-19）的两个线性无关解为 z_1 和 z_2，则其通解为

$$z = c_1z_1 + c_2z_2 \qquad (A1-20)$$

式中，c_1、c_2 为积分常数。将式（A1-20）代回式（A1-17）即得式（A1-16）的解。

4. Chrystal 方程

对于 Chrystal 方程

$$y'^2 + axy' + by + cx^2 = 0 \qquad (A1-21)$$

当 $b = 0$ 时容易通过分离变量法求解；$b \neq 0$ 时，一般通过变换

$$y = x^2z \qquad (A1-22)$$

可将其化为

$$\left(xz' + 2z + \frac{a}{2}\right)^2 = \frac{a^2}{4} - bz - c \qquad (A1-23)$$

再做变换

$$u^2 = \frac{a^2}{4} - bz - c \qquad (A1-24)$$

可将式（A1-23）化为

$$xuu' + u^2 \pm \frac{b}{2}u - \frac{1}{4}(a^2 + ab - 4c) = 0 \qquad (A1-25)$$

若 $a^2 + ab - 4c = 0$，则式（A1-25）化为一阶线性方程

$$u' + \frac{1}{x}u \pm \frac{b}{2x} = 0 \qquad (A1-26)$$

其通解为

$$u = \frac{c}{x} \mp \frac{b}{2} \qquad (A1-27)$$

式中，c 为积分常数。将式（A1-27）代入式（A1-24）可求得 z，再代入式（A1-22）得

$$y = \frac{a^2 - 4c}{4b}x^2 - \frac{1}{b}\left(c \mp \frac{b}{2}x\right)^2 \quad (a^2 + ab - 4c = 0) \qquad (A1-28)$$

5. Abel 方程

（1）第一类 Abel 方程。第一类 Abel 程

$$y' + p(x)y + q(x)y^2 + r(x)y^3 + s(x) = 0 \qquad (A1-29)$$

没有固定解法，有时直接积分即可得解。

若 $p(x) = s(x) = 0$，则式（A1-29）化为

$$y' + q(x)y^2 + r(x)y^3 = 0 \qquad (A1-30)$$

如果 $(r/q)' = \alpha q$（α 为常数），做变换

$$y = \frac{q}{r}z \qquad (A1-31)$$

可将方程（A1-30）化为下列可分离变量的形式

$$z' + \frac{q^2}{r}(z^3 + z^2 - \alpha z) = 0 \qquad (A1-32)$$

（2）第二类 Abel 方程。第二类 Able 方程为

$$[y + s(x)]y' + p(x)y + q(x)y^2 + r(x) = 0 \tag{A1-33}$$

若做变换

$$z = \frac{1}{y + s(x)} \tag{A1-34}$$

可化为第一类 Abel 方程

$$z' - qz - (-p + 2qs + s')z^2 + (-qs^2 + ps - r)z^3 = 0 \tag{A1-35}$$

本小节的求解示例可见文献 [1]。

A1.2 二阶非线性常微分方程

1. 二种可降阶类型

（1）$y'' = f(x, y')$。令 $p(x) = \dfrac{\mathrm{d}y}{\mathrm{d}x}$，则原方程化为 $p' = f(x, p)$，即 A1.1 小节 1. 中的

（1）项。求得了 $p(x)$，则可得通解 $y = \int p(x)\mathrm{d}x + c$。

（2）$y'' = f(y, y')$。方程不显含自变量 x，令 $y' = p(y)$，则 $y'' = \dfrac{\mathrm{d}p}{\mathrm{d}x} = \dfrac{\mathrm{d}p}{\mathrm{d}y}\dfrac{\mathrm{d}y}{\mathrm{d}x} = p\dfrac{\mathrm{d}p}{\mathrm{d}y}$，代

入方程后得一阶微分方程 $\dfrac{\mathrm{d}p}{\mathrm{d}y} = f(y, p)/p$，无固定解法。设其通解为 $p = \psi(y, c_1)$，分离

变量并积分可得原微分方程的通解为 $\displaystyle\int \frac{\mathrm{d}y}{\psi(y, c_1)} = x + c_2$。

2. Lie 群对称分析方法[2]

根据 Lie 群对称分析法，可以求得解析解的二阶常微分方程包括以下四种类型：
（1）$y'' = f(y')$，（2）$y'' = f(x)$，（3）$y'' = f(y')/x$ 和（4）$y'' = f(x)y'$。前两种的解法是显然的，后两种是本小节 1. 中（1）的特例，可以参考上面的解法。

3. 等尺度与尺度不变方程

等尺度方程与尺度不变方程一般可通过简单变换求解。这种方法与 Lie 群对称分析方法有关[2]。

（1）等尺度方程。所谓等尺度方程，是指关于 $y(x)$ 的常微分方程在尺度变换

$$\xi = \lambda x \quad (\lambda \neq 0, \text{常数}) \tag{A1-36}$$

下形式保持不变。等尺度方程可以通过变换

$$x = \mathrm{e}^t \quad \left(x\frac{\mathrm{d}}{\mathrm{d}x} = \frac{\mathrm{d}}{\mathrm{d}t}, \ x^2\frac{\mathrm{d}^2}{\mathrm{d}x^2} = \frac{\mathrm{d}^2}{\mathrm{d}t^2} - \frac{\mathrm{d}}{\mathrm{d}t}\right) \tag{A1-37}$$

化为自治方程（不显含自变量 x）求解。

（2）尺度不变方程。所谓尺度不变方程，是指关于 $y(x)$ 的常微分方程在尺度变换

$$\xi = \lambda x \qquad z = \lambda^\alpha y \quad (\lambda \neq 0, \ \alpha \neq 0, \ \text{常数}) \tag{A1-38}$$

下形式保持不变。尺度不变方程可以通过变换

$$y = x^\alpha z \tag{A1-39}$$

化为等尺度方程求解，注意 $y' = x^{\alpha-1}(xz' + \alpha z)$，$y'' = x^{\alpha-2}[x^2 z'' + 2\alpha x z' + \alpha(\alpha - 1)z]$。

4. Lambert 方程

（1）推广的 Lambert 方程。推广的 Lambert 方程

$$yy'' + ay'^2 + byy' + cy^2 = 0 \tag{A1-40}$$

属于 1. 中（2）项介绍的类型。可分 $a \neq -1$ 和 $a = -1$ 两种情况处理。

$a \neq -1$，通过变换 $y = \dfrac{1}{z^{a+1}}$ 可将式（A1-40）化为关于 $z(x)$ 的二阶常系数线性方程

$$z'' + bz' + (a+1)cz = 0 \tag{A1-41}$$

$a = -1$，通过变换 $z = \dfrac{y'}{y} = (\ln y)'$ 可将式（A1-40）化为下列一阶常系数线性方程

$$z' + bz + c = 0 \tag{A1-42}$$

求得了线性方程的解带回所做的变换即可得 y。

（2）广义 Lambert 方程。广义 Lambert 方程为

$$y'' + p(x)y' + q(x)G(y) + r(x)H(y) = I(y)y'^2 \tag{A1-43}$$

为求解方程（A1-43），采用与处理广义 Bernoulli 方程类似的方法，称方程

$$u'' + p(x)u' + q(x)u + r(x) = 0 \tag{A1-44}$$

为方程（A1-43）的基础方程。设 u 与 y 存在函数关系

$$u = F(y) \tag{A1-45}$$

则
$$u' = y'\frac{\mathrm{d}F}{\mathrm{d}y} \qquad u'' = y''\frac{\mathrm{d}F}{\mathrm{d}y} + y'^2\frac{\mathrm{d}^2F}{\mathrm{d}y^2} \tag{A1-46}$$

将式（A1-45）、式（A1-46）代入式（A1-44）得

$$y'' + p(x)y + q(x)\frac{F}{\dfrac{\mathrm{d}F}{\mathrm{d}y}} + r(x)\frac{1}{\dfrac{\mathrm{d}F}{\mathrm{d}y}} = -\frac{\dfrac{\mathrm{d}^2F}{\mathrm{d}y^2}}{\dfrac{\mathrm{d}F}{\mathrm{d}y}}y'^2 \tag{A1-47}$$

比较式（A1-43）、式（A1-47）得

$$G(y) = \frac{F}{\dfrac{\mathrm{d}F}{\mathrm{d}y}} \qquad H(y) = \frac{1}{\dfrac{\mathrm{d}F}{\mathrm{d}y}} \qquad I(y) = -\frac{\dfrac{\mathrm{d}^2F}{\mathrm{d}y^2}}{\dfrac{\mathrm{d}F}{\mathrm{d}y}} \tag{A1-48}$$

由此得

$$u = F(y) = \frac{G(y)}{H(y)} \qquad I(y) = \frac{1}{H}\frac{\mathrm{d}H}{\mathrm{d}y} = \frac{1}{G}\left(\frac{\mathrm{d}G}{\mathrm{d}y} - 1\right) \tag{A1-49}$$

由式（A1-49）的第一式对 y 求导并注意到 $\dfrac{\mathrm{d}u}{\mathrm{d}y} = \dfrac{\mathrm{d}F}{\mathrm{d}y} = \dfrac{1}{H}$，得

$$H\frac{\mathrm{d}}{\mathrm{d}y}\left(\frac{G}{H}\right) = 1 \tag{A1-50}$$

根据式（A1-49）、式（A1-50），可将式（A1-43）改写为

$$y'' + p(x)y + q(x)G(y) + r(x)H(y) = \frac{1}{H}\frac{\mathrm{d}H}{\mathrm{d}y}y'^2 \tag{A1-51}$$

或
$$y'' + p(x)y + q(x)G(y) + r(x)H(y) = \frac{1}{G}\left(\frac{\mathrm{d}G}{\mathrm{d}y} - 1\right)y'^2 \tag{A1-52}$$

可见，只要能找到基础方程（A1-46）的解，就可由式（A1-45）求得方程（A1-43）的解。

5. Painleve 方程

Painleve 方程

$$y'' = P(x, y)y'^2 + Q(x, y)y' + R(x, y) \tag{A1-53}$$

在某些情况下可以化为线性方程、Riccati 方程或椭圆方程求解，否则可以求近似解析解或渐进解，详见文献［3］。

本小节的求解示例可见文献［1］、［3］。

A1.3 椭圆方程

椭圆方程有两种形式，即

$$y'^2 = a_0 + a_1y + a_2y^2 + a_3y^3 + a_4y^4 \quad (a_j, j = 0, \cdots, 4) \tag{A1-54}$$

或

$$y'' = A_0 + A_1y + A_2y^2 + A_3y^3 \quad (A_j, j = 0, \cdots, 3) \tag{A1-55}$$

式（A1-55）可通过对式（A1-54）两边对 x 求导再消去 y' 得到。因此，既可以根据式（A1-54）认为椭圆方程是一阶的，也可以根据式（A1-55）认为椭圆方程是二阶的，故这里单独作为一小节处理。

椭圆方程有 4 种类型，椭圆方程的解通常是椭圆函数，包括 Jacobi 椭圆函数和 Weierstrass 椭圆函数，但求解过程冗长、复杂，这里不做具体介绍，有需要时可参考文献［1］、［3］。

杆的大变形理论即用到椭圆函数（见 A2.2 小节）。

A1.4 y 随 x 变化的几种近似关系

微分方程描述的是自然界中各种各样的客观过程，理论上，其解 $y(x)$ 中 y 随 x 的变化关系可以多种多样，而初等函数、特殊函数及其组合的类型等总是有限的，因此，有的微分方程可能不存在解析解，需要寻求近似解析解或数值解等。

除了 A1.1~A1.3 小节介绍的非线性常微分方程的例子与求解方法之外，还有许多例子与求解方法，例如，方程方面还有差分方程、函数方程等，解法方面还有试探函数法、摄动法等，用到时可参见文献［3］。

最后，对于试探函数法，探讨一下 y 随 x（时间或空间坐标）的某些变化关系是有益的。对于 x 从 0 趋于无穷大、y 从 a 衰减趋于 0 的情况，可用 $y = ae^{-bx}$ 近似；对于 x 从 0 趋于无穷大、y 从 0 增大趋于某一值 a 的情况，可用 $y = a(1 - e^{-bx})$ 近似；对于 x 从 0 趋于有限值 b、y 从 0 增大趋于某一值 a 的情况，可用 $y = a\left(\dfrac{x}{b}\right)^n (n < 1)$ 近似；对于 x 从 0 趋于有限值 b、y 从 a 衰减趋于 0 的情况，可用 $y = a\left[1 - \left(\dfrac{x}{b}\right)^n\right]$ 近似等。函数 e^x 的应用很广，因为 $(e^x)' = e^x$，但有时 x 从 0 趋于无穷大并不符合实际，可能需要改用 x^n 等。

A2 固体力学诸分支简介

顾名思义，固体力学研究与固体有关的力学问题，主要与流体力学相对应。

流体力学研究的对象主要是空气（或其他气体）、水等均匀介质，以《流体力学》《空气动力学》《气体动力学》《水力学》等命名的书籍很多，教材、专著、名著也很多；

固体力学研究的对象包括金属、混凝土等人造材料，也包括岩土、煤等天然材料，材料多数具有天然缺陷、非均质性或各向异性，以《固体力学》命名的书籍相对较少（以《连续介质力学》命名的书籍多数是将流体力学与弹性力学的基础部分结合在一起，应用部分还是分开论述）。

本书涉及固体力学的诸多方面，为了更好地利用固体力学知识分析工矿安全动力学问题，本节对固体力学诸分支作简要介绍，对几何非线性与有效应力原理做适当介绍，目的在于厘清它们之间的内在联系，以便于抓住要点。几何非线性理论反映了中国矿业大学（北京）已故陈至达教授在固体力学基础方面所做的开创性工作，对于进一步完善 3.3 节有指导意义，有效应力原理是 5.3 节的理论基础。

A2.1 固体力学诸分支

1. 理论力学、材料力学、工程力学、结构力学

理论力学是流体力学与固体力学共同的基础，一般包括静力学、运动学和动力学三部分，有时也包括分析（动）力学中的 Lagrange 方程和 Hamilton 原理等动力学专题。在理论力学中，我们会学到多种力学原理，其中，牛顿定律是动力学中最基本的原理，从它可以推导出质点系动力学的普遍定理；虚位移原理提出了非自由质点系平衡的普遍规律；D'Alembert 原理提出了研究非自由质点系动力学的普遍方法。力学原理可分为两大类：不变分原理和变分原理，每类又可分为微分的和积分的两种形式。不变分原理反映质点系真实运动的普遍规律，例如 D'Alembert 原理（微分形式的）和能量守恒定律（积分形式的）；变分原理只是提供一种准则，把质点系真实的运动与运动学上可能的运动区别开来，虚位移原理就是变分原理，虚位移原理与 D'Alembert 原理结合得到的 Lagrange 第二方程属于微分形式的，而由 Lagrange 第二方程推出的 Hamilton 原理则是积分形式的。变分原理更有利于开展近似计算，参见 1.3 节。

材料力学是变形体力学中最基础的部分，主要研究一根"杆"的力学问题，如梁的弯曲、轴的扭转、柱的稳定性问题等。由少数杆组成的杆系——如简单钢架、桁架也属于材料力学研究的对象，目的在于为研究结构力学问题打基础。工程力学将理论力学与材料力学结合在一起，供需要了解、掌握两方面内容但学时数有限的专业学习。由大量杆组成的杆系，如桥梁的力学问题则属于结构力学研究的范畴。

2. 弹性力学

弹性力学主要研究平面问题（平面应变、平面应力）和空间问题（无界空间、半无界空间、四分之一空间等），板、壳问题既属于弹性力学研究的对象，也属于结构力学研究的对象，也可独立研究成册。与材料力学相比，弹性力学研究的是问题的精确解（包括解析解、数值解等），而材料力学给出的多是基于某些假设（如平截面假设）基础之上的近似解，更侧重于工程应用，因此是工程力学的主要组成部分。

弹性力学的基本方程组包括 3 个平衡方程、6 个几何方程（小变形位移—应变关系）、6 个本构方程（广义胡克定律）等 9 个偏微分方程（平衡方程和几何方程）和 6 个代数关系式（本构方程）。其中包括 6 个应力分量、6 个应变分量和 3 个位移分量，共 15 个未知函数，因此在给定边界条件时（边值问题），数学上问题是可解的。

本书中我们将多次用到弹性力学的基本知识，如 1.2 节、5.2 节等。

3. 弹性动力学

弹性动力学包括结构动力学与弹性固体中波的传播两部分。与此相应，弹性力学也可称为弹性静力学。

弹性动力学的基本方程组包括运动方程［需要考虑质量（惯性）的影响］、几何方程（小变形位移-应变关系）、本构方程（广义胡克定律）等同弹性力学，定解条件中，除了边界条件外，还需增加初始条件。

结构动力学着眼于结构的振动，如单自由度体系、多自由度体系、分布参数体系（梁、板、壳等）的（有、无阻尼）自由振动、强迫振动问题等（可分为冲量载荷、一般动载荷、准静态载荷等三种方法处理）；弹性固体中波的传播部分则着眼于无限空间、弹性半空间、层、杆等波导中的简谐波、半空间的受迫运动、层和杆中的瞬态波以及波在裂缝旁的散射问题等。两部分内容看似无关，其实不然。振动着眼于质点的运动，波动着眼于振动的传播，两者的运动方程是一样的。

这两部分内容我们在第 2 章都将用到，分别见 2.2 节、2.5 节等。

4. 弹塑性力学、黏弹塑性力学

这是固体力学的物理非线性部分。

在弹性力学的基础上，将广义胡克定律改为弹塑性、黏弹塑性应力应变关系，平衡方程、几何方程、边界条件不变，即构成弹塑性力学、黏弹塑性力学的研究内容。

弹塑性应力应变关系包括屈服条件、增量理论与全量理论等。屈服条件是由弹性变形开始发生塑性变形的条件，金属类材料常用 H. Tresca 提出的最大剪应力条件和 Von Mises 提出的畸变能条件，前者是分区线性的因而更简单，后者更符合实际，混凝土、岩土类材料常采用 Coulomb - Mohr 剪切破坏条件（当然，还有许多其他条件）；增量理论常用 Prandtl-Reuss 方程或 Levy-Mises 方程（考虑应变强化或应变弱化的还需补充其他方程）；全量理论则常用 Henchy-Ильющин 方程。在增量或全量理论中加、卸载条件也是必需的。

黏弹塑性应力应变关系主要是在弹塑性应力应变关系中增加了时间因素，所研究的问题主要是与高聚物之类的材料有关的蠕变、应力松弛等流变问题。由高分子材料做成的封孔材料其特性受温度的影响较大，使用中可能会存在蠕变、应力松弛等问题。

物理非线性问题比较复杂，特殊情况下可以寻求问题的解析解，如某些简单的平面问题；一般情况下只能寻求数值解或近似解析解，如刚塑性平面应变问题的滑移线理论实际上是一种数值解法，计算极限载荷的上、下限定理等则是近似解法。

本书中将多次用到弹塑性力学的知识，如 3.3 节、5.3 节、6.1 节~6.3 节等。

5. 理性力学

这是固体力学中的几何非线性部分。

关于有限变形（与小变形相对应）的几何方程，早在 19 世纪中叶物理学家 G. R. Kirchhoff 在他的数学物理教程的力学部分就试图建立准确的有限变形弹性理论，以后又有不少著名的力学家提出了多种定义方法，但或因数学上的不严格，或因几何意义不明确，或因难于使用等，多数被淘汰，目前在理论上能立足者仅有三类：①Green 应变张量（Green，Love）；②极分解定理（Finger-Trusdell）；③Stokes-陈理论（Stokes-陈）。前两种定义目前处于主流状态，但存在明显缺陷[4]，第三种主要是由中国矿业大学（北京）已故的陈至达教授应用张量分析这一近代数学工具创立的，在此基础上，陈至达教授还建立了与之相应的理性力学框架新体系。应用新体系，不仅能够很好地解决杆、板、壳的大变形问题，在大变形接触、断裂场、材料破坏的非线性行为等方面也有新发现。本书中，1.2 节末将提到这方面的工作。

陈至达教授的工作得益于张量分析这一近代数学工具，是中国人在固体力学方面做出的开创性贡献，曾得到 Truesdell、Biot、Koiter、Spencer 等国际力学权威的认同与赞许，必将获得越来越多的应用。

我们在 A2.2 节对其核心内容做简要介绍。

6. 弹塑性动力学、黏弹塑性动力学

这是弹性动力学或弹塑性力学、黏弹塑性力学的自然推广。对于 3 是改变本构方程；对于 4 是增加质量（惯性力）的影响。因此，掌握了 3 或 4 的有关内容后，学习、掌握弹塑性动力响应、弹塑性波等方面的知识不会遇到实质性困难。

7. 断裂力学、损伤力学

断裂力学研究的是弹塑性力学中的一类特殊问题——裂纹问题。

一般认为金属材料是均质的，但有时候结构物（如压力容器、机翼等）中的应力远小于传统意义上的强度极限却发生了破坏。后经研究发现，结构中存在的微小裂纹是导致发生断裂破坏的主要原因，因此，人们开始了关于裂纹问题的研究工作。目前，断裂力学已十分成熟，裂纹分 Ⅰ 型、Ⅱ 型、Ⅲ 型等 3 种，裂纹尖端的应力集中是研究的重点，研究方法包括矢量法和能量法两大类。

损伤力学创立于 20 世纪 50 年代末，其核心观点是，材料内部存在着微损伤，如位错、微裂纹、微孔洞等。在外力或环境的作用下，微损伤增大，当增大到一定程度时材料发生破坏。可见，损伤力学是断裂力学的扩展，目前仍在发展中。

本书在 6.1 节将用到损伤力学的概念。

8. 混凝土结构

工程结构包括钢结构、混凝土结构和砌体结构三大类。关于钢结构，可采用 1~7 中介绍的力学方法处理；砌体结构现在应用较少，这里拟不介绍。

混凝土结构的常见形式是钢筋混凝土结构。钢筋混凝土材料是典型的复合材料，首先，钢筋与混凝土有着近似相同的线膨胀系数，不会由环境不同产生过大的应力；其次，钢筋与混凝土之间有良好的黏结力，有时钢筋的表面也被加工成有间隔的肋条（称为变形钢筋）来提高混凝土与钢筋之间的机械咬合，当此仍不足以传递钢筋与混凝土之间的拉力时，通常将钢筋的端部弯起 180° 弯钩。此外，混凝土中的氢氧化钙提供的碱性环境，在钢筋表面形成了一层钝化保护膜，使钢筋相对于中性与酸性环境下更不易腐蚀。

混凝土结构拥有较强的抗压强度。但是混凝土的抗拉强度较低，通常只有抗压强度的 1/10 左右，而绝大多数结构构件内部都有受拉应力作用的需求，而钢筋抗拉强度非常高，一般在 200 MPa 以上，故通常人们在混凝土中加入钢筋等加劲材料与之共同工作，由钢筋承担其中的拉力，混凝土承担压力部分。

钢筋混凝土构件包括受弯构件、受压构件、受扭构件、预应力混凝土构件等，钢筋混凝土结构包括梁板结构、单层厂房结构、多高层结构等。钢筋混凝土构件、结构设计计算比较复杂[5]，但难度并不大。

在 2.3 节我们将涉及到钢筋混凝土材料。

9. 岩石力学、岩体力学、岩土力学

岩石力学强调岩石的特性；岩体力学除强调岩石的特性外，还关注岩体中结构面的影响；岩土力学中"土"的成分占到一定比例。以下统称为岩土力学，以反映天然类材料的复杂性。

在水利水电、矿业等许多领域，都会遇到岩土力学问题。

地表附近的岩土力学问题主要是边坡问题，其外力主要是自重应力。井工矿业类岩土力学问题主要包括竖井、巷道开挖与支护、采场矿压等，其外力除自重应力外还有构造应力等。目前，岩土力学所用的平衡方程、几何方程同弹性力学，本构方程包括强度准则、增量理论、全量理论等。岩土类材料的强度准则（条件）很多，如库仑-摩尔准则、双剪强度理论、三剪强度理论、曲线强度理论等，西安交通大学的俞茂宏教授一直致力于岩石强度理论的研究，先后建立了统一强度理论、三参数统一强度理论、非线性统一强度理论等，在国际上产生了一定影响，具有重要的理论价值[6]，例如，在软件开发上可以建立统一的模型等。

目前，岩土力学领域广泛采用 FLAC³ᴰ 软件进行数值模拟研究。岩体的强度一般远小于对应岩石的强度，作为经验，在进行数值模拟时，将岩体的强度取为岩石强度的 1/10 往往能够得到比较好的效果。此外，岩质边坡岩体的强度也可根据 Hoek-Brown 提出的 GSI 方法确定。

10. 土力学

地壳岩石经过强烈风化后所产生的碎散矿物集合体称为土。土包括颗粒间互不联结、完全松散的无黏土和颗粒间虽有联结、但联结强度远小于颗粒本身强度的黏性土。土的最主要特点是它的碎散性和三相组成，导致其在变形、强度等力学性质上与连续固体材料有很大不同。

土力学问题一般发生在地表面附近，构造应力不明显，自重应力和附加应力是主要作用力。1923 年 K. Terzaghi 提出了土力学中最重要的有效应力原理和固结理论，标志着土力学成为一门独立的学科。

我们在 A2.3 节对有效应力原理作简要介绍并将其应用于含瓦斯煤体。

11. 小结

可以看到，固体力学诸分支中，理论力学、材料力学等是基础，从弹性力学到黏弹塑性动力学属于连续固体力学，断裂力学、损伤力学属于不连续固体力学，混凝土结构、岩土力学、土力学研究的是非均质材料。控制方程包括平衡方程（静力学问题）和运动方程（动力学问题）两种，静力学问题只需要边界条件，动力学问题还需要初始条件；几何方程包括小变形和有限变形两种；本构方程包括广义胡克定律（弹性理论）、屈服条件、加载条件、增量理论、全量理论等（黏弹塑性理论），金属等材料的屈服条件一般采用 H. Tresca 或 Von Mises 屈服条件，岩土类材料一般采用 Coulomb-Mohr 破坏条件等。

A2.2 陈至达教授的几何非线性理论

1. 物体的运动变换与参考坐标系

这里涉及到三个坐标系，一个固定于空间的直角坐标系 $\{X^1, X^2, X^3\}$；时间为 t_0 时，物体的位形为 B_0，在 B_0 中任一点 P 以 P 为基点形成局部正交标架 $P\{g_1^0, g_2^0, g_3^0\}$，三个基标矢量嵌含在物体中，称为嵌含标架、拖带标架或自然标架，各质点的坐标（即 Lagrange 坐标）为 $\{x^1, x^2, x^3\}$；t 时刻物体的位形变换为 B，此时拖带标架在空间的位

置为 P' $\{g_1, g_2, g_3\}$，实现变换 $\{g_1^0, g_2^0, g_3^0\} \rightarrow \{g_1, g_2, g_3\}$，三个坐标不一定再正交，$B$ 中各质点的坐标为 $\{\bar{x}^1, \bar{x}^2, \bar{x}^3\}$。变换函数为

$$\bar{x}^i = \bar{x}^i(x^1, x^2, x^3; t) \quad (i = 1, 2, 3) \tag{A2-1}$$

（1）如果将 P' 与 P 重合，经纯转动标架 g_i 可以和 g_i^0 完全合同，则此种运动为刚性运动，物体的尺规不变。

（2）如果将 P' 与 P 重合，经纯转动标架 g_i 不能和 g_i^0 完全合同，则标架发生了畸变或形变，在此情况下，g_i^0 变为 g_i 包含各基矢的伸长与转动，这是一般的运动变换。

物体在空间做一般的运动变换时，过可变形体一点的微线段因形状畸变一般情况下会有不同程度的转动和长度改变，构成新的位形。故在可变形体中一点邻域的转动概念比纯刚性转动要复杂，后者只是一个特例。在变形体力学的一般理论中，陈至达教授引进了在一点邻域的平均整旋概念来表示局部转动状态（点的函数），以区别于刚体力学的纯转动概念（可见理论力学）。

2. 转动与变形分离的数学方法

Stokes-陈理论的核心思想是 $S-R$ 分解定理：给定一个物理上可能的位移函数，此函数在形变体点集内是单值连续的，处处具有一阶导数，则此运动变换总可以分解为正交与对称两个子变换的直和。正交变换表现为点集的转动，对称变换表现为点集的形变。利用张量分析这一数学工具，可得到下列准确公式：

（1）应变张量：

$$S_j^i = \frac{1}{2}(u^i|_j + u^i|_j^T) - L_{k.}^{.i}L_{j.}^{.k}(1 - \cos\Theta) \tag{A2-2}$$

（2）局部平均转动张量：

$$R_j^i = \delta_j^i + L_{j.}^{.i}\sin\Theta + L_{k.}^{.i}L_{j.}^{.k}(1 - \cos\Theta) \tag{A2-3}$$

（3）局部平均整旋角（转动角）Θ 由下式定义

$$L\sin\Theta = \frac{1}{2}\mathrm{rot}u \tag{A2-4}$$

L 为转轴单位矢量，rot 表示位移 u 的旋度

$$\sin\Theta = \pm\frac{1}{2}[(u^1|_2 - u^1|_2^T)^2 + (u^2|_3 - u^2|_3^T)^2 + (u^3|_1 - u^3|_1^T)^2]^{1/2} \tag{A2-5}$$

$u^i|_j$ 是 u^i 对拖带坐标 x^j 的协变导数，T 表示转置，$\Theta = \Theta(x^1, x^2, x^3)$，局部转轴单位矢量由下式决定

$$L_{j.}^{.i} = \frac{1}{2\sin\Theta}(u^i|_j - u^i|_j^T) \tag{A2-6}$$

详细内容请见文献［4］。

在张量空间中尺度以尺规张量 g_{ij} 为标准，在工程应用中，必须变回以物理单位表示的物理分量。

A2.3 有效应力原理与含瓦斯煤体

1. 饱和土的有效应力原理

饱和土的有效应力原理可用下式表示

$$\sigma = \sigma' + u \tag{A2-7}$$

式中，σ 为作用在土中任意截面上的总应力（自重应力与附加应力）；σ' 为作用在同一平面土骨架上的粒间应力，称为有效应力；u 为作用在同一平面的孔隙水上，性质与普通静水压力相同，称为孔隙水压力。

土的变形（压缩）与强度的变化都只取决于有效应力的变化。

有效应力原理看似简单，却是土力学中极为重要的原理，灵活应用并不容易。自从其提出以来，土力学的许多重大进展都与其推广和应用有关。

2. 干土的有效应力原理

关于非饱和土，孔隙中既有水也有空气，情况比较复杂，煤层注水压裂增透技术中可能会遇到非饱和土的有效应力原理问题。

对于干土，有效应力原理为[7]

$$\sigma = \sigma' + u_a \qquad (A2-8)$$

式中，u_a 为孔隙气压力。

含瓦斯煤体类似于干土，总应力由自重应力与构造应力两部分组成，孔隙气压力等于瓦斯压力，作用于煤体骨架上的有效应力等于总应力加上瓦斯压力，煤体骨架的变形等取决于有效应力；对于稳态渗流的情况，渗透力也是作用于骨架上的有效应力。

A3 流体力学在工矿安全生产中的应用简介

在工矿安全生产过程中，有许多系统涉及利用空气动力做功，例如，工厂通风除尘系统、炼铁厂、热电厂、水泥厂的烟煤制粉、输送、喷吹系统及气力输送系统、煤矿瓦斯抽采系统、矿井通风系统等。其中，不少系统涉及粉尘、气体防爆问题。为了做好防爆工作，了解、掌握系统本身的工作原理是必要的。这部分内容通常属于工程流体力学、流体机械、矿井通风学等学科的研究范围，下面以工厂除尘系统设计与煤矿瓦斯抽采工程为例简要介绍流体力学在其中的应用，供进行系统危险性分析、设计时参考。此外，关于工厂除尘系统的设计，文献 [8] 是一部难得的专著，国内粉尘爆炸危险场所用除尘系统安全技术方面的要求见 AQ 4273—2016；关于烟煤制粉、输送、喷吹系统防爆方面的要求，可见 GB 16543—2008、NFPA 85—2019；关于气力输送系统防爆方面的要求，可见文献 [9]、[10]；关于矿井通风系统，可见文献 [11] 等。

A3.1 在工厂除尘系统设计中的应用简介[12]

每个除尘系统一般都包括吸尘罩、管路、除尘器和通风机等四大件，其工况都与流体力学有关，这里做简要介绍。

1. 吸尘罩

吸尘罩处在除尘系统的前沿，对除尘效果影响很大，对它的选型、设计应给予足够重视。

最常见的吸尘罩类似于家用抽油烟机上的伞形罩，可以安装在扬尘区的上部、下部和侧面，是一种局部密封吸尘罩。设计吸尘罩需遵循下列原则：

（1）在负压面部位尽可能设置遮挡面，最好全部遮挡、实现全密封。

（2）不能全密封时，尽量把吸尘罩靠近扬尘区域（但不能影响设备运转、操作与维修等）。

（3）吸尘罩的罩口要对着粉尘扩散的方向。

全密封罩的抽风量的计算方法有多种，这里介绍一种估算方法。

$$L = 250S \qquad (A3-1)$$

式中，L 为抽风量，m^3/h；S 为全密封罩的容积，m^3。

局部密封罩的抽风量可用下式估算

$$L = 250 \theta S \qquad (A3-2)$$

式中，θ 为空气增量系数，与负压面中未密封部分所占的比例 P 有关：$P = 0.1$，$\theta = 1.1 \sim 1.3$；$P = 0.2$；$\theta = 1.2 \sim 1.4$；$P = 0.3$；$\theta = 1.3 \sim 1.5$。未密封处在下部 θ 取下限；未密封处在中、上部，θ 取上限。

2. 通风管道

除尘系统管道中空气的流速一般远小于其中的声速，可认为密度不变（不可压缩流），流体的运动服从质量守恒定律（流速与断面积成反比）与能量守恒定律（静压与动压之和不变）。

（1）层流、紊流与雷诺数。流体在管内的流动有层流和紊流两种状态。雷诺数 $Re = \dfrac{vD}{\nu}$，这里，v 为平均流速，D 为管道内径，ν 为流体的运动黏性系数（受温度影响较大）。$Re < 2320$ 时为层流，$Re > 2320$ 时为紊流。

（2）摩擦压损。单位长度的摩擦压损——比摩损用 h_m 表示

$$h_m = \frac{\lambda}{4R_s} \frac{\rho v^2}{2} \qquad (A3-3)$$

式中，h_m 为比摩损，Pa/m；R_s 为管道水力半径，等于管道断面积除以周长，m；v 为平均流速，m/s；ρ 为密度，kg/m^3。λ 与流态有关系，处于层流状态时，$\lambda = 64/Re$；处于紊流状态时，$\lambda = 1.42/(qReD/K)^2$，这里，$q = 1/\rho$，$K$ 为粗糙度，mm。实际计算时可查图表。

（3）局部压损。局部压损按下式计算：

$$H_{ju} = \zeta \frac{\rho v^2}{2} \qquad (A3-4)$$

式中，ζ 为局部阻力系数，可在有关通风设计手册中查到。局部压损与流速的平方成正比，因此，在保证粉尘不沉积的前提下，减小气流速度有助于减小局部损失。各种粉尘在垂直、水平管道中不沉积的最低流速也可在有关通风设计手册中查到。

（4）通风管道系统设计计算的步骤。深入现场，调查研究，合理布置管道系统；画出简图，给管段编号，注上管段长度和风量；确定风速，计算断面尺寸；计算各段压损；计算总风量、总阻力。

（5）串联管路计算。串联管路流量不变，总压损等于各段压损之和。

（6）并联管路计算。由于压损与流量的平方成正比，电路中并联电阻的计算方法不适用于并联管路压损的计算，需要专门处理。例如，实际设计过程中，经常遇到一台除尘器对几个扬尘点除尘的情况，几个支管在一处交汇，交汇处之后用一根干管通往除尘器。通常分别计算的各个支管的压损不相等，把它们汇交在一起从干管中抽风时各支管的过风量不易确定，各支管的实际过风量与要求的过风量可能不同。遇到这种情况，必须调整部分支管的压损，方法有二：一是在各支管内设闸门；二是改变部分支管的管径。采用后者

时，需要确定一个基准支管，不改变其直径。通常以压损最小的支管做基准，其他支管就要减小压损，即增大管径，流速减小，但需满足最低流速要求。如果以压损最大的支管为基准，其他支管就要增加压损，减小直径，增大流速，原则上是不合适的。因此，可以首先以压损最小的支管为基准，不满足要求时再取压损次小的支管为基准，以此类推，总之，通过反复计算，通过改变部分支管的直径，可以使它们压损相等、风量符合要求等。

3. 除尘器

在粉尘防爆领域，不应使用沉降除尘器（沉降室），偶尔会遇到惯性除尘器，含尘浓度小于 25 g/m³ 时可直接使用袋式除尘器，含尘浓度大于 25 g/m³ 时可将旋风除尘器（或惯性除尘器）放在布袋除尘器的前面作为第一级除尘、布袋除尘器作为第二级除尘，在袋式除尘器的后面加装一级湿式除尘器可以除掉大部分微尘，尚未遇到静电除尘器。

旋风除尘器一般采用负压运行，为了增加处理风量，可以两个、四个并联使用，进口风速 12~16 m/s，阻力损失变化范围较大（一般有几百至几千毫米水柱，取决于除尘器的类型、型号等）。湿式除尘器的缺点是有用粉尘难以回收，对泥浆和污水处理比较困难，某些粉尘对设备有腐蚀，对水泥等水硬性粉尘不适用，冰冻区要考虑保温等，因此，应用受限。鉴于布袋除尘器应用最广，以下对布袋除尘器作简要介绍。

（1）滤布纤维的性能。纤维包括天然纤维和化学纤维，性能指标包括抗拉强度、使用温度、耐磨（酸、碱）性能、可燃性能等，其中，不可燃的包括氯纶、聚四氟乙烯纤维、黏胶纤维、玻璃纤维，氯纶和聚四氟乙烯纤维的整体性能良好。

（2）清灰方式。清灰方式包括机械振动、脉冲喷吹和逆向气流反吹或反吸 3 种。机械振动一般采用电动自动进行，对其布袋可以使之垂直方向振动，也可水平方向振动。引振的部位可以在上部、中部或下部，只要装上附着式振动器即可，是最经济的一种清灰方式；脉冲喷吹只能应用于外滤式除尘器，但效果较好，应用越来越广；如果有条件采用惰性气体喷吹，安全性更高；逆向气流反吹或反吸清灰是定时改变气流方向，吹掉原先的积尘，需要用到过程自动控制技术。

（3）气体流向。按含尘气体穿过滤袋的方向分为外滤式和内滤式两种，从防爆的角度考虑，宜采用外滤式。

（4）滤室的压力状态。滤室的压力状态分负压和正压两种，负压式的除尘器在通风机前，漏粉少，即使发生爆炸，爆炸压力也较小（爆炸压力与初始压力成正比），净化后的气体经风机排出，风机磨损小。因此，应用广泛，而正压式恰相反。

（5）排灰方式。收集下来的粉尘数量多、除尘器连续工作，应采取机械化排灰，反之，可以把粉尘积存在除尘器下部，定期由人工运走。对于某些可燃粉尘，如木粉尘、煤粉尘等，应采用锁气卸灰装置及时清走。

（6）过滤风速。一般取 0.04~0.06 m/s，要求高除尘效率时取低速，要求减小除尘器占据的空间、经济时取高速。

（7）过滤面积。过滤面积 $A = L/(3600\,v)$，有关参数、单位意义同前。

（8）滤袋个数。滤袋个数 $n = A/(\pi Dl)$，这里，l 为滤袋长度。

（9）压力损失。约 120~150 mmH₂O（1 mmH₂O = 9.81 Pa）。

（10）除尘效率。一般可达 99.5%。

4. 通风机

工厂除尘系统一般采用离心式通风机（要求风压大、风量小），不用轴流式（矿井通风多用轴流式）。

（1）风压。风压又称压强，压强小于 100 mmH_2O 称为低压风机，压强在 100 ～ 300 mmH_2O 之间的称为中压风机，压强大于 300 mmH_2O 的称为高压风机。一般除尘系统采用中压风机，可以通过改变风机转速调节风压，也可用闸门控制风压。

（2）风量。风量可以通过改变风机转速调节，也可用闸门控制，注意最大转速不可超过额定转速。

（3）通风机的性能和特性。通风机的性能可用性能表或特性曲线表示。

（4）通风管道的特性。气体在管道内流动时，压损与流量之间的关系称为通风管道的特性，$H=KL^2$，这里，K 为总阻力系数。

（5）通风机在管道中的工作特性。将风机的 $H-L$ 特性曲线与管道的 $H-L$ 特性曲线画在同一个坐标上，它们的交点即为通风机的实际工况点。

（6）通风机的选用。选用的通风机不但要满足管道系统工作时所需的风压和风量，而且要效率最高。

除尘系统的总压损等于管路系统的总压损加上除尘器的压损。一般风压的附加值（即富余系数）取 15%，风量的附加值取 10%。

工厂除尘系统常用的离心式通风机有 C6-48 型、C4-73 型、4-72 型等，选用时可查产品样本。

A3.2 在煤矿瓦斯抽采工程中的应用简介[13]

解决瓦斯问题的根本出路在于瓦斯抽采。有关瓦斯抽采的理论问题已经研究过了，下面介绍瓦斯抽采的工程问题。

1. 对瓦斯抽采管路的一般要求

瓦斯抽采管路敷设应符合下列规定：

（1）主、干管应根据矿井开拓部署、巷道布置、抽采地点分布、瓦斯利用要求以及采区接替等因素确定敷设路径。

（2）主管宜从专用管道井或回风井出地表，井下主、干管宜敷设在不经常通过车辆的回风巷内。若必须敷设在辅助运输巷道内时，应采取必要的安全防护措施。

（3）管路敷设应便于管路运输、安装、维修和日常检查。

（4）管材宜选用金属管材。若选用非金属管材，需具有煤矿许用合格证、煤安标志（MA）和由质检部门出具的抗静电、抗冲击、耐腐蚀、阻燃等鉴定资料。

（5）通往井下的金属管路，在井口附近应对金属体设置不少于 2 处的集中接地。

（6）沿巷道底板敷设管路时，应使用高度 0.3 m 以上的支撑墩并应保证每节管子下面有两个支撑墩。倾斜巷道中敷设管路时，应采取防滑措施。

（7）管路敷设在辅助运输巷内时，应将管路牢固地悬挂或架设在支架上，并应保证运输设备正常通过。在人行道侧，管路架设高度不应小于 1.8 m，管件的外缘距巷道壁不应小于 0.1 m。

（8）抽采管路不应与电缆敷设在巷道的同一侧。

（9）主管、干管、支管、钻场连接处应装设瓦斯计量装置。

（10）钻场、管道垂直拐弯、低洼处应设置放水器，间距 500～800 m，最大不超过

1000 m。放水器类型很多，效果差别很大，良莠不齐，致使不少煤矿仍采用人工放水。目前，已有一些设计巧妙（不用磁铁）、效果良好的机械式自动放水器问世，值得推广应用。

（11）在管路的适当部位应设置除渣装置。

（12）管路分岔处应设置控制阀门并宜选择自动手动两用阀，规格应与安装地点的管径相匹配。

（13）抽采钻孔连接管宜设抽采负压和瓦斯浓度检测孔并宜安装控制阀门。

2. 瓦斯抽采管路内径、摩擦阻力、局部阻力的计算

（1）抽采管路内径根据主管、干管、支管中的瓦斯流量按下式计算：

$$d = 0.1457 \sqrt{\frac{Q_L}{V}} \tag{A3-5}$$

式中，d 为管路内径，m；Q_L 为标准状态下管路内混合瓦斯流量，按各类管路使用年限或服务区域内的最大值、再考虑 1.2~1.8 倍的富余系数确定，m^3/min；V 为经济流速，可取 5~12 m/s。

式（A3-5）中的 V 是断面平均流速，系数 0.1457 与 Q_L 的单位（m^3/min）有关。如果 Q_L 的单位取为国际单位 m^3/s，则系数应为 $\frac{2}{\sqrt{\pi}}$。这里，经济流速约是工厂除尘或气力输送系统流速的一半；而 Q_L 的计算与瓦斯抽采方法有关，需要通过大量的专业计算或工程类比确定。

管壁厚度分负压抽采、正压输送两种情况进行处理。对正压输送的情况给出了计算式，但对负压的情况，只要求采用刚性管材，需要完善。因为虽然采用负压一般不会造成管壁内凹，但管道可能会受到挤压甚至撞击造成破坏；采用负压抽采的是大多数，在选择型材时仍需要明确的厚度参数，因此，应给予明确。

（2）管路摩擦阻力应根据管径、流量分段计算。各段管路摩擦阻力可按下列公式计算：

$$H = 69 \times 10^5 \left(\frac{\Delta}{d} + 192.2 \frac{v_0 d}{Q_0} \right)^{0.25} \frac{L \rho Q_0^2}{d^5} \frac{P_0 T}{P T_0} \tag{A3-6}$$

$$T = 273 + t \tag{A3-7}$$

式中，H 为摩擦阻力，Pa；Δ 为管路内壁的当量绝对粗糙度，钢管可取 0.10~0.15 mm，聚乙烯管材可取 0.17~0.20 mm，铸铁管可取 0.36~0.45 mm；v_0 为标准状态的混合瓦斯气体的运动黏性系数，可依据管路中瓦斯浓度采用加权平均法计算，标准状态下空气的运动黏性系数为 1.5×10^{-5} m^2/s，标准状态下纯瓦斯的运动黏性系数为 1.87×10^{-5} m^2/s；Q_0 为标准状态下的混合瓦斯流量，m^3/h；L 为管路长度，m；ρ 为管路内混合瓦斯密度，可依据管路中瓦斯浓度采用加权平均法计算，标准状态下空气的密度为 1.293 kg/m^3，标准状态下纯瓦斯的密度为 0.715 kg/m^3；P_0 为标准大气压力，101.325 kPa；P 为管道内气体绝对压力，Pa；T 为管路中气体温度为 t 时的绝对温度，K；T_0 为标准状态的绝对温度，293 K。

需要指出的是，式（A3-6）是一个经验公式，各量的单位应采用指定的单位，这里 Q_0 的单位是 m^3/h 而非 m^3/min，Δ 与 d 的单位也不一样。

顺便指出，这里实际上也给出了纯瓦斯气体在标准状态下的动力黏性系数 $\mu = 0.715 \times 1.87 \times 10^{-5} = 1.337 \times 10^{-5}$ Pa·S，而非文献 [14] 中给出的 1.08×10^{-8} N·S/cm²，两者相差约一个数量级。

式（A3-6）是《城镇燃气设计规范》（GB 50028—2006）中燃气管道摩擦阻力的计算公式。作为估算，也可采用下式[14]

$$H = 9.81 \frac{\gamma L Q_0^2}{K D^5} \tag{A3-8}$$

式中，γ 为混合瓦斯气体的相对密度，可查表得出，kg/m³；K 为系数，可查表得出；D 为瓦斯管内径，cm；其他量意义、单位同式（A3-6）。

（3）局部阻力可取为摩擦阻力的 10%~20%。

3. 应用施瓦茨-克里斯多弗尔变换计算上隅角插管抽采瓦斯量

参见 4.3 节，上隅角插管抽采入口在回风侧壁面附近，可假设为壁面上的一个点汇，由其产生的流场可通过流体力学中无黏不可压缩无旋流中的施瓦茨-克里斯托弗尔变换获得[15]。可用模型为无限长条带内的变换，将坐标原点取在抽采口处，变换公式为

$$\zeta = e^{\pi z / L} \tag{A3-9}$$

式中，z 为复变量，这里的 L 为回采工作面倾向长度。

式（A3-5）将物理平面上的无限长采空区内的边界变换为 ζ 平面上的实轴，采空区内的区域变换为 ζ 平面的上半平面。利用复势理论可以推导出抽采量的计算式，进而研究抽采量大小对 4.3.3 节中 I 的影响，总的结论是，抽采量不能过小，否则对 I 影响有限，上隅角插管作用不明显。因为实际情况是三维的。具体取值还应结合工程经验确定，这里就不进行理论推导了（可采用 Fluent 软件进行数值模拟）。

有关高位钻孔抽采的理论研究，见 4.4 节。

4. 抽采泵工况压力与流量计算（设备选型用）

（1）标准状态下的抽采系统压力按下列公式计算：

$$H_z = (H_r + H_c) \times K_x \tag{A3-10}$$

$$H_r = h_{rm} + h_{rj} + h_{kf} \tag{A3-11}$$

$$H_c = h_{cm} + h_{cj} + h_{cz} \tag{A3-12}$$

式中，H_z 为抽采系统压力，Pa；H_r 为抽采系统服务年限内入口侧负压段最大阻力损失，Pa；H_c 为抽采设备出口侧正压段管路阻力损失，Pa；K_x 为抽采系统压力富余系数，可取 1.2~1.8；h_{rm} 为入口侧负压段管路最大摩擦阻力，Pa；h_{rj} 为入口侧负压段管路局部阻力，Pa；h_{kf} 为井下抽采钻孔的设计抽采负压，Pa；h_{cm} 为出口侧正压段管路最大摩擦阻力，Pa；h_{cj} 为出口侧正压段管路局部阻力，Pa；h_{cz} 为出口侧正压段出口压力，出口进入瓦斯储气罐可取 3.5~5.0 kPa。

显然，由于井下瓦斯抽采管路异常复杂，准确计算这里的 h_{rm} 比较困难，只能依据经验或工程类比方法确定。

（2）抽采泵工况压力按下式计算：

$$P_g = P_d - H_z \tag{A3-13}$$

式中，P_g 为抽采泵工况压力，Pa；P_d 为抽采泵站的大气压力，Pa。

（3）标准状态下的抽采泵流量按下式计算：

$$Q_b = \frac{Q_s}{C_r \times \eta_b} \times K_L \tag{A3-14}$$

式中，Q_b 为标准状态下抽采系统的计算流量，m^3/min；Q_s 为抽采系统设计抽采量，m^3/min；C_r 为抽采泵入口处预计瓦斯浓度，%；η_b 为泵的机械效率，可取 80%；K_L 为抽采系统流量富余系数，可取 1.2~1.8。

（4）抽采泵工况流量可按下列公式计算：

$$Q_g = \frac{Q_b}{n} \frac{P_0 T_1}{P_r T_0} \tag{A3-15}$$

$$P_r = P_d - H_r \tag{A3-16}$$

$$T_1 = 273 + t_1 \tag{A3-17}$$

式中，Q_g 为工况状态下单台抽采泵流量，m^3/min；n 为工作泵台数；P_r 为抽采泵入口绝对压力，Pa；T_1 为抽采泵入口气体温度为 t_1 时的绝对温度，K；t_1 为抽采泵入口的气体温度，℃。

5. 抽采设备选型要求

（1）抽采设备应配备防爆电机。

（2）矿井瓦斯抽采设备能力，应满足瓦斯抽采系统服务范围或服务年限 10~15 a 内的最大瓦斯抽采量和最大抽采负压要求。

（3）各抽采系统抽采泵及附属设备应分别至少备用一套，备用泵能力不得小于运行泵中最大一台单泵的能力。

（4）瓦斯泵房内的瓦斯输送管路、瓦斯放空管及使用瓦斯的固定设备等处均应进行可靠接地。

（5）利用瓦斯时，抽采泵出气侧管路系统必须设置防回火、防回流和防爆炸作用的安全装置。干式瓦斯抽采泵吸气侧管路系统必须设置防回火、防回流和防爆炸作用的安全装置。

（6）地面瓦斯抽采泵房入口、出口应分别设置放空管，放空管直径不应小于主管直径，放空管管口的高度应超过泵房房顶 3 m。

（7）低浓度瓦斯管路输送的安全保障措施须遵守有关规定：

①采用低浓度瓦斯发电时，应安设阻火泄爆、抑爆、阻爆型阻火防爆装置；阻火泄爆装置应选用水封式，抑爆装置可选择自动喷粉式、细水雾输送式和气水两相流输送式中的一种，阻爆装置应选择自动式。

②抽出的低浓度瓦斯不利用时，其地面排放管路应安设阻火泄爆、抑爆型阻火防爆装置，阻火泄爆装置宜选用水封式，抑爆装置宜选择自动喷粉式。

③抽采易自燃、自燃煤层采空区低浓度瓦斯时，应在靠近抽采地点的管道上安设抑爆装置；抑爆装置宜采用自动喷粉式。

④安装位置及顺序应符合现行行业标准《煤矿低浓度瓦斯管道输送安全保障系统设计规范》（AQ 1076—2009）的规定。

（8）应对瓦斯抽采管路中的瓦斯浓度、压力、流量、温度等参数进行监测。抽采容易自燃、自燃煤层的采空区瓦斯时，还应监测抽采管路中的一氧化碳浓度。

（9）瓦斯抽采泵房必须有检测管道瓦斯浓度、压力、流量等参数的仪表或自动监测系统。

（10）地面泵房每台瓦斯泵入口、出口应分别设静压管，值班室应设人工检测装置。

（11）应监测抽采泵房内环境瓦斯浓度、抽采泵及主电机轴承温度、水量、水温、水位、抽采泵开停状态、阀门开闭状态等参数。

参 考 文 献

［1］蔡拖．数学物理方法教程［M］．北京：科学出版社，2015.

［2］（瑞典）N.H. 伊布拉基莫夫著，卢琦等译，胡享平校订．微分方程与数学物理问题（中文校订版）［M］．北京：高等教育出版社，2013.

［3］刘式适，刘式达．物理学中的非线性方程［M］．北京：北京大学出版社，2012.

［4］陈至达．杆板壳大变形理论［M］．北京：科学出版社，1994.

［5］申建红，邵军义．工程结构［M］．北京：化学工业出版社，2017.

［6］俞茂宏．岩石强度理论及其应用［M］．北京：科学出版社，2017.

［7］陈仲颐，周景星，王洪瑾．土力学［M］．北京：清华大学出版社，1994.

［8］Industrial Ventilation: A Manual of Recommended Practices, 26th edition［M］.Cincinnati, OH452410-1634, USA, 2010.

［9］NFPA91-2015 Standard for Exhaust Systems for Air Conveying of Vapors, Gases, Mists, and Particulate Solids［S］.Quincy, MA02169-7471, USA, 2015.

［10］NFPA650-1998 Standard for Pneumatic Conveying Systems for Handling Combustible Particulate Solids［S］.Quincy, MA02169-7471, USA, 2015.

［11］黄元平．矿井通风［M］．徐州：中国矿业大学出版社，1986.

［12］胡传鼎．通风除尘设备设计手册［M］．北京：化学工业出版社，2003.

［13］于不凡．煤矿瓦斯灾害防治及利用技术手册（修订版）［M］．北京：煤炭工业出版社，2005.

［14］周光炯．流体力学（上册）［M］．北京：高等教育出版社，1992.

附录 B 俄罗斯《防治煤（岩）与瓦斯突出指南》（2000）节译

俄罗斯现行的《防治煤（岩）与瓦斯突出指南》（以下简称《防突指南》）自 2000 年 10 月 1 日开始施行，至今已 20 年。与我国的《防治煤与瓦斯突出细则》（2019）相比，《防突指南》的最大特点是体系简单。此外，工作面突出预测方法差别也较大。考虑到两国煤层赋存情况、采煤方法基本相同（靠近乌克兰的罗斯塔夫州煤层赋存以薄煤层群为主），作者认为《防突指南》与《防突细则》之间可以相互对照、参考。基于此，下面对《防突指南》做简要介绍。为保留其完整体系（包括附加等），下面内容中的 1 即其第 1 章，1.1 即其第 1 章第 1 节，1.1.1 即其第 1 章第 1 节第 1 条等，遵从其层次，图、表、公式等也按原书编排；限于篇幅等，采取节译方式，侧重技术和作者认为重要或与《防突细则》有所区别的条文等。译文力求准确达意，但囿于外语水平与专业所限，只能供参考；如需引用，请参见原文，以原文为准。

1 总的要求

1.1 煤（岩）与瓦斯突出

1.1.1 煤与瓦斯突出（压出）或岩石与瓦斯突出是含瓦斯煤、岩层中发生的一种危险而又复杂的瓦斯动力现象，特点是煤岩体迅速破坏、伴随有瓦斯涌出抛（移）向采掘空间（以下煤与瓦斯突出（压出）简称"突出"）。

1.1.2 煤与瓦斯突出的典型特征：

    a）煤从工作面抛出的距离超过自然安息角下的分散距离；

    b）煤体中形成空腔；

    c）煤在巷道内移动；

    d）与巷道内正常的瓦斯涌出情况相比，相对瓦斯涌出量大于煤层原始瓦斯含量与残余瓦斯含量的差。

    煤与瓦斯突出的辅助特征包括设备损坏与推出，抛出的煤体与支架上有细煤粉等。

1.1.3 煤与瓦斯突出会有预兆：瓦斯涌出量明显增大，工作面外鼓，人工作业面出现粉尘云，煤岩体内部响煤炮，工作面煤压出或倾出，工作面掉煤渣，钻孔顶钻、卡钻或吸钻，钻进时喷孔等。

    出现突出预兆时，所有人员应当迅速撤离。后续工作必须经矿井技术负责人书面批准后方可恢复。

1.1.4 岩石与瓦斯突出的主要特征：

    a）在岩体中形成空洞；

    b）岩石从工作面抛出，大部分颗粒细小到大的砂砾的程度；

    c）巷道内的瓦斯涌出量增大。

1.2 矿井煤岩层按煤（岩）与瓦斯突出危险性分类

1.2.1 有煤（岩）与瓦斯突出倾向的煤岩层分为突出危险层与突出威胁层，个别情况下的矿井煤岩层可以分出特别危险区。

1.2.2 矿井突出危险煤岩层指发生过突出或经工作面预测有突出危险或经揭煤预测有突出危险的煤岩层。

矿井突出威胁煤层指埋深符合 2.1.3 条的煤层。

1.2.3 特别危险区指矿井突出危险煤岩层中没有受到保护的下分层；地质破坏区；矿压升高区。

1.2.4 矿井特别危险区域登记与开采顺序、突出危险煤层、突出威胁煤层、保护层、过停采线、采取突出预测或防突措施的必要性等的备案与开采顺序由由煤矿企业技术负责人担任领导、俄罗斯国家矿山技术监督局、东方矿业研究所、乌尼米、煤田技术机构人员为委员组成的委员会确定，上述备案与开采顺序等由委员会与俄罗斯国家矿山技术监督局的地方监管部门联合批准。

1.3 安全开采突出危险和突出威胁煤层应采取的综合措施

1.3.1 开采突出危险与突出威胁煤层应考虑下列措施：
- a）突出危险性预测；
- b）预先开采保护层；
- c）防治煤与瓦斯突出的措施及其效果检验；
- d）能够降低回采与掘进工作面发生煤与瓦斯突出危险的采掘方法与工艺；
- e）保障工人安全的措施。

1.3.2 关于突出危险性的预测见第 2 章。

1.3.3 保护范围内的揭煤及回采、掘进工作无需进行突出危险性预测、采取防突措施，爆破作业按矿井最高瓦斯等级对待。

1.3.4 没有受到保护的突出危险矿井煤层或区域的开采应进行突出危险性预测、采取防突措施。

1.3.5 区域防突方法用于回采与掘进前允许较长时间处理的煤体。

区域方法包括预先开采保护层，抽排煤层瓦斯，煤层注水。

局部方法用于工作面附近的煤体，其实施在回采或掘进工作面。

局部方法包括水力疏松，低压润湿，低压浸透，带润湿的水力挤出，水力造穴，在煤层和相邻岩层中形成卸压槽、缝，施工超前排放钻孔，对煤体进行爆破处理，沿回采工作面长度方向形成卸压缝。

对所有情况下实施的区域与局部防治煤与瓦斯突出措施必须检验其效果。

实施局部防治煤与瓦斯突出措施（施工超前排放钻孔，水力挤出，水力造穴）瓦斯涌出量增大、出现突出预兆时，必须采取措施防止瓦斯喷出，厘清防突措施实施过程中的瓦斯动力现象。

1.3.6 开采没有受到保护的矿井突出危险煤层时应采取下列保障工人安全的措施：
- a）爆破作业采用震动爆破；
- b）工作面风流稳定；
- c）危险区域作业可以调整生产与实施防突措施的顺序；

d）远程监测回采和掘进工作面的甲烷浓度，包括在煤面和邻近工作面实施震动爆破；

　　e）固定式个体和集体避难点，移动救生点，联系电话，机器和设备远程开停。

1.4　防治煤（岩）与瓦斯突出总的组织工作（略）

1.5　对新建、改建矿井和准备新水平的要求

1.5.1　有煤与瓦斯突出危险和突出威胁煤层的新建、改建矿井和准备新水平的防治煤与瓦斯突出工作应符合本《防突指南》的要求并征得东方矿业研究所和全俄矿山地质力学及矿山测量研究院（以下简称"乌尼米"）的同意，设计应有防突专篇，用于指导防治煤与瓦斯突出工作。

1.5.2　新建、改建矿井、准备新水平的设计由东方矿业研究所在地勘资料的基础上给出煤层和岩石突出危险性方面的官方结论。

1.5.3　突出危险和突出威胁煤层的揭煤和开拓工作应保障：

　　a）最大限度地利用预先开采保护层和采取区域防突措施；

　　b）准备巷道位于无突出危险和被保护层内；

　　c）大巷尽量少穿过突出危险煤层；

　　d）未被保护的突出危险煤层采用柱式采煤法；

　　e）井田范围内的风量分配，断面分布，掘进工作面独立通风和回采工作面新鲜风流；

　　f）近水平煤层相邻工作面之间双巷掘进，巷道与采空区之间无煤柱巷道的重复利用。

煤层开采顺序执行《利用保护层的技术方案》。对于罗斯塔夫州矿井急倾斜和倾斜煤层在水平移交前开采保护层的从主要石门采出的长度不小于 400 m。

1.5.4　新建、改建生产矿井、生产矿井准备新水平为了完全保护急倾斜突出煤层，必须事先在一个水平开采保护层。

　　在一个水平开采保护层时，允许同时开采三层煤（开采前的、主层和预先的）。

　　预先开采水平大巷应考虑矿井全风压独立通风，水平的回风应直接进入矿井的回风。

　　预先开采水平的出煤、出矸、人员升降、下料应使用固定升降装置。个别情况经俄罗斯国家技术监督管理局地方部门同意可以使用盲井里的罐笼和箕斗进行人员上下、出煤矸、下料等。

　　预先开采水平的保护层开始回采前应安装固定或临时排水设备，建设和敷设电力系统，必要时设立空调系统。

　　预先开采水平所有与开采保护层有关的工作都应经过设计单位技术负责人的批准。

1.6　对开采突出危险、突出威胁煤层的要求（略）

1.7　瓦斯动力现象调查与备案（略）

2　煤层和岩石突出危险性预测，防治煤与瓦斯突出措施效果检验的方法

2.1　应用突出危险性预测方法的程序

2.1.1　矿床（井田）开发在下列三个阶段进行煤层突出危险性预测：地勘时期；揭开煤层；掘进与回采过程中。

　　煤层突出危险性预测和防突措施效果检验应使用符合相应国家标准［ГОСТов（ОСТов）和 ТУ］要求的仪器。

2.1.2　地勘时期煤岩层的突出危险性预测工作由东方矿业研究所完成。

　　罗斯塔夫州矿井这项工作由地勘单位参照顿涅茨克煤田的要求完成。

2.1.3 按照地勘时期确立的始突深度进行（揭煤和工作面）突出危险性预测。表 1 列出了一些煤田、矿区、井田的临界深度值。

罗斯塔夫州矿井开始进行矿井煤层突出危险性预测的深度见表 2。

表 1 煤田、矿区临界深度   m

煤田、矿区	临界深度
Прокопьевско-Киселевский	150
Ускатский и Томь-Усинский	200
Кемёровский	210
Вунгуро-Чумышский	220
Беловский，Байдаевский，Осинниковский，Кондомский и Терсинский	300
Ленинский	340
Анжерский	500
Араличевский	190
Печорский	400
Партизанское месторждение и Месторждения о. Сахалин	250

表 2 罗斯塔夫州矿井煤层突出危险性预测参数

挥发分 V_{daf}/%	煤变质程度综合指数 M/y. e.	煤层原始瓦斯含量/($m^3 \cdot t^{-1}$)	开始预测的深度/m
大于 29	26. 3~27. 7	8 以上	400
	24. 5~26. 2	9 以上	380
	23. 7~27. 6	9 以上	380
9~29	17. 6~23. 6	11 以上	320
	13. 5~17. 5	12 以上	270
	9. 0~13. 4	13 以上	230
小于 9（但 $\lg\rho > 3.3$）	—	15 以上	150

表 2 综合指数 M 按下式确定：

$$V_{daf} = 9\% \ \sim 29\% \ 时，M = V_{daf} - 0.16y \tag{B-1}$$

$$V_{daf} > 29\% \ 时，M = \frac{4V_{daf} - 91}{y + 2.9} + 2.4 \tag{B-2}$$

式中，y 为软煤夹层的厚度，mm（没有夹层的，$y=0$）。

如果煤的综合变质程度指数 $M > 27.7$ 或无烟煤的比电阻的对数 $\lg\rho < 3.2$，则矿井煤层属于无突出危险煤层，与开采深度和原始瓦斯含量无关。此外，对于某一变质程度的煤其原始瓦斯含量或开采深度小于表 B2-2 中的值，也属于无突出危险煤层。

相邻矿井开采统一煤层其中一个矿井是突出矿井的，另一个矿井也属于煤与瓦斯突出危险矿井。

上述论述中没有提到的煤田或井田的临界深度取 150 m。

2.1.4 可以根据东方矿业研究所专家的评价对上述深度就具体煤田、矿区、井田进行精确化，对具体煤矿和它的区域建立临界深度。

2.1.5 对于库兹巴斯煤田，依据东方矿业研究所等单位根据有关标准给出的结论可以给突出威胁和突出危险煤层划分出非危险区。

2.1.6 在采掘工程平面图等图纸上应标出煤层的突出临界深度等值线。

2.2 揭煤地点突出危险性预测

2.2.1 揭开突出危险和突出威胁煤层的石门与其他开拓巷道前应进行揭煤地点突出危险性预测。

2.2.2 揭煤巷道距近水平煤层的垂距不小于 10 m 前施工深度不小于 10 m 的探测孔，弄清楚煤层位置、倾角、厚度。

揭开缓斜、倾斜与急倾斜煤与瓦斯突出危险（威胁）煤层，在最小超前距不小于 10 m 的前提下施工深度不小于 25 m 的探测孔。

探测孔（不少于 2 个）布置、深度与施工顺序由矿井技术负责人和地测人员计算确定，巷道与煤层之间的距离不小于 5 m。钻孔的实际位置应该反映在有关图件上。钻孔位置的检验工作由地测人员负责。

2.2.3 揭煤巷道工作面距煤层垂距不小于 3 m 施工预测孔，测定揭煤地点突出危险性预测所需的指标。用两个圆管沿煤层分层取样或借助取芯器取样。预测孔应穿过煤层 1 m，在煤层平面内孔与孔之间的距离不小于 2 m。沿煤层全厚每米取一次样。近水平煤层厚度超过 2 m 的取样深度取全厚。

2.2.4 预测无突出危险揭煤时未发生突出的近水平煤层可以采用工作面突出危险性预测方法穿过。

2.2.5 Кузнецков（库兹尼茨阔夫）煤田揭煤地点突出危险性预测按指数 Π_B 进行，

$$\Pi_B = P_{\Gamma,\,max} - 14f^2_{min} \tag{B-3}$$

式中，$P_{\Gamma,max}$ 为给定深度的最大瓦斯压力，bar；f_{min} 为煤层的最小坚固性系数。

揭煤地点 $\Pi_B \geqslant 0$ 的区域认为有突出危险。

2.2.6 Печорского 煤田、Приморья 和 о. Сахалин 煤层揭煤地点的瓦斯压力大于等于 10 bar² 时认为有突出危险。

2.2.7 急倾斜近距离煤层群揭煤突出危险性预测在一个地点施工两个检验孔，分开钻透一些煤层或所有煤层，这时煤层瓦斯压力可以取同一值并等于最大值。

2.2.8 罗斯塔夫州矿井揭煤地点突出危险性预测采用钻孔瓦斯涌出速度 g，碘指数 ΔI 和煤的坚固性系数 f。

揭煤巷道工作面距厚度大于 0.2 m 的煤层或分层垂距不小于 3 m 时向煤层或分层施工检测孔，取煤样，测定钻孔瓦斯涌出速度，确定煤层厚度和分层数。钻孔瓦斯涌出速度应在停止钻进后 2 min 内完成，测量气室封孔应对应煤层厚度段。如果钻进过程中有突出预兆，则停止钻进并预测有突出危险。

封孔采用 3Г-1 或 ПГШ 型封孔器。

厚度超过 0.2 m 的分层都要取样以确定碘指数和煤的坚固性系数。

如果无法对每个分层取样，可以根据混合煤样确定 f 和 ΔI。

预测时采用 g、ΔI 的最大值，f 的最小值。

ΔI 和 f 在东方矿业研究所实验室测定。

同时满足下列三个条件评价为无突出危险性：

$$g \leqslant 2 \text{ L/min}; \tag{B-4}$$

$$\Delta I \leqslant 3.5 \text{ mg/g}; \tag{B-5}$$

$$f \geqslant 0.6 \text{ y. e.} \tag{B-6}$$

三个条件中只要有一个不满足即预测为有突出危险。

2.3 （罗斯塔夫州矿井）煤层局部突出危险性预测（类似于国内的区域预测——译注）

一般要求，突出危险性评价参数（略）。

2.3.1 罗斯塔夫州矿井用局部预测法评价按 1.2.2 条和 2.1.3 条属于突出威胁的矿井煤层的突出危险程度，以确定在具体的采掘作业条件下采取工作面突出危险性预测的必要性。

相邻矿井相应水平同一煤层发生过瓦斯动力现象的不用局部预测方法。

需要进行局部预测的矿井煤层由委员会根据 1.2.5 条确定（原文无 1.2.5 条，疑应为 1.2.4 条）。

局部预测包括从总体上考察矿井煤层；对整体上考察煤层的部分区域进行预测性观察；根据预测性观察的结果以及采煤工艺、顶板管理方法发生变化时、过压力升高区和地质破坏区等情况进行非周期性的考察。

总体上考察结果的处理（略）

总体上考察区域突出危险性评价标准（略）

总体上考察的周期（略）

考察结果检验（略）

2.4 工作面突出危险性预测

总的要求。

2.4.1 工作面突出危险性预测用于为煤巷掘进工作面和回采工作面建立危险和不危险区域。无法完成工作面突出危险性预测的可采取局部防突措施或震动爆破。掘进工作面突出危险性预测根据煤层结构和预测钻孔瓦斯涌出初速度判定。急倾斜煤层在回风流利用瓦检仪（AKM）自动预报。库兹巴斯煤田矿井回采工作面突出危险性预测采用综合预报，作为上述措施的补充可以采用人工信号幅频特性法。

2.4.2 罗斯塔夫州矿井可以用钻孔瓦斯涌出初速度、声发射信号活度和人工信号幅频特性等方法代替上述方法进行掘进工作面和回采工作面突出危险性预测。

允许采用声发射法和瓦斯涌出初速度法联合预测。这种方法由声发射法建立的危险区域的边界由瓦斯涌出初速度法细化。

矿井范围内的岩石突出危险性预测采用岩心法。

2.4.3 在弄清楚危险区域时矿长根据预测结果禁止采煤作业，通知调度和防突科长，最后将预测结果填入表内，由矿井技术负责人签字。技术负责人给停止的工作面在采取防突措施、效果检验有效和采取安全防护措施后签开工单。

掘进工作面根据煤层结构、钻孔瓦斯涌出初速度预测突出危险性。

2.4.4 工作面煤层突出危险性预测从考察开始，包括肉眼观察工作面；弄清楚工作面断面上煤层的分层情况；测量它们的厚度，精度到 1 cm；使用 Π-1 型强度仪（见附加 5）

测定每一个分层的强度（不是钻屑量）。

2.4.5 强度指数按下式确定，

$$q = 100 - l \tag{B-7}$$

式中，l 为撞针进入的深度，按强度仪上的刻度确定，mm。

每个分层的强度取 5 个数的平均值，

$$q = \frac{(q_1 + \cdots + q_5)}{5} \tag{B-8}$$

2.4.6 分层或连同其相邻的分层的分层组的强度 $q \leqslant 75$ y. e. 和总的最大厚度不小于 0.2 m（Печорский 煤田的矿井取 0.1 m）被认为具有潜在突出危险。

2.4.7 存在一个以上这样的分层或分层组时在确定突出危险性时取强度最小的。分层组的强度 q_c 取它们的加权平均值，

$$q_c = \frac{\sum_1^n q_i m_i}{\sum_1^n m_i} \tag{B-9}$$

式中，n 为分层组里的分层数。

2.4.8 如果工作面分层的强度不具有潜在的突出危险性，则不需要施工预测孔，迎头前 4 m 可认为无突出危险，可以不采取防突措施掘进 4 m。然后再测定分层（组）的潜在突出危险性（本条可加快预测速度）。

2.4.9 出现潜在突出危险分层或分层组时施工预测孔进行突出危险性预测。

2.4.10 预测孔选择在强度最低的分层或分层组里。

2.4.11 预测孔的钻进在每一个循环后暂停。第一个循环的长度为 0.5 m，以后的循环均为 1 m。第二个及以后的每一个循环的钻进持续时间为 2 min。

如果钻孔持续时间超过了规定值，那么，即使没有出现顶钻，也不要停钻，继续钻进，直到从它的开始时间不超过 2 min。

钻完第二个及后续的循环后测定最大瓦斯涌出初速度 $g_{H,max}$，L/min。循环完成后的 2 min 内测完瓦斯涌出速度，封孔压力不小于 2 bar。

2.4.12 读数结束确定预测孔最大瓦斯涌出初速度 $g_{H,max}$。

$g_{H,max} \geqslant 4$ L/min 的区域属于突出危险区，$g_{H,max} < 4$ L/min 的属于无突出危险区。

获得工作面在同一位置的其他钻孔 $g_{H,max}$ 值，取最小值，填入预测表。

经东方矿业研究所同意库兹巴斯煤田在测得 $g_{H,max} \geqslant 4$ L/min 后为了弄准突出危险区域可以根据《煤巷掘进工作面瓦斯动力危险性预测暂行办法》（克麦罗沃：东方矿业研究所，1999）采用指数 B。

2.4.13 薄及中厚煤层预测孔深度为 5.5 m，厚煤层为 6.5 m。钻孔直径 43 mm，手持钻机，钻杆由螺纹钢制成。工作面每推进 4 m 预测一次。

预测过程中如果有一次获得了危险的 $g_{H,max}$，预测工作即告终止（本条有较大参考意义）。

2.4.14 急倾斜、倾斜或缓倾斜煤层平巷掘进第一个预测孔沿巷道轴线施工，第二个沿煤层反向终孔点高于巷道轮廓 1.5 m。

掘进缓倾斜巷道或沿近水平煤层掘进平巷时预测孔应控制轮廓外 2 m，沿近水平厚煤

层分层开采掘进缓倾斜或平巷时，边孔也要控制左右轮廓外 2 m。此外，第三个（辅助）孔终孔点低于或高于轮廓 1.5 m。

钻孔开口距两帮 0.5 m。

在地质破坏带施工巷道时，应考虑增加预测孔等，参照附加 2。

2.4.15 出现离开危险区域特征时（煤的强度升高，出煤和实施防突措施时瓦斯涌出量减小），经矿井技术负责人书面批准，在实施完最后一轮局部防突措施从进入最小超前区域的地点开始预测长度可为 20 m。

在检验区域内，在每一个掘进循环前不少于 2 m 预测超前距，进行钻孔瓦斯涌出初速度预测。

如果在整个预测区域内都没有得到突出危险指标或根据 2.3.5~2.3.9 条的潜在突出危险分层或分层组，后续掘进只进行突出危险性预测不必采取防突措施。

检验区域 $g_{\mathrm{H,max}} \geq 4$ L/min 时应采取防突措施。

检验区域每一个出煤循环后都要加强支护。

2.4.16 下列区域不用进行工作面突出危险预测、无突出危险：

包括五种情况，为避免误导此处略。

2.4.17 急倾斜煤层揭开突出危险分层或分层组后下行掘进，经矿井技术负责人书面批准，突出危险性评价可以基于掘进工作面附近记录的甲烷浓度与空气消耗量。

为了完成自动预测，应安设甲烷浓度自动监测系统（AKM）。在距掘进工作面 30~50 m 范围内的同一距离处安装甲烷浓度传感器 ДМТ-4 和空气消耗量传感器 ИСВ-1。两种传感器信号接到地面控制中心记录仪（计算机）СПИ-1。

2.4.18 预测需要下列数据：C_{ϕ}—测点甲烷浓度基准值,%；$C_{\max}$—爆破后甲烷浓度最大值,%；t_{p}—爆后从浓度突变开始到趋于基准值的时间, min；n—将 t_{p} 除以 15 所得的份数；C_1 等—与时间均分对应的浓度值,%；Q_1 等—与每一个时间间隔对应的空气消耗量，根据空气速度传感器测定值计算, m³/min；$S_{\mathrm{\Pi p}}$—巷道煤层断面积, m²；$l_{\mathrm{\Pi}}$—爆破循环进尺, m；γ—煤的比重, t/m³；f_{B}—煤的坚固性系数。

2.4.19 采用下列方法获得预测所需的数据。

实施突出危险性预测的工作面在两小时以上（如交接班时间里）没有与煤层有关的作业，用 AKM 系统甲烷传感器记录甲烷浓度基准值 C_{ϕ}（图 1）。

装药后爆破工通知 AKM 系统操作员，告诉他眼下要爆破的炮孔编号等。操作员启动甲烷浓度记录仪，爆破后获得 $C_{\max}$。

然后获得 t_{p}，不超过 120 min。计算 n，等于 $t_{\mathrm{p}}/15$。

从爆破开始每 15 min 获得一个 C_1、Q_1 等，甲烷浓度的精度到 0.01%，空气消耗量的精度到 10 m³/min。

2.4.20 工作面突出危险性预测方法。

计算爆后甲烷浓度的临界值，

$$C_{\mathrm{kp}} = 13.3 \frac{S_{\mathrm{\pi p}} l_{\mathrm{\pi \gamma}}}{Q_{\mathrm{cp}}} + C_{\varphi} \qquad \text{（B-10）}$$

式中，Q_{cp}——传感器测得的空气消耗量的平均值，按下式计算，

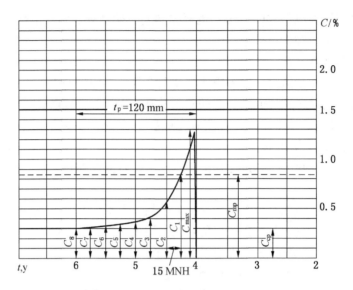

图 1　确定爆破后工作面突出危险性的 AKM 图

$$Q_{cp} = \frac{(Q_1 + Q_2 + \cdots + Q_n)}{n} \qquad (B-11)$$

如果记录到的 $C_{max} < C_{kp}$，下一个循环爆破作业区域无煤与瓦斯突出危险。

如果 $C_{max} \geqslant C_{kp}$，按下式计算煤层高瓦斯含量区，

$$X_{эф} = \left[\left(\frac{C_{max}}{2} + C_1 + C_2 + \cdots + C_{n-1} + \frac{C_n}{2} \right) - nC_ф \right] \frac{0.01 t_p Q_{cp}}{n S_{Пp} l_П \gamma} \qquad (B-12)$$

如果 $X_{эф} \geqslant 4$ m³/t，下一个爆破循环有突出危险，如果 $X_{эф} < 4$ m³/t，无突出危险。

2.4.21　移动的掘进工作面出现突出危险区后在实施工作面区域防突措施后爆破作业采取震动爆破。

无突出危险区的爆破作业按矿井瓦斯最高等级进行。

回采工作面突出危险性综合预测（类似国内的突出鉴定、评估）。

2.4.22　在库兹巴斯煤田两巷最大埋深大于突出临界深度的每一个回采工作面达到临界深度前经矿井申请由东方矿业研究所对回采工作面圈定的范围内根据《构造破坏影响区煤层突出危险区的划定方法》（克麦罗沃：东方矿业研究所，1999）进行地质力学构造探查，根据探查结果以及两巷工作面突出危险性预测结果签发回采区域内突出危险区域的范围。回采工作面进入突出危险区域前应转变为无突出危险状态或回采工作面只在基于东方矿业研究所给出的无突出危险区域内推进。

罗斯塔夫州矿井掘进和回采工作面突出危险性预测

根据预测钻孔瓦斯涌出初速度进行工作面突出危险性预测（略）

根据矿岩声发射信号进行工作面突出危险性预测（略）

根据人工信号的幅频特性进行工作面突出危险性预测（略）

2.5　（罗斯塔夫州矿井）岩石突出危险性预测（略）

3　区域防治煤与瓦斯突出方法

3.1　预先开采保护层

268

3.1.1　预先开采保护层防治煤与瓦斯突出的保护作用机理在于降低矿山和瓦斯压力，卸载提高煤岩体瓦斯的透气性，上和下被保护煤岩层中的瓦斯得到释放。

　　保护层是这样一种煤层（或分层），通过预先开采它可以完全保障煤层群中被保护煤层不发生突出。

　　被保护层按煤与瓦斯突出危险性可以是突出危险和突出威胁煤层。

3.1.2　煤层群可以采用下行、上行和混合方式开采。开采顺序的选择应保障有效保护尽可能多的突出危险与威胁煤层。

　　煤层群中存在无突出危险煤层（或分层）或突出威胁煤层时，应首先考虑开采它们作为保护层。如果所有煤层都有突出危险性，应该首先开采危险性较小的或能够采取最有效的综合防突措施、对邻近煤层能够提供最大保护面积的煤层。保护范围如下（图2）：

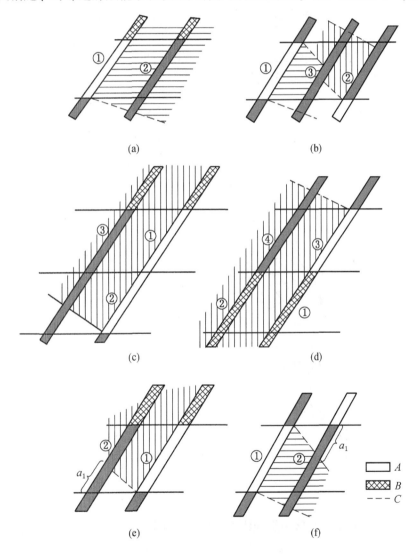

A—保护层回采巷道；B—已采水平采空区；C—保护边界；a_1—未被保护区；①~④—开采顺序

图2　保护层开采的主要方案

269

被保护层的上分层已经开采时开采上保护层（图2a）；

双重保护（图2b）；

保护层开采预计开采一个以上分层时开采下保护层（图2c）；

上行开采顺序（图2d）。

其他情况下的保护层不能保证整个高度的保护效果（图2e、f）。

余下的未受到保护的区域突出危险性会增加，特别是图2e所示的情况（参见1.2.3条）。

急倾斜煤层禁止在下部未受到保护的区域如图2e所示开展采掘作业，三种情况除外（如需了解，请参看原著）。

3.1.3 开采保护层的采空区不得留煤柱；事先未知的残余煤柱经公司技术负责人批准允许将其位置与其导致的矿压升高区标注在采掘工程平面图上。最小尺寸超过0.1 l 的煤柱需要考虑。

原注：这里的煤柱指最小长度不超过2 l 的范围，这里，l 是压力支撑区的宽度，按图3确定。如果超过了2 l，指煤体边缘部分。

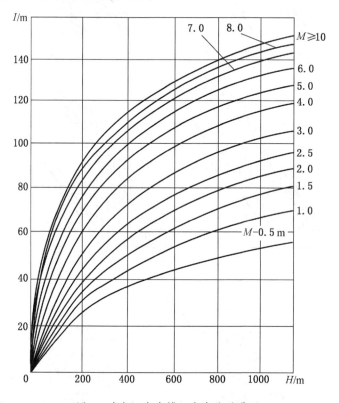

图3　确定压力支撑区宽度的诺谟图

3.1.4 下保护层开采允许的最小层间距 h_{min} 由下式决定：

$$\alpha < 60°,\quad h_{min} \geq Km\cos\alpha \tag{B-13}$$

$$\alpha \geq 60°,\quad h_{min} \geq K\sin\frac{\alpha}{2} \tag{B-14}$$

式中，M 为保护层的厚度，m；α 为煤层倾角，（°）；K 为考虑地质与保护层开采工艺条件的系数；采空区充填的 $K=4$；薄及中厚煤层全部垮落法管理顶板 $K=6$；房式开采厚煤层上水平强制放顶 $K=8$；走向长臂或房式开采厚煤层上水平顶板难冒放 $K=10$。

$h_{\min} < 5 M$ 开采有突出危险的下保护层允许在得到乌尼米和东方矿业研究所的肯定答复后施行。

3.1.5 开采保护层应采取措施管理全部破坏或均匀冒落的顶板。

3.1.6 被保护区、未保护区和压力升高区的计算程序和划分见《防治煤矿冲击地压指南》（1999）的附录 5（本条具有较大参考价值，参见本书 6.5 节）。由矿井地测部门负责人标识在采掘工程平面图和工作面作业规程上等。

3.1.7 在被保护层里开展采掘作业要在保护效果得到确认后进行。

3.1.8 开采局部保护层可用于保护：

临近突出危险煤层掘进的巷道；突出危险煤层石门揭煤地点（图 2）；区段 a_1（图 2e）；保护层与被保护物体之间的距离不超过 30 m。

3.1.9 根据乌尼米的结论，在分析煤层开采试验结果、保护效果试验检验基础上在顶、底板以及沿倾向、反向的保护范围可以扩大。

3.1.10 过邻近层回采工作停采线压力升高区（煤柱、边缘部分、残余的回采工作面等）的采掘作业不允许相向而行或追赶。例外情况需采取补充安全措施经公司技术负责人允许和东方矿业研究所同意。

3.1.11 在矿压升高区实施综合防突措施的顺序根据煤层之间的距离、被开采煤层的突出危险等级、邻近煤层是否有采掘作业等确定。

矿压升高区过停采线留下的回采工作在煤层间距小于 10 m、工作面无人允许采用机械回采或震动爆破。其他情况过矿压升高区所需的安全措施由委员会确定（1.6.1 条）。

3.1.12 突出威胁煤层过回采终采线采取局部预测方法应不定时观察煤层情况。

3.2 抽排煤层瓦斯（略）

执行《煤矿瓦斯抽排程序推荐标准》。

3.3 煤层注水

3.3.1 煤层注水采用直径 42~100 mm 的长钻孔，人工用封孔器或水泥砂浆封孔。

3.3.2 钻孔布置根据开采方法、煤层厚度、煤层和区域的开采顺序等确定。

3.3.3 煤层注水的水压 P_H 要满足 $P_H < 0.75\gamma H$，γ 为上覆岩层的平均容重（γ 取 2500 kg/m^3），H 为煤层埋深，单位为 m。

3.3.4 煤层注水采用每注水 4 h 间段 2 h 的方式进行。

3.3.5 对于润湿性不好的煤层需要在水中添加表面活性剂，表面活性剂的选择与浓度参见表 3。

表 3 表面活性剂的选择与浓度 %

活性剂类型	根据煤的牌号需要添加的表面活性剂的浓度					
	Г	Ж	К	ОС	Т	А
Сульфанол	0.1~0.2	0.2~0.3	0.3~0.4	0.1~0.5	0.1~0.5	—
ДБ	0.2~0.3	0.2~0.4	—	—	—	—

3.3.6 钻孔注水量达不到设计要求时,可在钻孔附近 4 m 施工辅助孔注水,辅助孔水压应该低 15%~20%,封住主孔孔口。

3.3.7 煤层注水所用工艺、参数、设备等须遵守有关规程(名称从略)。

4 揭煤防治煤与瓦斯突出措施

4.1 总的要求

4.1.1 厚度 0.3 m 以上的突出危险与突出威胁煤层的揭煤工作要在采取综合防突措施创造安全劳动条件下进行。

揭煤作业的程序如下:使用探测钻孔掌握揭煤地点的相对位置;采用钻眼爆破方法震动爆破方式实施岩巷掘进;揭煤地点突出危险性预测;预测有突出危险时采取防突措施;检验防突措施的效果;远距离操控掘进机作业;揭开、穿过煤层;巷道与煤层交汇点加强支护;远离煤层。

4.1.2 突出煤层特别危险区域揭煤需在相邻岩层里的巷道里或强制采取防突措施的条件下进行。

4.1.3 采用钻孔爆破方法震动爆破方式揭煤距揭煤点的垂距不小于 4 m,离开煤层不小于 4 m 范围内需要警惕。

在相邻岩层巷道里以及接近突出威胁煤层揭煤点 2 m 时实施震动爆破。

使用掘进机揭开突出危险煤层在接近和离开揭煤点垂距不小于 2 m 实施远程开停。

4.1.4 预测揭煤地点无突出危险时,可以不采取防突措施采用震动爆破或掘进机远程开停方式揭煤。

预测有突出危险时,揭开突出危险煤层应采取防突措施。实施防突措施并检验措施有效后再采用震动爆破或掘进机远程开停方式揭煤。

4.1.5 突出危险煤层采用爆破作业立井揭煤时如果一次爆破能够全断面揭开整个厚度可以不进行突出预测不采取防突措施。

4.1.6 接近突出威胁煤层揭煤地点或厚度 0.3 m 的分层时,如果预测没有突出危险性,揭煤作业可以不采取防突措施,爆破按矿井瓦斯的最高等级进行,或掘进机实行远距离开停。

如果预测有突出危险性,揭开突出威胁煤层或厚度大于 0.3 m 的分层需要采取防突措施。实施防突措施并检验措施有效后再采用震动爆破或掘进机远程开停方式揭煤。

允许不进行突出预测不采取防突措施采用震动爆破或掘进机远程开停方式揭开厚度 0.1~0.3 m 的分层。

4.1.7 倾角大于 55°的煤层与煤层的垂距不小于 3 m 前实施防突措施,小于 55°的煤层与煤层的垂距不小于 2 m 前实施。轮廓线外控制距离不小于 4 m。

4.1.8 采用爆破作业揭露煤层穿过分层时巷道与急倾斜煤层(分层)的岩石段垂距不小于 2 m 时进行,近水平、缓倾斜、倾斜煤层不小于 1 m 进行。

4.1.9 揭开被保护区的煤层(分层)无须进行突出预测无须采取防突措施。揭煤可以采取按矿井的最高瓦斯等级爆破作业或掘进机无须远程开停。

4.1.10 掘进巷道距煤层垂距 4 m 时允许同时作业的人数不超过 3 人。

立井揭煤垂距 6 m 时允许作业的人数按一次可提升的人数确定。

4.2 立井揭煤 （略）

4.3 石门与其他巷道揭煤

4.3.1 立井附近范围内的石门揭煤在上水平通风系统形成后进行以保障新水平实现全风压通风。揭煤巷道掘进头通风采用局部通风机。

4.3.2 石门揭煤防突措施包括施工排放钻孔，骨架支撑，水力疏松或润湿煤体，水力化处理煤层，用掘进机在临近岩层里施工卸压硐，复杂矿山-地质情况允许采用这些方法的组合。

4.3.3~4.3.4 适用于罗斯塔夫州矿井 （略）。

通过施工排放钻孔揭煤。

4.3.5 根据揭开煤层的厚度按下列方法布置排放钻孔：

a）厚度在 3 m 以下的煤层采用直径 80~100 mm 的排放钻孔，揭穿煤层范围内钻孔出煤点与点之间的距离不大于 $2R_{\text{эф}}$（有效半径），与轮廓之间的距离不大于 $R_{\text{эф}}$，$R_{\text{эф}} = 0.5$ m。

b）厚度在 3 m 以上的采用直径 100~250 mm 的排放钻孔，预先排放钻孔的数量应使石门外两帮 1.5~2 m、上方 1.5 m（近水平煤层）或 2 m（急倾斜或缓倾斜煤层）范围内的被保护区域布置有钻孔。

钻孔数量 n 按下式确定：
对于近水平煤层

$$n_{\text{П}} = \frac{(a_{\text{к}} + 2b)(h + b)}{6.8\sin\alpha} \tag{B-15}$$

对于急倾斜或缓倾斜煤层

$$n_{\text{к, н}} = \frac{(a_{\text{к}} + 2b)(h + b)}{5.2\sin\alpha} \tag{B-16}$$

式中，$\alpha_{\text{к}}$ 为石门的宽度，m；h 为石门的高度，m；b 为 ширина полосы обработанного скважинами массива угля с боков квершлагаи више него по нормали，m；α 为煤层倾角，（°）。

4.3.6 厚度超过 3.5 m 或倾角可达到 18°的煤层必须随着工作面推进情况多次施工钻孔。顺序施工钻孔要在最小超前距 5 m 前提下进行。每一次的钻孔数按式（B-15）和式（B-16）计算。

在施工第二以及后续循环的超前钻孔之前，对工作面迎头区域进行加固等。煤层不稳时每钻进 5~20 min 暂停进行观察等。

通过向煤层注水揭煤 （略）

引入金属骨架揭煤 （略）

5 局部防治煤与瓦斯突出措施

5.1 施工超前抽排钻孔 （略）

5.2 工作面附近煤层水力挤出 （略）

5.3 煤层水力疏松 （略）

5.4 低压侵透 （略）

5.5 低压润湿煤层 （略）

5.6 水力造穴（略）

5.7 形成卸压槽（略）

5.8 爆破破坏煤体（略）

5.9 沿回采工作面倾向形成卸压缝（5.9.1~5.9.13）

6 防治煤与瓦斯突出措施效果检验

6.1 区域防治煤与瓦斯突出措施效果检验

6.1.1 开采保护层作为防突措施的在被保护范围内的保护效果不需要检验。

6.1.2 在被开采区的区域防突措施的效果根据预报结果检验。例外是回采工作面煤层注水的效果检验。其检验按取样的含水率实验室测定结果确定。取样时沿倾向在有突出危险构造的区域每10 m取一个样，构造区域的边缘要取样。回采第一个循环后采第一个样，每两个注水钻孔之间取一个样。取样与测试结果送达主要工程师前的时间不超过24 h。所有煤样含水率不小于6%认为措施有效。如果煤样含水率小于6%，则认为所在区域及两侧各5 m（深度方向等于钻孔间距）范围内措施无效，这种情况主任工程师停止工作面推进，借助局部注水方法在无突出危险状态区推进。

煤层注水结果填入表格。

6.2 揭煤防治煤与瓦斯突出措施效果检验

6.2.1 揭煤防治煤与瓦斯突出措施效果检验根据检验孔瓦斯压力值确定。如果瓦斯压力降到临界值 $P_{\Gamma,max}$ 以下认为措施有效（库兹巴斯煤田 $P_{\Gamma,кp}=14f_{min}^2$，其他煤田和矿区 $P_{\Gamma,кp}=$ 10 bar）。

6.2.2 罗夫塔夫州矿井揭煤检验钻孔瓦斯涌出初速度降至2 L/min以下认为处于无突出危险状态。

6.3 掘进工作面防治煤与瓦斯突出措施效果检验

6.3.1 煤巷掘进工作面防突措施效果检验分两个阶段。

6.3.2 第一阶段在实施完措施的工作面上完成，然后在经过检验孔深度减1.5 m时进行。

第二阶段检验的目的是考察局部防突措施的均匀程度，是直接检验随着工作面推进根据6.3.6的AKM系统或AЧX系统等（2.4.36~2.4.41）。

6.3.3 在罗斯塔夫州矿井掘进工作面防突措施效果检验根据动态瓦斯涌出（6.5.1~6.5.7）或AЧX系统等（2.4.36~2.4.41）。

第一阶段

a）施工预先抽排钻孔与形成卸压缝

6.3.4 施工超前排放钻孔的效果检验通过钻孔瓦斯涌出初速度 $g_{H,max}$ 和钻孔瓦斯涌出的动力指数 n_g 进行。$n_g=g_{t5}/g_H$，这里，g_{t5} 是任意一次 $g_{H,max} \geq 4$ L/min 的测量过程中出现 g_H 后经过5 min时的涌出速度。

如果每一个检验钻孔的 $g_{H,max} < 4$ L/min 或 $n_g > 0.65$，则应头附近无突出危险。其他情况被认为措施无效。

如果措施无效，必须在措施孔中间施工补充钻孔，并检验其效果，直至有效。

此外，除去增加补充钻孔外，为了使措施有效，推荐排放时间增加24 h。

б）水力挤出6.3.5

в）水力疏松，低压侵透与低压润湿6.3.6

ㄱ）水力造穴 6.3.7

第二阶段（6.3.8~6.3.9）

6.4 回采工作面防突措施效果检验

a）施工超前排放钻孔，沿工作面形成卸压槽、卸压缝

6.4.1 超前排放钻孔的效果检验根据 $g_{H,max}$ 和 n_g 进行。厚度达 2.5 m 的煤层检验孔深度为 6.5 m，2.5 m 以上的为 7.5 m，工作面最小超前距 2.5 m。其他参数等同 2.4.11、2.4.13 条。

所有检验钻孔 $g_{H,max} < 4$ L/min 或 $n_g > 0.65$ 措施有效，沿工作面形成卸压缝的效果检验参照 2.4.36~2.4.46。

б）水力挤出（6.4.2）

в）水力疏松、低压挤出（6.4.3）

6.5 罗斯塔夫州矿井掘进和回采工作面局部防治煤与瓦斯突出措施效果检验（略）

7 保护工人安全的措施

7.1 爆破作业（略）

7.2 调整生产工艺和实施防突措施的顺序（略）

7.3 使用机器和设备（略）

7.4 保护工人安全的隔离式自救器（略）

7.5 固定式集体和个体用压风自救装置（略）

7.6 移动式救生站（略）

附加 1 建立与采用煤（岩）与瓦斯突出预测和防突措施新方法的程序 1~3 条

附加 2 始突深度以下地质破坏区的采掘作业 1~15 条

附加 3 急倾斜突出危险煤层回采工作面富余边界最佳大小的计算方法（图、表）

附加 4 煤与瓦斯突出瓦斯涌出量的计算方法 1~4 条

附加 5 使用 Π-1 型强度仪测定工作面煤的强度

Π-1 型强度仪的命名与技术特征 该仪器用于煤层突出危险性和冲击危险性预测井下快速测定煤层的强度。煤层的强度由钢质的撞针撞击的深度确定，撞针获得弹簧机构提供的固定的能量（27 J）。该套仪器每分钟可以作业 2~3 次，为便于携带，仪器做成了背带式。

Π-1 型强度仪外观图 4。

强度的计算方法 强度指数 $q = 100 - l$，l 为撞击深度，mm。测定时取五个点，点与点之间距离 5~10 cm，取五个值的算术平均值。

弹簧的校准 使用中的强度仪应每年更换一次撞针、校准一次弹簧，校准工作由斯阔琴斯基矿业学院或东方矿业研究所完成。

附加 6 矿岩声发射观测组织工作

附加 7 保护作用评价与备案

为分析对突出危险和威胁煤层的保护效果，采用由下式定义的保护作用指数 K，

$$K = 1.67 - 0.67 \frac{h}{s} \qquad (B-17)$$

式中，h 为层间厚度，m（h_1 为下保护层、h_2 为上保护层）；s 为被保护区的距离，m（s_1

275

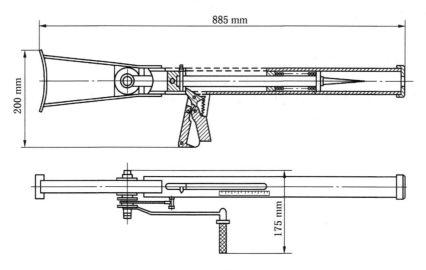

图 4 Π-1 型强度仪外观

为下保护层、s_2 为上保护层)。

$K \geqslant 1$，煤层处于被保护范围内，完全被保护，可以按无危险状态开采。

$0 < K < 1$，煤层位于保护区外，但位于卸压区内，受到不完全保护作用。卸压区内的采掘作业可以在检验保护效果或与补充区域防突措施如抽排瓦斯一起实施的情况下进行。

$K < 0$，上下被保护煤层位于卸压区外，没有受到有效保护作用。

保护作用指数 K 可用于选择煤层群的最佳开采顺序。做法是，计算每一层的保护作用之和 $\left(\sum K_1, \ \sum K_2, \ \cdots, \ \sum K_n \right)$，取其中的最大者。

附加 8　煤巷实施水力挤出可能出现的最大瓦斯涌出量计算（公式）

附加 9　回采与掘进工作面工艺过程的调整（表）

附加 10　在突出危险煤层作业的机器设备实行远距离操控的要求（表）

276

附录 C　俄罗斯《防治煤矿冲击地压指南》（2000）节译

俄罗斯现行的《防治煤矿冲击地压指南》（以下简称《防冲指南》）自 2000 年 10 月 1 日开始施行，至今已 20 年。与我国的《防治煤矿冲击地压细则》（2018）（以下简称《防冲细则》）相比，《防冲指南》的最大特点是定量方面的信息较多，此外，煤、岩冲击倾向性的判定方法差别也较大等。考虑到两国煤层赋存情况、采煤方法基本相同，译者认为《防冲指南》与《防冲细则》之间可以相互对照、参考。基于此，本节对《防冲指南》做简要介绍，做法同附录 B，希望起到他山之石的作用。

1　总的要求

1.1　制定《防冲指南》的依据（略）。

1.2　开采有冲击倾向煤层的矿井其技术决策（管理功能）的准备、采纳、实施应考虑下列专业研究机构的意见和建议：根据俄罗斯燃料与能源部 1997 年 2 月 22 日颁布的 63 号令成立的矿山地质力学与测量研究院跨部门研究中心（以下简称"乌尼米"）和 1995 年 5 月 16 日批准成立的东方煤矿安全研究所（以下简称"东方煤矿安全研究所"）等。

1.3　煤矿冲击地压根据出现的力的大小及后果特征分为自然冲击、微冲击、内爆、弹射、带底板破坏的冲击地压和矿山构造冲击等六类（附加 1）。

采煤机、风镐作业时、回采与掘进工作面钻眼爆破时发生内爆、弹射和微冲击是煤层具有冲击危险的特征。上述特征出现的强度随采深以及生产矿井或集团公司井田范围内开展下列工作时矿压的增高而加强：回采残留煤柱；工作面碰头和追赶；独头掘进；在回采工作面的影响区域内掘进；在煤层的竖边或在煤层群煤层之间残留的煤柱下以及地质破坏影响区生产。

1.4　具有冲击倾向的煤层分为冲击威胁煤层和冲击危险煤层。

冲击威胁煤层（围岩）指应力集中提高情况下倾向于发生脆性破坏的煤层（围岩）。

冲击危险煤层指井田范围内曾经发生过冲击地压（微冲击）或经预测具有冲击危险性的煤层（分层）及其以下的煤层（分层）。

1.5　集团公司或矿井与乌尼米一起根据专门方法（参见附加 1）厘清冲击威胁煤层。

集团公司和俄罗斯国家矿山技术监督管理局的地方部门根据乌尼米的结论每年公布属于威胁和危险煤层（岩层）的批复。将煤层归入威胁和危险煤层的批复的推荐格式见附加 1。

深度从 150 m 开始，冲击威胁煤层也包括在本矿井范围内在采掘活动中出现过内爆、弹射或在相邻矿井发生过冲击地压的煤层。

从上述深度开始冲击威胁煤层应进行冲击危险程度预报。矿井技术负责人——总工和集团公司技术负责人负责及时将煤层归入冲击威胁煤层。

冲击威胁煤层名录包含在乌尼米出版的《俄联邦煤田具有冲击倾向煤层分类》（彼得堡：乌尼米，1996）一书中。

1.6 第一次出现内爆、弹射、微冲击应在 24 h 内进行调查。调查由矿井技术负责人——总工组织，邀请冲击地压委员会成员参加（对冲击地压委员会的要求见附加 2）。调查报告应包括原因和保障安全的建议方面的结论。调查报告由矿井矿井技术负责人——总工批准，报送集团公司技术负责人和俄罗斯国家矿山技术监督管理局地方部门。

各种冲击地压（微冲）都要填写卡片（附加 3），报送集团公司技术负责人、俄罗斯国家矿山技术监督管理局地方部分和乌尼米。

1.7 关于冲击地压及事故调查方面的要求（略）。

1.8 新建、改建矿井、现有矿井准备新水平应考虑本《防冲指南》的要求，设计应经过乌尼米同意。

1.9 开采有冲击倾向煤层的矿井的闭井设计需经过乌尼米同意。

1.10 揭开井田煤层、开采顺序选择应考虑先期的矿井地质动力区划（附加 4）的结果，保障有计划地按平面回采所有资源，包括没有冲击倾向的煤层、无煤区、露头、煤柱等。

总的开采顺序应该是从采空区推向实体煤。矿井准备工作可以沿水平、按盘区或分层进行。

1.11 生产矿井具有冲击倾向煤层的采掘计划应符合本《防冲指南》的要求。在采掘工程平面图上用红线标出矿压升高区的边界（附加 5），经集团公司技术负责人批准。

最重要的是必须根据乌尼米为每一个矿井编制的《地质力学前景方案》考虑开采保护层。

设计变更应经过设计批复单位和乌尼米同意。

具有强烈地质构造破坏的矿井的保护层的选择应基于乌尼米的结论。

1.12 开采同时具有冲击地压和煤与瓦斯突出危险煤层的矿井，采煤作业许可由集团公司技术负责人批准。具体矿山技术条件下应采取的技术措施按乌尼米和东方煤矿安全研究所的结论执行。

1.13 冲击危险性预测将煤岩状态分为有危险或无危险两种，预测包括区域预测与局部预测。

区域预测的目的是借助于震动监测站弄清楚本井田或矿区范围内的地质动力危险区，震动监测站的建设工作的合理性由乌尼米决定（附加 6）。

局部预测的目的是确定与采掘空间相邻的具体的煤层区域的冲击危险性，由冲击地压矿井的防冲部门完成。对防冲部门的典型要求包括在附加 7 中。

1.14 专业防冲措施包括区域或局部措施。

区域防冲措施包括预先开采保护层、向钻孔内注水（密封可靠、润湿半径大）。

局部防冲措施包括预测有危险的区域，施工大直径卸压钻孔、多种方式注水和药壶爆破；组合防冲方法（大直径钻孔带药壶爆破，药壶爆破带注水）。具体参数由矿井根据效果检验的结果予以精确化。组合防冲方法的参数由集团公司技术负责人根据乌尼米的结论经俄罗斯国家矿山技术监督管理局地方部门同意后批准。

煤柱尺寸小于 $0.4l$ 的禁止采用水力采煤法，这里，l 为支撑压力区的宽度，根据诺模图确定。

1.15 防冲措施的有效性的检验方法同冲击地压危险性的局部预测方法（附加8）。

1.16 本《防冲指南》提供的防冲措施参数与冲击危险性预测周期可以根据乌尼米的补充研究结果与结论进行修改。

包含防冲措施与冲击危险性预测参数的工作申请由矿井技术负责人——总工批准。

1.17 工业安全管理系统的主要组成与功能（略）。

1.18 对开采冲击地压危险或威胁煤层的矿井各级领导的要求，从略。

1.19 与防冲有关的图纸方面的要求，从略。

2 井田开拓与准备

2.1 揭开煤层群中的危险地层前应根据井田动力区划成果厘清构造区块和地质构造破坏区的几何参数。地质动力区划由乌尼米或其他具有俄罗斯国家矿山技术监督管理局颁发的相应资质的机构（根据现行法规，进行地质动力区划已不要求资质）根据附加4完成。

2.2 有冲击倾向的地层应通过开拓大巷或在被保护区掘进的巷道揭开，被保护区的划定见附加5。

2.3 大巷与未来采空区之间的保护煤柱的宽度应不小于 l（参见附录B《防突细则》图 B 3-2）。

准备巷道的支护允许借助柔性支柱，支柱的宽度 $l_ц$ 由下式确定，

$$l_ц = M + 1 \tag{C-1}$$

式中，M 为煤层（分层）厚度，m。

根据乌尼米的结论，在采取专门措施（采用木支护、施工大直径钻孔等）的条件下在形成柔性支护阶段允许采用宽度不超过 $0.1l$ 的支柱。

沿临空支柱里掘进的巷道只有在将平巷附近宽度为 Π 的区域转变为无冲击危险状态后方可掘进，

$$\Pi = C_1 + C_2 + n \tag{C-2}$$

式中，C_1、C_2、n 的意义如图1所示；n 根据诺谟图（图2）确定。

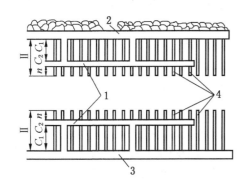
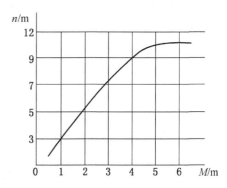

1—掘进的巷道；2、3—进、回风巷；4—大直径钻孔

图1 处于无冲击危险状态的临空支柱里的巷道掘进　图2 确定煤层临空部分保护区宽度的诺谟图

2.4 具体条件下柔性支柱的参数和用法以及与煤柱以及由人工材料做成的条带的组合使用由集团公司技术负责人在乌尼米意见的基础上经俄罗斯国家矿山技术监督管理局地方部门同意后批准。

组合使用支柱与人工材料做成的条带的巷道与煤柱之间的岩石带的宽度等于 3 M，但不小于 3 M。煤柱与人工材料做成的条带之间应留不小于 1 M 的自由空间（图3）。

2.5 分层开采厚煤层时，宽度 l 由第一分层的厚度确定。后续分层煤柱的总宽增加 1.5 M（图4）。

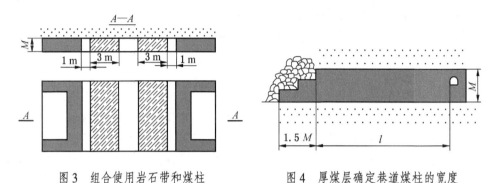

图 3　组合使用岩石带和煤柱　　　　图 4　厚煤层确定巷道煤柱的宽度

平行巷道之间煤柱的宽度应不小于 $0.5l$，如果（周期性地）未来煤柱里的一个小区域用大直径钻孔转变为无冲击危险状态，允许留宽度小于 $0.5l$ 的煤柱（参见图3）。

2.6 服务年限超过 5 年的硐室不应布置在有冲击倾向的地层中。

服务年限不超过 5 年的硐室在有冲击倾向地层中只有在将各边比硐室大 $2n$ 的区域转变为无冲击危险状态后方可掘进、支护。

2.7 有岩浆岩侵入区域的井田、新水平与区块的开拓、准备巷道应位于侵入体影响区域以外，影响区域的宽度取其厚度的一半。

3 煤层群开采顺序

3.1 煤层群开采首先应开采没有危险的保护层。如果所有煤层都具有威胁或危险，应根据《地质力学前景方案》的要求先开采危险最小、保护作用最大的煤层。

3.2 开采有冲击倾向的厚煤层，第一分层对于其他分层是保护层。开采顺序应下行。充填采空区的允许上行开采。

首分层开采应遵守关于薄及中厚威胁与危险煤层的要求。

3.3 被保护层开采不应留煤柱，特殊情况下，留煤柱不可避免时，如地质破坏区，应采取补充安全措施，经集团公司技术负责人批准，将标有被保护区和压力升高区的采掘计划复印件发给采区队长。

由残留煤柱导致的矿压升高区按附录5确定并反映在采掘计划上。

3.4 从下方开采有冲击倾向煤层的可行性由层间距、顶板的管理方法与下方开采的厚度决定。全部垮落法管理顶板从下方开采薄及中厚煤层最小层间距应不小于下方开采层厚的 6 倍。个别情况依据乌尼米的结论允许开采层间距更小的煤层。

充填开采下分层或采空区可以用上水平冒落的岩石填入采空区时允许开采下分层，如果层间厚度不小于 3 倍的采厚。

3.5 根据附录5划定的保护范围内的危险与威胁煤层在它形成后的 5 年内可以按无危险状态开采，除去地质破坏区和岩浆岩侵入区。后面这种情况以及 5 年后的保护作用由乌尼米根据冲击危险性试验评价结论给出。

3.6 开采危险煤层的相邻煤层，危险煤层顶板里有厚度超过 10 m、强度超过 250 MPa 的侵入体的，预先开采保护层的被保护范围不得小于 2 倍的层间距。

4 开采方法

4.1 禁止采用房式或房柱式采煤法开采具有冲击倾向的煤层。

4.2 短回采工作面允许采用水力采煤法，但采煤设计需经乌尼米同意。设计参数可在工业试验、冲击危险性评价的基础上细化并经矿技术负责人——总工批准。

4.3 开采具有冲击倾向的煤层应采用下行顺序与尽量减少前方巷道。作为例外，上行开采经乌尼米同意后方可使用。

禁止同时下行与上行分层开采煤层。

近水平、缓倾斜、倾斜煤层同时下行开采分层的超前距不应超过 10 m、急倾斜煤层不应超过 25 m 或应不小于 2l。单独开采分层的超前距不受限。

开采厚的近水平（到 18°）含瓦斯容易自燃冲击危险煤层的，允许盘区内上行开采，包括柱式采煤法，条件是基于乌尼米的结论、防冲委员会推荐和集团公司技术负责人批准。

4.4 开采有冲击倾向煤层，当在回采工作面前掘进和支护准备巷道有困难、必须错时交错支护时，应改为不需要掘进这种巷道的采煤法。开采带有夹层的煤层时应注意采空区边界一侧巷道的支护。

4.5 有冲击倾向煤层禁止相向或追赶分层开采。

散开的回采工作面允许开采某一分层。这种情况危险煤层工作面之间相互离开的距离等于斜高时应考虑工作面两端的行人出口按爆破作业人员从一个出口出去的情况。

防冲委员会可以推荐用特批的方式在采空区上方沿煤层走向开采宽度 l 的残余煤柱。

4.6 设计开采有冲击倾向煤层的新矿井必须考虑采用工作面沿倾向综采等、采空区不留煤柱的采煤法。

禁止残采采空区等于或小于 l 的煤柱。

允许工作面沿没有动过的倾角到 18°煤体进行残采。

4.7 关于开采复背斜和复向斜褶曲轴部的（略）。

4.8 危险与威胁煤层带有报废的轨道上山进行分层准备应采取单面开采。

允许双面开采轨道上山布置在岩石底板或无危险煤层里。

5 井田与区域煤层冲击危险性预测 综合防治措施效果检验

5.1 区域冲击危险性预测根据附录 6 提出的要求执行。

5.2 局部（区域）煤层冲击危险程度分为（有）危险和无危险两种。

局部危险煤层指在该局部区域内可能发生冲击地压。该局部区域内的巷道掘进工作应该在无冲击危险状态下进行，在巷道开始在无冲击危险状态掘进前禁止非从事专门作业的人员穿行和逗留。

除 6.1 条规定的情况之外，无危险状态无需采取专门的防冲措施。但需要按照本《防冲指南》的要求定期进行冲击危险性预测。

5.3 烟煤煤层局部区域的冲击危险性以及防冲措施的有效性根据直径 43 mm 钻孔的钻屑量确定（图 5），无烟煤煤层的用图 6。

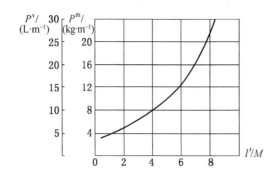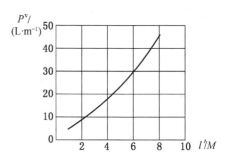

l'—距孔口的距离，m；M—煤层厚度（采高），m；

P^v—每米钻孔钻屑的体积，L/m；P^m—每米钻孔钻屑的质量，kg/m

图5 根据钻屑量确定烟煤冲击危险性的诺谟图

图6 根据钻屑量确定无烟
煤冲击危险性的诺谟图

钻屑量位于危险—无危险分界线上的情况归入危险状态。预测与效果检验钻孔的深度应等于 $n+b$，n 为保护区宽度，单位为 m，b 为工作面循环进尺，单位为 m。

出现强烈的震动声脉冲，卡钻，钻屑量超过或与危险—无危险边界线重合等情况，停止钻进，该局部区域属于有危险区域。

根据钻屑量预测与效果检验工作钻孔应在最坚硬的分层进行，检验卸压钻孔防冲效果的预测孔与措施孔的距离应不小于措施孔直径的2倍。

5.4 在获得无危险结论后矿井技术负责人——总工签发采掘作业许可单。获得危险结论的局部区域应采取局部防冲措施将其转变为无危险状态（1.12节），转化为无危险状态后进行效果检验，检验有效后总工再签发作业许可单。

5.5 通过试验建立了具体条件下的冲击危险判据并经防冲委员会推荐可以采用地质物理的快速方法预测井田煤层局部区域的冲击危险性、检验防冲措施效果。试验确定地质物理快速方法的参数工作由乌尼米专家（参见附加8）或其他具有相应资质的机构完成，可以吸收矿井从事预报工作的人员参加。

采用地质物理快速方法需经过集团公司和俄罗斯国家矿山技术监督管理局地方部门同意。

5.6 褐煤煤层局部区域冲击危险性预测与防冲措施效果检验采用测量煤的自然含水率的方法，具体方法与标准见附加8。

5.7 有冲击倾向煤层以及同时有冲击倾向和煤与瓦斯突出危险的煤层的动力危险方式的确定推荐采用煤的相—物理状态评价法（参见附加1）。

5.8 有冲击倾向煤层冲击危险性预测的间隔应经乌尼米同意并经矿井技术负责人——总工批准。

用立井揭开有冲击倾向煤层时，冲击危险性预测根据距煤层 10 m 施工直径 43 mm 的预测钻孔的钻屑量确定。

有冲击倾向煤层回采工作面第一次预测冲击危险性直接在开切眼与邻接的巷道里在开始回采前进行。后续预测间隔由矿井技术负责人——总工结合基本顶垮落步距确定，但不超过 25 m。

掘进工作面揭开煤层后或在交叉段即进行第一次冲击危险性预测。在回采工作面或以前形成的采空区影响范围之外的掘进巷道预测孔之间的间距应不大于 75 m。在回采工作面或以前形成的采空区影响区域内或复杂条件下的预测间距经乌尼米同意由矿井技术负责人——总工结合矿山技术环境确定。

维护与报废巷道前应确定其维护或报废段的冲击危险性。

有冲击危险地层里的大巷每年都要进行冲击危险性预测。这类大巷的名称和预测周期由矿井技术负责人——总工批准。

第 9 章所指特别危险条件即矿压升高区（参见附加 5）、开采煤柱、分叉煤层区（两边 50 m）以及以前预测有冲击危险的硐室区域的采掘作业应每推进 2 m 至少预测一次。

预测结果应填写专用表格（参见附加 8）。

5.9 区域与局部防冲措施效果检验的方法与标准同局部区域冲击危险性预测方法（参见 5.2 条、5.4 条、5.5 条）。药壶爆破与卸压钻孔的效果检验通过施工直径 43 mm 的钻孔进行，用水力化处理作为局部防冲措施的效果检验通过取样测含水率的标准（参见附加 8）。

效果检验要考虑到：

每一个工作面都要通过试验方法建立局部防冲措施的有效参数，影响局部区域冲击危险性的每一个矿山工艺条件发生变化时都要重新建立。

局部措施效果检验钻孔的布置见附加 8。检验结果应填入专用表格内。

现掘巷道从预测有危险的点开始每掘进不超过 $0.2l$ 检验一次，直至掘完该局部区域。

5.10 关于钻屑法预测结果与防冲措施效果检验结果的显示等，从略。

6 将采掘空间转化为无冲击危险状态

6.1 有冲击倾向煤层边缘部分在无冲击危险状态下掘进巷道需要的保护区宽度 n 在极薄、薄及中厚煤层按诺模图确定（参见图 2），沿厚度超过 5 m 的煤层掘进的 M 取 2 倍的巷高。

在危险以及危险煤层的无危险局部区域的采掘作业将来会导致冲击危险性升高的应长时间采取局部防冲措施。

其他情况非危险区域无须采取措施。

6.2 危险区域的矿压升高区（参见附加 5）以及回采工作面上部长度 $0.5 l$ 范围内不留煤柱的情况下在进风巷一侧保护区宽度取 $1.3 n$。

6.3 可在煤层的边缘部分用大直径钻孔、药壶爆破、水力化措施以及它们的组合创造保护区。综合防冲措施的方式和参数根据附加 9 选取。

非危险状态下掘进巷道应从离开危险区域的一边向另一边推进。

钻孔区长度应等于保护区宽度与煤带的和，如果不是每一个循环做一次。

6.4 如果钻孔长度不超过 10 m，药壶爆破效果最佳。

药壶爆破的装药量不超过深度的一半，自由段封孔，直径采用 43 mm。

药壶爆破一次不超过 5 个孔，孔与孔之间延时不小于 150 ms。

药壶爆破要遵守《煤矿安全规程》的要求。

6.5 为了使掘进巷道在无冲击危险状态下进行，卸压孔应按图 7 布置，最小超前距不小于 $0.7 n$。

回采工作面卸压钻孔的布置应参照图 8，工作面推进应保证最小超前距不小于 $0.5l$。

综合应用大直径钻孔和药壶爆破的方案如图 9 所示。钻孔之间的距离 C 根据附加 9 确定。与工作面之间的最小超前距不小于 n。

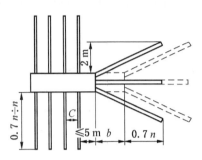
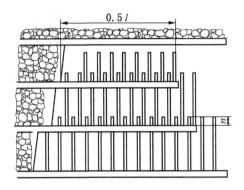

n—保护区宽度；b—允许的工作面推进距离

图 7　准备巷道和大巷里钻孔布置图

图 8　回采工作面卸压钻孔布置图

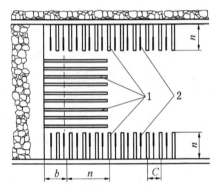

n—保护区宽度；b—允许的工作面推进距离；1—卸压钻孔；2—药壶爆破

图 9　回采工作面借助大直径卸压钻孔和药壶爆破形成无冲击危险状态区

6.6　关于回采工作面注水的，从略。

7　巷道掘进与支护

7.1　危险区域的准备巷道应在回采工作面支撑压力影响区外采用钻眼爆破或掘进机在最小距离 15 m 外采用远程开停方式掘进。非危险区域允许使用风镐。

迎头出现微冲击、认为有危险时必须实施预先将巷道两帮宽度为 n、迎头前方 $0.7n+b$（b 为局部防冲措施之间的距离）的煤体转化为无冲击危险状态。

缓倾斜、倾斜、急倾斜煤层水平巷道下部保护区域的宽度应不小于 $0.7n$。

在保护区域范围内掘进工作面的所有循环以及开采保护区后两个循环之间都能建立无危险可以认为是在无冲击危险状态下掘进（图 10）。

有冲击倾向急倾斜煤层缓斜的准备巷道应从上往下掘进。

7.2　巷道贯通或接近已有巷道应在相距不小于 $0.3l$ 时停止，工作面之间的危险煤柱在距离 $0.2l$ 时应全断面消冲。非危险煤柱允许不消冲。后一种情况工作面每前进 3 m 至少预测一次冲击危险性。

7.3　沿石英砂岩或其它冲击危险岩层掘进的埋深超过 800 m 的巷道禁止在距离小于 4 倍巷道断面宽度时掘进。

284

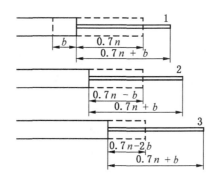

1、2、3—冲击危险性预测孔

图 10 过渡到不用防冲措施的普通状态

巷道贯通应以接近直角的方式进行。

7.4 金属支架备紧背板

采用木支护允许服务期 2 年，如果预测冲击危险性不会增高，乌尼米有正面的结论的话。

回采工作面前方巷道必须交叉支护时支护的距离（到工作面）为 l。

7.5 有冲击倾向煤层局部危险区域应将直径等于 n 的范围消冲后再立井揭煤。

7.6 石门穿过被保护区以外有冲击倾向煤层的，推荐采用柔性金属环形支护等。

7.7 有冲击倾向煤层的巷道断面、支护类型与参数应考虑服务期内不需要反复维护。必须维护的应在互相之间相距不小于 20 m 的局部区域内进行。

同时巷修、同时施工卸压钻孔点与点之间的距离在危险局部区域为不小于 l、无危险局部区域为 20 m。

7.8 危险煤层以前留有煤柱的空间需要采用以下方法消冲：

（1）存在危险状态的从两边全断面消冲。

（2）开采下或上保护层。

作为例外重复采用局部措施长期使用的大巷使用的煤柱，推荐（乌尼米）采用向煤层内注入塑性凝胶的方法将其转化为无冲击危险状态。该种措施由矿井总工批准（附加 9）。

7.9 分布有侵入体区域掘进巷道为了防止煤、岩弹射必须采取由防冲委员会结合乌尼米的建议给出的专门的综合防护措施。

7.10 冲击危险地层里的准备巷道直接顶、底板里有厚度大于 5 m 的侵入体的，其掘进应不破坏或尽可能少破坏围岩（侵入体）。各类硐室与联巷应布置在沉积岩中。开切眼必须布置在最小挥发分含量（$V > 5\%$）的区域，回采工作的方向应为离开侵入体影响区的方向（图 11）。

8 回采作业

8.1 冲击倾向煤层的顶板控制必须采取全部、部分垮落或充填法。有难冒落顶板的必须实施强制放顶。

非常薄的煤层的顶板允许四周支护弯曲沉降。

其他顶板控制方法在得到乌尼米的正面意见可由防冲委员会推荐使用。

8.2 有冲击倾向煤层的回采工作面应为直线。曲线形回采工作面允许向煤体内凹，急倾

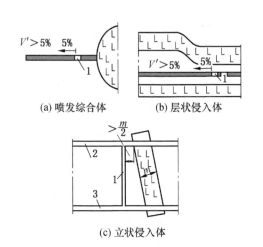

(a) 喷发综合体　　　(b) 层状侵入体

(c) 立状侵入体

1—开切眼；2—进风巷；3—回风巷；m—立状侵入体厚度
图 11　根据侵入体类型和挥发分含量确定开切眼位置

斜、倾斜煤层作为特例允许在给定条件下最大可能的台阶高度不超过 3 m 情况下使用 потолкоуступная 形工作面。

8.3　与回采工作面相邻接的巷道出现危险区域的应消冲，长度不小于 l。

距采面 $0.5l$ 区域巷道在无危险状态下掘进通过应在采面停止移动状态下实现。

8.4　有冲击倾向煤层的回采工作边缘部分处于危险状态的应将宽度不小于 $n+b$ 的部分消冲。

急倾斜、倾斜煤层有冲击倾向和倾出倾向时，保护区宽度应不小于 $0.7n$。

在被保护区回采工作面移动的所有循环以及开采保护区后两个循环之间都预测为无冲击危险时可以过渡为不采取防冲措施的工作状态。

冲击倾向煤层回采工作面停采 3 昼夜以上的回复回采前必须预测冲击危险性。

8.5　关于水力化采煤（略）。

8.6　回采工作面的保护区宽度取决于采煤方法、截深、采煤机推进速度等，应不小于：$0.7n$ 为截深到 0.8 m 的机采（n 按诺模图确定，参见图 2）；n 为钻眼爆破、风镐、机采截深 0.8~2 m；$1.3n$ 为钻眼爆破、机采截深 2 m 以上。

8.7　有冲击倾向煤层厚度方向不采的局部区域范围应标注在采掘工程平面图上。

8.8　危险煤层回采工作面接近连续断裂构造破坏带或褶曲轴部距离 $0.5l+Y$ 时，应参照 6.3 条和附录 9 制定并采取专门措施，由矿井技术负责人——总工批准。这里，Y 是由地测部门给出的根据强度降低的煤的位置确定的破坏区的宽度。

8.9~8.16　涉及小断层、急倾斜、倾斜煤层等（略原文无 8.10 条）。

9　特别复杂条件下的采掘作业

9.1　特别复杂条件下的采掘作业指沿有冲击倾向性煤层向采空区方向作业，前方有巷道，在矿压升高区，在地质破坏影响区，煤柱回采（图 12），巷道维护，控制冲击地压后果以及将煤岩体转化为无冲击危险状态的工作。

危险煤层特别危险区的开采应预先将其转化成无冲击危险状态后、在其中产生高冲击危险前进行。

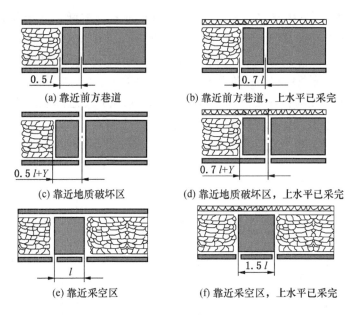

(a) 靠近前方巷道　　　　　　(b) 靠近前方巷道，上水平已采完

(c) 靠近地质破坏区　　　(d) 靠近地质破坏区，上水平已采完

(e) 靠近采空区　　　　　(f) 靠近采空区，上水平已采完

图 12　确定危险区大小

9.2　有冲击倾向煤层里回采煤柱以及钻屑超过正常值三倍的区域里采掘工作应由集团公司技术负责人批准。

9.3　回采工作面过压力升高区由防冲委员会考虑。应该通过与该区边界平行的巷道将其转化为无冲击危险区。

9.4　回采工作面沿危险煤层接近采空区距离为 l 时应实行特批申请，特批申请由集团公司技术负责人批准。

9.5　有冲击倾向煤层中的回采工作面靠近前方巷道距离 $0.7l$ 时应由集团公司技术负责人制定和批准作业许可，事先在前方巷道里前方巷道一侧开采宽度 $0.4l$、另一侧开采宽度 n。在这些巷道里实施防冲措施前不允许实施采掘作业，人员逗留和穿过。

10　底板破碎巷道防冲

10.1　开采底板岩石有冲击倾向性煤层时，应采取不在采掘空间留煤柱的开采方法。

煤体中巷道宽度应小于 $1.5M$ 或大于 $4M$；这里 M 是倾向以冲击形式破坏的岩层的厚度。

允许掘进任意宽度的巷道，条件是对巷道两侧的煤层进行松动，松动的宽度不小于 $1.5M$，或者用爆破或注水的方法破坏有冲击危险的岩层。

武罗库塔煤田带有破碎底板巷道冲击危险性预报与防冲措施见附加 10。

11　矿间煤层有冲击倾向时防火、防水煤柱的留设（略）

12　将巷道转化为无冲击危险状态时的安全措施（略）

13　过渡到采用本指南的程序（略）

附加 1　煤层与岩石冲击危险性的预测方法

1　基本概念与定义（略）。

2　主要地质与采掘-技术因素的确定

煤层的冲击危险性由下列地质因素确定：大埋深；顶板中有厚而且强度高的砂岩层；

煤层的临空部分倾向于发生与煤的强度和相-物理性质有关的弹性变形与脆性破坏；煤层与直接顶和底之间没有软的塑性岩层；构造型矿床、煤层有破坏。

完成地勘工作的机构根据矿床（井田）勘查结果给出冲击危险性的初步评价。

初期如果满足以下条件初步评价为有冲击倾向性：

岩芯产出 85%～100%；煤硬（坚固性系数 $f_i \geqslant 1$），80% 以上无光泽和半无光泽岩相学差别。同种岩石，通常，整体的不含软弱夹层的有冲击倾向。

主要地质因素对烟煤、无烟煤冲击危险性的影响按综合指标 P 评价，$P = P_1 + P_2 + P_3$，$P_1 \sim P_3$ 按表 1 确定。

表 1 $P_1 \sim P_3$ 取值

煤层埋深/m	P_1	厚度 10 m 的顶板岩石的强度/MPa	P_2	基本顶的厚度/m	P_3
150	1.0	80～100	1.0	10	1.0
200	2.5	150	1.5	15	1.5
250	3.0	200	2.0	20	2.0
300	3.5	250	2.5	25	2.5
350	4.0	300	3.0	30	3.0
400	4.5			35	3.5
450	5.0			40	4.0
500	5.5			45	4.5
≥550	6.0			50	5.0
				55	5.5
				60	6.0

$P \geqslant 3$ 的烟煤、无烟煤煤层有冲击威胁。

$P = 3$ 最小埋深 150 m，基本顶单轴抗压强度 80 MPa，基本顶单层岩石厚度 10 m（原文本句不完整，疑为临界条件）。

采掘作业过程中煤层具有冲击危险的特征是回采与掘进工作面采煤机、风镐作业时、钻眼、爆破时发生内爆、弹射和微冲击。

3 确定煤层的冲击倾向性

地勘与完成详细地勘前的设计工作中井田或其某个区域按冲击危险性指数 K 评价其潜在的冲击危险性，$K = \dfrac{\varepsilon_y}{\varepsilon_\pi} \times 100\%$，这里，$\varepsilon_y$ 为借助加压装置人工形成的煤层临空部分在破坏载荷的 75%～80% 时产生的相对弹性变形；ε_π 为总的相对变形。

对于库兹巴斯煤田，K 值根据煤的强度确定（图 13）。

$K \geqslant 70\%$ 的煤层被认为具有潜在的冲击危险性。这种情况下编制设计文件以及采掘作业必须考虑本《防冲指南》的要求，下一步冲击危险性的程度根据 1.5 条的要求细化。

由不同岩相类型地层组成的地层有条件地可分为两种分层：软的和硬的。软的指普氏强度小于等于 0.6，硬的指大于 0.6。

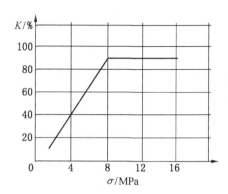

图 13 冲击危险性指数 K 与煤的强度之间的关系曲线

软的或硬的分层的强度按厚度取加权平均，总的煤层强度按下式计算：

$$f = \frac{f_{\text{кр}}}{1 + (f_{\text{кр}}/f_{\text{сл}} - 1)M_{\text{сл}}/M} \qquad (\text{C-3})$$

式中，$f_{\text{кр}}$、$f_{\text{сл}}$ 分别为硬、软分层的强度；M 为煤层厚度；$M_{\text{сл}}$ 为软煤层的厚度。
确定煤的冲击危险性指数时煤的强度按 $\sigma = 100f$ 计算。

复杂煤层的冲击危险性指数 K 也可按下式直接计算，

$$K_{\text{п}} = \frac{K_{\text{кр}}}{1 + (K_{\text{кр}}/K_{\text{сл}} - 1)M_{\text{сл}}/M} \qquad (\text{C-4})$$

式中，$K_{\text{кр}}$、$K_{\text{сл}}$ 分别为硬与软分层的冲击危险性指标。

确定煤层的冲击倾向性也可用破坏强度指数 $K_{\text{и}}$，它等于峰值前后弹性变形功的比值。这项测定工作由乌尼米或其他具有相应资质（目前已取消资质要求）和必要设备的机构完成。为此，在井下借助于液压千斤顶在尺寸不小于 40 cm×40 cm×80 cm 的大试样上获取完整的煤体强度曲线（图 14）。从点 A 画平行于 OE 的直线 AD 和垂线 AC。

从 C 点画平行于 OE 的直线 CB，$K_{\text{и}}$ = 面积的比 $A_2 : A_1$。在 $K_{\text{и}} = 0$ 发生理想脆性破坏的情况下，$K_{\text{и}} = 1$ 煤层倾向于发生塑性变形。$K_{\text{и}} < 0.9$ 煤层有冲击倾向。

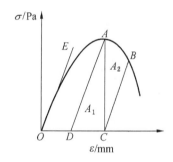

σ—应力；ε—应变

图 14 确定煤层破坏强度指数

由不同强度的煤的分层或岩层分开的煤层组成的复杂结构的煤层，局部区域冲击危险性预测应按强度最大的煤层处理。煤层与岩层强度差 4 倍、岩层厚度占总厚度 40% 的局部区域没有冲击危险性。

4 基于煤的相—物理性质厘清具有冲击倾向的煤层和同时具有冲击与煤与瓦斯突出倾向的煤层。

4.1~4.7 主要是从含水率角度考虑（略）。

5 岩石冲击危险性预测

煤矿冲击危险性预测首先应考虑单轴抗压强度大于 80 MPa、埋深超过 500 m 的围岩的冲击危险性。

如果满足下列三个条件之一，岩石具有冲击倾向性：岩石中含石英；取芯转速不超过 50 mm/min 时形成厚度小于直径 1/3 的凹凸薄片；抗压与抗拉强度极限的比值超过 25。

地勘与建井阶段推荐采用根据矿物组成、岩芯产状和上述强度比预测冲击危险性。

为提高生产中预测的准确性，推荐采用直接在井下基于岩体临空部分脆性破坏的评价方法。评价工作借助钻孔内水压计 БП–18 完成。

评价脆性破坏的方法如下。用凿岩机施工直径 60 mm 的钻孔，每一个钻孔采用不用水的专用钻头，与岩石连续接触。最小孔深 0.4 m。安装在孔内的仪器设备借助水压撑开，固定初始值时期的位置。攻入模具至岩石破坏。

破坏过程中测量以下值：P_1、P_2 为破坏开始与结束时刻水压机的最大与最小压力，MPa；h_1 为破坏瞬间侵入的深度，mm；h_2 为破坏后岩石上留下的小坑的深度，mm。

脆性系数按下式计算，$K_{xp} = P_1 h_1 / P_2 h_2$。

确定脆性系数最少需要 10 个数。

$K_{xp} \geq 3$ 的岩石有冲击倾向，$K_{xp} < 3$ 的无冲击倾向。

集团公司与俄罗斯国家矿山技术监督管理局关于冲击危险与威胁煤层的批复表单（略）

附加 2 对防冲委员会的要求（略）

附加 3 冲击记录卡片（略）

附加 4 矿区地质动力区划（略）

附加 5 划定被保护区和矿压升高区

1 划定被保护区

1.1 为了划定被保护区的边界，参见图 5–1 和图 5–2，需要下列初始参数：保护层采深 H，m；保护层采高 M，m；采取的保护层顶板控制方法；煤层倾角 α，（°）；层间岩石中砂岩所占比例 η；a、b 为保护层回采空间的大小，m。

用角 δ_3 替换 δ_4、角 δ_2 替换 δ_1、线段 L_2 替换 L_1（图 15c）所示方案可用于（近水平煤层）壁式复采。

上述方案（图 15 和图 16）适用于保护层全部垮落法或全断面充填法管理顶板。根据管理顶板方法的保护层有效厚度 $M_{эф}$：全部垮落 $M_{эф}=M$；充填时

$$M_{эф} = (0.1 + K_y)M \tag{C-5}$$

式中，K_y 为考虑充填物沉降的系数。

在计算被保护区范围时采空区留有的尺寸小于 $0.1l$（厚煤层取 8 m）的煤柱不予考虑，采空区尺寸 a 或 b 取对应的沿倾向或走向宽度之和。

如果煤柱尺寸大于 $0.1l$（厚煤层取 8 m），采空区尺寸 a 或 b 取对应的沿倾向或走向一边是煤柱、一边是实体煤之间的宽度。

1.2 顶板被保护距离 S_1 和 S_2（参见图 15 和图 16）按下式确定，

$$S_1 = \beta_1 \beta_2 S'_1 \tag{C-6}$$

$$S_2 = \beta_1 \beta_2 S'_2 \tag{C-7}$$

式中，$\beta_1 = m_{эф}/m_0$，不大于 l；M_0 为临界保护层厚度，根据诺谟图 17 确定；a 为采掘空间最小尺寸（a 或 b 参见图 15 和图 16），如果 $a > 0.3H$，确定 M_0 时取 $a = 0.3H$，但不大于 250 m；β_2 为考虑层间岩石中砂岩所占比例 η 的系数，

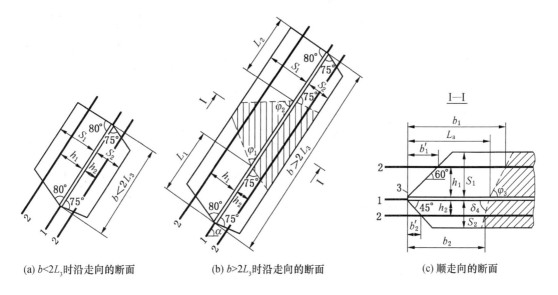

(a) b<2L₃时沿走向的断面　　(b) b>2L₃时沿走向的断面　　(c) 顺走向的断面

1—保护层；2—被保护层；3—保护层回采工作面推进方向；

空白区—保护区；带斜线区—危险压力恢复区

图15　沿倾向壁式开采保护层划定被保护区

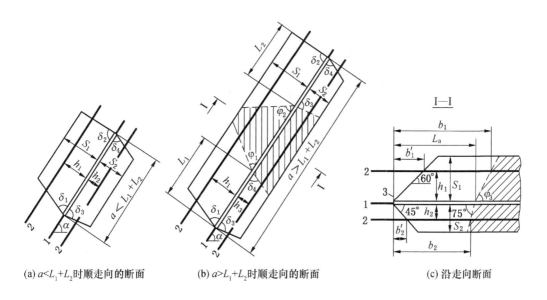

(a) a<L₁+L₂时顺走向的断面　　(b) a>L₁+L₂时顺走向的断面　　(c) 沿走向断面

1—保护层；2—被保护层；3—保护层回采工作面推进方向；

空白区—保护区；带斜线区—危险压力恢复区

图16　沿走向壁式开采保护层划定被保护区

$$\beta_2 = 1 - 0.4\frac{\eta}{100} \qquad (C-8)$$

S'_1 和 S'_2 按表2取值。

表2　S'_1、S'_2 取值 m

采深 H/m	保护层采掘空间最小尺寸 a 或 b 情况下的 S'_1（左半侧）、S'_2（右半侧）														
	50	75	100	125	150	175	200	≥250	50	75	100	125	150	200	≥250
300	70	100	125	148	172	190	205	220	62	74	84	92	97	100	102
400	58	85	112	134	155	170	182	194	44	56	64	73	79	82	84
500	50	75	100	120	142	154	164	174	32	43	54	62	69	73	75
600	45	67	90	109	126	138	146	155	27	38	48	56	61	66	68
800	33	54	73	90	103	117	127	135	23	32	40	45	50	55	56
1000	27	41	57	71	88	100	114	122	20	28	35	40	45	49	50
1200	24	37	50	63	80	92	104	113	18	25	31	36	41	44	45

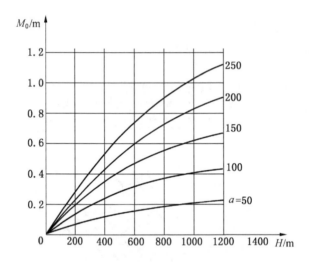

图17　确定临界保护层厚度的诺谟图

1.3　如果开采下保护层 $h_1 < S_1$ 或开采上保护层 $h_2 < S_2$，则划定被保护范围时必须从采空区边界开始并划分出危险载荷恢复区，如图15和图16所示。被保护区的保护角 δ_1 等、危险载荷恢复角 φ_1 等与煤层倾角 α 的关系见表3。

表3　α 与 φ_1 关系

煤层倾角 $\alpha/(°)$	恢复角 $\varphi_1/(°)$						
	δ_1	δ_2	δ_3	δ_4	φ_1	φ_2	φ_3
0	80	80	75	75	64	64	64
10	77	83	75	75	62	63	63
20	73	87	75	75	60	60	61
30	69	90	77	70	59	59	59
40	65	90	80	70	58	56	57
50	70	90	80	70	56	54	55

表 3（续）

煤层倾角 $\alpha/(°)$	恢复角 $\varphi_1/(°)$						
	δ_1	δ_2	δ_3	δ_4	φ_1	φ_2	φ_3
60	72	90	80	70	54	52	53
70	72	90	80	72	54	48	52
80	73	90	78	75	54	46	50
90	75	80	75	80	54	43	48

1.4 Печорского 煤田同时满足以下条件允许采用 $\delta_1 = \delta_2 = \delta_3 = \delta_4 = 90°$：层间厚度 $h = 25$ m，$\alpha = 30°$，$M = 1.3$ m，全部垮落法管理顶板。

1.5 图 6、в 中危险载荷恢复区（参见图 5-1 和图 5-2）出现的条件是同时满足：$a = L_1 + L_2$ 和 $b = 2L_3$。参数 L_1 等按下式确定：

$$L_1 = \beta_1 L'_1 \qquad L_2 = \beta_1 L'_2 \qquad L_3 = \beta_1 L'_3 \qquad (C-9)$$

式中，L'_1 等按诺谟图 18 确定。在危险载荷恢复区可能发生矿压动力现象。

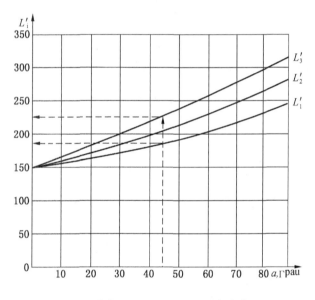

图 18 确定 L'_i（$i = 1, 2, 3$）的诺谟图

保护层采面与被保护层采掘作业面之间允许的（最小和最大）超前距列入了表 4。保护区范围在有乌尼米保护作用试验考察评价结论的基础上可以改变。

表 4 开采条件与允许的超前距

开采条件		允许的超前距
最小超前距	下保护层	$b'_1 = 0.6h_1$
	上保护层	$b'_2 = h_2$
最大超前距	下保护层	b_1 不受限
	上保护层	b_2 不受限

开采条件		允许的超前距
危险载荷恢复区的	下保护层	$b_1 < L_3 + h_1 \cot\varphi_3$
采掘作业	上保护层	$b_2 < L_3 - 0.3h_2$

注：1. 表中最大超前距数据指沿走向回采，对于沿倾向的情况，L_3、φ_3 换作 L_1、φ_1，危险载荷恢复区换作 L_2、φ_2。

2. 回采工作面离开开切眼时的最大超前距应大于 $2L_3$（沿倾向或危险载荷恢复区作业时为 L_1+L_2），但时间上不超过 5 年。

1.6 在井田或保护煤柱范围内以及地质破坏区，在危险煤层开切眼应在保护层已开展工作的基础上进行。

开采上、下保护层允许的危险煤层开切眼位置的最小参数如图 19 所示。开切眼与边界保护煤柱之间的煤体应从开切眼开始回采，像在矿压升高区那样（2.5 条）。

1.7 煤层群开采保护层较薄时（$M_{эф} < M_0$），为扩大被保护区范围可以二次开采上或下冲击危险煤层。这时被保护区的划定以离危险层最近的保护层为基准（图 19）。参数 S_k 按诺谟图 19 确定，这里，$M_{эф1}$、$M_{эф2}$ 为与基准层和补充层对应的有效厚度，

$$N = \frac{K \cdot M_{эф2}}{M_0} \qquad (C-6)$$

式中，$K = 1.67 - 0.67\, h_i / S_i$ 为基准层卸载区对补充层的影响程度（$i=1$ 对应下方二次开采；$i=2$ 对应上方二次开采）。$N=0$ 对应基准层一次开采。

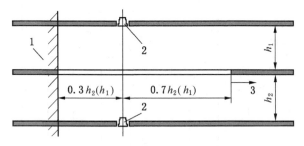

1—保护层残留（保护）煤柱边界线；2—开切眼；3—回采作业方向

图 18 被保护层切眼位置

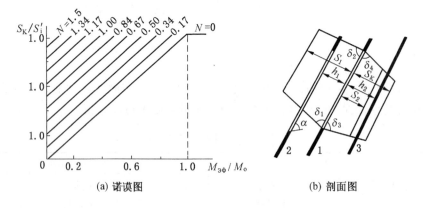

(a) 诺谟图　　　　　　　　　　(b) 剖面图

1—保护层（基准层）；2—保护层（补充层）；3—危险层

图 19 二次开采划定被保护区的诺谟图和剖面图

1.8 局部开采上保护层的参数根据图20确定。

局部开采下保护层的情况类似，这时，参数 $h_2(h'_2)$ 换作 $h_1(h'_1)$。

2 划定矿压升高区

2.1 顺煤层走向和垂直煤层走向划定矿压升高区如图21所示。

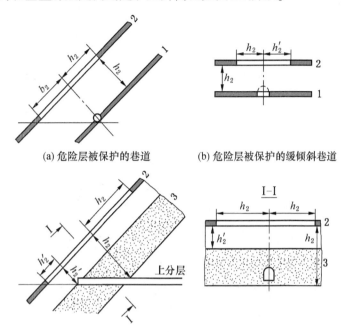

(a) 危险层被保护的巷道　　　　　(b) 危险层被保护的缓倾斜巷道

(c) 沿冲击危险岩层掘进的被保护的石门工作面

1—危险层；2—保护层；3—冲击危险岩层

图20　确定局部开采保护层参数的诺漠图

临空部分煤体的矿压升高区在顶、底板方向的范围 d_1、d_2 根据采空区大小 a 和采深 H 根据表5确定。

表5　d_1、d_2 与 a、H 的关系

埋深 H/m	d_1/m					d_2/m				
	a/m									
	100	125	150	200	≥250	100	125	150	200	≥250
300	92	98	105	110	115	80	92	104	109	110
400	105	113	120	122	125	93	105	115	118	120
500	115	125	130	132	135	105	115	125	128	130
600	120	130	135	138	140	117	127	135	138	140
800	135	145	150	155	157	125	133	140	145	146
1000	145	155	160	165	168	132	140	148	150	153
1200	155	165	173	177	180	140	148	155	158	160

参数 $l'=K \cdot l$，式中，l 由诺谟图（附录 B 图 3）确定，K 由导致矿压升高区的采空区的宽度 a 按表 6 确定。

表6 a 与 K 的关系

a/m	100	150	200	≥250
K	0.8	1	1.2	1.4

d_1、d_2 取值 $a<100$ m 时按 100 m 考虑，$a>250$ m 时按 250 m 考虑。

角度按表 3 选取。

沿走向切面划定矿压升高区的角度 $\delta_1(\delta_2)$ 和 $\delta_3(\delta_4)$ 分别取 80° 和 75°。

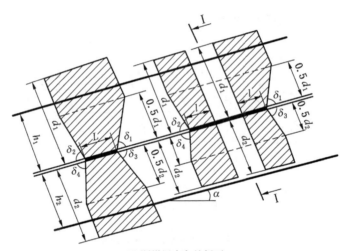

(a) 顺煤层走向的剖面

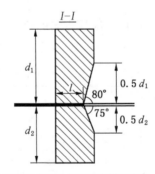

(b) 顺煤层走向的剖面垂直煤层走向

带斜线区—矿压升高区

图 21 划定压力升高区

2.2 图 21 造成矿压升高区的煤柱指包围采空区的煤体或跨度不小于 0.1l 和最小尺寸 L 满足下式的煤体（图 22a），

$$0.1l \leqslant L \leqslant (K_1 + K_2)l \qquad \text{(C-10)}$$

式中，K_1、K_2 分别为与邻接空间（采空区）宽度 a_1、a_2 有关的系数，按图22b 确定；l 为按附录 B 图 3 确定。

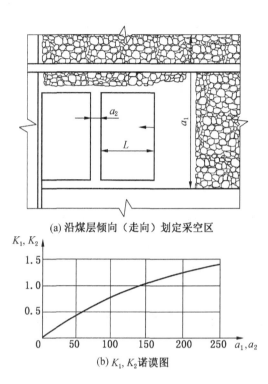

(a) 沿煤层倾向（走向）划定采空区

(b) K_1, K_2 诺谟图

图22　沿煤层倾向（走向）划定采空区和计算系数 K_1、K_2 的诺谟图

宽度 a_1 或 a_2 小于 $0.1l$ 时矿压升高区的划定按临空部分煤体处理。

2.3　根据图 21 确定煤柱的矿压升高区参数 d_1、d_2 在临空部分煤体的对应值上乘以根据表 7 确定的 K。

表7　K 的取值

L/m	≤0.1	0.15	0.20	0.25	0.35	0.5	1.0	1.5	≥2.0
K	0	0.25	0.5	0.75	1.0	1.13	1.25	1.13	1.0

这时，深度 L 取煤柱底边到地表面的距离，a 为邻接煤柱的采空区的最大尺寸（大于 250 m 时取 250 m）。

2.4　邻近煤层几个临空部分煤体或煤柱形成的矿压升高区的迭加按图 21 给出的原理进行处理。

2.5　动力现象最危险的情况发生在回采工作面离开矿压升高区的时候。采掘部署应安排从被保护区进入压力升高区的方向过边界线。防冲委员会可以推荐进入被保护区的方向过边界线，条件是距离边界线 l 时采取防治动力现象的措施。

2.6　开采危险煤层时确定矿压升高区的影响程度、选择采掘方法按表 8 进行。

表8 压力升高区影响程度与开采条件及采掘方法的关系

压力升高区影响程度	压力升高区开采条件	矿压升高区采掘方法
I	$h_2 \leqslant 0.5\,d_2$, $h_1 \leqslant 0.5\,d_1$ 受地质破坏复杂化的矿压升高区	按2.3取煤层临空部分被保护区的宽度
II	$0.5d_2 < h_2 \leqslant 0.8d_2$, $0.5d_1 < h_1 \leqslant 0.8d_1$	根据5.6预测矿井冲击地压
III	$0.8d_2 < h_2 \leqslant d_2$, $0.8d_1 < h_1 \leqslant d_1$	按一个危险煤层处理

2.7 邻近煤层以前残余煤柱和临空部分煤体影响区的保护区宽度（图23中的 d）应取 $1.3\,n$。

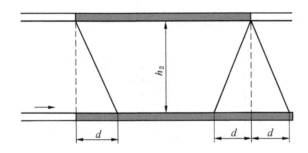

图23 确定上或下层开采时邻近层残留煤柱影响区 d 的图

2.8 参数 d'_1、d'_2、l' 按下式计算：

$$d'_1 = kd_1 \tag{C-11}$$

$$d'_2 = kd_2 \tag{C-12}$$

$$l' = kl \tag{C-13}$$

式中，d_1、d_2、l 按表5和图1确定，不考虑下或上采掘空间的影响，k 根据图24确定。

2.9 复杂矿山地质条件下煤层群开采被保护区与矿压升高区的划分在乌尼米可用综合软件完成。

下方开采效率 $q = a/H$，但不大于1；

a 为等于下或上开采采掘空区的大小，不大于250 m；S 为上或下开采矿压升高区层间岩层厚度。

附加6 地质力学过程活跃范围的区域预测

即微震系统（略）。

附加7 对矿井冲击危险预测与防冲部门的典型要求（略）。

附加8 煤层局部区域冲击危险性预测与综合措施效果检验的方法

1 钻孔过程中煤层局部区域冲击危险程度预测（略）

2 用地质物理学方法预测冲击危险性

2.1 根据地震信号活度预测冲击危险性

2.2 根据记录到的电磁辐射信号预测冲击危险性

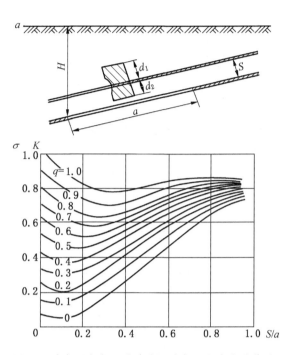

图 24　确定下或上开采对矿压升高区影响的诺谟图

2.3　用电子探测方法预测冲击危险性

3　通过测量褐煤天然含水率预测冲击危险程度

4　煤层局部区域冲击危险性预测和综合措施效果检验的钻孔布置

　　附加 9　防冲措施工艺方案与参数选择

1　水力化处理煤层（略）

2　药壶爆破与施工卸压钻孔

2.1　药壶爆破的主要参数是钻孔间距 C、炸药种类与封孔方法。硝铵类炸药要求如下：

烟煤层冲击危险小区域采用黏土封孔时 $C = 0.8$ m。采用流体压力封孔时（表 9）取决于比值 $P_{cp}/P_{pacч}$，这里，P_{cp} 为平均钻屑量，L/m；$P_{pacч}$ 为计算的钻屑量，按下式计算：

$$P_{pacч} = l_{uHT}\pi d_{ШП}^2\kappa_{pазp}/4 \qquad (C-14)$$

式中，l_{uHT} 为钻杆长度，100 cm；$d_{ШП}$ 为钻孔直径，4.3 cm；$\kappa_{pазp}$ 为施工预测钻孔时的松动系数，1.05。将有关参数代入上式，圆整得 $P_{pacч} \approx 1.5$ L/m。

表 9　$P_{cp}/P_{pacч}$ 不同时 C 对应取值

$P_{cp}/P_{pacч}$	1~1.5	1.5~2.5	2.5~5
C/m	0.8	1.2	1.5

无烟煤煤层推荐采用下列参数：孔深等于保护区的宽度，$C = 3$ m，单孔装药量 1.2 kg（6ЖВ 类炸药），同时起爆 2~3 个钻孔，黏土封孔。

褐煤层水泡泥封孔时 $C = 0.8$ m。采用流体压力封孔时（表 10）参数 C 取决于 W/W_{kp}（W 为装药位置的平均含水率，W_{kp} 为与饱和度 0.85 对应的临界含水率）。其他种类炸药的孔间距通过试验确定。

表10　W/W_{kp} 不同时 C 对应取值

W/W_{kp}	0.95	0.8~0.95	0.75~0.8
C/m	0.8	1.2	1.5

2.2　卸压钻孔的孔距根据冲击危险性类别、钻孔直径和煤层厚度按 $C=K_1K_2K_3$ 计算，K_1、K_2、K_3 分别按表11、表12、表13取值。

表11　K_1 取值

冲击危险性分类	无危险	危险
K_1	1.3	1.7

表12　K_2 取值

孔径/mm	100	150	200	300	400	500	600
K_2	0.6	0.7	0.8	1.0	1.3	1.6	1.8

表13　K_3 取值

煤层厚度/m	0.5~0.8	0.9~1.4	1.5~2	2.1~3	>3
K_3	0.8	0.9	1.0	1.1	1.2

2.3　对于无烟煤煤层，卸压钻孔孔距 C 推荐采用：孔径 300 mm 及以上采用 n；200 mm 采用 $0.7\,n$；150 mm 采用 $0.5\,n$。

附加10"武罗库塔煤矿"公司厚煤层底板破碎巷道冲击地压预测与防治（略）

后　　记

从 2018 年年初开始撰写拙作《工矿安全动力学问题研究》已历两年半时光，今天书稿脱稿了（可惜有些数值模拟工作不得不删掉了），余下的工作需要辛苦编辑同志们。

我一直深信"地基打得深，楼才能盖得高"的道理。因此，在过去的三十余年里，一直坚持学习外语、数学、力学、电子技术、微机原理等基础知识，努力用数学、力学方法分析工作中遇到的安全问题，自然也就有了这本小册子的主线。20 世纪 80 年代初，"学好数理化、走遍天下都不怕"的理念风行一时，如今全社会再一次认识到了基础知识特别是数学（包括数值计算软件）以及创新的重要性，不是偶然的。

面对百年未有之大变局的机遇与挑战，我们要在各自的工作岗位上，不忘初心、牢记使命，勤于思考、勇于创新，为早日实现中华民族的伟大复兴努力奋斗！

2020 年 8 月 31 日

图书在版编目（CIP）数据

工矿安全动力学问题研究/范喜生著 . --北京：
应急管理出版社，2021

ISBN 978-7-5020-8639-8

Ⅰ.①工… Ⅱ.①范… Ⅲ.①矿山安全—安全生产—
研究 Ⅳ.①TD7

中国版本图书馆 CIP 数据核字（2020）第 265460 号

工矿安全动力学问题研究

著　　者	范喜生
责任编辑	成联君
编　　辑	杜　秋
责任校对	赵　盼
封面设计	于春颖

出版发行　应急管理出版社（北京市朝阳区芍药居 35 号　100029）
电　　话　010-84657898（总编室）　010-84657880（读者服务部）
网　　址　www.cciph.com.cn
印　　刷　北京建宏印刷有限公司
经　　销　全国新华书店

开　　本　787mm×1092mm$\frac{1}{16}$　印张　19$\frac{1}{4}$　字数　458 千字
版　　次　2021 年 3 月第 1 版　2021 年 3 月第 1 次印刷
社内编号　20201493　　　　　　定价　78.00 元